干草堆中的恐龙

·海口·

[美]斯蒂芬·杰·古尔德 著

谢梦如 译

海南出版社
·海口·

版权合同登记号：图字：30-2017-080 号

图书在版编目（CIP）数据

干草堆中的恐龙 / （美）斯蒂芬·杰·古尔德 (Stephen Jay Gould) 著；谢梦如译 . —— 海口：海南出版社，2021.11

书名原文：DINOSAUR IN A HAYSTACK: Reflections in Natural History

ISBN 978-7-5730-0251-8

Ⅰ . ①干… Ⅱ . ①斯… ②谢… Ⅲ . ①进化论－普及读物 Ⅳ . ① Q111-49

中国版本图书馆 CIP 数据核字 (2021) 第 207072 号

干草堆中的恐龙
GANCAODUI ZHONG DE KONGLONG

作　　者：[美] 斯蒂芬·杰·古尔德 (Stephen Jay Gould)
译　　者：谢梦如
出品 人：王景霞　谭丽琳
监　　制：冉子健
责任编辑：张　雪
策划编辑：李继勇
责任印制：杨　程
印刷装订：三河市祥达印刷包装有限公司
读者服务：唐雪飞
出版发行：海南出版社
总社地址：海口市金盘开发区建设三横路 2 号　邮编：570216
北京地址：北京市朝阳区黄厂路 3 号院 7 号楼 102 室
电　　话：0898-66812392　　010-87336670
投稿邮箱：hnbook@263.net
经　　销：全国新华书店经销
版　　次：2021 年 11 月第 1 版
印　　次：2021 年 11 月第 1 次印刷
开　　本：787mm×1092mm　1/16
印　　张：27.75
字　　数：455 千
书　　号：ISBN 978-7-5730-0251-8
定　　价：68.00 元

生命如是之观，何等壮丽恢宏！

毫无疑问，进化是世界上最伟大的奇观。在 46 亿年的漫长岁月中，地球上的生命从最初的单细胞生物缓慢地演化为多细胞生物。从海洋到陆地，再从陆地到天空，亿万物种合奏出一曲繁花似锦的生命乐章。

当年，达尔文的惊世巨著《物种起源》，提出了进化论的观点，其内容丰富而复杂，连达尔文自己都说，它是"一篇绵长的论证"。然而，对于现在的人们来说，虽然"进化"这个词越来越熟悉，但"进化"的真正内容却越来越陌生了。除了达尔文随着小猎犬号出海旅游的轶事外，人们对于进化论的理解，大概也只剩下了"优胜劣汰，适者生存"。进化论被当成既定"事实"，几乎没有可以讨论的空间，也带不出任何有意思的话题。人们也许已经忘了刚接触进化论时那种颠覆的观感，忘了当初那种揭开大自然面纱的无限惊喜。零星的片段，肢解的观点，进化论在人们的生活中被任意地或片面地曲解了。更有甚者，一些别有用心的政治人物还利用这些扭曲了的"科学理论"为自己的政治目的做辩解。

对大众心里莫衷一是的生命进化论观点，也对一些人死而未僵的生命神创论想法，斯蒂芬·杰·古尔德自 1974 年起在美国《自然史》杂志上开辟了一个专栏，定期为大众撰写有关进化论的科普文章。这些文章一共有近 250 篇，后来结集出版为《自然史沉思录》系列，合为 7 本书（《干草堆中的恐龙》正是其中之一）。

古尔德是一名世界闻名的古生物学家、科学史学家和科学散文作家。他对真理几近纯粹的追求，不但使他成了世界著名的科学家、美国家喻户晓的公众人物，也使他和卡尔·萨根、理查德·道金斯成为享誉世界的反伪科学

I

斗士。美国国会图书馆曾命名他为美国"活传奇人物"。《科学》杂志的"死者略传"称古尔德是极少数名副其实的"文艺复兴式人物":文理双全,博学多才,百科全书式的大师。许多美国生物学家都声称,是因为小时候读了古尔德的文章,才对生物学产生了兴趣。

在普通人的刻板印象里,科学家的文章不仅内容高深(如果没有一定的知识储备,往往很难看懂),而且叙述风格通常既偏学术又缺乏一定的趣味,因此很少有人会主动去阅读他们的作品。但是,古尔德却打破了常规科普文章的写法。古尔德不但是个博学的科学家,还是个有趣的老顽童。他的文章嬉笑怒骂,不拘一格,同时又绵里藏针,醇厚隽永。他没有简单地陈述科学观点,而是以第一手资料作为科学发现的依据,将一系列令人震惊且有趣的案例娓娓道来——生命史上的大灭绝与大爆发、地球的变异、人类社会的种族偏见……正如《干草堆里寻针》一节所说:

> "如果要在一堆干草里寻找一根针,使用的方法是将其分为十小堆,那我找到这根针的概率就非常小。但如果将这堆草一根一根地分开,那我就会找到这根针。"

他从博物学的角度出发,细致地观察整个世界,将丰富的科学知识用一个又一个动人的故事连接起来,拨开重重迷雾,最后带着读者找到生命于亿万年不断进化的本质。

通常,古尔德喜欢把文学和科学、熟悉的和意外的东西放在一起,既有趣又发人深省。例如,在本书第三部分文章10《考狄利娅的困境》中,他在开头提到莎士比亚的《李尔王》,剧中心地善良的小女儿考狄利娅由于不愿意靠花言巧语从父亲李尔王手中骗取利益,选择了"爱,并保持沉默",从而陷入了困境。从考狄利娅的困境,古尔德讲到了科学界——"大多数的负面结果从来没有发表过"——期刊不愿发表无聊的负面结果,而支持成功的实验;但是,这一做法往往会带来严重甚至悲剧的结果。于是,我们不得不重新审视那些科学中的"普遍铁律"。

除此之外,古尔德的作品中经常充满了别具一格又发人深省的"真知灼见"。在本书中,对于科学史上那些发人深省的名言警句,他提醒人们:"所有著名的科学警言即使不是完全虚构的,也一定是经过后期加工的。"而且,

"措辞巧妙的权威警句要么在流传的过程中被歪曲了含义，要么干脆是张冠李戴"。这种现象的本质就是：

> "在我们日常的思考与叙事当中，其实一直暗藏着那些不被我们承认，却会对我们产生至关重要的影响的偏见。人们总是错误地引用名言警句，或是干脆搞错了句子的来源，这些问题的出现并非随机，而是遵循着清晰且可被感知的思维模式。"

对科普工作中大家经常使用的类比、简化、隐喻等手段，他也提出了警告：

> "我们通过想象与类比来帮助人们理解复杂与不熟悉的事物，但这么做的同时，我们也存在着将人类狭隘的偏见与特殊的社会地位强加于大自然的风险。当我们因为错误使用隐喻而把人类的想法强加于大自然，然后将其视为自然规则，并想依此改变社会现状的时候，情况便会变得危险起来……在与性别和种族相关的敏感的政治领域当中，这样的现象一直十分突出，占据支配地位的群体将生物的基本原理视为他们所拥有的短暂且不公的社会地位的正当理由。"

古尔德的科学散文不但对人类在自然界中的位置、进化的核心内容有着深刻的见解，而且对科学以及科学家这个群体在探索过程中所起的作用自始至终都保持着清醒的认知：

> "科学确实能够帮助我们更加全面地了解这个世界，但仅凭科技的进步与观念的成熟并不能让我们了解最真实、最客观的自然现实。这个观点很浅显，却总是被我们忽略……科学家不该蔑视或掩盖科学混乱及富有个人主观色彩的一面……此类与科学相关的神秘传说或许为科学带来了一些直接的好处，成功地哄骗大众将科学家视为新的神职。但这种神话阻挡了大众领略科学真正的友善，也让许多学生以为自己根本无法驾驭科学，最终还是伤害了科学。"

很显然，古尔德一如既往地没有局限于生物现象之中，而是将视野扩展到自然界乃至人类社会：化石、真菌、棒球、日食，甚至包括电影《侏罗纪公园》……这些事物看似毫无关联，但都融入了进化以及关于时间、变化和历史的主题中，奏出一支大自然与生命的演化之歌，呈现了丰富多彩的科学景象以及复杂深刻的社会时代变迁。

作为一本在内容与形式上都追求卓越的著作，《干草堆中的恐龙》值得每一位身处自然世界的人仔细阅读。有句老话说，每个时代的人阅读经典著作的方法截然不同，经典著作之所以伟大，正是因为它能经受住众多不同的解读。古尔德的系列科学散文也正是如此。

最后，在这一系列文章中，也许有细心的读者会发现，有一段引言总是会重复出现，而且有近半数的文章都会用这段引言当作结尾。这段引言即是达尔文《物种起源》的最后一个自然段：

> "因此，经过自然界的战争，经过饥荒与死亡，我们所能想象到的最为崇高的产物，即：各种高等动物，便接踵而来了。生命及其蕴含之力能，最初由造物主注入寥寥几个或单个类型之中；当这一行星按照固定的引力法则持续运行之时，无数最美丽与最奇异的类型，即是从如此简单的开端演化而来并依然在演化之中；生命如是之观，何等壮丽恢宏！"

古尔德正是利用这段话提醒我们，就在我们的星球上，几十亿年来，波澜壮阔的进化过程从未停止，生命进化之美和大自然之奇妙，一直在我们身边，从未远离——

万物自进化而来，万物在进化之中，万物将继续进化。

目 录

壹

天与地

01

晴日畅想于纽约

　　伽利略曾用一句话描绘宇宙之精妙，这也是他最有名的一句话。他说："这本宏伟之书以数学语言著成，主要文字是三角形、圆形和其他几何图形。"何以如此简明优美的基础代数便可阐明自然之法则？引力何以遵循平方反比的原则运行？从六边形的蜂巢到结构复杂的水晶，何以简单的几何图形充斥着整个自然界？《生长与形态》（*On Growth and Form*）一书的作者达西·汤普森是我早年的精神导师（还有我的父亲和查尔斯·达尔文），他曾写道："世界的和谐于形态和数字中展现得淋漓尽致，而自然哲学的要义、灵魂及诗意则藏匿于数学之美中。"许多科学家都打过一个十分形象的比方，他们将创世的上帝比作柏拉图或毕达哥拉斯国度的数学家。物理学家詹姆斯·霍普伍德·金斯（James Hopwood Jeans），曾写道："察其所造之物的本质，种种证据足以证明，这位伟大的宇宙建造师是一位纯粹的数学家。"

　　然而自然大体而言却是杂乱无章的，几乎不可用简单的数学来表达（至少在分形几何学问世前，人类还无法用数学方程式来描述山峰、海岸线和树叶此类复杂的形状）。有些科学家也巧妙地将造物主比作沉溺于繁杂细节的人。正如 J. B. S. 霍尔丹那句名言（见文章 29），上帝对甲虫有着异乎寻常的喜爱。

　　事实上，在很多方面，我们都过高估计了自然界数学般的精准性。哪怕是在研究抽象且可量化之美方面，杰出一如天体力学领域，专注于研究超凡之和谐，亦存在着大量的繁杂与造成诸多不便的不规律之处。打个比方，为什么上帝在设定地球自转与公转周期之比时，不能将比率设为简单又适当的数字呢？为什么不将一年的天数设为可整除的偶数呢？这样人类就无需每年凭借经验，煞费苦心地对着日历进行复杂的计算修改。为什么一年非要是365 天再加上一个 1/4 天（并非正好是 1/4）？现在人类的日历不得不遵循4 年 1 闰日，100 年无闰日（因上帝规定 365 天后多加的时间并不足 1/4 天），400 年再闰的繁杂规律（如果你明白我在说什么，那你就该明白，为什么 2000 年是闰年了。虽然 2000 年对于纯化论者而言，这年并不代表着千禧年——见文章 2）。

大自然嘲笑人类，冷眼看着人类徒劳的举动。只因某些显而易见的规律在人类历史中占据了十分重要的角色，人类便抓住某些可笑又偶然的理由，试图将大自然禁锢于柏拉图式的约束中。就拿我最喜欢的一个例子来说吧，很多评论家也讨论过这个例子。太阳和月亮在制造日食和月食时总是合作得天衣无缝（月球遮住太阳光即为日食，地球遮住太阳光即为月食）。太阳和月亮合作之精准，难道不是经过刻意安排的吗？哪怕未曾经过安排，至少也能通过那些简明的自然法则计算出来吧。但事实上，这种现象不过是偶然出现而已。太阳的直径是月亮的 400 多倍，但太阳和地球之间的距离也是地月距离的 400 多倍。故从地球上观测，太阳和月亮看起来差不多大。现在想来，因太阳和月亮看起来差不多大，人类有多少神话是把日月并列当作地球守护者的。《圣经》有云："上帝造了两大光体，稍大的那个负责统治白日，稍小的那个则是黑夜之主。"

嘲笑归嘲笑，大自然又不时跑来向人类坦白，露出些混乱让人类瞧瞧，似是对它所开的玩笑忏悔一般。1994 年 5 月 10 日，一场极为罕见的日食笼罩了大半个北美洲。这场日食和传统的日食不一样，它并未带来什么壮观的黑暗之景，但其微妙的怪异之处却让它显得格外迷人。月球在公转的过程中，与地球的距离并不是固定不变的（行星轨道也不似高中教科书中的图表显示的那样规律）。若是日食正好发生在月球离地球距离最远的时刻，月球的影子便无法完全遮住太阳的光圈。因此，日全食时，太阳的边缘依然会环绕着一圈耀目的光环。此类日食便称为"日环食"（*annular*），该词是拉丁语，意为"环形"。（较之在正常地月距离发生的日食，日环食的壮丽程度要逊色很多，毕竟太阳边缘的光圈依旧散发着耀眼的光。从地球上看，和平日阴雨天里的光线没什么两样，甚至光线可能比阴雨天还要亮些。但若月亮的阴影能够完全遮住太阳的话，天空就会彻底陷入黑暗，好似上帝关了灯一样。）

一想到 5 月 10 日那天，我就忍不住懊恼起来。在我的家乡波士顿，太阳只被遮住了 88% 左右的面积。而向北仅一两个小时车程的新罕布什尔州的康科德和新英格兰等其他的一些城市却能看到日全食。要想在新英格兰看到下一次日全食，就得等到 2093 年 7 月 23 日了。显然我等不到那一天。所以，5 月 10 日便成了我看见日全食的最后机会（除非我愿跋涉去其他地方看日全食）。我命令我所有的学生立刻驱车前往可以看到日全食的地区，违者立刻开除学籍。（虽然有点奇怪，但让我们在这里暂停一下，看看萧伯纳的观察心得。他说："有本事的人干实事，没本事的人去教书。"教授们确实喜欢利用他们手上的那点权力。我要求我的学生赶到日全食的地方，却没有一个人去，虽然我没开除他们，但他们应该永远为此感到羞耻！）当日，我为赴约南下纽约市，之后才得知日食的消息。纽约的日食更没什么可看性了，我到那里的时候，月球的阴影已逐渐褪去，日食的面积比在波士顿看到的还要少。

在这尘世之中，有很多事物都在鼓舞着我们不断向前走，如婴儿的笑容、巴赫的《B 小调弥撒》、好吃的百吉饼。有时，上天就像是要赐予我们继续向前的勇气一般，之前经历的一些不愉快会转而变成一份快乐或是人生的一段启示。在这个 5 月 10 日，主宰这光圈的王（部分光圈）一定在空中对我微笑，他指引着懊恼的我来到我的出生地——纽约市。随后他赐予我的奖励，是康科德的日全食完全无法比拟的。

我爱纯粹的自然，但骨子里是个人文学者，更痴迷于研究智人与宏大的客观世界之间复杂的互动交流。现在，我想请诸位看官仔细想想，大家对纽约人抱有哪些刻板印象（纽约人不太真诚，尽管如此，作为一个富有辨识度的群体或标志，他们确实具有一定的文化影响力）？纽约人总是匆匆忙忙的，以自我为中心；他们每日横冲直撞，什么都想得到，对身边的一切没什么好奇心，也不爱交流。若是使尽花招都无法从你身上得到利益，他们转脸便会对你流露出彻头彻尾的厌恶。这就是人们对纽约人的印象，对吧？所有的美国人都这么想，哪怕这辈子连密西西比州的东边都没去过的人也这么认为！一位真正的纽约人，怎么会在乎日食这种事情？拜托，兄弟！你想让我放下手头的事情，抬头看看天上的日偏食和日环食？别来烦我，还是管好你自己的事吧！

《圣经》记载，约书亚曾让太阳和月亮停留在基遍上空长达一日之久①，5 月 10 日那天，纽约的情况也差不多如此。那日正是忙碌的工作日，在市中心曼哈顿，匆匆的路人竟纷纷停下脚步，抬头仰望太阳。我可没有半点夸张。当时，很多人还沉浸在自己的工作当中。正午时，人潮涌入第七大道，但每条街道上都有驻足观望日食的人。平心而论，相较于日全食，日偏食和日环食不够壮观。这场日食到底有何特殊之处，竟能够激起纽约人的兴趣？让我们从两个方面来分析这次不同寻常的日食。

首先，我们身处的这个时代，人们从身体到内心的兴奋点，往往需要人工产品来刺激，透过过山车还有电影、电玩及扩音器等电动产品，可见一斑。没有什么能像环绕着我们的阳光一样微不足道却又无处不在。它能触动我们的情绪，甚至引起我们的注意（印象派画家确实对光线有一定的洞察力，了解它所起到的作用）。晴日里，太阳若是被遮挡了 80%，光线并不会很暗。一片普通的云彩遮住太阳时，光线都要比这暗上许多。正因如此，5 月 10 日那天，纽约的天空并没有突然变黑。尽管当时，我们并不怎么相信自己的感觉，甚至可能说不出心头感到怪异的原因，但出于对日常光线的敏感，我们还是察觉到了些许不同。

我再重复一次，纽约那日天空并不是很暗。正常来说，无云的天空应该非常明亮。那日的阳光虽然依旧普照，但天空却有些怪异的阴沉。人们察觉到了异常，不禁微微战栗起来。《出埃及记》第 15 章曾写道，摩西与以色列的孩童们向上帝献上一首赞歌，称颂上帝改变天象的神力。书中记述："万民听之必颤抖……以东的族长惊惶，摩押的英雄被战兢抓住，所有迦南的居民都胆战心寒……他们像石头一般寂然不动。"较之中东那些古老的王国，纽约要发达、成熟得多。但瞧见天上阳光普照如常，天色却如风暴来袭时一般阴暗时，纽约人也不禁胆寒，如石头一般寂然不动了。一位女士和她的朋友说："我的天，这天气，如果不是世界末日的话，就是快要下雨了！但这天看起来绝对不是要下雨！"

其次，新月形的太阳不常见，日常里可见不到这种景观。故而人们驻足观看、思考。若说之前微暗的天空引发了人们内心的关注，新月形的太阳则

---

① 在《圣经·约书亚记》中，约书亚为帮助以色列人抵抗亚摩利城联盟的进攻，他命令太阳与月亮停留在基遍上空近一日之久，为以色列人争取更多的时间，最终帮助以色列人击败敌人。——译注

激起了人们智慧层面的反应。

每有日食发生，官方媒体便铺天盖地向我们抛来一堆提醒，告诫人们不得直视日食，否则会造成严重的视力损伤。不要直视太阳，一分钟也不行。盯着太阳哪怕一分钟，阳光都能在你的视网膜上灼出一个洞。我能理解官方媒体这种夸张的说法。长时间盯着太阳确实不是什么好事儿，媒体告诫大众的每一条后果，最终都有可能变为现实。为了引起人们足够的恐惧感，防止民众长时间直视太阳，媒体必须说："完全不可直视太阳。"这些警告如此严厉，许多人都相信了。民众认为，日食产生的特殊能量确实会对眼睛造成一定损伤。事实上，无论是正常的太阳还是日食，人都可以短时直视太阳，眼睛也不会受到伤害。毕竟日常生活里，我们难免会瞥见太阳，也未见有人因此瞎了眼。

不过大多数人还是很听话地不去直视太阳，并且采纳了官方媒体的意见，透过一种可过滤太阳光线的精巧设备来观察日食，或是干脆通过投影设备来观看日食。那日，我走在纽约的街头，正为科学进行着人道主义的"实地考察"，见人们用这些设备观察太阳，心里很是感激。托全套观日设备的福，街头众人得以聚在一起讨论、分享，进而组成了一个个观察日食的小团体。

有人手持滤光器观察太阳。一位年轻人准备了数条显影过度的胶片，分发给感兴趣的人，每位观察日食的人都拿到了双层胶片（报纸建议如此）。第53大街上的一位电焊工也放下了手中的活，将他的护目镜分享给聚在一起看日食的人。

还有人借助小孔成像的光学知识来观察日食。任何一个小孔或小缝隙，均可充当针孔摄像机，投射出新月形太阳的影子。用小孔成像的方法观看日食，纽约还有一个农村不能比的优势。影子投射在坑坑洼洼的路上的效果不佳，但若投射在平坦的白色人行道上，观赏效果好得出奇。纽约是个五彩缤纷又充满活力的混合型大城市，这里汇聚了不同种族、不同阶级、服装各异的人（我见过许多比纽约更美丽、更具异域风情的城市，但它们在多样化方面均不及纽约）。我们却很少聚在一起，世上有什么东西能让我们忽略彼此的差异，引起我们的共同关注呢？现在想来，还有什么能比无处不在的阳光更适宜回答这个问题的呢？

第58大街上，一位来自西印度群岛的看门人正穿着工作服站在公寓的大门口。他头顶的雨棚满是小窟窿，每个小窟窿都在人行道上投射出新月形太阳的影子。那位看门人，就像是个招揽顾客的沿街小贩，把路上的行人招呼到他的雨棚下，一起观赏这壮观的景象。"来看吧，不要钱！"一位亚洲人正站在隔壁建筑前，他就像是小吃摊的摊主，一个劲儿地向人们展示，如何用信封、纸张或是薄文件夹卷成的小孔往地面投射太阳的影子。当然，这也完全免费，毕竟，独乐乐不如众乐乐。

每条街道上，都能见到人们聚在一起，彼此炫耀分享着新发现的投射方法。树下聚集的人最多，叶子间的缝隙就像一个又一个的小相机，地上错落的枝叶影子间，跳动着上百个新月形太阳的影子。在日食到达顶峰时，一位穿着考究，嘴里叼着一根烟的女士，将手举向阳光射来的方向，光线穿过手指间隙，在间隙下方投射出新月形的太阳影子。她高兴地叫着，四周的人也为她欢呼。随后，一个男孩取下了头上的可调整式棒球帽，解开帽子上的调整带，用带子上的小孔投射太阳的影子。见状，人群中再度爆发出一阵欢呼声。

我这一辈子见过不少有趣的日食和月食，和所有的爱好者一样，我的记忆里也珍藏着最爱的故事和重要的事情。我记得，我见过最棒的一次月食是在十几岁的时候。那时，我正待在朋友的家里，25 层楼的高度能让我俯视整个曼哈顿。一般来说，被完全遮住的月亮会变暗，可能还会泛着其他颜色的光。那一夜，整个月盘变成了一种深深的暗红色，一种从未在天空中出现过的暗红色，或许整个地球都不见得看到过这种颜色。那一瞬间，我突然明白了，《圣徒》这首歌里的那两段词，并不是在说什么抽象的末日恐怖故事，而是在描述日食和月食的景象。那时，我是一个民谣乐队里的贝斯手，这首歌是我们的常奏曲目。那两段词是这样写的："当太阳不再闪耀光芒……当月亮转为血红色；哦，上帝！当圣徒前行之时，我愿成为他们中的一员。"这一段歌词描述的是末日审判，此类事件往往会伴随着日食或月食。正是如此，先知约珥才会像个天文学家一般，做出如下预言："日头要变为黑暗，月亮要变为血，这都在耶和华大而可畏的日子未到之前。"

我至今依旧念念不忘 1970 年初的那场日全食。一个人能如此幸运，有机会目睹这场堪称壮观的天文奇景，又怎么会忘记它？那次，我们系租了一艘渔船，自楠塔基特岛出海，那儿是新英格兰唯一一处能完全看到日全食的地方。我渴望见到月亮的阴影完全遮住太阳的那一刻，一想到能见到日冕，我便激动得汗毛直立。但当时，我还没有完全明白这种现象的原理。人类居住的自然世界里充斥着各种阴影，就连灾难也能在阴影中看出端倪，比如滚滚黑云往往会引来暴风雨，龙卷风则在数里之外便可瞧见它的影子。但当太阳完全被月亮的影子盖住时，天空就像是被看门人拉下了电闸，霎时暗了下来。太阳威力巨大，百分之一的太阳光便可形成白昼。日全食时，世界陷入黑暗，而白昼与黑夜，不过在眨眼间便完成了转换。天空完全黑下来时，我那尚在襁褓的儿子在我怀里哭号起来。

美国学校的科学教育质量欠佳，类似的警告听得我们耳朵都快生茧了。多少人在哀叹，绝大多数美国人对身边的自然现象一无所知。这种悲叹确实有一定可信度。我的学生里，有近一半的人不知道地球有四季的原因。我们必须加强自然科学知识的普及，在教育领域，这是重中之重。

我很肯定，美国人在自然科学知识方面的欠缺绝不是因为缺乏兴趣。"美国人欠缺自然科学知识"这种指控是对的，但若将原因归结于缺乏兴趣，那便大错特错。美国人对自然的兴趣很高，但这并不意味着兴趣能够化为动力，促使人们参与传统意义上的科学活动，或者把科学变成人生追求（会有此类误解，是我们对智力活动分类不当造成的）。我的同事菲利普·莫里森有一个爱好，他喜欢记录大量对科学素养有较高要求的日常活动，但这些活动很难分类，比如制造和维护望远镜的人必须拥有天文知识；园艺俱乐部成员需要丰富的植物学知识（这一点尤见于年长女性）；甚至对于那些经常出入赛马场赌马的人，不了解概率的话，也会成为其提高科学素养最大的障碍。

现在，请允许我在这份清单上再加上一条。美国现在有近百万的 5 岁孩童能够准确地记住（也能拼写）所有恐龙的名字。而在 1994 年 5 月 10 日这一天，成千上万的美国人停下脚步，抬头观望太阳，静静思索，那层层积累的欢乐与喜悦，我认为也可以加在这份清单上。那一日，纽约是全世界最值得一去的地方；那一日，我更加坚信，人类对科学知识有与生俱来的兴趣。若想在教育层面开展实际改革，让人们对科学有更加广泛的理解，这种兴趣既是一切的基础，也是必不可缺的元素。

人们常说，唯苦难可将众人团结在一起。暴风雪时，我们确实会互帮互助；若是有邻里遭遇不幸，我们也乐意敞开家门，用一颗诚挚的心去帮助不幸之人；若是有孩子走失，哪怕我们不认识这个孩子，也会彻夜在森林里搜寻孩子的踪迹。如此种种，让我们对人类共有的人性抱有希望。人们常认为，这个世界一点也不体贴，充满了自私自利，甚至可谓残忍。人们还认为，唯灾难方可以唤起人性，享乐做不到这一点，更不用说与单纯肉体上的享乐相对应的智慧了。但兴趣与好奇心也可以将我们聚在一起。那一日，我看到纽约人沉浸于自然中，自发地与身边的人讨论太阳。这一幕给我带来莫大希望，人类面对困难时团结一致的勇气虽然也让我心怀希望，却不能和这一幕相比。看到众人齐心面对困难，我会心生崇敬，眼含热泪，但众人齐观日食这一幕，却让我情不自禁地微笑。

所以，我决定引用一首最伟大的太阳赞歌作为这篇文章的结尾。我常提及我个人的科普文写作理论，我将科普文写作分为两个类别：第一种为伽利略模式，主要是关于自然谜题的知识性文章；第二种则为圣方济各模式，主要是关于描写自然之美的抒情散文。我崇拜伽利略，因为他并没有采用教会与大学的正式拉丁语，而是用意大利语创作了两本对话集，用自己的方式与有识之士沟通。我也很崇敬阿西西的圣方济各，因为他对大自然之美的优美赞颂。

我是伽利略式写作方式的忠实信徒。我所承的这一脉是自伽利略大师本人起，到 19 世纪的托马斯·亨利·赫胥黎，再传至与我们同代的 J.B.S. 霍尔丹和彼得·梅达沃。我也很崇拜圣方济各，但实在不知道如何用圣方济各式写作方式进行创作。这篇文章的开头，我引用了我心中的文人英雄伽利略所说的一句话。但因文章所述的重点，是太阳的力量之大，能将不同的文化与不同的关注点聚集到一起，故结尾时，我要引用的这句话，出自一位我从未引用过的人之手，即阿西西的圣方济各。圣方济各于 1225 年创作了一篇优美的抒情散文——《太阳兄弟颂歌》。这篇文章用他的家乡话翁布利亚语著成，他的作品也常被认为是现代语言中保存下来的最早的作品。

"为我们带来白昼的太阳兄弟啊……
他是多么美丽，多么绚烂辉煌！"

02

停止狄奥尼修斯的争论

1697 年的一天，为忏悔在"塞勒姆女巫案"审判中犯下的错误，地方法官塞缪尔·休厄尔（Samuel Sewall）静默地站在波士顿的老南教堂里，教堂里正大声宣读着他的忏悔词。在此案中，他对塞勒姆"女巫"的指控有误（他指控的"女巫"最终被处死了），而塞缪尔是本案众多法官中，唯一一位敢于站出来接受民众惩罚的人。四年之后，还是这位塞缪尔法官，他在一个特别吉利的时刻，给上帝送上了最欢乐的一场戏。塞缪尔雇了四名吹鼓手，在天将破晓时，于波士顿公园吹奏并宣告"18 世纪的到来"，还请了镇里的公告传报员诵读他写的《新世纪之诗》。这首诗开篇的第一节与今日很相衬：第一，诗中描写之景与今日颇相似（我在波士顿写这篇文章的时候，正值 1 月，天气阴沉寒冷，室内温度为 −2℃）；第二，诗中所述的老旧家长主义，凸显出我们的历史上既值得赞美又具有争议的一面。诗文开篇第一段如下：

> "再一次！上帝将光亮赐予人间，
> 驱走这片土地上的寒凉。
> 公正之光请快快洒下，
> 结束这漫长的黑夜。
> 赐予印第安人一双眼，
> 来看那生命的光，让他们走向自由。
> 自此人们只应信仰基督之神，
> 再也无须崇拜虚缈的偶像。"

　　我举这个例子，并非想要提及他那惨痛的过错，让这位好法官尴尬不已，也不是为了赞扬他那值得称赞的勇气，只是想聊一聊从休厄尔之意图中得以窥见的某些现象。毕竟逐渐临近的千禧年终究会将我们所在的时代推向高潮，休厄尔故事中的某些问题也愈发凸显起来。休厄尔选择在 1701 年 1 月 1 日那天雇用四名吹鼓手宣告新世纪的到来（而非 1700 年 1 月 1 日），由此在世纪之交的争论中，休厄尔做出了明显的表态，1701 年 1 月 1 日即是他心中新世纪之火点燃的那一天。自休厄尔此举之后，每逢世纪交替，辩论便愈发激烈起来（见我撰写此文时主要的参考来源《世纪末》，这本书由希勒尔·史瓦兹所著，是本十分严谨而伟大的历史书）。这一激烈的辩题即为：一个世纪的结束点到底是何时？是以数字 99 结尾的年份（大众普遍认为如此），还是以数字 00 结尾的年份（某些特定群体的狭义逻辑抱以这种看法）？

　　尽管离世纪之交尚有几年时间[①]，但这辩论却比以往任何时候都激烈，主要的两个原因显而易见。第一，我们身处的时代混乱不堪，迅速发展的新闻业为这荒谬又频繁出现到令人作呕的辩论提供了许多机会。我们不正是因为总是关注此类鸡毛蒜皮之事，进而忽略了真正应当关注的问题吗？第二，于此时而言世纪之交，确实可称得上是件头等大事。这可是"千禧年"，对于人类而言无疑是重大且绝无仅有的（或许这世间有少数几棵长寿的树，一两个菌类曾经历过千年交替，但绝对没有哪种此时还存活在世间的动物有过如此经历——见文章 26）。

　　1993 年 12 月 26 日，《纽约时报》曾刊登一篇文章，劝阻人们放弃疯狂的圣诞购物，以迎接马上到来的新年。为了给世纪之末做好商业上的准备，文章开头写道："千禧年自是有钱可赚……×999 年时，市场阴郁的气氛蔓延。大肆宣扬末日论的人或许是没有感知到大众营销策略的到来。"千禧年的商业热潮已开足马力：立场坚定的基督教末日论小团体、勤勤恳恳外出赚钱的普罗大众，报纸、笔记本，一反主流的新世纪水果蛋糕，还有日常不可或缺的咖啡杯和 T恤，这个时代的方方面面都受到了商业热潮的影响。这篇文章甚至还提到了一家咨询公司，其成立的目的便是为了帮助他人在千禧年中分上一杯羹。由此，我们或许正目睹一种曲折循环盈利模式的诞生，这种模式可称为"变相投机"。在商业投机情绪趋热的大环境下，无数想要赚钱的人在寻求着赚钱的点子，而

---

① 本文作于 2000 年之前。——编注

此类"变相投机"的人则向遍寻点子而不得的人兜售建议,进而牟取暴利。

恕我无法苟同这种观点,按现在的话来说,即我无法"顺应潮流"。在此,我不得不提到两点,或许能为这种甚嚣尘上的观点泼盆冷水。第一,虽然我不想过度强调专业术语,但千禧年并非指一千年结束时的过渡年,而是指持续了整整一千年的时段,因此我总认为"千禧年"这个词的用法并非十分准确;第二,如果人们坚持要庆祝一个千年的结束,无论用什么词来表示这个千年的终点,决定庆祝的时间是必不可少的。我写这篇文章的目的就是为了向读者解释,为何上述的第二点至今依旧悬而未决(这问题虽悬而不决,却极具启发性,我们不应觉得沮丧)。英国诗人丁尼生(Tennyson)的诗告诉我们,宁可失去爱情,也好过从未经历爱情。虽然我们不知道究竟哪一年才是一千年的终点,但知道无法得出答案的原因要比面对大众焦躁着分为"1999"派与"2000"派时毫无头绪好得多。至少,当你能理解争议双方的矛盾无法解决却又合乎情理的理由时,你可以平静地选择两边皆庆祝,当然也可以选择完全不庆祝,前提是你既刻薄又自命不凡,人人皆知你自以为是。

先来说说"千禧年"这个词。从语源学角度来说,"千禧年"指持续整整一千年的时段。这个概念并非出自实用历法或时间量度领域,而是来自末日论,也就是认为时间必将走向神圣之终点的观点。千禧年一说植根于《圣经》中有关天启的两个部分——《旧约·但以理书》及《新约·启示录》。具体来说,千禧年在基督教传统中代表着持续整整一千年的未来新纪年,千禧年的终点,人类将迎来末日之战与末日大审判。在《启示录》第20章中,圣约翰在神谕的幻象中看到撒旦被扔进无底的洞穴中囚禁千年,耶稣将回归,并携着复活的基督殉道者一起统治千禧年。而后撒旦得到释放,他自无底洞而出,带领歌革(Gog)与玛各(Magog)及一众坏人发起末日之战。上帝与好人取得了最终的胜利,而恶魔则被掷入充满火焰与硫黄的湖中,所有在战争中死去的人都复活了。在千禧年的末日审判中,人类只有两种选择,要么与耶稣一起活在人世间,要么投向另一边,和历史上绝大多数有趣的人物一起在这火海中走向灭亡。

"我又看见一位天使从天降下……他捉住那龙,就是古蛇,又叫恶魔,也叫撒旦,把它捆绑一千年,扔在无底坑里,将无底坑关闭,用印封上……我又看见那些因为给耶稣作见证并为神之道被斩者的灵魂……他们都复活了,与基督一同作王一千年。那一千年完了,撒旦必从监牢里被释放,出来要迷惑地上四方的列国，就是歌革和玛各，叫他们聚集战争……他们上来遍满了全地，围住圣徒的营与蒙爱的城，就有火从天降下，烧灭了他们。那迷惑他们的魔鬼被扔在硫黄的火湖里……我又看见死了的人，无论大小，都站在宝座前；案卷展开了，并且另有一卷展开，就是生命册……若有人名字没记在生命册上，他就被扔在火湖里。"（《启示录》20:1-15）

"千禧年"的原意是代表未来基督的统治时期，它又是如何转变成如今众人口中用以代表千年交接的历法概念的呢？主要的原因在于这个词语的含义容易混淆，在流传的过程中人们逐渐忘记其在基督教中代表天启的原意，更不用说现今越来越少的人会去读《圣经》了（尽管至少在某些圈子里，阅读《圣经》依旧盛行）！但在末世学说中，"千禧年"一词意义的转变确实是有据可依的，特别是在尝试判定地球年龄这一方面，这个问题也是末世学说与我的专业——地质学存在交集的部分。

《圣经》中的许多篇章都曾经提到过，上帝的一日即地上千年。《彼得后书》3:8 中有云："亲爱的弟兄啊，有一件事你们不可忘记，就是主看一日如千年，千年如一日。"这种类比单就字面理解，让不少释义者以为，上帝创世花了七日的时间，那么地球自诞生到最终审判毁灭之时最多也只有七千年的时光。按此法计算，世界最后一个纪元，也就是第七个纪元，正是上帝辛苦创世六日后选择休息的第七日，第七个纪元将会是整整一千年的极乐纪元，是传统千禧年中伟大的安息日。如果科学与圣经注解学均无法判断地球诞生的确切时间，至少我们还能得知地球毁灭前极乐纪元的开始时间[1]。

---

① 从这个意义上说，这与我们通常的看法不同，17 世纪千禧年观念的大复苏不应该仅仅被视为阻碍科学发展的一次不切实际且为时过晚的进攻。从某方面看，它也是现代科学革命的自然产物。至少从奥古斯丁时代起，天主教就用一种带寓意的说法，在文字上压制千禧年之说。他们说千禧年应该被视为在圣灵降临节时，人们共同进入教会时的一种精神状态——基督复活后，使徒承袭了圣灵。那只是我们与上帝进行神秘交流的个人经历，是发生在当前的。不言而喻，这种言论带有一种社会目的，是那些保守而有权势的机构为了保持他们现有的影响力，鼓励一些非正统的理论宣扬世界末日是真实存在的，而且即将来临。然而随着科学以及其他崇拜形式的发展，包括历史、哲学和文本分析，发明了新的方法来探讨诸如地球的年龄这样的问题。为了计算的可能性，专家们不主张对地球的开始和结束时间弄得一清二楚。同时，对科学到底能发展到哪种程度的好奇，也加重了人们对逐渐进入地球千禧年的期望。（见《大不列颠百科全书》对千禧年之说的解释，请特别比较一下早期的基督教中天启末世的几种说法——突然如神助般颠覆了一个充满罪恶的荒凉世界和 17 世纪描述的"进步的千禧年之说"。这些事件如细线一般纠结在现代各种信奉末世论的团体之间，其中包括耶和华见证会和基督复临安息日会。如此一来，这段历史就不仅仅具有古物考究的乐趣了！）

　　如果单就圣经诞生的时间与其他古老资料来计算，绝大多数对地球寿命的计算都将上帝创世的时间定在公元前 3761 年（犹太历法）至公元前 5500 年（希腊语版《旧约圣经》）之间。由此来看，进入千禧年或许已迫在眉睫，又或者按照你喜欢的算法，我们刚刚已经进入了千禧年。确实，无论人们推测创世的时间是什么，都没有理由将"千禧年"重新定义为"写作'×000'年的过渡时期"，但至少我们能够理解，为何大众会将"整整持续一千年的未来极乐纪元"与"在千年的时段中计算历史性时刻的某种算法"两种概念混为一谈。

　　下面我们再来谈谈正确的时间。本人身高低于平均水平，我很乐意告诉大家，为我们带来这"世纪末之难题"的罪魁祸首是公元 6 世纪一位名叫狄奥尼修斯·伊希格斯[①]的修道士，历史也称之为"小个子丹尼斯"（Dennis the Short）。小个子丹尼斯受命为教皇圣约翰准备一份年代表，于是他决定将年代表的起始点设为罗马帝国建立的那一年。但为巧妙平衡其世俗之心与宗教信仰之忠诚，丹尼斯又以耶稣诞生之日重新划分年代表。经计算，他认为耶稣出生于罗马建城后的 753 年（A.U.C.）[②]12 月 25 日左右，因此，丹尼斯将新年代表的起始时间设立在耶稣诞生日之后的几天里，最后确定为罗马建城后的 754 年 1 月 1 日，这一天并非耶稣的诞生日，而是耶稣诞生第八日进行割礼的庆祝日，这一天同样也是罗马历法及拉丁基督教历法中的新年第一日。

　　狄奥尼修斯的历法并未给世人提供多少便利，倒是造成了许多麻烦。首先，他完全算错了日期。希律王死于罗马建城后 750 年，如果耶稣诞生时希律王尚在人世，那么耶稣应该出生于公元前 4 世纪，甚至更早（如果耶稣诞生时希律王已经去世了，福音书的内容可就与现在完全不同了）。若按狄奥尼修斯的算法来看，耶稣在诞生之前就已经活了好几年了！

　　但和狄奥尼修斯的第二个错误决定相比，算错耶稣的出生日期算不上什么大问题。狄奥尼修斯将罗马建城后 754 年 1 月 1 日设定为公元（A. D.，即 Anno Domini 的缩写，又称"有主之年"）1 年 1 月 1 日，而非公元 0 年（如果狄奥尼修斯真将罗马建城后 754 年设立为公元 0 年，我们现在能省去很多麻烦）。

　　长话短说，狄奥尼修斯因疏忽而做出的错误决定将现代历法弄得一团糟。

---

① Dionysius Exiguus，470—544，基督教神学家。——译注
② A.U.C 即 Ab Urbe Condita 的缩写，为公元 525 年以前西方通用的历法，以罗马城奠基之年开始计算。——译注

耶稣本该一岁的那年，狄奥尼修斯的历法系统却显示耶稣已经两岁了（婴儿还没有过第一个生日之前都应该算作零岁，而现代历法却显示婴儿刚出生的时候就已经 1 岁了）。公元 0 年的缺失同样也意味着在不进行纠正的前提下，在公元前与公元后的过渡期内，我们都无法计算年份。公元前 1.5 年至公元 1.5 年实质上为一年，而非三年。

世纪之交的问题也正是因狄奥尼修斯的这个错误决定而起。如果我们坚持认为，十年期必须是整整十年，一个世纪必须为整整一百年，那么公元 10 年也就是历史上第一个十年期的终点，公元 100 年是第一个世纪的终点。如此看来，这个问题永远也无法得到解决。无论大众怎么想，每一个以 00 结尾的年份必须算作该世纪的终点，也是该世纪的第一百年。单纯按照狄奥尼修斯历法系统的逻辑计算，1900 年应当是 19 世纪的终点，2000 年则应算作 20 世纪的终点，而非下一个千禧年的起点。如果丹尼斯这个没什么远见的修道士没有遗漏公元 0 年，那么逻辑与常识便可相吻合，我们就能在 2000 年 1 月 1 日时听到庆祝千禧年的钟声从四面八方响起，可惜他遗漏了公元 0 年！

逻辑与感觉即使对不上了，两者又会自然而然地对人们的抉择产生影响，这些关于世纪之交轰轰烈烈又反反复复的争论自是无法简单解决的。部分问题能够得到解决，因为人们可获取的信息能够引领我们得出某种特定结论。地球确实是围着太阳转的，进化论也确实操控着生命的历史（尽管我很怀疑，我们永远也无法调查出开膛手杰克的真实身份了）。然而许多激烈的辩题是因分析的价值取向或者方式不同造成的，无法依靠已知信息解决（比如，是否应该禁止堕胎，在哪些情况下应该禁止堕胎，上帝是否真的存在）。这些总是无法解决的问题都有一个共同特点，它们大多都是无关紧要的问题，却总能掀起风浪来。最让人沮丧的是，这些问题往往与事实及世间的现象无甚关联，而是关乎个人的阐释及思想体系，故而基本无法找出解决方法，世纪之争即属于此类问题。

狄奥尼修斯武断的历法体系逻辑让世纪之交落在 ××00 年与 ××01 年之间。但共同的感觉却引领人们走向另一个结论：我们想让两个世纪间的过渡期与人类官能上明显可感知的程度及强度相吻合。世纪之交落在 1999 年与 2000 年间明显更具说服力，因此我们将这 4 个不同的时间点均设置为千年之交的节点，而不是简单地将千位数上的变化视为千年的交替（在这里我用了"共同的感觉"，却没有用"常识"一词，是因为上述的理由全依赖于人类的审美与感知，而非通过逻辑推导而出）。

　　有人或许会争辩，人类是有理智思维的动物，自是愿意将感性置于理性之下的，但人类在很大程度上同样也是一种感性动物。因此，关于世纪之交的争论愈演愈烈。举个例子，希勒尔·史瓦兹在 1900 年时向报社致信两封，作为感性派中的一员，她在信中写道："我蔑视那些呆板至极的人，我们都已经度过了 1900 年的 12 个月，他们却还想在 1901 年挑起人们对于世纪之交的激情。"100 年是世纪的象征，更是唯一且非常世俗的象征，它在人类心目中的地位惊人的重要。带着唯一见得着的象征，迈入融洽的新世纪，除此之外，怕是没什么能比之更合情合理了。

　　我爱极了人类这小小的缺点。在艰难人世间，除此之外，还有什么事能引人一乐呢？问题越是细小琐碎，人们就越是无从解决，并且争论越是激烈，争论的各方就越是言辞犀利，振振有词（想想大学停车场里为停车位而起的场场极具学者风范的辩论吧）。同样的争辩每隔 100 年即出现一次。一位参与了 1800 年对阵 1801 年辩论的英国人曾写道："近日，无数人受到了这场无用辩论的影响，人们十分看重这个世纪的开端。"1801 年 1 月 1 日，《康涅狄格报》刊载了一首诗，道出了辩论双方的种种苦恼（但这诗明显偏袒狄奥尼修斯）：

　　　　"昨夜 12 点整，
　　　　18 世纪翩飞而来。
　　　　无数人埋头计算，
　　　　绞尽脑汁，奋笔疾书，
　　　　只为通过形而上的方法证明，
　　　　100 年其实只有 99 年；
　　　　他人却怀疑这一结论，
　　　　决定再添上一年以凑满整整一百年。"

　　一个世纪之后，同样的闹剧再度上演。《纽约时报》早已料到这场辩论会再度出现。1896 年，《纽约时报》刊登文章写道："临近本世纪终点，一场每个世纪都会出现一次的辩论近在眼前：新世纪到底何时开始？毋庸置疑，有人认为新世纪的开端当是 1900 年 1 月 1 日，另一派人则认为应当是 1901 年 1 月 1 日，而辩论双方给出的理由都十分充足。"但一位德国评论家则写道："在我这一生中，我见过许多人因许多事情争执不下，但人们对'本世纪何时结束'这种学术性问题的狂热则甚是少见……辩论双方做着最为复杂的计算，同时又坚称这实属世界上最简单的问题了，连小孩儿都能理解。"

你问我到底支持哪一派？好吧，在公开场合，我自然是哪一派都不站的。就像我在上文中提到的那样，这个问题是无解的。在这迥然不同却又均合情合理、完全可证的问题里，辩论双方坚守着自己的论点。但在私底下，只有你我的时候，我会这样告诉你：我认识一位年轻人，因天生心智不足，认知存在严重问题。巧的是，我这位朋友在双历计算上颇具天赋（他能即刻说出某一天的具体日期，无论那一天是在千年以前还是千年以后。过去我们称这种人为"低能特才"，值得开心的是，这种称呼现已很少用，但我同样也不喜欢如今用来替代这种称呼的委婉叫法——学者症候群）。他非常了解这场世纪之争，毕竟除此之外，也没有什么事情能引起他的兴趣了。近日，我问他千禧年到底是自 2000 年开始，还是自 2001 年起，他毫不犹豫地回答："自然是 2000 年，第一个十年其实只有九年。"

这种解决方法多么巧妙啊！我们为什么不能用这种方法来解决这场辩论呢？毕竟，那个时候活着的人可一点也不关心他们辛苦奔波之时是公元 0 年还是公元 1 年，也不会在意第一个年代到底是整整十年还是只有九年，更不会关心第一个世纪是整整 100 年还是只有 99 年。用公元前与公元后来划分时间的历法体系直到公元 6 世纪方问世，欧洲直到 11 世纪才勉强接受了这一历法体系。因此，我们何不干脆宣告，第一个世纪其实只有 99 年，毕竟那时活着的人绝不会知道，也不会关心这个关于时代的错误在未来会越来越严重。如此一来，世纪交替的节点便能与大众的感知相吻合，我们便能抛开狄奥尼修斯的武断，随性地用我们自己的方式让争执不断的双方重修于好。这个方法可谓干净利落，但我认为人们依旧会狂热地争执着这些琐碎却又无解的问题，不然，大家便会将这浑身无处可卸的精力用在真正的战场上，说不定还会闹出人命来。

我们还能从这不断重演的无解争辩中得到些什么？讽刺的是，此类无解的争论恰恰为洞察某些社会学问题提供了可能。因为人们无法从自然或者逻辑之类的"外部因素"中获得答案，从人类观点之转变便可看出"纯粹"的人类看法转变路径。由此，我们便能不受"想要找出真相"之类的因素所困扰，进而描绘出社会演变的趋势图了。

我本打算只花费几个小时来研究这个问题，但在搜索世纪交替的文献时，我发现了社会学领域中几个有意思的现象。出乎意料的是，人们在"世纪之交"问题上分出的两个派别（在本文中，我一直将它们称为"逻辑派"与"共同感知派"）竟也与社会学存在着明显的逻辑关系。"逻辑派"认为一个世纪必然是一百年整，又因为狄奥尼修斯没有将公元0年纳入其历法体系内，故而世纪交替必然落在00年与01年之间。这种说法大受学者、掌权之人（特别是出版业与商界）的欢迎，此类人也就是我们常说的"高知"。"共同感知派"则认为世纪之交必然落在99年与00年之间，因为这是人们最能感受到变化的时间点，这一派别的人也不会因狄奥尼修斯缺乏远见的错误而感到困扰。这一派别最受另一神秘派别的青睐，过去我们称之为"布衣百姓"，如今则称其为"大众文化"或"流行文化"。

　　两个派别之间的差异还要从这场反复出现的世纪辩论的起点说起。希勒尔·史瓦兹逐本溯源，她发现关于这问题，第一场声势浩大的辩论发生在1699年至1701年间，也正是这场辩论促使了塞缪尔·休厄尔决定雇用吹鼓手在波士顿吹响号角，昭告新世纪的到来。有趣的是，这场辩论将部分火力集中在了一个始终让人困扰不堪的问题上，即第一个千禧年的交替（999—1001）是否在一段时间内引发人们的恐慌，因人们认为天启即将到来，世界末日就在眼前。有这种想法的人将其称为"极度恐慌"。众人对此看法不一，有人大肆渲染这种想法，比如理查德·爱尔多斯就曾写过一本毫无观点可言的书，书中尽是将此言论的点点滴滴放大、夸张的论断。也有人坚决地拆穿这一说法，如前文提到过的那本希勒尔·史瓦兹所著的书。而我，请原谅我的无知吧，我追随着法国历史学家福西永 ① 的步伐，站在中立阵营（见其书《1000年》）。

　　福西永认为，天启当然会掀起人们的恐惧，至少在10世纪中期时，法国、洛林及图林根的人们确实为这一问题所扰。但同时福西永还发现，他找不到任何证据可证明，1000年本身曾引发过任何大范围的恐慌，教皇诏书中不曾记载，在教皇、领主或国王的记录中也寻不到丝毫证据。

　　而在对立的阵营中，有一位著书颇多的修道士，名为拉乌尔·格拉贝，他是"千禧年引发恐慌"一说的绝对拥护者。他在书中写道："因千年之期已满，撒旦即将得到释放。"虽然没有任何文献与考古记录能够支撑格拉贝接下来的这个观点，但他还是坚称，当人们最终发现，跨过1000年后，末日决战

---

① Henri Focillon, 1881—1943。——译注

迟迟未至，他们便会大兴土木，修建新教堂的浪潮随即而至。格拉贝写道："1000 年之后再过上三年左右，世界将被纯白色的教堂所覆盖。"

格拉贝的故事诠释出"观念僵化"的危险。1033 年时，格拉贝尚在人世，他依旧鼓吹着即将到来的千禧年。尽管他承认，自己犯了错，不该以耶稣诞生之日作为千禧年倒计时的起点。格拉贝后来认为，天启必将出现在 1033 年，而非千禧年中耶稣的受难之日。格拉贝将那年的一场饥荒理解为天启到来的明确迹象，他说："人们还在相信，世界依旧为自然之法所统治，四季依旧按照顺序交替变换，但这世界却已重新陷入永久的混沌无序中，人们不禁害怕，人类的末日来到了。"

我很怀疑，我们对格拉贝的赞誉是否过高。据其他文献记载，格拉贝是个狂放不羁的人，其一生波折坎坷，曾多次被驱逐出修道院。我个人更倾向于站在"极度恐慌论批判家"的阵营里。为何 1000 年能够在当时引发如此大的反应？要知道当时狄奥尼修斯的历法体系尚未被人们广泛接受，不同的文化对于新年起点的算法也不尽相同。我怀疑，对那个时代错误的解读，再加上少数几个合理的观点，才会引发人们"极度恐慌"的概念。

质疑公元 999—1001 年"极度恐慌"是否真实存在的另一个原因在于，对这场惊天动地的恐慌的记载，唯有 16 世纪红衣主教切萨雷·巴罗尼奥在他的著作中曾提过一笔。17 世纪 60 年代曾有过一场关于世纪终点的争论，争论时回溯第一个千禧年定是不可避免的。公元 999 年或 1000 年末的时候，到底有没有出现过"极度恐慌"？有趣的是，高知文化与大众文化之间的区别也能在这场"年代错误的重建"中觅得踪迹。学者们认为 1000 年时曾发生过极度恐慌，而大众则更倾向于公元 999 年。希勒尔·史瓦兹写道：

"新年前夕到底是 99 年还是 00 年的辩论尖锐而讽刺，有时又充满激情。这场自 17 世纪 90 年代起便反复出现的辩论所带来的困惑，已蔓延至千禧年的计算方法上。对于红衣主教巴罗尼奥与那个年代极为稀少的中世纪文献而言，关于千禧年之争的全部激情都集中在 1000 年末，事实上在'极度恐慌'的传说当中，999 年末才是更加重要的一年。"

在这一问题中，高知文化与大众文化对阵的模式屡见不鲜。辩论于 17 世纪 90 年代兴盛起来，18 世纪 90 年代，这场辩论占据了费城与伦敦各大杂志的大幅版面（1799 年末，华盛顿总统逝世，全美都陷入哀悼中，此事让这场辩论变得更加尖锐），19 世纪 90 年代时，全球都陷入了对这一问题的狂热讨论中。

在诸多场辩论当中，最能体现高知文化与大众文化区别的，莫过于 19 世纪 90 年代那一场了。1899—1900 年，有几个高知文化的观点与大众文化一致。德国皇帝威廉二世公开表示，20 世纪的起点为 1900 年 1 月 1 日。有几位因学识渊博而被授以男爵头衔的学者，包括如弗洛伊德和威廉·汤姆森在内的那些研究领域与这场争辩毫不相关的学者也同意威廉二世的观点。但大体而言，高知文化还是比较认可狄奥尼修斯武断的看法，即世纪之交应当落在 1900 年至 1901 年之间。曾有人甚是勤勉，就此事做了一次调研。调研结果显示，哈佛大学、耶鲁大学、普林斯顿大学、康奈尔大学、哥伦比亚大学、达特茅斯大学、布朗大学及宾夕法尼亚大学的校长均认为世纪之交处于 1900 年至 1901 年之间，整个常春藤盟校都是狄奥尼修斯的忠实拥护者。既然如此，区区一个威廉二世又有何可担忧的呢（尽管瑞典的国王也与威廉二世处于同一战线中）？

无论从哪个角度来看，在对这一问题影响力举足轻重的论坛上，"1900—1901"阵营赢得很彻底。实际上，从全球来看，在所有迎接新世纪到来的庆典中，每个重大的庆典都于 1900 年 12 月 31 日举办（连德国都是如此），大家一起迎接 1901 年 1 月 1 日的到来。此外，基本上主流的报刊都选择在 1901 年 1 月 1 日正式发表其迎接新世纪的贺词。我依据主要文献做过一次调查，发现主流报纸及杂志均是如此，无一例外。《19 世纪》是英国一本著名的杂志，在发布其 1901 年 1 月第一期杂志时，杂志社将名字改为《19 世纪及以后》，当然，改名也是仅此一期而已。在这一期中，杂志采用了新的徽标——双面雅努斯（雅努斯是罗马的门神与守护神，为起源神，前后均有一张脸，故而又被称为双面神），一张老者的脸向下回望 19 世纪，另一张年轻的脸则向上张望 20 世纪。如《农民年历》和《护民官年历》此类可靠的标杆式年历都将 1901 年出版的年历称为"20 世纪第一本年历"。1899 年 12 月 31 日，《纽约时报》通过讲述一个故事来回顾 19 世纪。报纸写道："明日，我们即将迈入 19 世纪的最后一年。19 世纪，无论从物质层面还是精神层面，都是取得长足进步的一个世纪，人类在这个世纪取得的进步，过去任何一个世纪也难以望其项背。"1901 年 1 月 1 日，《纽约时报》头条写道"20 世纪吹着号角来到了"，并如此形容纽约市的迎接新世纪庆典："光彩四射，群众哼唱着歌，停靠在港口的船只齐声鸣笛，钟声四起，礼炮声声如雷鸣，烟花腾空绽放，新世纪吹着号角来到了。"与此同时，可怜的凯丽·纳辛（美国著名的禁酒运动激进分子。在当时，酒馆在美国堪萨斯属于非法场所，但凡有地方售酒，纳辛便会手持斧头砸掉卖酒的场所）却没能看到这场烟火，甚至不能端起酒杯庆祝。《纽约时报》当天的头版页面上还刊登了另一则短新闻："凯丽·纳辛——因砸毁堪萨斯的酒吧而遭到逮捕，并于狱中染上天花，她表示自己能挺过这一切。"

在上一次世纪之争的较量中，高知文化占据主流地位，连属于大众文化的《农民年历》也将新世纪的起点划分为 1901 年，毫无疑问，《农民年历》的发行人定是认为自己属于精英阶层。随着我们临近千禧年，或许是时候考虑一下高知文化与大众文化之间的区别了。这次世纪的交替要比以往任何一次都重要，然而这一次，大众文化将赢得全面的胜利，无人可质疑这一点。亚瑟·克拉克[1] 和斯坦利·库布里克[2] 在他们的书与电影中公开支持狄奥尼修斯的算法，即新世纪的起点为 2001 年。但除此以外，我几乎找不到其他认为 2000 年并非为新世纪开端的资料。大多数文学书籍的标题都采用了大众文化认可的版本，即 2000 年为开端的版本。此类书籍包括本·波瓦的《千禧年：一本关于 1999年人类与政治的故事》、J. G. 德·波斯的《我们是否应当庆祝 2000 年》、雷蒙德·威廉姆斯的《2000 年》，还有理查德·尼克松[3] 的《1999 年：不战而胜》（ 1999 Victory without war）。普林斯当时发布的专辑主打曲《1999 年》中也采用了大众文化的观点。

文化历史学家常说，大众文化的扩张（包括大众文化的方式与影响力）是 20 世纪的主流趋势。从本尼·古德曼[4] 到小号手温顿·马萨利斯[5] 等音乐家，他们在爵士乐队与经典管弦乐队中登台演奏。纽约大都会歌剧院最终还是上演了《波吉与贝丝》[6]，且演出广受好评。学者们则开始执笔书写关于米老鼠的学术论文。

这种明显的变化有大量记录可证，在当时还引发了大范围的讨论。但迄今为

---

① 亚瑟·克拉克，Arthur Charles Clarke，1917—2008。——译注
② 斯坦利·库布里克，Stanley Kubrick，1928—1999。——译注
③ 理查德·尼克松，Richard Milhous Nixon，1913—1994。——译注
④ 本尼·古德曼，Benny Goodman，1909—1986。——译注
⑤ 温顿·马萨利斯，Wynton Marsalis，1961—。——译注
⑥ Porgy and Bess，又译名《乞丐与荡妇》，于 1935 年 8 月 30 日首次公开演出，全剧使用了美国固有的音乐形式与语言，开创了"轻歌剧"这一形式。——译注

止，对这种变化的所有评论均遗漏了一点，即这场伟大的世纪交替之争。1900年，高知文化与大众文化之间的区别依旧明显，通过强行向世人灌输"1901年1月1日才是新世纪起点"的观念，高知文化在1900年大获全胜。大众文化（或者说大众文化已为决策者所接受）或许在千禧年的问题上已然获得胜利，因为大多数人都抛开了狄奥尼修斯的观点，从骨子里认定2000年才是21世纪的起点——为此，请允许我再次为这一变化喝彩。我那天赋异禀的年轻朋友曾希望通过规定一个世纪只有99年的方法来解决人们的争论，而现在，普通人也能为其他的解决方法说上一二。而由高知文化占统治地位的现象已开始随着大众文化的扩张而转变，人们可以通过宣布20世纪只有99年的方法来解决这一古老的争辩!

这多好呀! 围绕这一无法解决的问题所展开的长时间的辩论，已经让人们精疲力竭，浪费了许多宝贵的时间，也让我们无法集中精神来关注真正重要的问题。我提议，不要继续这智力层面的斗争了，人类虽然无法建立那天赐的千禧之年（我怀疑人类根本无法做到这一点），但至少我们能在这绿色而又可爱的星球上好好建起我们的"耶路撒冷"。

03
天体力学与地球的博物学家

    1906 年，圣弗朗西斯科发生了一场地震，斯坦福大学一座建筑前矗立的路易斯·阿加西①雕像轰然倒塌，虽然雕像并未损毁，但却头下脚上地倒在了人行道上。阿加西是他那个年代最伟大的鱼类学家，也可以说是最后一位严肃批驳进化论的神灵创世论者，他于 1873 年去世。斯坦福大学的校长戴维·斯塔尔·乔丹②不仅是自阿加西之后最著名的鱼类学家，更是一位狂热的达尔文论拥护者。因此，两位学者虽然在生物体方面拥有着同样的激情，却无法在理论问题方面达成共识。

    据说，乔丹在查看阿加西雕像损毁情况时，看着雕像头下脚上的模样，说出了史上最精妙的妙语："好吧，我还一直认为阿加西在实干方面要比其理论方面好上一些呢。"③ 这么有趣的故事如果是真的就好了，但可惜，这故事是杜撰的。在乔丹 1922 年写的自传《一个人的岁月》中，乔丹认为自己有义务对这个故事进行一些说明，澄清自己从未说过如此妙语，并且原话和广为流传的版本完全相反，不应广泛传播。乔丹写道：

---

① 路易斯·阿加西，Louis Agassiz，1807—1873。——译注
② 戴维·斯塔尔·乔丹，David Starr Jordan，1851—1931。——译注
③ 原句为 "Oh, well, I always thought better of Agassiz in the concrete than in the abstract"。"concrete" 一词既有"水泥、混凝土"之意，又有"具体的"之含义。因此，此句即可理解为"我还一直认为水泥做的阿加西要比抽象的阿加西更好一些呢！"（见下文引文），也可以理解为乔丹是在讽刺阿加西在理论方面的荒谬。——译注

"在四四方方的广场上，唯一能引人发笑的便是阿加西那大理石雕像了。它从底座上一头栽下来，头着地，腰以上的位置都砸在了水泥地上。阿盖尔博士要是看到了，可能会说："抽象的阿加西很伟大，但水泥做的阿加西可就不太行了。""

　　人是聪明的动物，但在有需要的时候，很少有人能立刻想出绝佳的妙语。因此，基本上所有精辟的名言警句都是经过后来加工的，都是人们希望当时自己能脱口而出的，但在那一刻却灵感缺乏，口舌尽塞。因此，所有著名的科学警言即使不是完全虚构的，也一定是经过后期加工的。

　　我们都知道，拿破仑①曾与伟大的天文学家皮埃尔·西蒙·拉普拉斯②会面，《科学传记辞典》将这位拉普拉斯描述为"历史上最具影响力的科学家之一"。在这个故事中，拉普拉斯将自己的《天体力学》系列著作副本赠予拿破仑。拿破仑仔细阅读后问拉普拉斯，既然这本书大部分是关于天空的，何以一次都未提及过宇宙的创造者——上帝呢？拉普拉斯回答道："陛下，我不需要那种假设。"

　　通过考证现存的书信，拉普拉斯的原话要无趣得多，事实上这话也并非出自拉普拉斯之口，而是由他人杜撰的。拉普拉斯第一次与拿破仑见面是在1785年，他当时正在巴黎为学校招募学生，作为考官考察拿破仑的数学运算，那时的拿破仑还是个炮兵学校的学生。1799年10月雾月政变（拿破仑通过这场政变而手握大权）的前三个星期，拉普拉斯确实向他面前的学生展示了《天体力学》的前两部。拿破仑接过这两本书，并承诺如果接下来六个月有时间的话，他定会拜读。接下来，拿破仑便邀请拉普拉斯第二天一起共进晚餐，拿破仑说："如果您没什么其他事需要忙的话。"

　　我猜想，人们之所以把拉普拉斯当作这妙语的主人，定是认为他是绝佳的人选。拉普拉斯是科学界中严格决定论与天体稳定论的首要信徒，他所崇尚的天体稳定论的基础即万事万物都须遵从自然法则，自然法则能摆平一切紊乱，让一切物质的运动状态与所处位置恢复原状（拉普拉斯创造了"天体力学"一词）。

---

① 拿破仑，Napoleon Bonaparte，1769—1821。——译注
② 皮埃尔·西蒙·拉普拉斯，Pierre-Simon Laplace，1749—1827。——译注

甚至连艾萨克·牛顿这种常被称为该观点忠实信徒的科学家，在自然法则无法平息紊乱时，也会乐意从神学那儿借助些许帮助以解释事物是如何正常运转的，或是在后来的发展中，事物又是如何恢复正常的。比如，牛顿试图将地质学证据与上帝六日创世的故事匹配在一起，他认为上帝创世的时候，地球自转速度非常缓慢，因此才创造出"一天"的合适长度。但牛顿无法解释在自然法则之下，地球的自转是如何开始加速，进而变成如今自转一圈为24小时的情况的。于是，他向上帝寻求答案。在牛顿写给托马斯·伯内特的信中（托马斯·伯内特是牛顿的同事，他坚信自然法则的恒久不变性与有效性，因此也非常喜欢《圣经》语言中对于"日子"寓意的解释）有这样一段话：

> "上帝创造世界时利用自然因素作为工具，但我不认为单独利用自然因素足以完成创世的壮举，因此应当可以假设，上帝让地球在此时以这样的速度自转是最为合适的。"

与之相反，那句被认为出自拉普拉斯的名言强有力地捍卫了严格决定论，否定了传统观点，认为上帝的永恒角色既无足轻重，又没有必要（上帝或许依旧是最初拨动钟表发条的那个人，在万物的开端，他创造了亘古不变的自然法则。但上帝实在没有必要再参与以后的历史。毕竟，真正全知全能的上帝，定然能在创世之时便为世界建立起最理想的法则，也就避免以后太阳系出现问题时用其神力加以校正的麻烦了）。拉普拉斯曾说过一句至理名言，如今这句话被认为是对严格决定论的定义。拉普拉斯说，如果一个人能知道宇宙中任何一个时间点上所有质点的位置与动态，那这个人便完全掌握了自然法则，未来的一切也皆在其意料之中了。现在人们认为，拉普拉斯这句话当是出自其《概率分析理论》（*Théorie analytique des probabilités*，1812）的引言之中，但《科学传记辞典》找到了这句话更早的出处——1776年一篇略显青涩的文章：

> "以往的自然状况是因，如今的自然状况显然是果。假设一个人在某一时刻能完全知晓宇宙中所有事物之间的关系，那么他便能道出所有事物对应的位置、动态及其影响，无论这些事物是过去的还是未来的。"

除了他的著作《天体力学》，拉普拉斯还因其在概率学方面的超前研究而闻名。或许有人会想，为什么一个决定论与天体稳定论的倡导者会研究概率学？在现代观念里，概率学与随机性一直有着紧密的联系，尽管概率与随机是完全相反的两个概念。这个问题不难回答。拉普拉斯坚定地相信，在现实世界里，每一件发生的事情都是由宇宙的总体法则决定的。自然如此复杂，更不幸的是，我们对自然之道知之甚少。因此，人类必须通过计算概率来弥补我们的局限。换言之，只凭我们有限的知识，我们是无法确定什么事是一定会发生的。

天体力学可谓是科学预见性领域中最成功的代表，因为在天体力学中，自然法则相对简单（基本上就是牛顿的万有引力法则），人类使用的工具也更加精确。但如果有一天我们能知晓所有的自然法则与自然状况，那么更加复杂的领域也是可预见的，或许有一天我们真的能做到这一点吧。拉普拉斯在其 1796 年的畅销书中的一段文字应当是我这篇文章的重点所在：

　　"自然中的万事万物都遵循着这些法则；出于需要，自然法则生出万物，且万物均如四季更迭一般规律。轻原子移动的路径似乎由风向随意决定，但事实上却是受行星轨道的影响。"（我认为，拉普拉斯在这里所写的"原子"一词仅代表微小粒子，并非后来科学理论中所说的肉眼不可见且在化学上也不可分割的基本微粒。）

在这本书里，拉普拉斯指出，人类最终需要在地球上研究更小的物体以习得更加复杂的规则，届时，地球物理学将变得和天体力学一样可测且可控。

　　"之前做过的几项实验给予我们达到这个目标的希望。终有一天，人类能够完全掌握这些自然法则。届时，通过数学运算，我们能将地球物理学的研究水平发展并且完善，就像万有引力的发现有力地推动了天体力学的发展一样。"

在拉普拉斯 1776 年的一篇文章中（前文也引用过这篇文章里的段落），他直接将人类对概率学的需求和人类在自然法则方面的无知联系在一起。他将相对简单且著名的天体力学与更加复杂艰深的地球物理学放在一起进行对比：

"人们在天体力学方面，多仰仗于工具的优势，计算中还借鉴了少许与天文领域相关的知识。但因在导致事情发生的不同因素方面缺乏相关的知识，而这些因素往往也比较复杂，分析方面也不完善，使得这些因素加在一起阻碍了人类掌握绝大多数现象发生的确定法则。因此，世界上存在着许多不确定的事情，这些事情可能会发生，也可能不会发生。人们只能通过确定此类事情发生的可能性来弥补我们在这一方面的不可认知。也正是因为人类智力在这一方面的缺陷，我们才能创造出世界上最精妙、最具独创性的数学理论——概率学。"

我认为目前大部分的科学家及相当一部分受过高等教育的人都认可拉普拉斯这个观点。这就是物理学的魅力之处，也是人们对于简单而又有秩序之事的渴望，虽然我怀疑，在各个层面上，自然的本质都包含着随意性。

拉普拉斯一生的大部分心血都倾注在了天体力学上，他在这门学科中最强调的一点便是自然法则，自然法则以牛顿的万有引力定律为首。万物处于永恒的稳定中，只有外部力量方可扰乱（比如上帝充满神力的双手——也就是我们拉普拉斯口中"没有必要的假设"）。拉普拉斯通过钻研过去几个世纪里天体运动研究中经典以及明显的异常现象来反驳这一说法。所有的异常现象模式均相同：在测量行星轨道时，人们察觉到轻微却持续存在的不规则现象，如果该不规则现象一直持续下去，将会扰乱整个太阳系。拉普拉斯认为，这些异常现象均可用同一种办法解决：即所有的不规则现象都不是累积性的，而是太阳系的自我调整。正是这些不规则现象的循环往复，方维持了太阳系广泛而又恒久的稳定。正因这一发现，拉普拉斯被人赞誉为"法国的牛顿"。

1773 年，拉普拉斯开始着手解决另一个问题：为何木星的轨道似乎一直在缩小，而土星的轨道却一直在扩大（如果该状况持续下去，将会破坏天体运动的规律。事实上，伟大的牛顿曾举起双手祈求上帝偶尔施展他的神力，以保护天体系统的平衡）。拉普拉斯认为这种不平衡具有周期性（大概为每一千年一次），并且不会逐级累积，周期结束天体系统即恢复原样。在不平衡周期的下一个阶段中，木星的轨道将会扩大，而土星的轨道则会缩小。1786 年，拉普拉斯大体上找到了证据可以证明，离心率与行星轨道的倾斜率必须维持在较小的范围内，并且能够不断地自我矫正，这样方能维持太阳系的稳定。

1787 年，拉普拉斯成功地解决了行星运动过程中最后一个主要的异常现象。他认为月球轨道与地球公转离心率的改变有关系。月球的轨道正不断扩张，如果继续下去，月球最终将脱离地球。拉普拉斯发现，地球轨道变得更圆时，月球平均运动速度便会变得更快，而地球离心力增加时，月球的速度又会下降。拉普拉斯认为，地球轨道离心力每隔几百万年会变一次，月球的轨道也正是通过地球轨道离心率的改变而进行自我矫正的，因此，月球永远无法脱离地球。

1788 年，也就是巴士底狱陷落、法国大革命刚刚过去一年，拉普拉斯总结了天体稳定的现象和他对天体稳定的看法：

> "因此整个世界体系只在一种中间状态中运行，绝不会出现大的偏离。因其框架与引力法则，只有外部因素方能破坏其稳定性。可以肯定的是，直到现在，人们才能检测到世界体系的动态，古时的观察家们是无法做到的。世界体系的稳定性确保世界得以运转，这是世间所有现象中最引人注目的。为了维持个体与种族的延续，大自然似乎为宇宙中的每个星球都安上了同样的体系，就和我们在地球上观察到的体系一样。"

上述的一切均可表明，拉普拉斯是典型的某种科学观点的拥护者，这种观点在各种不同的学术体系里均适用：天体的稳定，能通过清晰明了的公式加以计算的自然法则，还有由自然法则掌控的万事万物。拉普拉斯所持的观点可谓是反历史的观点，我们能将拉普拉斯的观点与另一种替代模式进行对比，替代模式复杂而不可预测，处于不断的变动当中，且具有累积性与方向性这两种特点。

拉普拉斯的说法很有道理，但我们现在遇到的问题（也就是启发我写出这篇文章的问题）可不按常理出牌。拉普拉斯曾经写过一本极具历史意义的巨著，在研究"太阳系起源"一类的书籍中，他的这本书是第一本得到广泛认同的。这本书出版于 1796 年，书中的理论被人称为"康德与拉普拉斯的星云理论"。同年，伟大的哲学家伊曼努尔·康德发表了与拉普拉斯的观点十分相近的理论。康德从未接触过拉普拉斯，二者的理论均是通过各自研究得出的。一名坚信宇宙无变化且反历史如拉普拉斯的人能够提出这样的理论吗？毕竟《科学传记辞典》中将该理论描述为"在传统观念上来说，或许是第一个在物理科学中引入历史观点的理论。毋庸置疑，这一点绝对是该理论最吸引人的部分"。

1796 年，拉普拉斯出版了一本奇书，从出版至今，这本书一直被人们誉为标准与典范，法国人称这本书为"高深学问的普及化"（也就是将难以理解的学术问题用简单的语言加以普及，这种表述并不矛盾，让自己写的书能达到上述效果是所有科学作家的目标）。这本书名为《宇宙体系论》（*Exposition du système du monde*），整本书冲破了历史的枷锁，充满了法国大革命的理性主义精神。事实上，法国大革命组建新政府的时间为 1792 年 9 月 22 日，这个时间也被人们认定为法兰西第一共和国的成立之年，因此书的扉页上并未按照惯例写上出版的时间（即 1796 年），而是印着一句话——法兰西共和国诞生的第四年。

在告读者部分，拉普拉斯表示，他将每个圆分为 400 度（每象限 100 度），一天分为 10 个小时，一小时分为 100 分钟，一分钟分为 100 秒，将温度按照水从冻结直至煮沸，分为一百度。拉普拉斯的温度划分方法也就是现在的摄氏温标法，在众多将旧的计量方法合理化的改革当中，这是唯一留存至今的方法。（可别就这么认为拉普拉斯是个狂热的改革分子。事实上正好相反，他是个精明的人，也不醉心于政治。拉普拉斯的主要成就，包括他对塔列朗的讽刺名言，都是为了政府服务，无论这个政府是革命的，还是复辟的。拉普拉斯学术成就之所以如此高，就在于他从不在乎政权的形式，也不会和未来可能掌权的人拉帮结派。拉普拉斯曾于 1812 年出版的《概率分析理论》中，向拿破仑致意。后来的编辑认为，他的致辞阿谀奉承之意明显，让人尴尬，故而在拉普拉斯死后出版的权威性《著作全集》中删去了这段致辞。）

《宇宙体系论》一共两卷五本书，第一册论述了天气晴朗时观测太空的结果；第二册阐述了行星、月球与彗星"真正"的运动轨迹；第三册介绍了运动的法则；第四册为拉普拉斯的独立之作，详解了天体力学与重力；第五册则是天文学的历史。拉普拉斯对真实历史的混乱、迂回反复表现出不欣赏与不信任的态度。他表示，他讨论天文学的方式和那些发明出这一概念的人不一样，他依照时间为序，理性而有条理地为读者罗列出一个大事记时间表：

> "接下来，我不会按照人类研究的历史来讨论世界系统的原则。思想前进的道路总是充满了困难与各种不确定，人类的想象力总能生出无限

的可能。很多时候，若想探得某个现象背后的真实原因，人们不得不穷尽想象，尝试所有错误的假设。发现真相的过程往往伴随着各种错误，只有花费时间，耐心观察，才能将真相与错误分离开来。在本书中，我将略费笔墨，写写人类在探索真知的过程中的各种尝试与成就。"

在拉普拉斯的《宇宙体系论》中，最著名的成就莫过于星云假说了。但拉普拉斯只在第五本书的最后才提及该假说，他将这个假说作为最后一章，以附录的形式附加在书的最后，一共才寥寥几页的内容，并将其命名为《关于世界体系及未来天文学发展的思考》。在这伟大的一章里，拉普拉斯还提出了另一个理论，后来被证实是正确的。拉普拉斯认为，许多"星云"（在拉普拉斯的年代里，因技术有限，望远镜观测到的星系，形状均似一片片扩散开来的云朵）其实是距离地球很远的星河（银河只是我们这个星系的手臂），因此宇宙事实上要比我们能观测得到的更加广阔。在这一部分，拉普拉斯甚至发现，有些行星密度过高，引力之大，甚至连光线都无法逃脱。现代科学将拉普拉斯描述的这种行星称为"黑洞"（黑洞有不同的形式）。因此，拉普拉斯认为，夜晚天空如此之黑，或许就是因为夜晚的天空充满了无数密度极大的行星（然而这种想法是错的）。若按照当今的标准来看，拉普拉斯给出的数字与尺寸均是错误的，但他的推测却让人着迷：

> "如果有一颗发光的行星，其密度与地球一致，但直径是太阳的250倍，因其自身引力很强，该行星发出的光是绝对无法抵达地球的。宇宙中最大的发光行星或许就是因为这个原因而不可见的。"

根据星云假说，太阳在诞生不久时被一层大气所包围，大气延伸的范围要远超如今太阳的直径。这层大气与太阳一起旋转，每隔一段时间，大气的一部分就会脱离而出。脱离的气体会在大气的赤道平面上再度融合，并开始随着太阳旋转。最终，脱离并再度融合的气体会在其中心位置形成一颗新的行星。卫星的形成过程亦与之类似，行星的周围围绕着一圈与之共转的大气，靠近行星核的大气相继脱离后，便在行星的附近形成新的卫星。拉普拉斯认为，除此之外，没有其他理论可以解释太阳系的基本运转规律。特别是其他理论无法解释为何所有的行星都朝同一个方向旋转，同一颗行星的每一个卫星也会向同一个方向旋转，所有的行星与卫星，旋转方向也是一致的（事实并非如此，但拉普拉斯并不知道）。

那么问题便出现了。拉普拉斯作为稳定论科学的忠实信徒，一方面既不相信也拒绝接受天体和他自己的专业的历史，另一方面又是太阳系起源重要理论的开山鼻祖，我们到底该如何解决这一悖论呢？这个问题的部分答案或许可以简单归结为，拉普拉斯在星云假说理论上只做出了寥寥几页文字的贡献。在当时，人类对天文学研究得较少，该领域对人们而言也相对陌生，任何人都能在这种领域里做出与他人完全不同的推测，或者提出些异想天开的愚蠢想法。直到我购入《宇宙体系论》的副本后，我才惊讶地发现，原来星云假说在这本书中占据的篇幅竟如此之少，这个事实让我觉得非常诧异。我们常犯的愚蠢错误便是，因为某事在后世非常重要，便自然而然地认为，这件事情当初做起来定是花费了不少工夫的。科学领域中许多著名的理论在刚被提出时，通常只是某本大部头里的某个自然段或某个脚注，有些在当时甚至完全被人遗忘了。在读《圣经》的时候，一些举世闻名的圣经故事在原书中竟然只是无聊冗长篇章中的短短一两句话，对此我们不也感到惊讶甚至是好笑吗？

拉普拉斯研究历史之短暂离题的主要原因非常有趣，而且他是完全出于一种理论，而非实际需求。大多数学者永远不会放弃激励他们研究的信念。如果学者的某些作品看起来与他们的信念背道而驰，仔细品读你会发现，字句之间还是能看出作者的中心思想依旧与其所持信念一致。当然星云假说是行星起源的历史性理论，但当我阅读拉普拉斯的设想直至最后一段时，我找到了能证明我上述之言的明显证据，这让我忍不住笑了起来。拉普拉斯之所以提出星云假说，也是为了支持其太阳系稳定说！行星必然是有起源的，拉普拉斯认为，这种太阳系的形成方式能最有力地保证太阳系的恒久稳定。拉普拉斯这本书的最后一个自然段基本上是他 1788 年的一篇文章的改写，他在文中胜利地宣告：

"无论天体系统到底是如何形成的，系统中每个元素的秩序定然能维持天体系统长久的稳定，前提是没有外部因素对系统造成干扰。只有通过这种方式（即通过星云假说中的方式形成天体系统），行星与卫星才能在近乎圆形的轨道上，用同一种方式，在同一平面上运动。天体系统只能在中间状态中运行，即使发生偏离，程度也很小。不同星体旋转的平均运动及演化形式都是统一的……为了维持个体与种族的延续，大自然似乎为宇宙中的每个星球都安上了同样的体系，就和我们在地球上观察到的体系一样。"

在阅读《宇宙体系论》时，我意识到，星云假说虽然让拉普拉斯成为宇宙历史学家第一人，但它实际上是建立在反历史的基础上的。我不禁扬扬自得，因为这的确是一个发现。我发现有人已经针对这个问题进行过论述了。C.C. 吉莱斯皮（或许是全美最优秀的老科学史学家）在《科学传记辞典》中写过一篇关于拉普拉斯的长文，文中强有力地论述了上述观点：

"如果这篇文章是为拉普拉斯辩解而作的，那文中必然需要清晰论述的一点便是：拉普拉斯的思想丝毫未受 19 世纪演化发展思潮的影响。拉普拉斯最后得出的结论与稳定有关，证明也经过无数次的计算……他再次将其发现当作一纸大自然所写的承诺书，表明大自然用尽全力以确保物理宇宙的永恒，就像大自然对有机物种的保护一样……显然，拉普拉斯思考的重点并不在于太阳系的发展，而是在于太阳系的起源。"

我认为，想要很好地理解拉普拉斯的反历史思维与真正的发展观之间的区别，我们应当将星云假说与当代唯一具有竞争力的行星起源理论——彗星撞击假说进行对比。彗星碰撞假说是 18 世纪最伟大的法国博物学家乔治·布封[①] 提出的。拉普拉斯自己也承认，布封是他唯一的竞争对手，他在《宇宙体系论》中写道："自发现世界真实体系后，布封是我所知唯一一位会追溯行星与卫星之起源的人。"

布封认为，一颗彗星与太阳相撞时带来的冲击震出大量的太阳物质，这些物质分离破碎后再度组成行星与卫星。拉普拉斯并不认同布封的观点，在他看来，布封的理论无法解释行星运动的规律性。彗星带来的冲击或许能够解释行星运转方向及所在平面的一致性（彗星撞击太阳时从太阳上脱落的碎片决定了行星的运动方式与运动方向）。但拉普拉斯认为，布封的理论无法解释行星自转方向的统一性与卫星诞生的方式。

---

① Georges Buffon，1707—1778。——译注

乍一看，布封与拉普拉斯两者的理论大不相同。两人均生活在动荡的时代，布封在法国大革命前曾做过最后两任路易斯国王的臣子，而拉普拉斯的作品则历经数个因革命而建立的政府，当然还包括拿破仑政府。但在二人共同的兴趣——行星起源理论方面，无论是生平还是学术，布封与拉普拉斯都有着惊人的相似之处。布封不仅是个博物学家，还是位杰出的数学家，他有两个特殊的爱好，在这方面与拉普拉斯出奇地相似。首先，布封是牛顿的忠实拥护者，他将牛顿的拉丁原本《流数法》的英译本翻译为法文。第二，布封最感兴趣的也是概率学。布封对概率学最主要的贡献在于，他是第一个在概率学中运用微积分的人，并由此将概率学理论的应用延展至曲面上（有趣的是，拉普拉斯与布封均因他们所著的概率学专著而加入了法兰西科学院，布封是在 1734 年，而拉普拉斯则为 1773 年）。

但在他们科学研究的成熟期，布封和拉普拉斯的专业研究活动则截然不同，由此所持的思想也大不一样，对待历史的态度自然也就天差地别了。拉普拉斯对历史漠不关心，而布封则对历史保持着浓厚的兴趣。年轻时，拉普拉斯沉醉于数学计算中，最终成为那个时代最伟大的天体力学家。布封则将事业投身于植物学与动物学领域中，最后成了当时最伟大的地球博物学家（或许只有林奈才能超越布封在博物学领域中的地位——见文章 32）。

布封花费了一生的时间撰写鸿篇巨著——《自然史》（布封去世时，这本书依旧没有完成）。《自然史》是套大部头，单是分卷就能够填满图书馆一个大书架。学习天文的人陶醉于《自然史》的精确性及持久性；学习地球生物的人也会从《自然史》中寻求一些普遍性，一般而言都会有所收获。而博物学家也从每种生物的独特性中找到了快乐，无论是生物个体一生的发展变化，还是范围更大的地质年代的演化历史（如果他们也像布封一样研究化石记录），都能让他们对生物的发展史保持敏感。毕竟，优秀的博物学家必定是位历史学家。

1749 年，布封在其第一本地质学著作《地球历史与理论》（*History et Théorie de la Terre*）中介绍了他的彗星撞击论。时隔多年后的 1778 年，也就是布封去世的那一年，他再版了《地球历史与理论》，其内容更加翔实，并将书名更改为《自然的各个时代》（*Époques de la Nature*）。绝大多数生物学家与历史学家认为这本书是布封最杰出的作品，也是科学散文的最佳范例。布封在《自然的各个时代》中对历史方法论做出了清晰的辩护与阐释，与拉普拉斯对待历史的态度形成鲜明对比，也为我们提供了对待历史的合适准则。布封与拉普拉斯对待历史截然不同的态度能够帮助我们更好地理解历史探索的本质。

我们先来说说推论的准则。历史学家十分看重详细描述的方法，利用过去的事件和情况来解释当下的现象。过去发生过的一切交织成一张独一无二又充满偶然性的网，当下之事便是这张网的产物，网络与当今这个需要解释的世界也保持着一致性。历史学家也知道，过去的历史记录是不完整的，许多数据并未以物质的形式得以记录保存下来，许多原则上应当保留下来的实际上也未能保留。人们总是哀叹数据的丢失，希望留下的文献能够更加完整。但我们没有必要为必然会有所残缺的历史记录而心生歉意，因为我们可以将残缺的信息当作有趣的谜题与挑战。如拉普拉斯这样的反历史学家每次需要使用叙事性数据时都会感到紧张，如果他们的论断不是基于计算或直接观测得出的，他们往往会坦率地为此表达歉意。

拉普拉斯在书中探讨星云假说的部分正是以道歉结尾的，他在最后写道："在本书里我介绍的行星体系理论连我自己也抱以怀疑的态度，因该理论并未通过计算或观察加以检验。"布封和拉普拉斯的态度则截然相反。他在《自然史》的开篇便赞美用叙事法探究历史的作用及他激动的心情。布封的开篇语如下：

> "在文明史中，我们研究事件的各种特性，研究不同的纪念勋章，解译古老的铭文都是为了依着道德的秩序确定人类各个革命发生的时间和每件事情发生的具体日期。同样，在自然史中，挖掘出世界在发展过程中留下的"档案"，从地层深处挖出古老的遗迹，收集自然的残骸，再将残骸拼凑成完整的个体，让我们看出过去发生过的变化，使我们重回大自然不同的时间段。这是在无限空间中确定发展时间点的唯一方法，也只有这样，我们才能在永无尽头的时间长河中矗立起人类发展的一个又一个里程碑。"（上述引文由我翻译而成）。

接下来我们再来聊一聊事件的特性。"历史"二字当作何解？历者，经历也；史者，记录也，这两个字合在一起便是"将经历过的事情记述下来"。既是历史，则必须尊重（甚至是热爱）其中的"史"字。叙事者必须要以让人感兴趣的方式将发生过的事情记述下来，要让读者认为，这一系列独一无二的事件之间有着引人入胜的因果联系。拉普拉斯笔下的星空便没有"历史"，只有星体们漫无目的地遵循着简单的法则，永无止境地循环运动。任何可能发生的方向性或具有累积性的不稳定，都会被行星体系周期性的自我矫正机制迅速化解。拉普拉斯的星云假说虽然也可看作是历史，但只从地质学角度上描绘了太阳系诞生的那一瞬间，随后太阳系遵循的便是永无止境的反历史规则。已经出现的事物是本就该出现的事物，已经发生过的事情是本就该发生的事情，太阳底下无新事。

布封的《自然史》则是在与拉普拉斯的观点完全对立的论断上书写出来的。布封认为，地球的历史叙述了地球在不同阶段内经历累积变化的故事（布封将这一章节取名为"纪元"），这故事相当精彩。他把地球的历史分成七个定向性纪元：第一纪元，彗星撞击太阳，由此地球与其他行星诞生了；第二纪元，地球形成了土壤与矿床；第三纪元，大陆被水淹没，海洋生物随即出现；第四纪元，海水退去，新大陆出现，火山也开始活动起来；第五纪元，陆地上出现了动物的踪迹；第六纪元，大陆分离，逐渐形成现在的地貌；第七纪元，人类出现了，并逐渐繁衍壮大，成为地球的霸主。这些难道还不足以说明布封《自然史》的任意一项内容都比拉普拉斯永恒的天体运动更加丰富吗？

布封明确表示了他对永恒论的质疑。他认为，地质学与古生物学中的叙事记录均显示，天体其实处于定向的改变当中：

> "尽管乍一看，大自然伟大的杰作从不会改变和更替，自然之产物，哪怕是最脆弱、最易凋零的产物，也会和其他万事万物一样永恒……但如果仔细观察，我们便能发现自然发展的轨迹前后并不一致，有新组合的出现，也有事物或结构的突变，大自然事实上一直都在进行着交替的演变更迭。最终，无论大自然总体看起来多么一成不变，其实组成大自然的每个部分都是可变的。如果我们能接受完整的大自然，我们便应当相信，如今的大自然与刚诞生时的大自然差异极大，大自然演变的各个过程也是天差地别的。我们口中所说的纪元，指的便是大自然的变化。"

公认的永恒不变的确听起来很棒，但历史展现出的波澜壮阔却更让人兴奋，它以不同的方式让时间变得不再那么陌生、冰冷。万事万物都需要有好的机制，天体也不例外，所以不管什么时候还是给我一位博物学家吧，因为人类的演化也需要会说故事的人。在本系列近 250 篇文章中[①]，我一直在避免写出主题重复的文章（哪怕只是为了遵循上述的历史法则——变化）。但无可奈何，就像是一张坏了的唱片（这个比喻属于我们这个纪元，千百年之后的人怕是不懂其中的含义了），有一段引言总是重复出现。在这个系列中，我有近半数的文章都用这段引言当作结尾（就某方面而言，这么做让我感到羞耻，但每个人都有其"拉普拉斯"的一面呀）。在这个系列开头的《这种生命观》一文中，我也引了这段引言（我想，每个人都需要有自己"不可变"的事情吧）。我爱这段引言，因为它同样通过对比拉普拉斯的天体永恒旋转说（永远处于运动中，却也永远不会发生改变）与生命这场波澜壮阔的故事（永远在发展，永远不会相同，永远在向世界叙述着它的故事），承认了生命与历史的力量。这段引言即是达尔文《物种起源》的最后一个自然段：

> "因此，经过自然界的战争，经过饥荒与死亡，我们所能想象到的最为崇高的产物，即：各种高等动物，便接踵而来了。生命及其蕴含之力能，最初由造物主注入寥寥几个或单个类型之中；当这一行星按照固定的引力法则持续运行之时，无数最美丽与最奇异的类型，即是从如此简单的开端演化而来并依然在演化之中；生命如是之观，何等壮丽恢宏！[②]"

---

① 即作者著名的"自然史沉思录"系列科普散文，该系列共有《自达尔文以来》《熊猫的拇指》《母鸡的牙与马的蹄》《火烈鸟的微笑》《为雷龙喝彩》《八只小猪》和《干草堆中的恐龙》七本书，可以说每一本都是精品，尤其是第一本《自达尔文以来》。——编注
② 译文选自《物种起源》苗德岁译本。——译注

04

姗姗来迟的大地扁平论

比德尊者[①]的圣躯如今安葬于英国杜伦大教堂，若这世上有"墓志铭最简洁"奖，他的墓志铭当受之无愧。在比德尊者的墓碑上刻着一句富有韵律的拉丁文打油诗："Hac sunt in fossa, Baedae venerabilis ossa"翻译出来便是：比德尊者的圣躯安葬于此（拉丁文"fossa"的字面意思是沟渠、水槽，但翻译时还是略微文雅一些吧）。

小时候学习西方历史时，我还记得比德尊者被划分在"黑暗时代"。先是庄严的罗马帝国时代，中间我们经历了中世纪，西方在度过了漫长的恢复期后，我们终于又迎来了散发着新生光辉的文艺复兴时代。从罗马帝国至文艺复兴这段漫长的时光里，比德尊者如同一道稀有的光，在"黑暗时代"里散发着神圣的光芒。比德的名望源自他对《圣经》的阐释及他于公元 732 年完成的《英国教会史》（*Ecclesiastical History of the English People*）。要想将历史说得清清楚楚，必然离不开年代表。比德在创作其著作前曾就时间的计算与排序写过两本专著，分别为公元 703 年所作的《论时间》（*De Temporibus*）及公元 725 年所作的《论时间的计算》（*De Temporum Ratione*）。

如今使用的这套不太方便的历法体系（见文章 2）之所以能够流行开来，比德的年代表功不可没。这套历法体系以发明者推论耶稣诞生的日子（如今来看，基本可以断定推论是错的。按照这种计算方法，希律王在公元前后的

---

① 比德尊者，约 673—735，英国历史上卓越的历史学家和神学家。他以多方面的成就被后人誉为"英吉利学问之父"。——编注

转折时期内就已经过世，他便不可能见过东方三博士，也不会在公元 1 年屠杀无辜之人）将时间划分为公元前和公元后。在年代表中，比德尝试将基督教的历史事件按时间排序，但他这么做的初衷则是为了解决一直困扰着其计算的特殊问题——教会成立的具体时间，也就是复活节的真实日期。复活节时间的定义相当复杂——春分月圆后的第一个星期天。想要弄清复活节具体的日期，我们需要掌握大量的天文学知识，尤其需要清楚地知道月球和四季的准确变化。

计算复活节具体日期需要掌握关于宇宙的理论，比德清晰地表达了他关于地球的经典理论——地球是宇宙的中心（拉丁文为 orbis in medio totius mundi positus，即地球是位于宇宙中心的一个球体）。仿佛是害怕有人误解他的意图，比德还详细地解释称，在三维中（而非平面），地球位于宇宙中心。此外，比德还补充道，地球之圆可谓近乎完美，在直径如此之长的球体上，连最高的山峰也不过是大海中近乎不可察觉的微小涟漪。

我也知道，在愚昧的"黑暗年代"，许多神职人员驳斥亚里士多德的地圆说，他们将地球描绘为一个平面，至多也只是轻微弯曲的平面。我们不都听过哥伦布在西班牙萨拉曼卡的传说吗？据说，哥伦布尝试说服学识渊博的牧师，让牧师相信，他能够抵达印度，并且不会从大地的边缘掉下去。

人类的大脑在运作时就像是个分类机器（甚至可能像是法国结构主义者们设想的那样，是个使用二分法进行分类的机器，常常将世界一分为二：食物一般只有生的和熟的、自然与文明、男性与女性、物质与灵魂等等）。这种根深蒂固的思维模式（也有可能是与生俱来的）为我们带来不少麻烦，特别是当我们需要分析组成周遭世界的许多连续体时。罕见的是，连续体在变化发展的过程中具有平顺、渐进的特点。因此我们很难找出某个特定的节点要比其他节点更加有趣，或者某个节点在连续体变化的过程中会造成更大的混乱。因此，人们错误地将某些决定性的时间点定为时代分类的界线，以人类的思维习惯掩盖自然的连续性。

我们将连续体分裂开来，对其分门别类，这种做法本身便具有其狡诈阴险的一面。将连续体进行分割本身就是一种非自然的做法，是某些持特定观点的党派为了某种目的而划分的。此外，鉴于许多连续体均具有暂时性，而我们又总是可悲地将自己所处的时代视为历史中最好的时代，在对历史进行分类时，不可避免地便会为以前的年代冠上贬义的名字，再用光明与进步这类词语修饰我们这个更加现代的纪元。最明显的例子便是，许多人（事实上也包括读者您自己）都认为，欧洲的中世纪大教堂是人类所造建筑中最好的（对我来说，作为一名人类学家与无神论者，我认为沙特尔大教堂实在太过完美，是个集神秘与魔法于一身的建筑，简直不像是真实存在于世间的建筑）。我们称中世纪的欧洲大教堂为"哥特式"——这个词本身便具有轻蔑意味（根据《牛津英语词典》来看，"哥特"一次最早出现于 17 世纪，为贬义词）。"哥特式"教堂便是一些思想较为老派之人提出的，他们认为中世纪只是希腊、罗马一类传统时代与文艺复兴之间的野蛮插曲罢了。毕竟，这些大教堂不是公元 3 世纪至 5 世纪之间，由鼎盛时期的日耳曼部落所建！在征服衰落传统帝国的几个部落之后，野蛮人特别是哥特人与汪达尔人便成了粗鲁或刻薄的代名词。"barbarian"（野蛮人）最初来源于拉丁语，其拉丁原意即指"外国人"。

对西方历史传统的划分方法满是错误的分类与轻蔑的称呼，这两个错误往往成对出现。我知道，职业的历史学家已不再采用这种划分方式，但大众对历史的印象依旧深受这种划分方式的影响。他们认为，传统时代（希腊的光辉与罗马的壮丽）之后便是令人乏味的黑暗世纪、略有进步的中世纪和在文化上大获成功的文艺复兴时代。如果仔细思考上述两个轻蔑之词的来源，分类学与怀有偏见的发展理论之间的联系便显而易见了。

历史学家 J. B. 拉塞尔（J. B. Russell）和弗朗西斯科·彼特拉克（Francesco Petrarca）于 1340 年提出"黑暗年代"的说法，用以称呼经典时代至他们那个"现代"社会之间的时代。"中世纪"则用以称呼经典时代衰落后至文艺复兴开始之间的日子，这种称呼源于 15 世纪，但直到 17 世纪才流行开来。有些人认为罗马帝国的陷落与文艺复兴之间是"黑暗年代"，有人则认为这段日子应该称为"中世纪"。还有人进行了更加细致的划分，以查理大帝统治时期或公元 1000 年的过渡期为界，将这段时间分为黑暗世纪早期与中世纪末期。在划分年代时能够出现如此之多的不确定性，足见在连续体内进行固定分类的做法有多么愚蠢。无论如何，划分"黑暗年代"和"中世纪"的目的显而易见。人们认为，西方历史拥有过古希腊与罗马的鼎盛年代，经典时代的衰落是个悲剧，直到文艺复兴时代开始，西方历史才得到了拯救。

此类关于救赎的传说充满偏见，需要人们创作许多故事来支撑这种传说。这类故事大多集中于艺术、文学或建筑领域，甚至包括科学领域。我写这篇文章的目的，便是来说说在极具偏见的各种故事传说中，最负盛名的那个。

今天大多数人都认为，黑暗年代与中世纪的人都相信地球是一个平面，这种说法纯属杜撰。这种无稽之谈源于 19 世纪，在追根溯源的过程中，我们能更加领会到分类错误的危险性，这一点也是我创作这篇文章的第二个主要目的。只有当人们持有偏见，认为如灯塔一般散发着光辉的经典时代和文艺复兴之间存在着一段黑暗年代，地平说这种无稽之谈才能说得通。同样，该无稽之谈恰好又能印证另一个充满偏见的故事，即传说中宗教与科学的冲突。这种故事传说不仅有害，充满了争议，而且还与"历史进步"紧密相连。

当然，传统学者从不质疑地圆说。地圆说是亚里士多德宇宙论的中心论点，公元前 3 世纪，"地理学之父"埃拉托色尼①丈量地球周长时也曾提出过"地圆"的假说。相信地平说的人总说，当欧洲迈入被愚昧神学笼罩的中世纪时，前人关于地圆说的成就便湮灭于历史的尘埃中了。在中世纪的那一千多年中，几乎所有的学者都认为地球是平的。引用《圣经》里的比喻，地球就像地板一样平坦，苍穹如帐篷一样覆盖着地球。到了文艺复兴时代，人们才重新拾回"地圆"的概念。直到勇敢的哥伦布与其他伟大的探险家勇敢地驶向"地球的边缘"，游遍世界后却从另一个方向重返家园，地圆说才得到了证实。

学校里教学用的版本非常激励人心，故事的主角便是哥伦布。哥伦布在西班牙萨拉曼卡牧师的诽谤声中从国王费迪南二世与皇后伊莎贝拉那里赢得出海的机会。再想想众人口口相传的版本，拉塞尔在 1887 年时曾从小学课本上摘抄下和哥伦布传说相关的内容，那时，哥伦布的传说才刚出现不久（但也和我小时候，也就是 20 世纪 50 年代时读过的版本没什么两样）：

> "但如果世界是圆的，"哥伦布说道，"那么被布满风暴的大海的那一端就不是地狱。那一端定是亚洲的东方——马可·波罗口中的中国。"在女修道院的大堂里集聚了穿着长袍的光头僧侣和身着鲜红长袍的红衣主教，他们气势汹汹。"你认为大地是圆的……难道你没感受到，上帝对这种观点的谴责吗？你的这种观点纯属异端。"听到红衣主教称其为异端，哥伦布穿着靴子的双腿说不定也在微微打战。毕竟在那时，被指责为异端的人会被施以断骨、夹肉、钉手指、绞脖子、火焚等一系列酷刑。

① Eratosthenes，约公元前 275—公元前 193。他除了在测地学和地理学方面有杰出贡献，他还第一个创用了"地理学"这个词汇，并用它作为《地理学概论》的书名。——编注

　　哥伦布的传说听起来充满了戏剧性，但确实纯属人为编造的。在古代，几乎没有哪个年代的学者会将"地平说"当作共识（无论在哪个年代，或许有没接受过教育的人认为地球是平的，我们需要先将这些人排除在外）。古希腊的"地圆说"从未失传过，中世纪几乎所有重要的学者都将"地圆说"视为宇宙学的基础。虽然国王费迪南二世与皇后伊莎贝拉确实向格拉韦拉带领的皇家调查委员会提过哥伦布的航海计划（格拉韦拉是皇后伊莎贝拉的忏悔神父，西班牙战胜摩尔人后，格拉韦拉便成了西班牙的格拉纳达大主教）。西班牙皇家调查委员会确实曾在萨拉曼卡召开过会议，委员会也确实曾严正地驳斥过哥伦布，但委员们都认为大地是圆的。委员会对哥伦布的航海探险最大的质疑点在于，他们不认为哥伦布能在其自己计划的期限内抵达印度，毕竟地球的周长实在是太长了。更何况，委员会的质疑完全是正确的。哥伦布在叙述中曾"剪裁"过数据，让地球看起来小得多，这样一来，在限定时间内抵达印度在计划里便是件可以完成的事情了。当然，哥伦布最终并没有抵达亚洲，事实上，他也无法抵达亚洲。更是因为哥伦布的错误，美洲原住民至今依旧被称为"印第安人"。

　　中世纪几乎所有重要的学者都承认，大地是圆的。在这篇文章的开头，我向诸位读者介绍了公元 8 世纪比德尊者的观点。12 世纪，很多古希腊作品和阿拉伯作品被译成拉丁文，在自然科学界广为传播，受到了学者们的追捧，特别与天文学相关的作品，地圆说也由此更具信服力，也更广泛地传播开来。通过学习亚里士多德及研究亚里士多德学说的阿拉伯学者之著作，罗杰·培根[1]和托马斯·阿奎纳[2]更加相信地圆说，中世纪末期包括约翰·布里丹[3]和尼古拉斯·奥雷斯姆[4]在内的伟大科学家亦是如此。

　　既然主流的学者都承认地圆说，又是哪些人在讨论地平说呢？坏事总该有坏人来做，拉塞尔发现，伟大的英国科学哲学家威廉·休厄尔[5]在其 1837年出版的《归纳科学的历史》中提到过两个毫不起眼的小人物——拉克坦提乌斯（245—325）和科斯马斯·印第科普莱特斯，他们曾在公元 547—549 年

---

① Roger Bacon，约 1214—1293。——译注
② Thomas Aquinas，约 1225—1274。——译注
③ John Buridan，1300—1358。——译注
④ Nicholas Oresme，1320—1382。——译注
⑤ William Whewell，1794—1866。——译注

间出版过一本名为《基督教风土志》的书，书中首次提到了地平说。罗塞尔在其书中评论道："休厄尔认为，'中世纪的人都认为地球是平的'这个谣言最初便是从这两个人笔下传播开来的，后代历史学家若是提到地平说，沿用的便是这两位的版本，毕竟历史学家们也找不到更多地平说的相关记载了。"

人们曾经认为，地球另一侧的人走路时都是头下脚上，稻谷向下生长，而雨则从地下落向天空。这种陈旧的观点正是自拉克坦提乌斯而起的。科斯马斯也确实坚信《圣经》里的隐喻，即地球如矩形般平坦，而天空则如拱顶一般笼罩着地球。但无论是拉克坦提乌斯还是科斯马斯，二者在中世纪的学术圈里地位均不高。科斯马斯目前为人所知的著作也只有三本全本的中世纪手稿（还有五六本残卷），且均用希腊文著成。直到1706年，科斯马斯著作的第一版拉丁文译本方才问世。由此可见，在科斯马斯的那个年代，因其著述皆由希腊文著成，中世纪的读者（中世纪的通用语为拉丁语）很有可能连科斯马斯是何人都不知道。

大肆宣传地平说故事的那些人找不到法子可否认比德尊者、培根、阿奎纳和其他学者对地圆说的论证，他们只好说，这些学者都是中世纪黑暗迷雾中闪烁着勇敢之光的灯塔。略加思考便会觉得，将这些学者称为"闪烁着勇敢之光的灯塔"实在有些荒谬。是谁制造出地平说让世人皆以为中世纪的人如此愚昧无知？是拉克坦提乌斯和科斯马斯这两位无名小卒。在勇于打破大众观念方面，比德尊者、培根、阿奎纳等学者可不算勇敢。确实，他们为地圆说打好了基础，他们提出的地圆说被世人认作权威，而拉克坦提乌斯和科斯马斯的观点则完全被边缘化了。只因阿奎纳促进了地圆说的建立，便称之为勇敢的革新者，这种做法十分荒谬。难道世人会因一位叫做杜安·吉什的二流神灵论者在同年写了本名为《进化，化石说不！》这等无足轻重的书，便将费舍、霍尔丹、莱特、杜布赞斯基、麦尔、辛普森和20世纪其他伟大的进化论者称为激进的改革者吗？

那么，中世纪信奉地平说的故事究竟从何时而起又因何而生的呢？拉塞尔的编年史帮助我们找到了问题的答案。不是18世纪伟大的反教会理性主义者（包括孔狄亚克、孔多赛、狄德罗、吉本、休谟及我们美国的本杰明·富兰克林在内）指责学者相信地平说，尽管这些人本身便毫不留情地蔑视中世纪的基督教义。为地平说的盛行添了把柴火的是一个名为华盛顿·欧文的人。他于1828年出版了一本有关哥伦布的历史书，书中有相当一部分内容纯属虚构，但欧文的故事版本并没有流传至后世。19世纪时，地平说的故事逐渐流传开来，但在小学生读物和导游词这类关键领域中，地平说的故事尚未变成主流。拉塞尔针对19世纪中学历史课本展开了一场有趣的调查。他发现，在1870年之前，中学历史课本几乎没有提到过地平说，但自1880年后，几乎所有的历史课本都印上了地平说的故事。由此我们可以确定，正是在1860—1890年间，地平说的故事侵入了大众文化中。

还记得这篇文章想要探讨的第二个因分类而产生的第二个错误认知吗？1860—1890年，基于第二个错误认知，一场思想运动悄然传播开来。人们总是将西方的历史描绘成科学与宗教间的斗争史（科学与宗教还称不上是"一场战争"），结局总是科学大获全胜，宗教节节后退，社会方才得以进步。这种类型的思想运动若是想要宣扬他们的观点，总是少不了替罪羊与各种传说。拉塞尔认为，将西方历史简单地视为科学的胜利和宗教的败退，这种错误的二分法成就了地平说的故事在初等教育中的权威地位。在诸多凭空捏造的"科学"故事当中，没有哪一个能比得上地平说的故事。宗教的黑暗摧毁了古希腊的文化瑰宝，用教条与反理性、反经验交织而成的恐怖之网，将我们牢牢地禁锢于其中，我们的祖先便日夜活在紧张恐惧之中，受着无理性之权威的桎梏，害怕对权威地平说的任何质疑都会将他们从地球的边缘推入永恒的地狱中。地平说的故事便是出于某种目的炮制的极其荒谬的传说，中世纪时，几乎没有哪个学者曾经质疑过"地球是圆的"这一观念。

我对这个话题非常感兴趣，因为科学和宗教对立冲突的传说是19世纪的主旋律，其影响一直延续到我们的时代。科学与宗教对立冲突的观点主要受两本书的推动，巧的是我不仅有这两本书，还因其绝对的理性而对其格外推崇（尽管书中的历史二分模式不仅大错特错，且影响恶劣），书的作者还与达尔文学说有着有趣的渊源。（我常说，我是以一名商人而非博学家的心理来撰写这些文章的，向读者兜售的商品便是达尔文的进化论。）拉塞尔认为，地平说的故事便是源自这两本书：约翰·W.德雷伯[①]于1874年出版的《宗教与科学的冲突史》及安德鲁·迪克逊·怀特[②]于1896年出版的《基督教神学论与科学的斗争史》（这本书是在1876年出版的《科学的战争》一书的基础上扩

[①]　J.W. Draper，1811—1882。——译注
[②]　Andrew Dickson White，1832—1918。——译注

充而来的）。

德雷伯生于英格兰，于 1832 年移民至美国。在美国，他最终成了纽约大学医学院的院长。其 1874 年出版的《宗教与科学的冲突史》一书是 19 世纪最畅销的书籍之一，在 50 年中加印了 50 次，是《国际科学系列》中最畅销的一卷，也是 19 世纪科普文学中最成功的一本书。

德雷伯在《宗教与科学的冲突史》一书的前言中阐述了他的论点：

"科学的历史并不仅仅局限于记录下人类每一个孤立的发现，而是应当记录下两种势均力敌之力量的斗争——一边是人类愈发强盛的智力，另一边则是传统信仰的压抑与人类的利益……信仰就其本质而言便是固定且无法改变的，科学就其本质而言则是不断进步的。信仰与科学终将渐行渐远，二者的关系无法调和，必有一争。"

德雷伯对地平说的故事之争的赞誉颇高，认为它能充分说明宗教的束缚性与科学的不断进步：

"环形的地平线隐入海洋，远方海面上的船只忽隐忽现，聪明的水手定能从这种种迹象中看出，地球是圆的。伊斯兰教的天文学家与哲学家就'地圆论'写了不少著述，且普遍为西欧所接受，但不出所料，宗教对'地圆论'嗤之以鼻，很是厌恶……据《圣经》记载，教皇政府无论是在传统还是在政策上均禁止承认除'地平说'以外的任何学说。"

对德雷伯广为流传的《宗教与科学的冲突史》，拉塞尔是这般评论的：

"《宗教与科学的冲突史》其重要性自是无须赘述，因该书影响深远，且为历史上第一本明确表示科学与宗教正处于战争当中的书，这本书之成功也是其他书无法望其项背的。《宗教与科学的冲突史》将'科学即自由与进步，宗教则代表迷信与压迫'的观念植入受教育之人的思想中。书中的观点成了普世的传统观念。"

安德鲁·迪克森·怀特在美国纽约州雪城长大，1865 年创办了康奈尔大学，是美国第一批公开进行世俗高等教育的大学之一。怀特写下了他与其主要赞助人——埃兹拉·康奈尔①的共同目标：

> "我们的目标是在纽约州建立一所进行高等教育与研究的学校。在这里，无论是纯理论的科学还是应用型的科学，其地位都能与文学齐肩；在这里，无论是研究古代文学还是研究现代文学，都能尽可能地自'卖弄学问'中解放出来……我们尤为认可的观点是，教育机构不应置于任何政治或单一宗教团体的控制之下。"

怀特表示，决意创建一所世俗的大学并不是想要站在宗教的对立面上，而是为了培养出普世的宗教精神：

> "当然，我们从未想过做出任何反宗教或反基督的举动……我自幼接受的教育是让我成为一名牧师，最近我被选为一所教会大学的牧师及另一所教会大学的教授……我个人生命中最大的乐趣便来自教堂建筑、宗教音乐及各式虔诚的宗教诗歌。创办世俗大学的目的并不是想要破坏基督教精神，相反，我们的目的在于促进基督教精神。我们并未将宗教与宗派主义混为一谈。"

但保守的牧师对怀特的诋毁让他感到沮丧，进而激发了怀特的斗志：

> "反对之声瞬时而起……反对我的主教声称，所有的教授必须由神职人员担当，毕竟只有教会方有权利来'教化万民'。狂热的牧师发表了对我的控诉……一位颇具影响力的基督教学者来到康奈尔大学，只为教育这些'无神论者'……一位杰出的圣人在城市间奔走，谴责世俗教育是无神论与泛神论。还有一位热心的牧师在宗教会议上称阿加西在教育机构中传播达尔文主义与无神论，事实上，阿加西是位虔诚的一神论者，也是达尔文最大的反对派。"

---

① Ezra Cornell，1807—1874。——译注

这些痛苦的经历让怀特对"科学与神学之间的战争"这件事有了不同的看法。德雷伯在反对有神论者方面天赋异禀，但他将怒火完全集中在基督教会的身上，他认为，科学能与更为自由的新教教义共存。怀特对宗教并无仇视之意，他只是反感任何一种教条主义。怀特痛苦的经历教会他，新教和其他任何一种宗教一样，会阻碍科学的发展。怀特写道："虽然我十分欣赏德雷伯对问题的处理方式，但他与我看待历史的方法并不相同。德雷伯认为科学与宗教之间存在战争。我相信，现在也十分确信，与科学相斗争的不是宗教，而是教条主义神学。"由此，怀特认为，在科学与教条主义的斗争当中，真正的宗教能从科学之胜利中获得的益处绝不会比科学本身少。怀特将这一观点以斜体的形式写在其书的引言中：

"在整个现代历史中，一方面，宗教因其可能的利益干预科学，无论这种干预是出于多好的理由，都对科学与宗教造成了非常恶劣的后果，这一规律自始至终未曾变过。另一方面，无拘无束的科学研究，不管在其中某个阶段会为宗教带来多大的威胁，但这些研究却终究为宗教与科学带来极大的好处。"

尽管他们在这些方面的观点有所不同，但在对待科学与宗教的关系的问题上，怀特与德雷伯的观点并没有很大的分歧。他们在写作时都讲述了一个科学不断引领社会前进的故事，两人都用同一个故事传说来佐证他们的观点。显然，他俩对地平说的故事深信不疑。拿科斯马斯的地平说理论为例，怀特在其书中写道："教会里部分重要之士为支持地平说，撰写各种新的文本。为让地平说显得合理，他们还为其披上神学的外衣。无数基督信徒都认为，地平说是上帝直接赐与人间的礼物。"

怀特与德雷伯还有另一个有趣的相似点。二者都有"科学对战神学"的基本观点，由此便很容易看出，怀特与德雷伯都曾经历过当代一场极具开创性的斗争——进化之战（特别是进化论，达尔文基于自然选择观建立的观点，与神学背道而驰）。自伽利略后，没有哪个观点能如达尔文的进化论一般，自深处向人类生命之意义发起挑战。也没有哪个理论能如达尔文的进化论一样对宗教发起质疑（见文章 25）。毫不夸张地说，达尔文的进化论对 19 世纪在西方历史中兴起的二分论产生了直接的影响——正是达尔文的进化论，人们才将西方历史视为宗教与科学的战争史。怀特在他的论述中还明确提及了阿加西（我目前工作的博物馆便是由阿加西创建的，他还在康奈尔大学担任讲师），此外，怀特在其著述的第一章中探讨了有关进化论的争论，第二章则以地平说的故事为引。

德雷伯对达尔文学说更是崇敬了。在其著作前言的最后一部分，德雷伯列出了历史上科学与宗教的五场战争：古典文化的衰落与黑暗时代的降临；早期伊斯兰学派下科学的兴盛；伽利略与基督教会的斗争；宗教改革（对如德雷伯这类反基督教的人而言，宗教改革简直是件天大的好事）；达尔文主义的挣扎。在这个观点上，恐怕没有人能比德雷伯更具说服力了。在并非自愿的情况下，德雷伯见证了历史上极负盛名的一场斗争——达尔文与神权的公开斗争（有些人认为，这场斗争是德雷伯煽动起来的）。我们都知道威尔伯福斯主教与 T.H. 赫胥黎于 1860 年在英国牛津那场关于进化论的大辩论（关于这场辩论的详细情况，我在此前出版的《为雷龙喝彩》文章 26 中曾描述过）。但有多少人知道，这场舌战并不是在进化论大会上发生的，而是在官方为这场辩论会之后举办的自由辩论演讲会中发生的。巧的是，演讲会主讲人正是德雷伯先生，他的题目为"达尔文先生的观点如何引领欧洲智识的进步"。我个人特别喜欢这种类型的巧合。社会学家告诉我们，因人类的关系网络十分密集复杂，你想联系世上任何一个人，你与他的距离绝不会超过六层网络关系。但德雷伯与胡克、赫胥黎及威尔伯福斯等人仅隔着一层网络关系，每思及此，作为一个常常漫游于庞大关系网络的作家，如此简单的关系简直就是神的祝福。

这篇文章讨论了人类编年中的两个谣言：一、人们用地平说的故事来支撑对西方历史年代存在的偏见。西方历史自古典时代衰落后便坠入黑暗年代与中世纪，直到文艺复兴的到来，西方历史方重现辉煌。人们无法接受这种局面，便将地平说的故事当作救赎。二、人们创作出地平说的故事以支持西方历史中错误的二分法——将西方历史视作科学战胜宗教的进步史。

如果上述两个谣言只是过去不恰当的观点，我的反应也不会如此激烈。但这两个谣言对现代社会已产生了实质的影响。现代人依旧认为，西方历史是宗教与科学的斗争史。宗教与科学是两个全然不同的领域，在人类生命历程中扮演了极为重要的角色。而上述的两个谣言却一直阻碍着宗教与科学的调解与融合。两个完全不会互相妨碍的领域怎么会爆发冲突？科学的主要作用是发现与解释经验世界中的事实根据，宗教则是对伦理与价值观的拷问。

当然，我能理解，如今将科学与宗教划分为敌对阵营的分类方式也是时代的选择，而现今在调整科学与宗教之界限时，过去的分类方式的确带来了不便及冲突。毕竟，如果科学弱到无法与宗教共存时，宗教确实会将一些在现代被认为属于自然科学领域内的东西纳入其势力范围。但我们能够责怪宗教的过度扩张吗？作为具有思考能力的生物，人类自内心深处便无法停止思考人类起源或人类与地球及其他物种之关系一类的大问题。对于此类找不到最终答案的问题，除了忽略以外，我们别无他法。如果某些问题从科学层面上找不到答案，它们便无可避免地落入宗教的领域（尽管这一点让人感到不舒服也不合适）。没有人会自愿让出自己的地盘。科学后期开始发展壮大，渐渐开始夺回暂时被宗教接管的领域，那时确实掀起了一些冲突与斗争。科学与宗教之间的紧张态势在某些历史时期确实有加剧的情况，比如达尔文果断而勇敢地提出自己的唯物主义论时，当时的罗马教廷被 19 世纪最具魅力、最神秘莫测的人所据，这个人就是强大、饱受磨难且愈发保守的教皇皮欧·诺诺（庇护九世）。

在某些历史时期中科学与宗教关系的调整尽管充满痛苦，却也不能轻易地将历史简单归纳为科学与宗教的斗争史。在揭露"地平说的故事"这个谣言后，我们除了知道"地平说"的说法为谬论，我们还应该认识到宗教与科学之间的关系错综复杂，不可一概而论。非理性与教条主义一直都是科学的敌人，但二者也并非一直与宗教为伍。科学知识一向有助于宗教形成更为开放包容的观点。举个例子，教会学者对地球形状的古典认知，满足了制定更加精准的日历的宗教需求。

在本文的开篇，我讲述了比德尊者利用天文学编纂年代表以确定复活节日期的故事。本文已至尾声，我想用同一类型的故事来结束这篇文章。下面让我来说说另一个能说明科学与宗教错综复杂又有趣之关系的故事。在我前往杜伦大教堂探访比德尊者之墓的前两日，我游览了巴黎的圣叙尔比斯教堂。教堂里矗立着一座精巧复杂的天文仪器，我见之大为震撼。教堂南部十字形翼部（南耳堂）的地板上镶嵌了一条铜制的子午线，一直延伸至北墙地球仪的方尖碑上。每至正午，阳光自教堂南耳堂顶部的小洞中射入，都会照亮地板上的铜制子午线。

子午线与方尖碑的摆放位置甚是巧妙，仅通过正午阳光照射的位置，人们便能准确地判断出每日的至点与昼夜平分点。教堂内为何要放置此类科学仪器？方尖碑上的铭文道出了答案，铭文写道："为确定复活节时间而立。"原来，如此精妙的天文仪器是为了让人们能够精确地计算春分时间的。有趣的是，作为进一步论证科学与宗教关系之复杂的证据，圣叙尔比斯教堂在法国大革命时期据称是代表着人文主义的神殿，教堂内大多具宗教意义的玻璃与雕像均被砸毁。方尖碑上曾经刻着法国历代国王与王子的姓名，在大革命期间也被完全抹去了。但狂热的改革分子留下了教堂里美丽的蓝色大理石栏杆，因为铜制子午线正好从栏杆上穿过，改革分子不想毁掉如此精密的科学仪器。

我不想活在除当下以外的任何一个时代。医学的进步增加了孩童生存下来的概率，仅从这一点而言，其他时代对我而言便不具吸引力。但如果我们由着自己的坏习惯，非要为历史这种连续体进行分段，居高临下地认为当今时代总是比过去更具价值，怀着偏见看待过去，我们便永远也无法理解历史。在古生物学中，对过去抱以偏见的错误屡见不鲜，现在人们采用的编年史也存在这一问题。读书之时，每见有书将恐龙比作被淘汰的物种或失败的生物，我对此都会觉得很痛苦，仿佛恐龙是被进化抛弃的物种一样。"恐龙"一词当是褒义的，而非耻辱的代名词。恐龙称霸地球超过 1 亿年，它们的灭亡并非这一物种的过错。智人统治地球的时间至今不过 100 万年，随着地质年龄的延伸，未来智人命运究竟如何，完全由我们自己来决定。

尊重历史的外在价值。杜伦北部的约克市还有另一座大教堂。杜伦大教堂用诙谐的拉丁语向比德尊者致意，而约克市的大教堂则献诗一首，向世人阐明，什么叫作"为了理解历史，我们必须尊重过去"。约克大教堂的牧师会礼堂的墙上刻着这样一首诗：

> "正如玫瑰为花中之花，
> 这座礼堂亦是房中之房。"

贰

文学与科学

05
怪物的人性

　　拉丁古语曾告诫过："当心只读一本书的人。"自1931年的《弗兰肯斯坦》到最近大火的《侏罗纪公园》（见文章17），好莱坞在制作怪兽电影方面，也只会拍摄一种主题——人类的科学技术发展万不可超越上帝或自然为世间定下的原则。无论违反原则的人出于何种善良的目的，如此无妄的自大只会引来会杀人的番茄、长着獠牙的巨兔、洛杉矶下水道里的巨型蚂蚁，甚至是不断生长、最终能吞噬整个城市的巨型魔球。然而此类电影的原著通常要精妙得多，只是一经改编，主题便面目全非了。

　　拍摄怪兽电影的潮流自1931年的《弗兰肯斯坦》而起，该片为好莱坞历史上第一部有声怪兽电影（尽管电影里卡洛夫先生饰演的怪兽只会发出咕哝声，而柯林·克莱夫扮演的弗兰肯斯坦则全程一副激情澎湃的样子）。好莱坞为了给怪兽电影的主题定下基调，几乎用尽了所有能想得到的策略。在影片尚未开场时，舞台上出现了一位穿着考究的男子，他站在悬垂的幕布前，向台下的观众做出两点警示：一、电影内含有骇人的场景；二、影片更深层次的主题是"一位科学家试图在不借助上帝之力的情况下，根据他自己的想象创造出一个人"。

　　电影中，弗兰肯斯坦所在医学院的教授魏德曼博士曾如此评价他的学生：狂热地追求创造生命。弗兰肯斯坦创造出"怪物"后激动地狂呼正印证了魏德曼博士之言。他说："我创造了生命！我用从坟墓里、绞刑架和各种地方寻来的尸体亲手拼凑出了它！"

　　1935年拍摄的《弗兰肯斯坦的新娘》是"弗兰肯斯坦"系列电影中的

最佳续集。这部影片的开场援引了《弗兰肯斯坦》作者玛丽·雪莱（玛丽于1818年出版了《弗兰肯斯坦》，那年她只有19岁）与其丈夫帕西·雪莱及好友拜伦对话时说的一句话，这也让整部电影的主题更为明确："此书描写了一个道德上的教训，胆敢效仿上帝的凡人必将受到惩罚。"

《弗兰肯斯坦》原书主题丰富，但在读完全书后，我却找不到足以支撑好莱坞版电影主题的内容。《弗兰肯斯坦》既不是一本渲染科技之危险的书，也并未警告读者拥有破坏自然秩序之野心的可怕后果。在书中，我们并未发现任何描写人类忤逆上帝的词语。再者，玛丽·雪莱和她思想开放的朋友也不太可能写出这样的内容（帕西·雪莱本人因在出版物中为无神论辩解，于1811年被牛津大学开除）。在小说的背后，我们能看到，《弗兰肯斯坦》的主角维克多·弗兰肯斯坦（不知为何好莱坞要在电影中将其改名为亨利·弗兰克斯坦）犯了道德伦理上的大错，但指责他利用科技破坏自然秩序显然是不妥的。

原书的确有几个段落描写了科学令人敬畏的地方，但用词并没有消极否定之意。比如，书中的魏德曼教授是个让人同情的角色，他曾说："科学潜入自然的休憩之地，向人们揭示自然运作的方式。它升入天空，它发现血液的循环模式，它发现我们赖以生存之空气的本质，科学习得了最新的也近乎无所不能的力量。"我们知道，不具怜悯之心与道德考量的热情会招致麻烦。但玛丽·雪莱认为，这一点不仅适用于科学发现，在每个领域均是如此（她举例说，几乎所有形式的政治都有这一特征）。书中，维克多·弗兰肯斯坦说道：

> "一个完美的人应该永远保持平静、祥和的心态，永远都不能让热情和一时的冲动破坏内心的宁静。我想，即便是为了探求知识也不能违背这个原则。如果你为之奋斗的工作会削弱你对别人的感情，阻碍你去体会生活中简单质朴的快乐，那么这种工作肯定是不符合道义的，也就是说，是不适合人类的。如果人人都遵循这个原则，没有人让任何贪欲影响他最本质的人性的话，那么希腊就不会被奴役，恺撒就会放过自己的国家，对美洲的入侵就会更加平和，而古时的墨西哥和秘鲁帝国就不会被消灭。"

维克多·弗兰肯斯坦的个人动机是全然理想化的："为了追求这些，我甚至还想到，如果我能够将生命力注入没有生命的物质，那么，今后我也许还可以让已经开始腐烂的身体重新恢复生机。但是，现在我发现这是不可能的。"故事的最后，当维克多奄奄一息地躺在北极之地上行将就木时，他用尽最后的力气发出振聋发聩的忏悔，道出了科学野心的危险。然而维克多的遗言只是在反思自己的行为，承认自己的过失，他还指出，还会有后人走上他的老路。维克多对着找到他的船长道出了遗言，他说："永别了，沃尔登！你要在平静的生活中寻求幸福，尽量避免野心的诱惑。即使那些看起来是无害的，想在科学和发明创造中一展才华的雄心壮志也得避免。可是我为什么要说这些呢？我自己就是毁在这些远大的抱负手里的，但是不断会有人步我的后尘啊。"

但好莱坞抛去原书寓意深远的内容，将主题简化为"人类绝不可违抗上帝与自然的计划"（在此类形式简单的古语中，我不得不使用有性别偏见的老旧语言）。自第一部《弗兰肯斯坦》电影问世起，这一主题便延续至今。近期上映的《侏罗纪公园》则是该主题的又一体现。只是影片里的怪物不再是用肉块东拼西凑出来的卡洛夫（即饰演弗兰肯斯坦之怪物的演员），而是用远古DNA重新复刻而出的迅猛龙。纵然创造怪物的形式变了，但这也无碍于我们的结论。

卡洛夫出演的那一版《弗兰肯斯坦》对原书其中一主题的扭曲要更为严重，而我认为，该主题恰恰是玛丽最想要告诫读者的。又是一个可悲的例子啊！好莱坞认为，美国大众根本无法忍受思考，哪怕稍稍需要动脑子的活动都不能出现在观众眼前。这一主题即为何怪物是邪恶的？玛丽在书中给出的答案很是精彩，对我而言，这就是原书最核心的主题。好莱坞在拍摄电影时选择将主题简单化，这样一来，电影的主题变得恰恰和玛丽的原意背道而驰了。《弗兰肯斯坦》的电影已不再以叙述寓言故事为主（尽管站在幕布前做开场白的人及续集中出现的玛丽·雪莱都声称这是一部寓言电影），而是正如制作人所希望的那样，变成了一部纯粹的恐怖电影。

1931年版《弗兰肯斯坦》的导演詹姆斯·惠尔为了让开场时间够长，景色更加壮丽，越发违背玛丽的原意，而电影制作商显然认为詹姆斯做出的改动是必要的。电影开场即在墓园中，哀悼者各自离去，亨利与他温驯的仆人——邪恶的驼子弗里茨将尸体从墓地里掘出，搬上推车偷偷运走。随后，二人又从一绞刑架上切下吊死者的头颅，头颅落地，亨利上前一看，惊呼道："脖子断了！这么一来脑子就没用了，赶紧得寻另一个脑子来。"

　　画面一转，歌德斯达特医学院映入镜头，魏德曼先生便在此教授临床解剖。此时，魏德曼教授正向学生对比"保存绝佳的正常大脑"与"典型罪犯的畸形大脑"之间的区别。他将罪犯堕落的原因归结于其大脑天生的畸形上。"人体之构造即为人之命运，"魏德曼教授说道，"注意，罪犯大脑前额叶皮质的褶皱不足，中额叶则有明显的退化迹象。躺在我们面前的这位罪犯一生劣迹斑斑，他野蛮、凶残，是个杀人犯。而其器质上每一个退化的特征均能神奇地与其上述特点相吻合。"

　　学生离开后，驼子弗里茨闯了进来，偷走了正常的大脑。铃声突然响起，弗里茨吓了一大跳，手一抖，那宝贵的大脑便一咕噜滚了下来，放着大脑的存储罐摔得四分五裂。弗里茨无可奈何，只好拿走了罪犯畸形的大脑，但他从未将此事告诉过亨利。怪物之所以邪恶，正是因亨利在不知情的情况下，用邪恶的脑子创造了他。电影的后一部分，亨利看着怪物暴虐的性格，不禁道出了他的困惑。魏德曼教授理清了怪物性格恶劣的原因后，他告诉亨利："弗里茨从我的实验室里偷走的脑子原属于一个罪犯。"亨利这才恍然大悟（这大概是电影史中最大的一次觉悟了），最终只好无力地反驳道："好吧，不过是个死掉的器官而已。""但这器官造就了邪恶，"魏德曼教授答道，"你创造了一个怪物，他会毁掉你的。"确实正如魏德曼所言，至少在续集里，怪物确实毁掉了亨利。

　　卡洛夫饰演的怪物天生便被断定为邪恶的，这种生物决定论不仅可悲，且极为错误，它同时也禁锢了数百万的生命。这些生命并未犯任何过错，却因种族、性别或是社会地位而被判有罪。卡洛夫在剧中用肢体语言演出了怪物内心的状态。在电影中，怪物勉强能发出几声咕哝声，在《弗兰肯斯坦的新娘》中，怪物甚至从一位见不到他丑陋脸庞的瞎子那儿学会了几个单词，虽然只会说"吃""抽烟""朋友""不错"几个词。与之相反，玛丽笔下的怪物是个文化素养颇高的家伙。有几个月，他一直躲藏在一落魄贵族家的小茅舍里，在此期间，他通过模仿学会了法语。怪物最爱的三本书放到现在，也是大学英文教授发自内心喜爱并要求学生至少读上一本的好书。这三本书分别是普罗塔克所著的《希腊罗马名人传》、歌德的《少年维特之烦恼》和弥尔顿的《失乐园》（显然，玛丽的小说便是对这几本书的改编模仿）。原书中，怪物极具震慑力的威胁要比卡洛夫在电影中哼哼唧唧的咕哝更具魅力，怪物威胁道："我要填满死亡的胃，直到用你所有朋友的鲜血将它喂饱。"

玛丽笔下的怪兽并非天生邪恶，他尚未经后天的锻造，性子里透着人类的天性，故而也不会那些必须经过后天教育与培养方能学会的行为举止。在经过启蒙前，他是个心怀希望的人，一心向学与充满同情的心或许能将他引向善良与智慧。在启蒙后，他却变成了邪恶又悲观的人，因自他出生便与他为伴的朋友的残忍拒绝将他引向了愤怒与复仇（即便最后怪物变成了杀人犯，他也是有选择、有目地去杀人。亨利·弗兰肯斯坦是他的愤怒之源，因此怪物只会杀死亨利的朋友与爱人，他们的死能给亨利带来巨大的痛苦。怪物从来不会像哥斯拉或巨型魔球一样，在城市里横冲直撞，肆意破坏）。

在写到怪物之邪恶时，玛丽谨慎地选择措辞，试图在天生之邪恶与后天之邪恶的细微区别间寻得一恰当的分界点，而好莱坞却选择一股脑地将怪物的邪恶归结为"天性如此"。电影将弗兰肯斯坦的怪物塑造成一个因内在构造不佳而天生邪恶的生物，好一个仁慈的"天性使然"论呀！但要是从电影相反的角度考虑，所谓"先天邪恶"与"后天邪恶"的解释其实无甚区别。怪物他生来便可有向善的能力，甚至可能有向善的倾向，他后天身处的环境都可以唤醒他的善良。在书中，怪物在前往北极自焚前，他向沃尔顿船长忏悔道：

"我的心曾经很容易被爱与同情所触动。但因饱受不幸，我的心转而被罪恶与仇恨所填满，变故接踵向我砸来，我的心遭受的痛苦，你根本想象不到。"（在该选段中，玛丽措辞相当谨慎，字里行间显示出怪物走向邪恶的可能性或倾向，而非用"天性"这种决定论来解释怪物的邪恶。）

他之后又说道：

"曾经我的幻想中也充满了美德、名誉与喜悦。曾经我也错误地幻想过会遇到一个不介意我外表的人，她会因我能养成的各种美好品质而爱我。我的心中还一度充满了崇高的荣誉感和奉献精神。但现在，我的恶行让我沦为低贱的畜生……每每回想起我犯下的那些可怕罪行，我根本不敢相信，这是那个曾经追求善良与美、充满崇高思想与远见的我所做出的事情。但事已至此，从天堂堕落的天使已变成了邪恶的魔鬼。"

那么为何他会从心怀善良之人堕落为邪恶的怪物呢？玛丽在书中给出的答案很有趣。从表面上来看，这个问题的答案琐碎而浅显，但细细品读玛丽关于人性的总体思想，我们便能看出她笔下的深意。怪物之所以变得邪恶，当然是因为人类对他如此不公，对他的拒绝又如此残暴决绝。怪物之所以变得邪恶，全在于那无法忍受的孤独。怪物说道：

> "我究竟为何物？我到底如何而来？又是谁创造了我？对此我一无所知。但我知道，我身无分文，孤苦伶仃，一贫如洗。除此之外，我生来面目可憎，令人作呕……每当我环视四周，目之所见，耳之所闻，竟寻不到一个喜欢我的人。难道我是个怪物？是人们避之不及、恨不得立刻丢弃的污点吗？"

但如果怪物一心向善，行为举止处处透着善良，何以众人不愿接受他呢？显然，怪物也曾试着做些善行，躲在落魄贵族的小茅舍时，他曾试着帮助那一家人（虽然是偷偷地帮助）：

> "我曾习惯在夜间从他们的店里偷些东西来吃，但当我意识到我的所作所为给这家人带来痛苦时，我放弃了，改从小茅屋旁的林子里采摘浆果、坚果与植物根茎食用。我还发现另一种可以帮他们做些体力活的方法。我发现，这户人家的孩子每日总花费大量的时间在林子里拾柴。因此，每至深夜，我常会拿走那孩子的工具（我很快就学会怎么用了）去林子里帮这户人家拾柴，每每都会拾取够他们用上好几天的分量。"

玛丽在书中告诉我们，每个人几乎都是出于本能地拒绝怪物，只因一个简单粗暴的理由：怪物长得实在是丑陋骇人。一方面，这理由如此不公，让人痛心；另一方面，在生物学的准确性与人性之意义的哲学洞见方面，这理由却又极为深刻。

按玛丽的描述来看，怪物的容貌不具任何吸引力。维克多·弗兰肯斯坦创造出怪物时，他是如此描述怪物的容貌的：

> "面对如此灾难，我该如何描述我的感受？又或者说，我该如何描述

创造这怪物时我经历的种种痛苦与付出的努力？他的四肢尚成比例，我也是按照美的标准为其挑选样貌的。美！我的上帝啊！他黄色的皮肤勉强能遮住皮下的肌肉与血管；他的头发乌黑油亮且顺滑；他的牙齿如珍珠般洁白。但这些美丽的外表与他水肿的双眼搭配在一起，显得更加骇人。他的眼窝几乎与眼珠一样惨白，他脸部的皮肤褶皱枯萎，嘴唇平直，发黑。"

此外，怪物足足有 2.4 米高，在 NBA 里都算是个高个子。这么大的个头让见到他的人都不免胆战心惊。

很快，怪物便意识到，人们对他的恐惧始于一种并不公平的理由，于是他开始有策略地尝试消除人们初见他时的厌恶感，用善良去赢得人们的喜爱。他最初从躲藏之处走出来，在小茅舍那瞎了的老父亲面前露了面，给那老父亲留下了好印象。怪物希望能以此得到那老父亲的信任，进而让老父亲将他介绍给其他目可视物之人。但在他享受被接受的愉悦时，怪物忘记了时间，他待得实在太久了。老父亲的儿子回了家，赶走了怪物。人们第一眼见到怪物时的恐惧感战胜了任何想要倾听怪物正直内心的欲望。

怪物终于意识到，他是不可能战胜人们对他丑陋外表的恐惧的，现实带给他的绝望与孤独驱使他走向了邪恶：

"我心怀恨意，因我经历悲惨。难道这世间所有人都恨我、躲着我吗？……若那人蔑视我，难道我还要对他抱着敬意吗？若人们能怀着好意与我交往，我非但不会伤害他们，我还会因他的大度接受而热泪盈眶，回敬他我能给他的一切。但这是不可能的了，人类的感觉成了我们相处中不可翻越的壁垒。"

想要对人性下一个仁慈又精准的定义，最困难的便是在错误又无趣的两个极端——先天与后天培养之间寻得一个妥当的落脚点。以好莱坞版天性堕落的怪物为典型代表的纯粹天生论发展出了残忍又不准确的生物决定论。正是因为生物决定论，数百万人因性别、社会地位、人种而遭到歧视，他们命途多舛，连希望都被剥夺得一干二净。但纯粹的后天培育主义也可以和先天论一样残忍，一样错误。过去弗洛伊德大行其道时，恋父或恋母被社会视为精神疾病或是生长迟缓（所谓的生长迟缓在当代看来，患者全身包括大脑在内的所有器官都存在基因上的缺陷，是一种天生的疾病）。

那时，几乎所有头脑健全的人都认为，想要治疗这种疾病，必须要让患者天生的性格倾向与其后天之人生经历的打磨巧妙地融合在一起方可成型。这种治疗方法颇具成效，但先天性格与后天培养在治疗过程中占据的比例不可简单地以百分比计之。诸如"智力的高低 80% 靠天生，20% 靠后天教育"或"同性恋有 50% 是天生的，还有 50% 是后天学会的"等其他上百种有害的言论常爱用百分比的形式体现。当天生性情与后天经历结合在一起后得到的成品不应该只是两个元素生硬地杂糅在一起（就像是把两副不同牌背的牌洗在一起一样，一眼望去依旧能清晰地分辨出二者之间的不同），而应该是一个全新的、更加高级的个体，二者融合后当是不可分割的（就像是在面对一个成年人时，你看不出他到底哪些部分是受父亲的遗传，哪些部分又是受母亲的遗传）。

先天与后天的融合若想要达到最佳的状态，则必须明白，总体而言，天性通常非常强大，支配着一个人的行为准则与性格倾向。后天经历则会强化个人的天性倾向，引领天性走向无数的潜在结果。面对天性时，我们又犯了典型的"分类错误"，将许多的性格视为天性，比如流行的社会学便将诸如强奸和种族歧视等复杂的社会现象归结为"基因问题"，又或者将深层次架构视为纯粹的社会架构——正如早前提到的那样，在众多文化中，语法并不具有普适性，其出现纯属偶然。乔姆斯基的语言学理论便是现代理念对天性与后天巧妙融合之理念的绝佳范例。乔姆斯基认为，人天生便具有语法概念，但这些语法概念又具有地域特征，因为语言是个人生长地域与文化环境的产物。

弗兰肯斯坦创造出的生物最后之所以变成了怪物，正是人类天生根深蒂固的生理倾向害了他，人类对严重畸形的个体有着与生俱来的厌恶感。（康拉德·劳伦兹[1] 是上一代人中最著名的动物行为学家，他大部分的理论均建立在该特征之上。）如今，我们会对人类的这种生理倾向感到震惊，但震惊之感是后天进化而来的，是人类用意识压制哺乳动物之天性而来的产物。

每个人在见到畸形之人时，其心里定然会在那一瞬间产生厌恶感，但请记住，天性只能创造出人类的性格倾向，文化才是塑造一个人之性格的决定因素。由此，我们终于能理解玛丽想要向读者展现的问题了——弗兰肯斯坦

---

[1]　Konrad Lorenz, 1903—1989。——译注

之怪物的悲剧的真正原因是弗兰肯斯坦自己犯下的道德错误。通过学习与理解，人能够克服对丑陋的厌恶感。我相信，每个人都曾训练过自己，让自己习得怜悯这种最基本的人性，每个人通过努力，也都能克服对于丑陋的厌恶（诚实地说，每个人在见到丑陋之人的瞬间，心里都会产生厌恶感），学会不以貌取人，而是透过一个人灵魂的品质对其加以评判。

弗兰肯斯坦的怪物外表虽然丑陋，但内心却善良纯真。他的同伴本可以通过自我教育来接受他，但维克多·弗兰肯斯坦——怪物的创造者，本该肩负起这一责任，他却弃责任于不顾，在看到怪物的第一眼便决定放弃。维克多的过错不在于滥用科技或是狂妄自大地模仿上帝造人，在玛丽的书中，以上两点并非小说的主题。维克多之所以失败，是因为他放任自己跟随人类的天性（即出于本能地对怪物的丑陋外表产生厌恶感），并没有肩负起创造者或是父母应当承担的责任——承担自己的责任，教会他人如何接受自己的孩子。

他本可教化他创造出的生物（这样一来，怪物便无须在躲藏期间通过偷听与偷书来学习语言了）；他本可以向全世界宣告他的成就；他本可以将他那仁慈又有教养的怪物介绍给世人，让世人看到怪物的优点。但维克多仅看了怪物一眼便永远地逃离了怪物。换句话说，维克多屈服于人类共同的天性，并没有想过后天教育或许能够让我们担负起道德上的责任：

> "我辛苦埋头工作了近两年，便是为了向已然死去的肉体注入灵魂。为此，我日夜不眠，弃健康于不顾。我渴望这实验能成功，这渴望甚至有些过了火。最后，我确实成功了，但伴随成功而来的，却也是美梦的破灭，唯一剩下的，只有那让我喘不过气的恐惧与充满了整个心房的厌恶。我无法忍受我一手创造出来的怪物，我冲出了房间……就算是木乃伊复活也不可能比我创造出的这怪物更加可怕。在我尚未完全成功时，我曾凝视着他的面容。那时他虽然丑陋，但我何曾能想到，当他的每一寸肌肉，每一个关节能够自如活动后，他竟变得如此可怕，连但丁都想象不出比之更丑陋的生物了。"

世人常常会误解《弗兰肯斯坦》一书前言的第一句话："本书中所述之事，达尔文博士与其他德国一些作家也曾描述过，这不见得是件不可能发生的事情。"人们常认为，此处的"达尔文博士"便是提出"进化论"的那位大名鼎鼎的查尔斯·达尔文。但查尔斯出生于1809年，与林肯为同一年生人，玛丽著书时，查尔斯尚不及十岁。玛丽提到的"达尔文博士"指的是查尔斯的祖父——伊拉兹马斯·达尔文①，英格兰著名的物理学家。伊拉兹马斯是位无神论者，认为物质才是生命的基础（见文章32—34）。（玛丽在这句话中提到了伊拉兹马斯的理论。伊拉兹马斯认为，如电流一类的物理能量能激活无生命的肉体，因生命内部并没有灵魂一类的物质存在，或许向无生命的身体注入足够的能量，说不定能重新激发起生命力。）

　　本篇文章的结尾，我想再度引用查尔斯·达尔文的一句话，这也是在各种与道德有关的言论中我个人最爱的一句话。查尔斯·达尔文和玛丽一样，认为人们应当通过接受后天之教育来培养人性中的良好品质。玛丽·雪莱的《弗兰肯斯坦》是个关乎道德的故事，其主题并非关乎科学技术之傲慢自大，而是在告诉读者，要对所有生物的感情负责，更要对我们一手创造出的产物负起责任。怪物的悲剧源于人类在道德上彻头彻尾的失败，而非源于其内在或与生俱来又无法更改的身体问题。查尔斯·达尔文后来提出了与玛丽相似的人性论，提醒我们不要忘记人类皆兄弟的责任："如果穷人的悲苦源于我们的社会，而非因自然法则造成的，这便是我们滔天的罪恶。"

---

① Erasmus Darwin, 1731—1802。——译注

06
爪与牙的百年纪念日

"若毛莨植物追着蜜蜂跑，

若船在地上游，教堂坐落于海上，

若小马儿骑着人，若青菜以牛儿为食，

若猫儿被老鼠赶进了洞里……"

"那么整个世界便颠倒了"——查尔斯·康沃利斯[①]在约克镇向美国投降时，命令乐手演奏了这首小曲，那时他心里定是这么想的（美国则演奏《扬基歌》作为回应）。

此类颠倒的自然秩序质疑着人类千百年来"习以为常"的设想，因而总能激发人们的兴趣。我有一份"颠倒自然秩序之现象"的档案，其中记录着肉食性植物、吃青蛙的虫子，还有一种海洋性浮游植物，这种植物能够释放毒素毒死鱼类，并且会吸收自死去鱼类身上脱落的身体组织。我写此文时恰逢另一件"颠倒自然秩序"之奇事的百年纪念日。这件奇事虽说发生在社会学领域，其源头却是英国科学界的中心。《19世纪》评论报刊或许可以称得上同时代评论报刊中的领头羊。1892年10月，桂冠诗人阿尔弗雷德·丁尼生[②]与世长辞。一个月后，《19世纪》刊登了一系列对丁尼生先生的赞词。第一篇赞词便是由托马斯·亨利·赫胥黎以诗歌的形式创作而成的。这篇赞词

---

① Charles Cornwallis，1738—1805。——译注

② Alfred Tennyson，1809—1892。——译注

在韵律上并无出彩的地方，但每每想到英国最顶尖科学家们以诗歌的形式赞颂一名诗人，我便心生愉悦。赫胥黎在赞词中谈及其他和丁尼生一样埋葬于威斯敏斯特大教堂的人时，毫无疑问，他定会提及老朋友达尔文：

> "让他轻轻地躺下，
> 沉睡于举国的敬仰之中，
> 千秋万代赞颂的人之中，
> 从不受到错误折磨的人之中，
> 他是人类智慧之仆人，
> 他是披着思想长袍的领袖。"

但为何赫胥黎要悼念丁尼生？他们的交情并不算深厚。赫胥黎和丁尼生二人均属维多利亚时代知识分子的精英俱乐部——玄学会，但丁尼生在聚会时几乎从不发言。丁尼生欣赏赫胥黎，但从历史记录来看，他仅去赫胥黎家拜访过两次。丁尼生过世后，赫胥黎曾致信给英国皇家学会（英国科学家协会中的领头羊）的秘书长，强烈要求皇家学会派遣一名官方代表出席丁尼生的葬礼。由此可见，赫胥黎悼念丁尼生完全是出于尊敬，而非私人情谊：

> "他（指丁尼生）是当代唯一的诗人，事实上，我认为他是自卢克莱修（古罗马时期的诗人与哲学家）之后唯一一位不辞辛劳地去理解科学成果与科学发展趋势的诗人。"

或许读者读到这里的时候会心生疑惑，我写的这一系列文章，主题均与进化论有关，为何单单这篇要选择纪念丁尼生逝世一百周年这种老套的话题呢？丁尼生对科学的兴趣显然不足以让我选择这一话题，特别是考虑到1892年还发生了许多其他值得纪念的大事情：格罗夫·克利夫兰当选美国总统、海尔·塞拉西一世诞生（埃塞俄比亚前皇帝）、莫奈开始创作他的名画《鲁昂大教堂》、拳击手吉姆·科比特击败世界重量级拳王约翰·L. 沙利文、流行曲《Ta-ra-ra Boom-de-ay》问世并第一次登台亮相。

我之所以选择丁尼生作为写作话题（事实上，数年来我一直都想上这个借口），是出于很明确却不怎么宏伟的理由。许多事物都有固定的描述语，只须听个只言片语，你便可本能地联想到该事物，反应速度就像接受心理医生的词语联想测试时一样快。这就好像，如果我说"佐治亚水蜜桃"，你便能立刻回答"泰·柯布"（如果你了解棒球的话）；如果我说"大苹果"，你立刻就能回答"纽约市"（只要你有常识）。达尔文的进化论也有固定的描述语，即是一句诗："腥牙血爪的大自然。"

每一位进化论主义者都熟知此句，就连写新年祝词的人都发誓不再引用这陈词滥调，但它依旧在一个又一个讲座、一篇又一篇文章中反复出现。对该诗句的模仿亦是层出不穷。我的同事迈克尔·鲁斯写了本有关达尔文及其同伴智力角逐的书，并将书的副标题命名为《科学的腥牙血爪》。

只要你是进化论主义者，就该能正确地引用这句话（我们总能找出不会正确引用的骗子）；每一位进化论主义者都认为，这句诗描述了进化论重构的生物世界；几乎每一位进化论主义者都知道，这句话源自一首诗，而诗的作者便是丁尼生。我甚至怀疑，有近一半的进化论主义者知道，这句诗出自丁尼生的《悼念集》。但我敢押上 1000 美元，赌所有的进化论主义者中，真正读过这首诗的人尚不足百分之一（直到上周，我还属于那 99% 的行列）。先别因没读过这首诗而感到羞愧。总体而言，《悼念集》可不是只有 17 个音节的俳句，也不是只有 14 句的十四行诗。《悼念集》长度惊人，光我数过的章节便高达 131 句，剩余的我也懒得再数（我阅读的版本整整有 80 页）。再者，即便是这首诗出自思想最为高深严肃的学者，维多利亚时期的长诗在现代也并不流行。因此，出于探索之意，我决定在丁尼生逝世一百周年之际写出这篇文章，也是想要告诉我的同事与读者，我们口中常念却毫不了解之句的来龙去脉。在接下来的文章中，涉及的范围将会比我开篇探讨的内容更加广泛，也更加有趣。

丁尼生诞生于 1809 年，恰与达尔文同岁。丁尼生于剑桥圣三一学院读本科时，认识了亚瑟·哈勒姆（没错，就是历史学家亨利·哈勒姆帅气的儿子）。两人诚挚热烈的友情无疑是丁尼生一生中至关重要的情感经历。（我不会推测二人感情的实质，因缺乏证据，文献在这一方面也保持着谨慎的沉默。哈勒姆的父亲销毁了丁尼生寄给哈勒姆的所有信件，丁尼生的儿子之后也烧掉了哈勒姆寄给丁尼生的所有信件。亚瑟·哈勒姆逝世之前，还与丁尼生的妹妹有婚约，因此丁尼生与哈勒姆的关系真的是错综复杂。但如果说两人的关系没有任何受压迫的同性恋情基础，我会倍感惊讶。）

1833 年 10 月 1 日，丁尼生收到一封哈勒姆的叔叔——亨利·欧登寄来的信，读后，丁尼生的精神世界崩溃了。欧登的来信中写道："先生，您的朋友，我挚爱的侄子——亚瑟·哈勒姆离世了。上帝将他带离了他曾生存过的第一个世界，送他去了上帝创造的更美好的世界。在从多瑙河东岸回到维也纳的途中，亚瑟因突发脑中风不幸早逝。我相信，他的遗体正从的里雅斯特港经船运送回来。"亚瑟·哈勒姆死时年仅 22 岁。

在 1850 年出版的《悼念集》中，丁尼生为这段超凡的友谊创作了许多悼词，也探讨了失去这段友谊背后的情感、宗教及哲学层面的意义。〔丁尼生最初匿名发表了《悼念集》，但是其极具个人特色的写作风格骗不了任何人。《悼念集》初版时全名为《悼念集——悼念亚瑟·哈勒姆（于 1833 年逝世）》〕。《悼念集》一出版便大获成功。丁尼生于 1850 年（上一代"桂冠诗人"沃兹华斯逝世后）被授予"桂冠诗人"的称号，《悼念集》居功甚伟。维多利亚女王及其丈夫阿尔伯特亲王尤其喜欢这本诗集。1861 年，阿尔伯特亲王逝世后，维多利亚女王将《悼念集》作为无尽哀伤的慰藉。"除了《圣经》，"维多利亚女王表示，"《悼念集》便是我的慰藉。"她甚至将《悼念集》中的一首诗替换成了自己的版本，将诗中所有的"鳏夫"替换为"寡妇"，将"他"替换为"她"，如此改动，这诗便成了阿尔伯特亲王的悼念诗：

> "当寡妇看到，
> 睡眠揭开了她失去的一切，
> 她挥动着双臂，深切地感受到，
> 他的位置空了，
> 她的眼泪就这样流了下来。"

1862 年，维多利亚女王曾邀请（我记得有人说是"下了命令"）丁尼生前来觐见，后来，维多利亚女王在日记中写道：

> "我走下去看了看丁尼生，他样貌独特，个子很高，肤色偏黑，长得不错，头发黑长，留着胡子。丁尼生的穿衣打扮有些奇怪，不过也无损于他的魅力。我告诉他，我非常欣赏他卓越的诗句，就像是为了悼念我亲爱的阿尔伯特而作的。我告诉他，《悼念集》给我带来了莫大的安慰。"

在这样的背景下，我们便对丁尼生写下其著名诗句"腥牙血爪的大自然"的情况略知一二了。同时，我们也会发现，进化主义论者对这句诗的理解有误，它既不是对达尔文世界的预示，也不是对达尔文世界的描述。这种误解并非完全是进化主义论者自己造成的，很抱歉，我这么说听起来像是摆出了辩论的架势。（进化主义论者总说，是达尔文的新理论启发丁尼生写出了这句诗，但最基本的事实会让进化主义论者发现，这种说法实在愚蠢。《悼念集》出版于 1850 年，而那时达尔文还没有公布其理论成果，《物种起源》直至 1859 年才面世。）长久以来，传统文学批评总是将《悼念集》中与生物有关的篇章和生物进化论联系在一起，将查尔斯·赖尔[①]的地质均变论与丁尼生笔下和地球及地质变化的诗句联系在一起。荷兰科学历史学家尼古拉斯·A. 鲁普克在其重要的著作《历史之链》中列举了大量同类的文学作品：

> "在书中读到此类言论已是习以为常……《悼念集》中不仅写有有机生物的进化论，还有赖尔的地质均变论……因为《悼念集》中与有机生物进化相关的篇章写就的时间……要比达尔文《物种起源》出版时间早上许多……部分文献将《悼念集》中与生物进化相关的部分视为诗人凭其天才的直觉对有机生物进化理论做出的预测，达尔文在丁尼生之后，经过一番分析方才得出同样的结论。"其中一位批评家问道："诗人如何做到在科学领域里比科学家还抢先一步的？"

如果说《悼念集》描述了一个男人寻求平和、超越、重拾信心、下定决心、接受现实的过程或其他心灵历程（读者列出的主题要比我在此罗列的还要多），那么科学在这条探索的道路上又扮演了怎样的角色呢？要知道，丁尼生拥护科学，他并不是那种大众心中充满偏见的典型诗人——多愁善感、反对科技、充满浪漫思想。《悼念集》中最知名的诗篇便与科学有关，最重要的评论也认为，与科学相关的诗篇是《悼念集》中丁尼生不可或缺的探索。

有人说："世界因科学的发展而丰富多彩，在这样的世界里，怎么还会有人如此悲伤？"这种由残酷之人编制的诡辩之言无疑让悲伤之人更添一层悲痛。丁尼生最先驳斥的便是这等言论。

---

① Charles Lyell，1797—1875。——译注

> "这是一个叫人恶心、昏厥的年代，
> 连科学之神也伸长手臂，
> 去感受这个世界及魅力，
> 让月亮吐露秘密。"

丁尼生用两句极富感染力的诗歌回答这个问题，同时，诗中也运用了大自然的意象。提出这种问题的人怎么能将我的孤寂与世间普遍的快乐相比较呢？

> "瞧瞧吧，你们说的都是废话，
> 你们从不认识那些作古的人，
> 我只因需要才放声歌唱，
> 犹如红雀啼叫般吹响口哨：
> 有的红雀如同放歌般欢快，
> 因她的孩子已经到处飞翔。
> 有的红雀如同哭泣般悲鸣，
> 因为她的孩子被偷盗。"

《悼念集》54—56节（整本诗集靠近中部的位置）中，丁尼生一直在认真探求一个问题——自然能否给人带来慰藉？在第54节中，丁尼生用前四个诗节描述了在他上一辈人中盛行的"自然神学"观点，即自然邪恶的表面之下必然藏着善美。第54节全文如下：

> "无论如何我们依然相信，
> 邪恶的目的地终将是善良，
> 不论是信仰危机、血的污迹、
> 自然的苦难和意志的罪恶；
> 没有什么事会走无目标之路；
> 当上帝造物完工之时，
> 没有生命应当被毁灭，
> 或是如垃圾般投入虚空。

没有一条虫会被白白斩断，
没有一只飞蛾会盲目追求，
在没有结果的大火中销毁，
或是替别人火中取栗。
或是只为了他人的利益而服务。

看啊，我们什么也不知道，
我相信善终会降临，
最后，最后，对于所有人来说，
每个冬天都会变为春天。"

说得真好，但在最后一节诗中，丁尼生笔锋一转，将"自然神学"这一传统信念定义为人们虚妄的幻想：

"飞翔吧，我的梦，但我究竟是谁？
当婴儿在夜晚哭泣，
当婴儿把光明呼唤，
没有语言，只有哭声。"

叙事者必须诚实地审视自然，正如丁尼生在第 55 节中写的那样。在《悼念集》最知名的诗句中，丁尼生阐述的主题对达尔文而言至关重要（虽然该思想很可能并非丁尼生原创），同时也是对《悼念集》中叙事者无尽悲伤的嘲讽：为何自然一方面维持着物种的稳定，另一方面又允许个体的陨落及过早死亡的存在呢？

"上帝和自然处于冲突中，
大自然带来的是否都是噩梦，
她似乎只关心物种，
对个体的生命毫不在乎。

我到处探寻，

自然行动的奥秘，

发现在那五十颗种子里，

只有一颗能够长大成形。"

丁尼生由此进行了大范围的探寻求证。或许个体的死亡（如哈勒姆的死亡）总体而言有利于世界的永存：

"我伸展着伤残的信念之掌，摸索着，

收集着灰尘与谷壳，大声呼喊，

呼喊我心中的上帝，

模糊地相信世间依旧存在着希望。"

但丁尼生并非一个乐观的人，他在心里早已有了"了无希望"的答案。接下来便要说到《悼念集》中我最爱的一句诗了，丁尼生用一句与地质学相关的诗句开启了第 56 节。在第 55 节中，大自然嘲笑着观察自然的人，它告知世人，在漫漫时间长河中，甚至连"物种"都是必须死亡的。"一切皆会消逝"，短暂的苦痛证明，这世间没有什么是永恒稳定的：

"我应当关心物种吗？不！

在岩石和化石中，自然如此叫喊；

灭绝的物种成千上万，

我丝毫不在乎，一切即将结束。

你向我呼喊，请求我的仁慈，

我让万物生，也可让万物死，

灵魂仅仅意味着呼吸，

这就是我所知道的一切。"

我们终于说到了"腥牙血爪的大自然"这句诗。大自然或许会屠尽个体，最终抹去整个物种的存在，但人类依旧心存希望。大自然对个体的抹杀是否能够成就人类的高尚与灵魂的亘古不灭呢（虽然这个观点看上去有些矛盾）？

丁尼生用了足足四行诗句来提出这个问题，接着他又兀自给出了否定的答案，并就此写出"腥牙血爪的大自然"这经典的意象。丁尼生甚至还在诗中斥责他笔下的叙事者，嘲讽他竟对贪婪的大自然报以如此幻想：

> "人或许是自然最后创造的最美的作品，
> 人的眼中闪烁着光芒，
> 建立起用来祈祷的神堂，
> 将赞歌送上天堂。
>
> 他相信上帝即为仁慈，
> 他相信爱是上帝造物的法则，
> 全然不管腥牙血爪的大自然，
> 在反对着他的教义。
>
> 他曾为真理与正义而奋斗，
> 他也受过无尽的折磨，
> 他或许将被风所吹散，
> 他或许将会被掩埋在群山之下。"

在后面的诗篇中，叙事者渐渐走出了那浓厚的悲切，而在对地质历史进行层层推断的过程中，丁尼生也寻得了慰藉。在第 118 节的开篇，丁尼生写道："请仔细审视时间的所有工作。"或许，过去的死亡预示了更美好的事物的降临："但请相信，如今我们称为'死物'的 / 在遥远的过去也曾鲜活地存在着 / 它们的逝去是为了更崇高的使命。"丁尼生笔下的地质学历史是这样的："地球表面最早覆盖着一层流动的热气……直到人类的诞生……一个地位更高的物种。"在这一节的最后，丁尼生呼吁人类要更加奋进："向上攀爬 / 摆脱兽性 / 让猿与虎死去。"（我认为，丁尼生此处所说的猿与虎是指人类心中代表着兽性的猿与虎，而非鼓励人们去狩猎！）

丁尼生以一首欢快的祝婚词作为《悼念集》的结尾（第 131 节）。在祝婚词中，丁尼生将主题重新引回历史的进步上，并将夫妻婚后产下的孩子的成长与物种的发展相比较："生命摆脱了较低级的阶段 / 人类诞生 / 出生便会思考。"在整首诗的最后，主人翁从大自然中寻得安慰。这种情节在现代人看来未免有些矫揉造作，但《悼念集》中的主人翁之悲切如此深重而又绵长，我会尊重任何能让他在情感上寻得平静的理由（尽管整个理由不太能让人感到信服）。丁尼生认为，现代人正朝着更高层次的方向发展，在发展期间遭受的一切痛苦都能够推动人类的进步。哈勒姆便属于更高层次的人类，他只是过早出现于人世间罢了。

> "不再与野兽相似，
>
> 正是因为我们的思想、爱与行为，
>
> 所有的希望以及苦难都是种子，
>
> 能够繁育出花朵与果实。
>
> 那个人曾与我一起踏足这个星球，
>
> 他是如此高贵，
>
> 在时机尚未成熟前便过早地降临，
>
> 他是我的朋友，现在他与上帝在一起。"

　　人们几乎总会弄错《悼念集》中关乎"自然"之篇章的思想源头，因为我们总会铭记敬重所谓的"赢家"，却自动忽略了事实——人们敬重的部分科学家，其观念从现代的角度来看是错误的。人们常常认为，丁尼生所持的生物学理论是一种"进化论"，并认为他的地质学理论追随的是赖尔的均变说。事实上，在这个问题上，鲁普克解释得十分清楚（任何充分了解英国18世纪地质学发展情况的人在阅读《悼念集》时应该都能明白），丁尼生在自然历史方面的观点承袭于两个截然不同的派别——革新论及18世纪早期的主流思想灾变论（丁尼生于剑桥大学求学期间曾拜师于伟大的哲学家与科学家威廉·惠威尔门下，惠威尔本人便支持灾变论，英文"catastrophist"一词便是惠威尔创造的——见文章13）。

　　在现代，很多人或许从未听说过巴克兰、塞奇威克、孔尼白等灾变论学家，但在丁尼生年轻时，这些人都是地质学界的大家。当时的灾变论学家认为，生物的演变实非进化，世界不断诞生更加完美的物种，历史便是在此基础上不断定向发展的。而每隔一段时间，地球上便会出现一次大灾变，每逢灾变，必有物种灭绝。丁尼生常在诗句中直接引用这种观点。在第118节中，丁尼生在描写地球诞生之景时便引用了星云假说（从太阳分离出来的热气环在太空中相互融合，进而形成了地球——见文章 3）。星云假说正是灾变论的核心理论（生命滚滚向前的历史之所以能够展开，地球冷却下来是关键所在），但赖尔并不认可星云假说。他认为，地球自始至终都处于恒温的状态中，而丁尼生则认为："地球表面最早覆盖着一层流动的热气。"丁尼生笔下与物种灭绝有关的著名诗句（"自梯级悬崖开始……一切都会消逝"）正是在描写一场地球大灾变。在第 56 节的后半部分，丁尼生甚至在诗句中引用了他最喜欢的灾变论研究案例——白垩纪"海怪"（即鱼龙与蛇颈龙）："远古的巨龙 / 在泥沼中相互撕咬。"

由此看来，我们不能将丁尼生视为早期的进化论主义者。他在诗句中反复提及生命史的演进，而"生命的连续诞生推动生命历史的前进"这一观念正是灾变地质学说的主要特点。在达尔文的《物种起源》问世前，人们已经大范围地讨论过一个问题——或许丁尼生确实赞同部分进化论的观点。或许丁尼生也认为，人类精神层面的演化史是逐渐且从未间断的。但《悼念集》中和生物学及地质学相关篇章的主要思想来源于灾变主义革新派别，而非达尔文后来提出的进化论。

有句老话说，每个时代的人阅读经典著作的方法截然不同，经典著作之所以伟大，正是因为它能经受住众多不同的解读。与丁尼生处于同一时代的人认为，《悼念集》是本伟大的宗教诗集，诗文哀伤而悲切，是对无情又无理的死亡发起的一场拷问，阅读时宛如经历了一场重拾信心的艰难旅程。伟大的自由主义神学家查尔斯·金斯利是《水孩子》及《向西去啊！》的作者，同时也是赫胥黎的好友。他曾为《悼念集》写过一篇书评，并且评价颇高（这篇书评刊登于 1850 年 9 月出版的杂志《弗雷泽》中）。金斯利在书评中写道："丁尼生是位沉着而又积极的基督教拥护者。"他还认为《悼念集》是"英格兰近两百年来最崇高的基督教诗歌……诗篇表达的是更加真挚的正统学说，因为本书是翻越了质疑的深渊才创造出来的"。

1936 年，T.S. 艾略特就《悼念集》写了一篇颇负盛名的文章。在文章中，他对丁尼生的评价与金斯利截然相反。艾略特写道："丁尼生是自弥尔顿之后，最善倾听的英国诗人。"艾略特赞同维多利亚时期人们对《悼念集》的主流的解读方式："与丁尼生处于同一时代的人认为，《悼念集》的出现向人们渐渐消失的基督教信仰传递出希望与令人心安的信号。"随后，艾略特又出言反驳，从现代的角度支持《悼念集》中的宗教元素：

> "我认为，《悼念集》理当被视为宗教诗歌，但我的理由与丁尼生同时代之人的理由不尽相同。《悼念集》之所以是宗教诗歌，不在于其中和宗教信仰相关的特性，而在于其发出质疑的特性。《悼念集》中的宗教信念内涵并不丰富，但它提出的质疑却给人带来强烈的体验……丁尼生似乎也和《悼念集》一起走到了精神发展的终极，他没有妥协，也没有做出任何决断。"

从一名完全单纯的读者的角度，我再次通读了整首诗。在重新阅读过程中，我的方式并非原创，而是当代人典型的阅读模式。我发现，对于哈勒姆的死亡及死亡的意义这两个关键性问题，全诗并未给出任何智力层面或哲学层面上的答案。整首诗充满了矛盾与游移不定，就像丁尼生对历史发展观点游移的态度一样（在诗集的前一部分，丁尼生不认为主人翁能从历史发展论中寻得安慰，但当他将哈勒姆视为一名过早出现的高层次人后，又接受主人翁确实能从中获得安慰的说法。）

在我看来，《悼念集》中对于深重的悲伤情绪的描写真实而绝妙，在阅读时，许多地方都能唤出我的泪水。你的挚爱年仅 22 岁便离开了人世，你遍寻解释而不得，内心的悲痛也得不到调和，留给你的只有悲伤。基本上，除了等待以外，你别无他法。漫长的情感疗伤阶段就此开始，我认为，我们内心深处固有的某些东西或许会在这漫长的疗伤过程中消失殆尽。如果你成功摆脱了悲伤，不再夜以继日地沉湎于绝望悲痛，最终，你会重建自己的生活。虽然你没有找到这件事为何会发生的答案，但你接受了现实，因为这就是现实，你必须接受，最终你将放下悲痛，生活还要继续。对于我来说，《悼念集》就是一场探究绵长之悲伤的征途。对于《悼念集》，我更惊讶于丁尼生花费了 17 年的时间，随性地创造出了 131 节诗篇，而串起这 131 节诗的线索又如此真实、自然，整首诗简直就是一本关于悲伤的备忘录。丁尼生是如何完美地捕捉记录下这一系列情感变化的？他又是如何将愤怒、绝望、空虚、寻觅答案、寻得暂时性安慰的狂喜（第 106 节："敲响吧！疯狂的钟！响彻那狂野的天空！"）、意志再度消沉及在没有得到最终答案的情况下认命接受现实等一系列感情整合在一起的？

除此之外，我还很欣赏丁尼生在对待科学与人类价值观的关系上的态度，我相信他在对待二者之关系上的态度是完全正确的，这种态度在现今这个时代依旧重要（甚至可能变得更加重要）。《悼念集》的主人翁通过多种途径探寻答案，而科学显然也在其列。丁尼生展现了自然的数种不同的特征，某些特征自相矛盾——比如大自然的腥牙血爪，大自然是所有物种的死亡之地，却也是一个经由历史不断向前发展的场所。但丁尼生不认为大自然的不同特征能够作为他对道德及情感之探寻的答案。

显而易见，主人翁肯定会拒绝将包括科学在内的任何客观原因作为解答自身痛苦的答案，外在的知识又怎么能消除人内心的痛苦呢？但丁尼生进一步解释道，从原则上来看，科学无法为关乎生命意义的道德问题提供答案。丁尼生是科学的拥护者，而不是贬低科学的外行人。丁尼生赞叹科学的力量，它帮助人们建立起串联全球的铁路网络，让人民能够填饱肚子，解答了经验主义曾就宇宙提出的许多问题。但丁尼生知道，科学无法解释，为何人会在如此年轻时便踏入死亡的国度，也无法教会悲伤的爱人如何缓解自己的伤痛。

丁尼生坚持认为，科学与道德的知识当分离开来。他表示（这是丁尼生的儿子透露的，丁尼生将他的儿子起名为哈勒姆——无疑为这个悲伤的故事更添一层哀伤）：

"我们不应该从自然或世界中寻得缓解悲伤的信念。如果单独审视自然，我们会发现自然中充满了完美与不完美。自然告诉我们，上帝是疾病，是凶杀，是掠夺。我们只能从自身，从我们内心最崇高的地方寻得缓解悲痛的信念。"

《悼念集》也蕴含了丁尼生的这种思想。在第3节中，丁尼生曾仔细思考过，最终拒绝将自然视为道德指南的源头（"我内心天生的善良"）：

"我难道应当如此盲目地接受，
拥抱她，将她视作我天生的善良吗？
还是应当在我心灵的入口，
如同血腥的罪恶，将其粉碎？"

在后来的第120节，丁尼生认为，"人类的本质便是我们的肉身"这种观点是错误的——"我想，人类可不仅仅只有脑子／多么有魅力的笑柄。"之后，丁尼生又用一个绝妙的对句，承认科学或许是建立在物质的基础上的，但科学并不能对人类伦理道德上的斗争做出任何指导："让科学来证明我们是谁／还有／科学对人类又有何意义？"

厘清问题的正确逻辑并不能保证你能寻得答案。丁尼生认为人们在探寻道德与伦理时应当将科学因素分离出去，这一点我接受。但现代人很少有人能对丁尼生的这种说法感到满意，特别是他在尝试摆脱哈勒姆之死带来的痛苦时使用的方法。根据丁尼生自己的言论及其朋友的回忆，我们能够了解到，丁尼生痴迷于人类死后灵魂的归属问题。赫胥黎与丁尼生进行过寥寥几次长谈，在其中一次长谈结束后，赫胥黎说："丁尼生狂热探究的数个信条中，不朽是其中一个。"丁尼生自己也曾说过："基督教中最核心的观点便是人类死后依旧有灵魂。"《悼念集》由此得到了精神层面上的结论，丁尼生起初质疑宗教，最后又坚信，在他死后，他终将与哈勒姆再次于天堂相遇，为此，丁尼生开始庆祝这段心灵的历程。至少对于现代的读者来说，丁尼生用来结束悲痛的理由实在没有信服力。

> "我这自身暗淡的生命当教会我，
> 生命将永存，
> 否则地球的核心便只有一片黑暗，
> 充满灰与尘。"

此外，所谓灵魂的不朽必须是针对个人而言的。将哈勒姆的灵魂融入普世的善中是远远不够的："当我们相遇时／我当能认出他／我们将一同参加那永不散去的盛宴／分享彼此的美德。"

丁尼生个人消除悲痛的方法并没有违反此前"科学与伦理道德应当分离"的原则。事实上，丁尼生对科学与伦理道德均报以尊重，他知道"美好的生活"或许是陈词滥调，但人们不正是在追求"美好的生活"吗？而想要得到"美好的生活"，科学与伦理道德的融合是必不可少的。赫胥黎的世界与丁尼生的世界是全然不同的（赫胥黎和丁尼生一样，认为在合理的生命中，科学与道德同样重要，但两者必须分离开来。详见赫胥黎著名的作品——《进化

论与伦理学》）。丁尼生认为"美好生活"的两个源泉便是知识与尊严，具体
表现为个人的理智与灵魂：

> "让知识越积越多，
> 但尊严也当长居于人们的心中；
> 理智与灵魂和谐相处，
> 如以往一样，两者共谱一曲美好的乐章。"

07
甜蜜与光明

"苦后方知甜滋味。"相信大家都知道这句格言，但清楚其出处的人，怕是寥寥无几。这句话出自一首致酒神巴克斯的赞歌，战士们庆祝战斗的胜利时便会唱起这首歌：

> 酒神巴克斯，永远美丽，永远年轻，
> 下达第一个命令，我们要开怀畅饮；
> 巴克斯的祝福是财富，
> 畅饮是众士兵的快乐……
> 苦后方知甜滋味。

这几句歌词出自约翰·德莱顿创作的《亚历山大的晚宴》，讲述了音乐调动情绪的力量。《亚历山大的晚宴》是德莱顿写给音乐守护神圣塞西莉亚的一首颂词，前后曾有数名作曲家为这首词谱曲，供合唱队和管弦乐队使用。1736 年，也就是德莱顿逝世 36 年后，亨德尔将这首词改编为清唱咏叹调，该咏叹调至今依旧是合唱文学中的主要作品。亚历山大大帝一只手端着酒神巴克斯的杯子，身旁站着一个女人。他看着提莫塞乌斯演奏七弦竖琴，心绪随着提莫塞乌斯的双手翻飞：

> "在乐声的抚慰下，国王开始浮想，
> 所有的战斗再一次打响，

> 他三次与敌人狭路相逢，
>
> 又三次痛杀该死的敌军。"

在我们的生活与文化中，重新演绎古典音乐的现象屡见不鲜，主要的原因还是在于，会听音乐的人多如牛毛，而好听的曲子却太少。A.N. 怀特海称整个欧洲的哲学思想都是由对柏拉图思想进行研究的脚注构成的，他这么说并不意在批评他的同行（又或者是批评他自己）过于愚蠢或是剽窃他人的作品。怀特海之所以做出如此评论，只是为了指出，真正重大的问题往往十分明显，而且数量有限。在一个领域中，第一位拥有大量记载且思虑周全的思想家往往能恰当地记录下该领域中真正重大的问题（前提是他没能解决）。就像亚历山大，尽管他喝得醉醺醺的，情绪不太受自己的控制，甚至美化自己的战斗故事，但他还是知道自己在做些什么的。

比德莱顿的故事更具讽刺意义的事情往往来自人们毫无意识地再次发现，特别是当人们因自己的发现而兴奋沉醉，以为自己是历史上第一个发现某个古老真相之人时。最近就有这么有趣的一个例子，出现在英国顶尖科学杂志《自然》的"读者来信"栏目中。

1992 年 1 月 16 日，剑桥大学动物学系的扎卡瑞亚·艾辛克里格鲁致信《自然》杂志的编辑，言辞激烈地控诉其在文章中错误且造成不良影响的用词：

> "科学界最荒唐，却也是最屡见不鲜的词语误用，便是用"古老的"描述百万年前曾繁盛于地球上的物种……事实上，很久之前便存在于世上的有机体与某些如今依旧生活在地球的生物相比，是相对'年轻'的……无论从哪个角度来说，动物都不能算作'古老'的物种。在地球尚属年轻时，它们便灭绝了。为何如今我们还要坚持使用这种错误的表达方式呢？"

拉尔夫·伊斯特灵同年于 2 月 20 日出版的杂志中回应了这封抱怨信（英国的期刊杂志确实有个习惯，总是花费大量时间去争辩有些古怪却不怎么重要的问题。尽管有些人认为这有些怪异，但我却觉得这令人着迷）：

> "人类总是偏爱用坐标系来看待此类问题。三叶虫与亚里士多德一

样；他们出现的时间早（比我们早），比我们要年轻。但我们习惯以当前的时间为坐标原点往回看，从这个角度来说，三叶虫与亚里士多德都是古老的，比我们都要老。"

我不反对伊斯特灵多元的评论，也同意艾辛克里格鲁最后的结论——在选择用词时，既不要过于考虑细节，也不可太武断："我们是否用'古老'一词来形容早期出现在地球上的生命真的重要吗？用'古老'一词完全是出于我们的用词习惯，在这种问题上斤斤计较纯粹是迂腐的表现。但我不这么认为。词语能够对人的思想产生潜移默化的影响。在科学中，任何会将我们的思想引入歧路的词语都应当被替换成其他更恰当的词。"

我提及这场争论只是为了表明一个历史观点，并不是要做什么评价。这场争论的立意虽说是好的，却是在谈论一个老套的话题。争论的主角不过是碰巧又发现了人类历史上最古老（或许我应该用"年轻"？）的语言学争论，这个问题也是文学传统上十分经典的一个悖论。弗朗西斯·培根在其1605年出版的《学术的进步》中用拉丁语发表了一个经典的论点：Antiquitas saeculi, juventus mundi（大意是"过去美好的时光曾是世界的青春"）。后来，培根又将该主题拓展为《新工具》中的格言84（《工具论》是亚里士多德的逻辑论文集。《新工具》是对亚里士多德之观点的再讨论，展现了培根在自我提升方面特有的天赋）。

"对我们生活的时代而言，'古代'只是一种时间属性，并非特指祖先曾生活过的那个早期时代。此外，对于现在的我们而言，那个时代是'古老的'；而对于世界而言，那个时代尚属年轻。"

培根对于年代"古老"及"年轻"的定义成了英国17世纪思想与辩论的主要话题，对于该观点的讨论多集中于科学家，掀起讨论的原因也颇有趣。学者们将培根关于年代"年轻与否"的观点称为"培根悖论"。当代著名的社会学家罗伯特·默顿在其著作《站在巨人的肩膀上》（最早出版于1965年，此后不断被加印）一书中追溯了"培根悖论"的历史及对这一"悖论"的种种应用。默顿认为，培根对这个问题的描述可谓经典，单从乔尔丹诺·布鲁诺的作品到伪经《以斯德拉记》的拉丁通俗译本中都能寻得与"培根悖论"

相似的只言片语。默顿在书中记录了每一个与"培根悖论"相似的言论，他发现，每一位阐释类似观点的人都宣称自己是历史上第一个发现此悖论的人。这不，艾辛克里格鲁发表在《自然》杂志上的信又为默顿长长的清单添上了一笔。举个例子，杰里米·边沁在他未完成的论著中便提到了与"培根悖论"相似的观点（该文章于1824年出版，那时边沁已经过世了）："那些时光里的智慧能被称为'古老'？是白发的智慧吗？不——那是摇篮的智慧。"

培根的论点确实说不通，我也无法就他的论点做出合理的解释。17世纪学者们的辩论是对的。培根的发现实属悖论，也就是说，他的观点看起来荒谬或自相矛盾，但论点却是正确的。我们从两个合情合理的角度来看待同一个问题，往往会得出两个不同的答案。三叶虫既"年轻"（地球诞生已有46亿年了，而多细胞生物的诞生也不过才16亿年左右）又"古老"（从1992年来看，16亿年前确实是个古老的年代）。两个角度都是正确的，却也互相矛盾。和所有让我们着迷又抓狂的悖论一样，培根悖论体现了人类复杂生活固有的模糊性，让我们感到既兴奋，又畏惧。《自然》杂志刊登伊斯特灵的回信的一周后，也就是1992年2月29日，我们迎来了意大利音乐家罗西尼200岁诞辰，这也是他第48个生日（没错，是第48个生日，而不是第50个生日。因为按照我们目前使用的格里高利历计算，1800年及1900年均非闰年）。海盗学徒弗雷德里克（生于1876年2月29日，为音乐剧《彭赞斯的海盗》的主角）在生日方面与罗西尼有着同样的困惑（他在88岁之前一直面对着被约束的困扰。88岁时，弗雷德里克度过了他人生的第23个生日，因为1900年不是闰年）。《彭赞斯的海盗》作词人吉尔伯特在创作弗雷德里克的台词时，巧妙地点出了弗雷德里克在这方面的窘境："悖论多么奇怪！她总是欢乐地嘲弄着世人的常识！"

那么，为何我们要纠结于这个故事呢？难道我在上文中做出的所有评论和对错误认知的纠正都只是在卖弄学问，玩些"破解"古老谜团的游戏吗？如果培根悖论在科学史上从未占据过如此重要的地位，如今已不再引起人们的关注，我们还会费心评判这个故事吗？默顿为何要费心追溯"培根悖论"的历史，"站在巨人的肩膀上"（也就是默顿那本著作的书名）到底是什么意思？默顿的这本书里记载了许多对历史上稀奇古怪之事的研究。"站在巨人的肩膀上"出自法国沙特尔宗教学校的校长老伯纳德（Bernard of Chartres）于1126年说的一句箴言"我们都是蹲坐在巨人肩膀上的侏儒"，但大众却认为这句话出自艾萨克·牛顿写给罗伯特·胡克的一封信："如果我见到了上帝，那是因为我站在巨人的肩膀上。"默顿在书中写道，牛顿从未说过这句话是他原创的，牛顿只是认为这句话太过出名，人人可用，因而无须在书信中标注来源罢了。默顿穿梭于几个世纪间，搜寻一句话的出处，除了能够享受智力上的乐趣外，还有另外两大原因。第一，默顿将其职业生涯的很大一部分时间花费在研究科学发现的"重叠效应"上。传说总是偏爱孤独的天才，但历史上最重大的科学创新常常会出现"多人同时发现"的情况（比如牛顿与莱布尼兹同时发明了微积分学，达尔文与华莱士在同一时期提出了进化论）。"想法满天飞，几个聪明的家伙同时伸手将这些点子从空中拽了下来"这种例子用以说明某个时期里社会向学气氛浓郁，岂不妙哉？一句传世名言，大众皆以为它出自某位天才之口，孰知这名言却是千年来一句普通的习语罢了，这世间可有比这更妙的例子？

第二，默顿对 17 世纪的一切了如指掌。那是一个让人着迷的世纪，现代科学便于那时迈出了第一步，进步的观念有史以来第一次成了西方文化的主流及推动西方文化发展的动力。几个世纪以来，"站在巨人肩膀上的矮子"这句话一直被视为谦虚（或者是虚伪的谦虚）的说法，但牛顿和他 17 世纪的同行让这句话上升到了一个全新的高度，也让它成了传世的名言。这句话成了所有学者矛盾心理的缩影——生活在这个不断进步的时代中，我们该如何在承认自身优越性的同时敬畏过去呢？就这层含义来说，"站在巨人肩膀上的矮子"可谓再贴切不过了：我们既能赞扬先人优秀的思想，又能坚定地认为我们现在所处的阶段层次更高。

当然，培根悖论展现的是这个意象的另一面——默顿也认为表达形式只是"矮子与巨人"意象的次要方面。在某些方面而言，如果在面对巨人（即古代人）所谓的智慧时，你想要捍卫"矮子"（即现代人）的权利，培根悖论中"古老与年轻"的意象要更加尖锐。如果那些巨人在地球年轻的时候还只是个孩子，或许他们根本就没有那么聪明卓绝——生活于世界老年期的现代人，才是积累了智慧的宝库。

作为一名科学家，我发现这两对意象（矮子和巨人、地球年轻的时代和现代人所认为的古代）既相互竞争又互相关联。正是因为科学帮助构建了现在的世界，世界才会生出这两对极具说服力的意象。在历史相对论及进步的概念在西方传统中发展至顶峰前，关于"过去与现在，哪个时代更具价值"

的辩论从未成为主流的话题。这个极具创新性的点子起于17世纪，那时现代科学与现代贸易刚刚起步，稳定的前景与不可阻挡的进步成了必不可少的条件。如果时间在柏拉图千年中周而复始地循环，世界根本没有进步与退步之分，那么去辩驳过去究竟算是"老"还是"幼"又有何意义呢？只有在科学构筑的世界里，培根悖论才具意义。

17世纪，一场激烈的争论让上述所有纷繁复杂的问题成了尖锐的焦点。如今，这场争论只是稍稍变了形式，现在又再度淹没了整个学术界。这场争论便是——"书本之战"，也可以称为"古代与现代的知识与文化孰更优越"的战争（17世纪，这是一场亚里士多德对阵笛卡儿的战争；如今，这是一场"作古的欧洲白人男性"与现代更加多元之文化之间的斗争）。想象一下在17世纪的背景下，这场"书本之战"的真实情况：拉丁语与希腊语组成了学科的基石；古希腊和古罗马文化成了所有后来出现的文化不可逾越的一座高山（请记住，"文艺复兴"这个名字代表着"重生"，当时的人们尝试重新塑造而非超越那个辉煌的古典文明）。

因此，"书本之战"最初是拥护古希腊罗马经典课程的人和现代主义者之间的战争。现代主义者希望能予以现代文学、哲学与科学和古希腊罗马经典一样（甚至是更高）的地位。培根本人站在现代主义者的阵营中。通过把时间的推移与随着人类年龄增长而逐渐累积的学识进行鲜明的对比，他的培根悖论帮了现代主义者阵营不小的忙：

> "我们寻求与人类有关的更伟大的知识，也需要对古代人有一个比现代人更成熟的评判……同样，对于我们的年代来说……能够期待的事物要比古代多得多，因为现在的时代更加先进。"

为了进行对比，现在让我们来看看反对派乔纳森·斯威夫特于1704年所著的一篇著名讽刺文章，体现了对古希腊罗马文化的维护之情："上周五于圣詹姆斯图书馆，古典书籍派与现代书籍派爆发了一场斗争，我对这场斗争做了完整而真实的记录。这场斗争通常简称为'书本之战'。斗争的双方最终签署协定，两派的书本都能放到合适的位置上。但图书管理员摆放书本时却不怎么讲究，各式书籍混着排放，无端生出不和谐来。斯威夫特的讽刺作品多针对当代某些具体的现象，他很少会关注从古至今均存在的明显现象。斯威夫特的一位同事声称许多出自《伊索寓言》的故事实为当代人创作而成的，由此他认为《伊索寓言》当归于现代书籍一类。在这篇文章中，斯威夫特也就此事做了评价。在重新摆放书籍时，图书管理员总是出错。他将笛卡儿放到了亚里士多德旁边，可怜的柏拉图不得不挨着霍布斯……而维吉尔则被德莱顿包围了。"（我这篇文章正是以德莱顿的诗句开场的，这位不怎么受斯威夫特喜欢的同行在斯威夫特这篇文章中成了现代主义的主要代表人物。）

在文章的开头，两派均使用培根悖论来支持自己的观点（斯威夫特在文章的边注里插入了培根悖论的观点，将培根悖论置于早期学术与近期学术之争的背景中。）斯威夫特写道：

> "根据现代悖论，双方愈辩愈热烈，唇枪舌剑，敌对的情绪也愈发高涨。一本古籍孤零零地夹在一整层现代书籍当中，它也扬言要加入这场纷争。这古籍说，它有理由证明，它存在时间长，故而拥有优先权……但现代的书籍拒绝承认古籍的理由，它们感到惊奇，这古籍怎敢冒充古董，很显然，两者之间，现代书籍才是古老的那一方。"

斯威夫特在文章中花费了大量笔墨描述"书本之战"的真实情况，字里行间也完全不掩饰他对古典书籍派的同情。在下面这段文章中，亚里士多德原本意图攻击创造出"现代悖论"的培根，却失手杀了笛卡儿（最伟大的当代法国人陷入自己创造的理论的旋涡中）：

> "亚里士多德看见培根怒气冲冲地向他走来，他抬起手中的弓，将准星对准培根的脑袋。弓箭飞驰而出，却没有击中勇敢的培根，而是越过培根的脑袋，击中了笛卡儿。弓箭的铁头迅速射穿扉页，穿过皮革与厚纸板，直直地射中了笛卡儿的右眼。折磨的痛苦如同影响力无边的星星一样缠绕着勇猛的弓箭手（即亚里士多德），直至死亡，他被拖入自己一手创造的旋涡里。"

文中，斯威夫特用对话开幕戏的方式介绍古代派与现代派之间真正的斗争。这仅仅三页长的瑰宝成了西方文学史中篇幅最长的隐喻：蜘蛛（代表现代派）与蜜蜂（代表古代派）之间的斗争。在图书馆里，有一只蜘蛛栖居于"一扇大窗户上最高的角落里"。蜘蛛圆滚滚的，日子过得相当称心。"吃，是他一生中的头等大事。在吞食了无数只苍蝇后，他的肚子胀到最大了。苍蝇的残骸横七竖八地躺在他宫殿的门口，仿若巨人洞穴口前堆放着的人骨。"（我猜斯威夫特一定不知道，大多数结网型雄性蜘蛛的个头都很小，而且一般不结网，他笔下的蜘蛛显然是雌性。这么想来，斯威夫特笔下勤勉的小蜜蜂是雄性的。）

斯威夫特比喻的对象显而易见。蜘蛛仅靠其内在构造便可编造出如此精细复杂的蜘蛛网（完全无需外界的帮忙），定是现代科学派：

"通往城堡的大道上设有收税关卡，沿途还有栅栏环绕，这些设施全部都是仿照着现代的防御工事而造的（斯威夫特在原文中将这句话标注为斜体字）。穿过数个庭院后，你便来到了城堡的中心。在这里，你能看到巡防员端坐于他的屋子里，屋子的窗户朝向每条大道。屋子还设有不同的门，用以捕猎或是自我防御。在这座城堡中，他享受着富足与宁静。"

一只蜜蜂从一扇破了的窗户飞了进来，"正巧落在城堡外部的墙上"。蜜蜂压破了蜘蛛编织的网，蛛网抖动造成的混乱惊醒了正在熟睡的蜘蛛，蜘蛛惊慌失措地跑了出来，还以为"别仆西带着他的军队兵临城下，要为那些被蜘蛛杀死吞尽的无数子民报仇"。（写得真是精妙呀！别仆西即指"魔王"，字面意义为"苍蝇之王"。）但是，蜘蛛只看到了一只蜜蜂。蜘蛛不禁咒骂起来，他的措辞方式非常具有斯威夫特的风格，自那之后，人们将这种骂人的方法称为"斯威夫特式"："你这个挨天谴的……狗娘养的蠢货……难道你不看路的吗，赶着要去投胎吗？你以为我成日无事可做（以恶魔的名义），有大把的时间跟在你屁股后面修修补补？"

冷静下来后，蜘蛛终于又拾起作为现代角色的理智，用现代派的主要观点严厉地训斥蜜蜂：你，古代的拥趸，从不会创造，成日只会可怜巴巴地嗡嗡乱飞，从他人陈腐的观点中搜寻营养（田间的花朵，包括荨麻和任何公认的漂亮花朵）。我们现代人从我们自身的聪明才智与各种发现中构建出新的知识构架：

"而你，一个没有房子，没有家，没有存货或遗产的流浪汉，又能算作什么呢？生来一无所有，除了一对翅膀和一根口器。你全然依靠找自然打秋风来过活，流窜在田野与花园中的强盗。你掠夺荨麻就和掠夺紫罗兰一样容易。而我，则是居于室内的动物，仅凭体内天生的存物便可进行创造。这座大城堡（显示我在数学方面的进步）是我靠双手建造出来的，所有的建造材料都是从我体内提取的。"

蜜蜂的回答与所有醉心于古典知识的人一样：我虽借，却并未给其他生物带来任何伤害。更何况，我将借来的转变成了更美好更有用的新东西——蜂蜜与蜜蜡。而你，吹嘘着一切的建材都来自你本身，却为了产出原材料而屠杀了大量的苍蝇。除此之外，你夸下海口的蛛网不堪一击，持久性差，一段时间后便会消失不见。如此一来，蛛网所谓的数学美又有何意义呢（古典知识的精华却能流传万世）？最后一点，这些蛛网虽是用你自产的材料建造的，却涂满了你的胆汁，带有毒液，给其他生物带来毁灭性的伤害，这种蛛网，你怎能赞颂它有美德呢？

"确实，我拜访了田野与花园里的所有花朵，从它们身上借了花蜜来滋养我自己，却从未给它们的美丽、香气与味道带来任何的损害……

确实，你吹嘘无须仰赖于其他生物，仅凭自己便可编织蛛网。如果评价一瓶酒要看它倒出的液体如何，那你肚子里倒出的便全是污垢与毒液。我无意诋毁你贮藏的任何东西，但我怀疑，为了保证贮藏之物的增长，在一定程度上，你还是接受了一些外界的援助……总而言之，问题便由此而生：我们之间谁更高尚？到底是如你囿于四寸之地，懒于思考，因可以自给自足而过于骄傲自负，排出的只有粪便与毒液，最后只能造出灭苍蝇的毒液和蜘蛛网；还是如我长途跋涉，经过漫长寻找，仔细研究，认真判断与区分事物，最终将蜂蜜与蜜蜡带回了家。"

近三百年来，从未有人能像斯威夫特一样，在探讨"古代"与"现代"孰更优越的问题上如此卓越。多数善思考的人处于蜜蜂与蜘蛛之间，而两个派别中极端的人则依旧在用同样的论据争论着。目前，属于蜘蛛一派的人认为传统学术中的"宏伟著作"（现在这些"宏伟著作"还包括如斯威夫特及其

《格列佛游记》在内的早期现代作品）对现代的学生来说，不仅没什么关联，而且难以理解。不如将古典文学丢到一边（或者只保留少数摘录，给学生进行简单的阅读与欣赏），让学生直接接触现代文学与科学。最坏的情况便是，他们或许会蔑视这些古典文学中的中流砥柱，将它们视为充满偏见的白人男性写作的一本本满是偏见的书。

蜜蜂一派的人总是说些诸如要维持标准，保留那些经过时间与动乱考验之普世经典的陈词滥调。这些论点原是好的，却常常具盲目性，或者对影响着我们日常生活的那些错综复杂的科学与政治抱有敌意，这些科学与政治恰恰是所有受过教育的人为在职业生涯中保持高效与思虑周全而必须掌握的。此外，常常为"经典书籍"发声现在已成了政治保守主义与老旧偏见的烟幕弹（特别是像我一样的人——年过五十岁的白人教授，不容许他人有任何重要或经久不衰的思想出现）。

我们如何在年轻的时代里解决这个古老的纷争？从某种意义上来说，这个问题永远无法得到解决，因双方都有绝佳的论点，培根悖论正是双方旷日持久之争的缩影，至少两方都不能宣称完全的胜利。虽然如此，但眼前便有个现成的解决方法，只要我们能克服一切能导致双方加深分歧与偏见的小肚鸡肠，这个问题或许便能得到解决。解决该问题的方法自亚里士多德时代就披着"中庸"的外皮出现在人们的面前。每当理智用它那沉静而细小的声音调和双方的分歧，将我们的注意力转移至双方完美的论点上时，这解决方法便替我们说出心声。埃德蒙德·伯克（1729—1797）在这场斗争中曾归属于现代一派，如今却是一名年老的白人保守派，他的一句警世名言便道出了这个解决方案："确实，所有的政府，人类所有的利益与享乐，每一个美德，每一个谨慎的行动都建立在妥协与商讨的基础之上。"我们必须将蜘蛛与蜜蜂混合在一起，然后按照达尔文提出的好方法，按照严格的优育（即教育）措施选择杂交父母双方的优良特性。蜘蛛当然有权利赞颂所织之网体现出的技术美，当代人也有必要去了解蜘蛛网结构的力与美。但蜜蜂坚持认为，田野间尽是等待着我们在不伤害它们的前提下能够提炼的智慧，供我们享受，给我们启发，如果就此错过如此丰富的宝库，我们人类未免也太傻了。蜜蜂的观点也没错。

我能将双方的优点一一道来，但鉴于我存在于科学的世界中，每日都能感受到科学的狭隘性，因此更愿意推广蜜蜂的观点。用"提炼"一词或许显得有些偏见，但任何流传了千百年的事物（这些理念的部分，至少是依靠人们发自内心的欣赏而非因强迫学习得以流传的），必有某种价值。没有哪个人能比像我这样的进化主义生物学家更爱多样性的了。上百万个品种中的每一个甲虫都是我们的爱物，每种甲虫不同的大小，背壳颜色的每一点不同，我们都爱不释手。但若缺了共同之处，我们便无法交流。如果无法交流，我们便无法商讨、妥协、理解对方。如今在上课时，我已不能引用莎士比亚著作或是圣经中最普通的话语了，大部分的同学无法与我产生共鸣。我担心，在近十年里，流行文化中的共同话题会变成摇滚乐。并不是说我认为这种文化天生不具价值，问题在于，流行文化更替速度快，或许会让导致每一辈人之间沟通不畅的鸿沟越来越宽。我担心，对自身文化的历史与文学不甚了解的人最终会变成以自我价值观为准的人，就如同科幻小说里描写的那样，成了住在一维世界里的欢乐傻瓜，以为自己无所不知，因为他自己便是自身宇宙的全部。从这一层面来看，蜜蜂对蜘蛛的批评是恰到好处的——一个"四英尺大小"、转瞬即逝的蜘蛛网不过是我们这个宏大而又美丽的世界的小小一部分。一般来说，我无法与不懂多元变量统计和自然选择逻辑的学生沟通，虽然我能培养出优秀的技术专家，但我无法将一个只阅读自己本专业学术杂志的人培养成一名优秀的科学家。

最后再来说说斯威夫特。当蜜蜂与蜘蛛结束争辩后，伊索站了出来，对双方均提出了表扬，称他们均清晰地阐释了双方的论点，正反两面的论点阐释得明明白白。接着，伊索又表示，站在他的立场上来看，他支持蜜蜂的观点。忽视知识积累的人最后会毁灭在自己贫瘠的蜘蛛网上：

> "你可随心使用任何方法或技巧来完成你的计划，但如果那材料全是从你自身内脏中喷射而出的污垢（现代人大脑的本质），再雄伟壮观的建筑也不过是张蜘蛛网而已，存活于世间的长度也和其他的蜘蛛网一样，取决于它是否会被遗忘、忽略、或是隐藏在墙角了。"

伊索最后表扬了蜜蜂，他创作出一句谚语，其中的两个元素可谓是英语中最可爱不过的组合了。在本文的开头，我曾粗略地提到了"甜蜜"，现在，我将用"甜蜜"一词最著名的修辞来结束这篇文章。你知道吗，"甜蜜与光明"其实指代的便是蜂蜜与蜜蜡。斯威夫特借伊索之口，用"甜蜜与光明"

一词为经典派辩护，进而扩大了装着人类伟大思想传统的蜂巢。也正是因这句话的经典，它才能最终保留在我们的词典当中：

> "我们这些古老年代的人，同意蜜蜂的观点，假装除了我们的翅膀与声音以外（也就是除了我们思维的路径与语言外），我们一无所有。至于剩下的，无论我们最终获得了什么，那都是经历了无尽的辛劳与搜寻，飞越了自然的每一寸角落后获得的。蜜蜂与蜘蛛的区别就在于此，我们选择用蜂蜜与蜜蜡填充我们的蜂巢，而非污垢与毒液。这样便可给人类带来两项最崇高的事物——甜蜜与光明。"

（叁）

起源、稳定与灭绝

起 源
QIYUAN

08
旁观者的内心

许多古老的格言都在告诉我们，审美没有既定标准，什么是美、什么是丑，这是无法明确判断的。古语有云："情人眼里出西施。"人们对于美丑的认识因人而异，这种观点自古有之，甚至可追溯其古老的拉丁文版本——de gustibus non est disputandum（品位无可争辩）。此外，对于美丑无评判标准的概念已十分普及，现在我们便可找到当下流行的说法——萝卜青菜，各有所爱。

与审美的主观性相反，科学应当是绝对理性的，每个程序都有其通用的标准，能够让所有具良好品质的人接受经过记录的结论。当然，在这个方面，我并不否认审美与科学之间存在着本质上的差别。人们发现，地球围绕太阳旋转，物种会进化，这些都是外在世界的现实，而非人类精神上的偏好。但在巴赫与勃拉姆斯谁是更伟大的作曲家这个问题上，我们永远也不可能得到一致的答案（美学领域的专家绝不会问出这么傻的问题）。

有人称，审美判断的根基——个人审美偏好在科学领域起不到关键作用，我无法苟同这种说法。确实，世界的运转不会理会人类的主观愿望，大火不会因我们的主观意愿而熄灭。但人类学习了解这个世界的方式深受先入为主的观念与带有偏见的思维模式的影响，科学家在解决问题时永远也无法摆脱这些因素的影响。所谓科学方法是完全理性与客观的，科学家都是有逻辑的机器人（也可以说有逻辑的机器人都是科学家），这种说法完全是刻板印象，不过是自欺欺人的神话罢了。

科学史学家与科学心理学家认为，科学结论可分为两个层面——逻辑层面与心理层面。用行话来说，便是"证明的过程"与"发现的过程"。结论确定后，依照推论的原则对数据加以分析，依照逻辑推论出结果与新的理论，这一过程即"证明的过程"。然而在现实中，科学家们在研究时鲜有遵循这一最佳思维路径对逻辑进行重塑。科学家们能够得出结论，依靠的是诸如直觉、猜测、徒劳无功后的重新寻找方向等一系列奇妙的因素，除此之外，还有些许严谨的观察与逻辑论证，而这就是"发现的过程"。

科学家不该蔑视或掩盖科学混乱及富有个人主观色彩的一面，原因有二：第一，科学家应当向大众展示其富有人性的一面，以显示出科学与人类其他有创造性的思想之间具有密切的关系。科学总该是以严格的客观理性为基础，内容晦涩难懂，且多为数学计算，只有其创造者才能领略它的乐趣。此类与科学相关的神秘传说或许为科学带来了一些直接的好处，成功地哄骗大众将科学家视为新的神职。但这种神话阻挡了大众领略科学真正的友善，也让许多学生以为自己根本无法驾驭科学，最终还是伤害了科学。第二，偏见与个人偏好常常有碍于理解，但这些心理特征通常在帮助解决问题上极有用处（尽管此类心理特征往往显得古怪而极具个人特色）。美国最伟大的科学哲学家皮尔斯（1839—1914）甚至创造了一个全新的词语——溯因推理（或称溯因法），用以描述这种富有创造力的推理方式，并与更加严肃、经典的推论方式（或称逻辑序列方式）和归纳法（或称对大量个体进行归纳之法）进行对比（推论的英文"deduction"与归纳法的英文"induction"均出自拉丁语"ducere"，意为"引导"）。

我在思考 1993 年古生物学界最热门的三篇新闻时，上述想法便跃入了我的大脑中（也可以说是悄然爬进了我的思想中）。我特别注意到一点，在阅读这三篇新闻时，我对新闻的反应与报纸上的报道完全不一致。这三篇新闻报道的都可谓是相当惊人的消息（否则它们也不可能成为热门新闻），然而，我认为它们都只是非常有趣，完全在意料之内。自然地，我不禁思考，为何这三篇完全合乎情理的新闻（对我而言），对他人来说却非同寻常呢？

有人或许会认为，我之所以对这三篇新闻的内容完全不感到惊讶，是因为我掌握了古生物学家所需的一切专业知识，才会与大众的反应完全不同（由此更是坐实了科学之晦涩难懂的传说，让大众萌生"科学家是新的神职"这种想法）。但是我有许多（甚至可能是绝大多数）古生物学专业的同事也对这三篇新闻的内容大感惊讶，如此看来，我对这三篇新闻的反应必然是出于其他的理由。

后来我发现，这三篇新闻之间存在着潜在的联系，由此，我终于明白为何我对这三篇新闻无甚反应，而他人却倍感惊讶。从表面来看，这三篇新闻的内容迥然不同，文章的主题贯穿了多细胞生物进化的整个历史，时间跨度极大，涵盖的范围极广（也正是如此，将它们的不同之处结合在一起，方成就了我的这篇文章，在此，我要向这三篇新闻表达我的感激之情）。第一篇新闻写的是多细胞生物发展伊始，第二篇新闻则是写的多细胞生物进化的中间阶段，而第三篇新闻写的是多细胞生物历史中近期发生的事情。三篇新闻讨论的内容也似乎全然不同：第一篇是检验进化速率，第二篇是有机体之间的互动，第三篇则是关键物种的起源地。

虽然如此，这三篇新闻在高度抽象的层面上却相互关联，能唤醒每个人心中潜在的看待世界的基本态度——也就是流行文化所说的"人生哲学"或"世界观"。同样，学者也一直在争论"人生哲学"的概念，此类概念在个人与社会范式中如此常见，人们在对事物进行评价时，其评判标准通常便是所谓的"世界观"了。学者或许也会使用诸如"Weltanschauung"一类看上去复杂的词语，但其实际意义却十分简单，只是代表"看待世界的观点"罢了。从社会层面流行最为广泛的使用方法上来看，托马斯·库恩将科学家普遍持有的世界观比作一种"范式"（见库恩于 1962 年出版的经典著作《科学革命的结构》）。在库恩看来，这种范式的约束力极强，就其自身而言几乎是不可打破的，以至于想要向科学家的世界观中引入新的理论（比如其他学科的观点或是科学领域内叛逆的年轻人激进的理论），只能通过别的途径。并且，新的观点若想取得胜利，逐渐占据主流地位的做法可行不通，只有对现有观点快速地更新换代（也就是科学革命）方能成行。对世界观的无所不在与强大力量最雄辩的证言，当数吉尔伯特与沙利文共同创作的轻歌剧《约兰特》中列兵威利斯的独白了。在轻歌剧中，列兵威利斯正站在维多利亚时期的众议院外，沉思着护卫的职责：

> "我常常想，
> 大自然的谋划是多么可笑。
> 每一个诞生并存活于世上的
> 男孩与女孩，
> 要么有些向往自由，

要么有些倾向于保守！"

教条式的世界观最危险，一方面，它对人的束缚力极大，捆绑着人类的创造性思维，让人极其抗拒接受新的事物。从另一方面来说，兼容并包的世界观是获得洞察力的最佳捷径，也是促进建立连接最好的方法。总而言之，兼容并包的世界观是习得皮尔斯口中"溯因推理"的最佳方式。当下，我们的物质文化既诱人又暗伏着各种危险，在这样的环境下，我们就像是刚学会开车便想要开快车的新司机或者刚学会打牌就想要尝试高额赌注的新手。为何人类精神生活中的基本问题不能具有相同的特性呢？

简单来说，我意识到，我之所以会发现这三篇新闻之间的联系，并且对它们丝毫不觉惊讶，是因为我与其他感到惊讶的人在世界观（或看待现实生活的模型）的某些方面存在差异。我不知道我的观点是否更加正确，我甚至认为我们不应该在衡量外部现实中的复杂精神模型时用"正确"与"错误"来对观点进行分类，因为在科学中，模型应当被分为"有用"与"有害"，而非"正确"与"错误"。

我知道，我们选择的世界观指挥着我们洞察自然的方式，它或会带领我们发现新颖的观点或现象，也可能蒙蔽我们的双眼，让我们对现实中重要且显而易见的方面视而不见。所谓"情人眼里出西施"，但唯有旁观者的双眼才能看到事情的真相，尽管每个人的思想就如同每个人的发型一样，各不相同。"真理至高无上，且终将获胜"——但唯一通往真理的道路则是由人类的思想铸造的。科学与艺术一样，是一门绝对私人的学问，哪怕最高的褒奖是一窥真相，而非如艺术一般获得美的感知（虽然艺术家也寻求真相，而好的科学则具深刻的美感）。

1. 寒武纪爆发到底有多快？ 古生物学家一直都知道，寒武纪爆发后没过多久，几乎目前所有主要的动物门类便出现了（在本书与我的另一本书《奇妙的生命》中常常提到这一话题），这一现象一直困扰着古生物学家。地球上最古老的化石可追溯到35亿年前的岩石层，之后的高温与压力并未改变化石的形态，至今它还能完美地重现远古生物的痕迹。但是，除了部分与动物毫无关联的多细胞藻类外，包括动物始祖在内的所有生命在接下来六分之五的历史时期里依旧是单细胞生物，直到5.5亿年前，一场带来生物进化的大爆炸[①]仅仅花费了数百万年，当今主要的动物便都诞生了。

地质学家选择了"爆炸"这个词，但请读者对这个词抱以怀疑的态度。在我的专业领域中，"爆炸"通常有很长的导火索。对于"寒武纪大爆炸持续的时间必须用'百万年'来衡量"这一想法，几乎从未有人质疑过。对于任何安装炸药包的人来说，"百万年"可谓是相当漫长的一段时间，但对于以"数十亿年"来计算的生命历史而言，"百万年"不过倏忽之间而已（要知道，1000个100万年才等于10亿年）。寒武纪大爆炸到底持续了几百万年？

古生物学家一直在逃避这个关键的问题，因为我们根本找不到寒武纪确切的起始时间。寒武纪于5.5亿—5亿年前结束，但学术界一直没能找到寒武纪确切的开始时间点。直到去年9月[②]，几位剑桥帮（哈佛大学加麻省理工学院）的同行与俄罗斯的几位地质学家一起，根据"完美得令人想哭"（这句话源自我的祖母，她要是看到了，定能明白我的意思）的数据，终于敲定了寒武纪开始的时间。

之前，学术界一直估计寒武纪开始的时间在6亿年前至5.3亿年前之间。早期的数据（也是大多数人认同的数据）显示，寒武纪大爆炸持续时间颇长，约3000万年（在数十亿年的生命历史中，3000万年不过是眨眼一瞬，但对于爆炸来说，算是一段充裕的时间了）。我的同事（见本书参考书目中鲍林等人的著作）在火山岩与西伯利亚沉淀物之间的夹层中提取了锆石晶体，再通过标定锆石晶体中铀元素放射性衰变的时间，精确地推断出了寒武纪大爆炸的起始时间。

寒武纪的最初期，可以分为三个部分，从最早期到最近期排序，分别为曼卡廷阶、托莫特阶与阿特达班阶（这三个名字均取自俄罗斯的地名，这三个地方的早期寒武纪岩石层都被开发得很好）。曼卡廷阶有大量远古生物残缺的化石，但并非都来自现代主要生物的祖先。因此，曼卡廷阶要早于寒武纪大爆炸。阿特达班阶晚期时，基本上现代主要生物都出现了。由此来看，寒武纪大爆炸发生在托莫特阶与阿特达班阶之间。

我的同行们将曼卡廷阶的开端定在5.44亿年前（误差仅几十万年），并

---

① 本书中"爆炸"与"爆发"同时使用，以说明寒武纪的生命现象。"爆炸"多侧重于地质年代；"爆发"多侧重于物种多样性。——编注

② 本文作于1993年。——编注

确定这一初始阶段持续了约 1400 万年。托莫特阶始于 5.3 亿年前，注意，在这一阶段，有智力的生物开始产生影响，不过五六百万年（最多 1000 万年）的时间，阿特达班阶便结束了。由此，学术界最初认为，整个寒武纪大爆炸持续了 3000 万—4000 万年，现在来看，自托莫特阶开始到阿特达班阶结束也不过 500 万—1000 万年（这个时间段已经不算是保守估计了）。换句话说，寒武纪大爆炸太快了，这一过程比我们的预想快得多。

这一发现一经传出便在电视广播界掀起轩然大波（任何科学上的传说都会引起一场轰动）。《纽约时报》将其每周的科学版头条位置贡献给了这一发现；国家公共广播电台在每周科学脱口秀中邀请我的同行去当特邀嘉宾。大家都在不停地抒发自己心中的惊叹。进化几乎意味着缓慢，寒武纪大爆炸为何在如此短的时间内能够发生这么多的事情？难道整个进化理论的概念都要被颠覆了吗？同行能够有如此发现，我很开心，但我对这一结果并不感到惊讶。这么多年来，我一直认为，寒武纪大爆炸结束得非常快，至少和现在提出的这个理论所展示的一样快（我仅将以前大家认同的 3000万—4000 万年的时间期限当作上限，一直以来，我都假定，寒武纪大爆炸只占据了这个时间段的一小部分）。为何大众对该发现的反应与我的反应有天壤之别？

2. 昆虫与花朵。长久以来，人们一直将近地质年代称为"人类的时代"，没有什么比这更能体现人类的狂妄自大了。首先，如果我们非要给近地质年代取个类似的名字，那也应该称之为"细菌的时代"，因为无论是过去还是未来，人类将一直生活在由细菌构筑的世界里。其次，如果我们非要执着于"多细胞生物"这个概念的话，现代也应当被称为"昆虫的时代"。智人只是哺乳动物里的一个物种，而哺乳动物这一类别之下包括了四千多个物种。昆虫则有近一百万个物种（还有几百万的昆虫至今仍未被发现，或者是还没来得及对其进行分类——见文章 29）。在所有有名字的动物物种中，昆虫就占了 70%。

为何昆虫的种类如此繁多？针对这一问题的解释有很多，将许多好的论点糅杂在一起，便能得到最终的答案。几乎所有的答案都提到了昆虫体形小、具有优越的生态多样性、扩散至全世界的速度极快，上述的三个特征或许是昆虫种类繁多的部分原因，但还有一个因素总会被大多数常规性的答案列表排除在外：有花植物与昆虫的共同进化。被子植物，又称有花植物，是目前为止在植物世界中种类最为繁多的一类。许多植物通过昆虫完成受精，植物为昆虫提供食物，而昆虫则帮助植物在花朵间传播花粉，植物与昆虫互相帮助，两相受益。

在许多方面，昆虫与花朵的特征都显得如此精妙复杂，两者完美契合。比如，花朵通过特殊的颜色与香味吸引昆虫，昆虫精妙的口器可以吸食花蜜。昆虫与花朵成了共同进化理论或物种间通过进化出交互式的器官来提高自身的适应性与多样性的经典代表（达尔文就这个话题写了一整本书，用到的经典例子即是兰花及帮助兰花授粉的昆虫之间复杂的共同适应过程）。由此，生物进化论中一个被人广为接受的理论便诞生了——昆虫之所以种类繁多，大部分原因在于有花植物种类的繁多。每一种有花植物的演化都会推动帮助其授粉之昆虫的进化（反之亦然）。

这个理论听起来确实不错，但事实真是如此吗？化石记录显然可用于检验这个理论，但奇怪的是，在我的同行康拉德·拉班德里拉与杰克·斯波科斯基基于1993年7月发布论文之前，从未有人想到过用化石记录来检测上述理论。昆虫最早出现于泥盆纪时期，但直到后来的石炭纪，也就是大约3.25亿年前，出现辐射演化后，昆虫的种类才逐渐多起来。被子植物诞生的时间则要晚许多。被子植物年代最久远的化石被发现于白垩纪时期形成的地层内（科学家认为，如果被子植物诞生的时间较早，它们不可能如现在一般繁茂）。但在白垩纪中期的阿尔必阶与森诺曼阶之前（约1亿年前），被子植物都不会真的"绽放"（如果读者发现这并非原创，请原谅我实在无法抵抗用该双关语的冲动），它们在阿尔必阶与森诺曼阶出现了大量的辐射演化，这是化石历史上的标志性事件。

如果像传统学术观念所说的那样，昆虫种类的多种多样与有花植物的辐射演化有关，在化石记录中，被子植物大量繁育扩散的时间应当与昆虫辐射演化的时间相符。为何在我的同行发表论文前，从未有人对如此重要的进化论假说进行检验呢？我认为，这或许是人们长期以来对昆虫化石持有的错误认知导致的。许多人认为，昆虫的化石寥寥无几，科学家们几乎无法凑够昆虫化石数量来验证"昆虫种类激增之时，恰逢被子植物的演化辐射期"的假说。

确实，昆虫不像蛤蜊或三叶虫一样容易变成化石，但昆虫化石的数量也绝不像大众想象的那般稀少。在其22年的职业生涯中，杰克·斯波科斯基将大部分的时间都用在了传统古生物学家不愿理会，并戏称为"分门别类，点点数数"的事情上（在此之前他是我的研究生，我承认，在讨论他的工作时，我可能有些偏心）。他日复一日地坐在图书馆里（杰克称图书馆为他的"战场"），将昆虫化石以表格的形式分门别类地整理出来，还翻阅了世界上所有语言的与昆虫化石相关的文献。（那些从未做过这些事情的人以为，制表和查阅文献是简单且机械的事情，但事实恰恰相反。首先，你必须知道从哪里获得文献，如何辨别哪些是你需要的文献，还要能够识别出文献中模糊不清的非罗马字母。其次，仅仅列出你找到的文献是不够的，文献中存有大量分类或地理上的错误，你必须能够辨识。我一直无法理解，为何许多传统古生物学家不屑于做此类工作。毕竟，杰克所使用的文献是他们出版的，难道他们不希望自己的著述能够被人尊重，得到妥善的应用吗？杰克经过千辛万苦方制成如此翔实且标准的表格，让我们头一次拥有了一份记述了生命历史变化之多样性的有用的纲要表，所有人都能从中获益。）

康拉德·拉班德里拉与杰克·斯波科斯基对昆虫化石的记录要比大家想象中的好许多（一旦加上俄罗斯与中国的文献）。事实上，所有人都能大方地做出结论，昆虫的种类要比陆地上另一个著名的种族——四足动物（或称陆生脊椎动物，也就是两栖动物、爬行动物、鸟类与哺乳动物的大集合）多得多。昆虫化石总共有1263个种类，而四足动物的化石只有825种。除了泥盆纪外（那时昆虫这个物种尚且年幼，辐射演化也还未开始），之后的每一个地质纪元，昆虫的种类都要远远多于四足动物的种类。

从分类学的角度上来看昆虫的种类，康拉德·拉班德里拉与杰克·斯波科斯基找不到任何证据可以证明，被子植物的辐射演化对昆虫种类的增加带来了任何积极的影响。昆虫的辐射演化开始于石炭纪初期，也就是大约3.25亿年前，因二叠纪末发生过一次物种大灭绝，昆虫辐射演化的过程便中断了（27目昆虫中有8目昆虫在这场浩劫中灭绝了）；在二叠纪之后的三叠纪时期，昆虫辐射演化的旅程才再度起航，之后昆虫辐射演化的脚步便再也没有停下来过。事实上，如果非要写上什么的话，白垩纪时期，被子植物开始了辐射演化的过程，也就是在这个时期，昆虫种类增加的速度似乎有所放缓！

之后，康拉德·拉班德里拉与杰克·斯波科斯基尝试从其他角度研究昆虫与被子植物协同进化的问题，结果依旧一无所获。这一次，他们没有将昆虫按种类分类，而是按照昆虫的生态多样性进行分类，也就是根据昆虫不同的取食方法，将昆虫按照在生态环境中生存的不同形式进行分类（这种分类方式使得一个类别中包含了多个种类的昆虫，由此来看，我的同行是在测量昆虫的生态多样性，而非昆虫庞大的个体数量），将昆虫分为 34 种"口器"类型。他们发现，到侏罗纪中期（也就是被子植物出现之前），昆虫的种类已经能够填满 65%—88% 的分类栏了。在被子植物开始演化后，只有 1—7 个具全新"口器"形态的昆虫诞生了，但现今很难找到它们的化石记录，所以这 1—7 个分类的昆虫也有可能是在被子植物开始演化之前出现的。只有一个"口器"分类的昆虫，它们的进化可能与有花植物的进化有关联。因此，昆虫进食机制的形态多样性与被子植物也没有多大关系。

研究结果一经发表，全美的广播电台的嗡嗡声又开始不绝于耳了（很不好意思，我又用了双关语），《纽约时报》再度贡献出了头版头条的位置，令人惊叹的各种表述再次随处可见。现在看来，昆虫与花朵的关系如此紧密，昆虫的进化又怎么会与有花植物的进化毫不相干呢？达尔文不是说，生物会在竞争与互动的过程中向对双方皆有好处的方向转变吗？和上次一样，我乐见同行的发现，却对研究结果并不感到惊讶。我很早之前就认为，人们过度渲染了平衡与优化竞争的概念。重要且有效的随机力量会不时给生命的历史来上一记重拳，大多数生物会根据自己的特质生活。从百万年的时间刻度上来看，大多数群体间的互动更像是朗费罗所说的那样"萍水相逢"，而不是如《路得记》所说的那样"缠缠绵绵到天涯"。

3. 智人的起源地到底在哪里？ 最后一个热议的话题不是什么新鲜事。1993 年，科学界并未找到任何足以结束这个热议话题的答案。我惊讶于这个问题就像长了一双神奇的腿一样，长久以来一直霸占着古生物学领域讨论榜单中最火热的位置。这个问题还是另一个"二分现象"的源头，迫使人们在更复杂的问题上分裂成了两个敌对的阵营（至少在大众眼中如此）。

一方阵营的人被称为"多区域起源主义者"的典型，或是在最近的人类进化研究中持"烛台理论"的人。所有人都同意，我们的直系祖先直立人于一百万年以前从非洲迁徙至欧洲与亚洲（在旧教科书中，我们将迁徙至亚洲的直立人称为"爪哇猿人"与"北京猿人"）。多区域起源主义者认为，三大洲的直立人在同一时期进化成了智人（但是三大洲的智人应该保留了部分的基因流动性，否则智人的进化步伐不可能会如此协调一致）。

另一方阵营则被称为"走出非洲"派或者"诺亚方舟"派。他们认为，智人起源于同一个地区，且刚开始数量较少。后来，智人逐渐扩散至全球，造就了现代人类的多样性。如果非洲是智人的起源地，那么欧洲与亚洲的直立人以及之后出现的欧洲尼安德特人与人类的起源几乎没什么关系。在很久以后，第二次人类迁徙浪潮掀起时，这三个人种便被后来的入侵者取代了。

"诺亚方舟"理论最出名的版本为"线粒体夏娃"假说，假说的名字起得很糟糕，它的主要思想便是现代人类起源于非洲。1993 年，"线粒体夏娃"假说遭到了沉重打击。在使用计算机程序生成并评估进化树时，人们发现了一个非常严重的技术谬论，推翻了假定人类起源于非洲的证据。虽然人们证明了"线粒体夏娃"假说并不成立，但计算机程序并未完全推翻"人类起源于同一个地区"的说法，而是对原先的假说进行了矫正。新的人类进化树显示，人类起源于同一个地区，但非洲并不一定是我们的起点，尽管根据标准来看，非洲依旧和地球上其他地方一样，有可能是人类的起源地。虽然如此，其他独立的证据，特别在非洲人体内测量出的多样基因，让我更倾向于相信，非洲是人类起源之地——斯通金的著作可作为此问题的全面而公允的回顾。

作为研究腹足纲生物的学者，这个问题与我并无什么利益关系，但我愿意相信，新世纪的诺亚方舟终有一天能找到阿拉若山（《圣经》中，诺亚方舟最终停靠的地点）。如果"诺亚方舟"理论最终被证明是错误的，"多地区起源论"大获全胜，我也不会绝望。记者对"人类起源"新发现的记述才是真正引发我兴趣的事情，特别是我发现，记者在描述这一新发现时，常常对一派的说辞感到奇怪，又对另一派抱有希望（将这件事与我之前所说的两个发现联系在一起，记者在与新发现相关的报道中，贯穿了不合时宜之惊讶这个主题）。报纸与科学杂志总是将"多地起源论"视为人类起源的正统学说或意料之中的观点，而将"走出非洲"（或其他起源地）理论视为人类起源之谜中意外发现的新观点。

无论是依照哪一种进化学理论的观点来判断，杂志所理解的实际上是完全错误的。（每当我们思考诸如人类祖先这样和我们密切相关的问题时，总会出现许多对我们意图的错误理解，请无视此类错误的理解。）"单一地点起源论"符合正常起源理论的预期，人们根本不应对"单一地点起源论"感到惊讶。何为物种？物种是一种生物的单一群体，其父系传播下来的一部分数量有限的个体从其祖先群体中分离出来，只要新物种的适应性与生态倾向均允许，新物种与祖系物种之间便可成功分离。老鼠与鸽子和人类一样，是全世界随处可见的两个物种。但我们还不能确定，不同地区的老鼠是否同时出现过朝更加高级的形态演变的事情。我们假设，老鼠和其他绝大多数的物种一样，起源于同一个区域，向全世界扩散。上述假设的主角替换为鸽子时，我们并不会感到惊讶，为何将上述假设的主语替换成人类时，我们却会大感意外呢？为什么在人类起源的谜题上，人类要构想出一个完全特殊且极不寻常的多地起源假设，然后宣传这种假设才是正统的理论思想，认为多地起源论才是意料之中的答案呢？

我认为，对于这个问题唯一的解释便是，我们希望人类与地球上其他的物种不同，认为人类是世界上独一无二的物种。我们希望人类的演化，特别是人脑演化成如今大小的过程，不仅仅是区域性的重要事件。我们不想承认，人类如今能够成为世界的霸主，全都依赖于那一小群非洲祖先偶然的发展进化。我们宁愿相信，是因为人类那高尚的智慧有益于全球所有的人类祖先，使得所有地区的人类必须朝着理想中的目标同步发展。

我必须寻找出我与大众在现实普遍思维模式上的不同之处，才能理解在对这三篇新闻的反应上，我为何与大众如此不同。到底是哪一种我不认同但大众普遍认同的思维范式，让大众对上述三篇新闻如此惊讶。我目前只发现，寒武纪大爆炸持续时间较长、昆虫与被子植物配合协调演化、各个大陆的直立人同时朝智人方向演进，这三个大众认可的生命历史观均比化石展现出的生命历史踪迹呈现出更具权威性、更具预测性及更加温和的特点。进化领域中的传统观点（至少是流行文化中的进化观点）喜欢缓慢稳重的过程，演化的过程伴随着合理的适应现象，生物自最初简单的形态一步步向更加复杂的最高等形态与更加丰富的多样性方向发展。上述的三篇新闻将这三个特点表现得淋漓尽致。寒武纪大爆炸持续时间短的新发现显然不满足稳重这个特点，昆虫与被子植物互不依赖、独立进化的发现也显得混乱不协调，如果将智人的起源视为历史性事件，那么单一起源论便显得充满不确定性，很是古怪。

而我的世界观则能够适应进化传统理论中不喜欢的三个特点，我心中对"寒武纪大爆炸持续时间短、演化过程中物种间并无相互作用的情况、智人起源于同一个地区"这三个现象早有预期。我认为，稳定是进化过程中绝大多数情况的真理，而进化过程中出现的变化则是相对快速的过程，变化能够打破一成不变，引领进化系统进入全新的状态（见文章10—11）。持续时间较短的寒武纪大爆炸正属于这种情况。我认为，绝大多数物种都是独自演化的。当然，我不否认，物种之间按照某种错综复杂的方式交互着，但每个物种都具有其独一无二的特质，每一个物种的进化轨道都经历过许多短暂的不同环境，进化过程中也出现过大量的偶然性事件。我想，进化中物种的特性要高于物种间的协调性。昆虫与被子植物大规模的单独演化现象符合这种观点（虽然如今，许多物种之间存在着紧密的联系）。最后，我认为，每个物种的出现都是偶然的，它们未来的发展究竟如何，也是不可预测的。我认为，一个物种起源于某个地方，之后，该物种将沿着不可预计的道路扩散至全球。简而言之，我对这三篇新闻平淡的反应与我的世界观相符，我相信化石记载中显现的特征，进化中出现的变化是迅速且不可预测的，每一个物种在历史的演化过程中都是独立的个体。还须再加上一点，我认为，世界的复杂无序与历史的起源让人诧异，让人着迷，我宁愿跳出传统进化观念的舒适圈，享受探索世界的复杂带来的快乐。

写这篇文章，我无疑令自己陷入了棘手的境地。这篇文章存在朝着不合时宜地自吹自擂的方向发展的危险。我写这篇文章不是为了宣扬我的世界观有多么"优越"，更适合解决生命之历史中的疑难；也不是为了彰显我在这三篇新闻中所持的立场有多么正确。"真理是时间的女儿"，在未来，我的观点也存在着被推翻的可能。我写这篇文章，是因为我认为世界观对于富有创造性的人类思想之统一来说是至关重要的。我写这篇文章，是因为自蒙田开创了随笔式作品之后，个人思想与感情便是随笔式作品中重要的一部分（我要就此打住了，不然你就要拿莎士比亚的话——"我觉得你的话未免也太多了"来堵住我喋喋不休的嘴巴了）。

如今有许多学者与我持同样的世界观（我的世界观是通过对其他思想的吸收发展出来的，并非自创）。或许我的世界观比过去的世界观更能发现现实中各式各样的景色。又或许，我的世界观便是我骑着的那匹被阉割过的名字叫作"潮流"的马，在海厄利亚市下一个赛马季到来时，注定要在马栏门前绊倒，而代表着渐进主义命运注定论的"海洋饼干"或"塞克雷塔利亚特"将如闪电一般沿着笔直的跑道奔向终点。

后记

我于 1993 年底写完了这篇文章。现在是 1995 年 5 月末，我正着手修改这篇文章，以便出版。我常自问，为何到今日，我依旧庆幸自己坚守了小时候的梦想，成为一名科学家。每每思及这问题，我的心中都会涌现同一个答案：科学中令人兴奋的领域发展变化得极快，心智上的刺激是学者做研究的内在驱动力。在科学领域，你永远也无法自鸣得意。一年半的时间并不算长，哪怕是人的一生，在地质学历史中也不过是眨眼一瞬罢了。但就在这短短的一年半内，本文中提及的三个研究均取得了新的重大进展。这篇文章本就满是自鸣得意了，现在这三个研究取得的新发现又恰恰印证了三篇报道中的观点，或许我能借此再得意一次。同样，新发现也加强了文中所提世界观富有成效的看法——快速发生、不可预测、偶然的历史性事件才是进化的关键所在。我的马儿依旧朝着终点加速狂奔。

如今，更多动物门类的起源时间可以追溯至多细胞生物最早出现的地质时期——寒武纪大爆炸时期，下一篇文章，我将探讨这一发展。

1995 年 5 月 23 日，《纽约时报》科学板块头条文章名为《谁先出现？蜜蜂还是有花植物？蜜蜂胜出》，文章报道了史蒂芬·哈斯欧迪斯的一项重大发现。史蒂芬在亚利桑那州东部国家石化森林一块 2.2 亿年前（按地质时间标度来看，当属三叠纪时期）的原木化石中找到了极具说服力的证据，可证明蜜蜂的出现时间要先于有花植物。在原木化石中，史蒂芬发现了结构复杂且清晰的蜂巢（史蒂芬并未从蜂巢中找到蜜蜂的化石，考虑到石化森林不利于存储化石的地理环境，这个结果并不奇怪）。史蒂芬从与树节上的洞孔相通的浅洞中挖出了蜂巢。每个蜂巢由 15—30 个蜂室组成，每个蜂室最长不过 1 英寸（约 2.54 厘米），状似扁酒瓶。

史蒂芬的发现将世界上最早的蜜蜂化石记录时间向前推了 1.4 亿年，此前，最早的蜜蜂标本嵌在一块琥珀中，距今有 8000 万年的历史。更让人惊讶的是，据《纽约时报》这篇文章的作者——著名的科学记者约翰·诺布·威尔福德所述，有花植物（即被子植物）诞生的时间，要比这些蜜蜂在裸子植物（结球果的木本植物，不会开花）枝干中挖洞建巢的时间晚 1 亿年。或许蜜蜂最初是帮助裸子植物授粉的，因此，在开花植物诞生之前，蜜蜂才能够存活下来。或许也是在很久以后，蜜蜂与有花植物之间才发展出共同演化的关系。

惊讶与诧异构成了威尔福德这篇文章的主旋律，他写道：

"问题就在于，有花植物的历史不过是地球历史的一半，在有花植物出现之前，蜜蜂能够存活吗？曾经，这个问题对于我们来说是不可思议的，也彻底颠覆了我们的传统观念——在蜜蜂与有花植物的早期历史中，二者应当有着共同演化的关系……现在，这一发现挑起了对传统理论的严肃质疑，有花植物与如蜜蜂一类的社会性昆虫真的存在着共同演化的关系吗？依照假定，有花植物的散播对蜜蜂的演化与扩散起到影响作用。"

但是，两年前，康拉德·拉班德里拉与杰克·斯波科斯基的研究便提出了"有花植物与蜜蜂之间并不存在共同演化关系"的想法（威尔福德显然知道这一研究，他在文章中还引用了两人的论文），为何威尔福德在他的文章中依旧对此发现感到惊讶呢？对此，我只能说，在人的思想中，传统观念很难被消除（且传统观念转变的速度非常缓慢）。在写这篇文章时，威尔福德曾采访过斯波科斯基，我这位曾经的学生用一句最合适不过的话来回答威尔福德的问题："研究的结果与我们的预想完全吻合。"

至于第三个新闻，也就是人类的起源问题。在过去的两年里，对于"走出非洲"的支持如瀑布般倾泻而出。首先，越来越多的基因经过了排序，人们研究了这些基因在人类种族中的多样性。每一个研究都显示，如果"多地起源论"是正确的，不同人种诞生的时间与其祖先出现的时间不一致。去年，另一项研究将亚洲的直立人起源时间向前推了 160 万年左右，也就是说，其他地区的人类祖先起源的时间必然比我们之前所设想的时间要长许多。按照这种说法，在如此遥远的年代，人类便有了不同的分支，在现代，不同人种之间的基因多样性应当更加丰富才对。一项又一项的研究（在 1995 年 2 月于亚特兰大举行的美国科学发展协会上，有关这个问题的研究特别多）测算出人类走出非洲（被视为非洲以外人种多样性的共同起源地）的时间大概在距今 15 万—10 万年之间，而最近发表的最成熟的分析显示，人类走出非洲的时间比此前科学界预想的时间更晚。此外，还有多项研究发现，将非洲人的基因与其他所有人种的基因进行对比，非洲人的基因多样性竟远高于其他所有人种的基因多样性。这个发现让人难以理解，除非"走出非洲"的理论是正确的，现代人种生活在非洲大陆的时间要远长于生活于其他大洲的时间（只有在这种情况下，人类才有足够的时间发展出如此多样的基因）。

近期一项让人感到满意、众人期待已久的研究结果终于发表了（就在上周，1995 年 5 月）。"线粒体夏娃"现代人起源假说最初的版本建立在一项对线粒体 DNA 的研究上，所谓线粒体 DNA，也就是严格继承母系遗传的简单遗传基因组的一部分（精子不会为受精卵提供线粒体。大多数的基因都有着更加复杂的遗传物质，因为来自父系与母系的基因拷贝会被分离开来，并在减数分裂与之后的有性生殖过程中被重新整合在一起。在计算人类共同祖先起源时间这一类问题上，我们必须寻求精细与精准，从父系或母系一方获得简单且无间断的遗传物质的基因显然有着巨大的优势）。

但是，正如线粒体严格继承了来自母系的遗传物质，在基因组中，有一小部分的基因严格遗传了来自父系的遗传物质，且只能由父亲传给儿子。决定人类性别的 Y 染色体是 DNA 中的小碎片，没有与任何母系基因组进行过配对。由此，就像线粒体 DNA 能够用以确定人类"夏娃"（也就是人类的母亲）的身份一样，Y 染色体的基因多样性应当可以用来确定人类"亚当"（也就是人类的父亲）的身份。顺便说一句，我一直反感将"亚当"和"夏娃"这两个出自《圣经》的意象比喻成人类的父母亲，这会给人们造成误解，让大众在潜意识中认为人类是由一对夫妻演化而来的。人类血统的源头自然不会如此狭窄，人类是某个从祖先类群中分离出来的小群体的后代，不是某对居于山洞或园子中的一对夫妻的后人（这个原始群落中很可能只有一小部分人留下了后代——完全无须惊讶，所有物种的血统遗传皆是如此，大多数人最终不会留下后代，绝大多数的传承与婚姻源于少数子嗣多的人）。

进行 Y 染色体的检测确有必要，而且让人兴奋。我的同行长久以来一直在着手办这件事，但此前一直未公布检测结果。对 Y 染色体的检测过程复杂且精细，需要做大量繁复的工作，不能仓促行事。现在，我的同行沃里·吉尔伯特及我的前学生罗博·杜立特（原先是名古生物学家，后来转而成了分子生物学家）公布了他们惊人的研究成果。吉尔伯特与杜立特对 38 名男性 Y 染色体中的 729 个碱基对进行了变异研究，这 729 个碱基对基本囊括了人类所有的种族多样性。结果，他们几乎没有发现任何基因变异的情况——这个结果再度证明了人类起源于同一祖先的论点（吉尔伯特与杜立特的研究结果并没有显示人类到底起源于何地，但正如本文此前所说的，人类起源于非洲的可能性要大于其他大洲）。他们两人还发现，智人最早从祖先群落里分离出来的时间大概是 25 万年前。这个时间与此前科学家测算"夏娃"诞生的时间完美地吻合在一起（证据摆在面前，我们假定，人类起源于欧洲，时间大概是 25 万年前。10 万年前，人类开始向其他大陆扩散）。吉尔伯特和他的同事还认为，他们能够推算出最初的人类群体中大约有 7500 名男性。7500 名男性这个数字又是一个可以佐证我个人看法的证据。从间断平衡论 [①] 的角度来看，新的物种是从父系群体中分离出来的，并迅速形成新的分支，而非由整个祖先群体渐进缓慢地转变而成。

　　我将本文的结尾留给吉尔伯特与他强有力的方法论——当所有完全不同的数据来源均显现出同样的结果时，具有争议性的发现才能得到最好的证明："我们的实验数据显示，'亚当'诞生的时间完美地吻合了非洲'夏娃'存在的时间……令人兴奋的是，我们的实验是按照与过往完全不同的标准进行的。实验结果再度证明了'现代人类有着共同起源'的结论。"

---

① 　间断平衡论是由 N. 埃尔德雷奇与本书作者古尔德于 1972 年提出的。间断平衡论认为，新的物种只能通过线系分支产生，以跳跃的形式快速形成。新的物种一旦出现，便处于保守或者进化停滞的状态，在下一次新的物种出现之前，其表面都不会出现明显变化。进化是跳跃与停滞交替出现的过程，不存在缓慢、平滑、渐进的进化方式。——译注

09
舌形虫、天鹅绒虫及水熊

　　我属于最后一代在很大程度上通过死记硬背来学习的学生，葛底斯堡演讲的全篇内容被我记得烂熟于心（谁会忘记 10 岁时学过的知识，谁又能在 50 岁时依旧记得上个星期发生过的重要事情），至少我能记得林肯的演讲中非常适合古生物学家的话："我们有着充分的决心，决不能让死去的人白白牺牲。"詹姆斯·乔伊斯的小说中，主角斯蒂芬·迪德勒斯脑子里冒出"在古老的奥林匹斯山的山顶上"（on old Olympus's topmost tops）这句话时，我知道，他只是专注于根据标准的帮助记忆术，按照从前往后的顺序记住脑神经的名字罢了——嗅神经、视神经、动眼神经……

　　在早期学习生涯中，有许多要求死记硬背的经典知识，只是其中有两样知识对于像我一样的古生物学家是有用的，一个是地质年代表，另一个是动物门类表，这两张表便是我们古生物学界最主要的门类划分（有 20—40 个门类，具体数量取决于你背诵的是哪一个版本）。我绝大多数的同学并未抱怨过记忆门类繁多的背诵之苦，学习古生物学的每个人都必须能够区分脊椎动物、节肢动物、软体动物和棘皮动物，而这些动物也确实是我们在日常生活中能够遇见的。但是，还有许多被称为"次级门类"的名字，想记也记不住，名字也很好笑，比如栉水母类（也叫梳子水母）、鳃曳动物门。大多数古生物学学生都十分憎恨这些动物门类，考试的时候怎么也想不起它们的名字，在中央公园或者琼斯海滩上也见不到它们（对于在纽约市长大的孩子来说，中央公园和琼斯海滩就是大自然了）。

　　然而，正是这些"次级门类动物"包含着自然历史最迷人的奥秘，不应被人排斥、遗忘。首先，它们之所以被划分为"次级门类"，只是因为现存的数量较少（很多物种都已灭绝），但其中部分门类动物，特别是腕足类与苔藓虫类，在多细胞动物的早期化石记录中占据了大多数。此外，从解剖学的角度来看，"次级门类"里的动物绝对不"次级"，它们的身体构造如此独特，物种间的差异极大，宛如鱼类与鸟类，或是蛤类与海参，是截然不同的。

次级门类动物对于拨开弥漫在动物生命历史与化石记录上的层层迷雾起到了关键性的作用。在本书中，我曾多次提及"寒武纪大爆发"。这场爆发在极短的时间内，创造出了化石记录中几乎所有动物的基本身体构造形态。近期的研究显示（见文章 8），根据用放射性物质测量方法进行测量的结果，寒武纪大爆发自 5.35 亿年前起，至 5.30 亿年前结束，整个过程仅仅持续了 500 万年，持续时间之短令人诧异。

自寒武纪大爆发至今，世界只诞生了一个新的动物门类——苔藓虫门。苔藓虫是一种体形微小的群体生物，它们与造礁珊瑚有些类似，会聚集在单个动物的四周分泌钙化骨架（苔藓虫诞生于寒武纪之后的奥陶纪早期，但也存在另一种可能，即苔藓虫确实诞生于寒武纪，只是我们未找到它们于寒武纪存在的证据罢了）。可以毫不夸张地说，寒武纪大爆发之后的 5.3 亿年里，再也没有哪一个阶段能如寒武纪大爆发时期一样创造出如此多样的生物类型——尽管在此之后，个别生物的进化（诸如人类产生意识及昆虫学会飞翔）确实对生物的历史产生了不小的影响！

次级生物门类是研究寒武纪大爆发的关键所在，它们的出现表示进化过程可能存在变异与柔化的现象。一如上文所述，次级生物门类的诞生充满大量谜团。科学界一直认为，进化过程中发生的改变总体而言是缓慢且稳定的，而次级生物门类的出现却与该假设大相径庭。因此，古生物学家一直在寻找能够缩小事实与科学界共识之间差距的证据，这种证据要么能够证明寒武纪大爆发从未出现过，要么能够证明寒武纪大爆发的时间要比 500 万年更长（古生物学家大多是下意识地寻找此类证据，我们确实常常按照自己的偏好行事）。

寒武纪大爆发是一个普通的事件，只不过对于这一时期出现的进化观察比较频密罢了——这种想法对于如我一样喜爱均变论的人来说，要比"寒武纪大爆发是历史上一件独一无二的事件"更能带来慰藉。写到这里，我想起了许多跟我意见一致的教授的观点，此类观点在许多书中也有记述：你凭什么声称，世界上所有的门类动物都诞生于寒武纪大爆发时期呢？毕竟，有近半数的动物门类全身没有一处是含有柔软组织的，因此也不会留下任何化石记录。为何你就能断定，这些门类动物也诞生于寒武纪大爆发时期呢？除此之外，这些门类囊括的物种并不多。物种数量上的稀缺难道不意味着，这些门类动物的诞生时期较晚，留给缓慢进化与扩散的时间不多吗？

上述问题有其道理可言，在某些特定的处境中，这些言论看起来格外有理。打个比方，次级门类中有个非常典型的微小成员，名字叫"五口纲"，又称"舌形虫"（之所以名为五口，与其口部前段围着两对分支有关。五口纲的某些物种，嘴部长在躯干的最前端，四周环绕着四条腿，腿的长度与嘴部相当，因此状似五角星。人们常说的"舌形虫"是一种更加常见的动物，其形状似缩小版的脊椎动物的舌头，如图所示）。

五口动物是种寄生动物，只会出现在陆生脊椎动物的身上，而陆生脊椎动物在寒武纪大爆发过后很久才出现演化。五口动物在某些重要的身体特

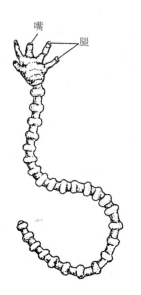

五口纲动物 如头走虫
四足动物，舌形虫

五口纲动物
舌形虫的锯形齿

征上与节肢动物门的甲壳动物类似。正因如此，一个多世纪以来，科学界屡次展开讨论，提出了一系列假设，还是没能确定到底是将五口动物与其他主要门类的动物归为一类，还是为其单独再设立一个门类。近期科学界得出的共识是，五口动物是自寒武纪大爆发发生很久之后才出现的，由甲壳动物演化而来。如果五口动物是自另一种发展良好的生物演化而来的，其他次级门类的生物可能也是由此而来的。这样一来，寒武纪大爆发便不再具独特性，从整个地质时间来看，"进化过程中发生的改变总体而言是缓慢且稳定的"这个理论便可一直有效。

我写这篇文章，是想向读者介绍几个最新的研究成果，它们恰好推翻了我上文所说的假设。最新的研究成果显示，寒武纪大爆发的范围及效果要比其忠实的追随者设想得更广、更强。研究成果的数据于 1994 年发表在两篇论文中，这两篇论文的作者分别是德国古生物学家迪特尔·瓦洛赛克及德国波恩大学的克拉乌斯·穆勒。这种关于小型寒武纪化石结构的技术性论文，篇幅很长，不可避免地被大众遗忘在角落（这种类型的论文常常能在古生物学专业的小圈子里引起轩然大波）。只有极少数科学作家才有耐心去关注描述解剖学的专门知识（使用学术界行话进行陈述更是增加了外行人的阅读难度）。更可悲的是，分类学与解剖学位于科学界的最底层。这两门学问虽然温和且无害，却被人们认为是属于过时的学问，较之现代世界的分子生物学，分类学与解剖学显然属于 18 世纪林奈一类科学家的研究方法。

一项发现究竟是否重要，主要看它的影响力，看它能否有改变过去既有理论与观点的能力，而不在于这项研究的方法够不够"现代化"。不经思考地盲目追随潮流只会蒙蔽我们的双眼，让我们无法注意到事物内部永恒的价值，或者因"过时"这种理由，遗弃了事物中有价值的东西。想一想如今散发着光辉、经久不衰的巴赫与勃拉姆斯，二人在成熟时期，因一群附庸潮流的人将他们称为"毫无希望的陈年老物"而被当时的时代遗忘。若要评判一项研究发现到底重不重要，我们应当以其中心思想的品质与成功加以判断，而不是这项研究用的方法多么现代，或是用了多少学术语言。

节肢动物门是目前世界上最大的动物门类，主要的昆虫子群、螯肢子群（包括蜘蛛、螨虫、蝎子及马蹄蟹）与甲壳亚门动物（如螃蟹、虾、龙虾及许多其他海洋生物）都属于节肢动物门。有三个次级门类因有几个关键的身体构造显示它们或与主要门类有着宗谱上的关系，故而常与主要门类列在一起。

这三个次级门类分别是：有爪动物门，或称天鹅绒虫；缓步动物门，或称水熊；舌形动物门，或称舌形虫。举个例子，近期最热门的一本无脊椎动物生物学教科书（理查德·C. 与盖里·布鲁斯卡合著的《无脊椎动物》）专门用了一个章节来介绍这三个次级门类，并将章节命名为《三个神秘的门类及节肢动物发展史回顾》。

这三个次级门类为古生物学家提供了一个绝佳的例子，对"生物并非诞生于同一时期"的假说发起挑战，也让人们开始思考，或许寒武纪大爆发确实如化石记录显示的那样极具独特性。这三个次级门类常常被放在一起讨论，它们拥有共同的关键性身体结构特征，而这些特征正是在后来的地质时代被用以推敲起源的依据（这三个次级门类的身体因为缺少坚硬的组织，很难有机会变成化石留存下来）。

过去几年里，学术界发现了有爪动物门的化石，化石的时间恰好可追溯至寒武纪大爆发时期。现代的天鹅绒虫只会生活在地球上非常潮湿的陆地环境中，在潮湿的树叶或腐烂的木头里常能发现它们的踪影。天鹅绒虫有大概 80 个种类，其中绝大多数种类身长 1—3 英寸（2.5—7.6 厘米），身体扁长，头的后部有 14—43 对粗短的腿（学术上称为"叶状扁足"），头上长有三对附器（分别为触须、下颚、充满黏液的小乳头状突起物。天鹅绒虫为肉食性动物，它们依靠这三对附器喷射出黏稠物质来捕食）。粗略看来，天鹅绒虫状似毛毛虫，但它与蛾子及蝴蝶的幼虫没有密切的宗谱关系。

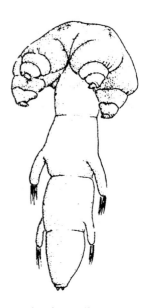

自人们从英国哥伦比亚著名的伯吉斯页岩中发现了埃谢栉蚕的软体构型化石后，寒武纪时期便存在有爪动物的假说问世已有 80 年了。科学家们怀疑，埃谢栉蚕是有爪动物的其中一种，因此其具体分类地位并不明晰。过去十年里，人们又发现了至少 4 个寒武纪属类，其中一个属类的发现让古生物学家们开始重新定位怪诞虫。怪诞虫可谓是在伯吉斯页岩发现的所有生物中最神秘的了。作为有爪动物门的一员，起初古生物学家以为怪诞虫长得上

最新发现的 *Heymoni-scambria scandica*，瑞典上层寒武纪岩石中的一只五口蠕虫的化石，爱丁堡英国皇家学会提供

下颠倒。这些令人兴奋的发现（见我之前的作品《八只小猪》文章24）显示，有爪动物在现存的有爪动物门中数量较少，其生态传播程度也有限。由此，古生物学家开始将有爪动物门视为寒武纪无脊椎海洋生物中多样且重要的一个类群。

现在，瓦洛赛克与穆勒还发现了缓步类动物及舌形虫类的寒武纪化石。这样一来，我们现在便能够断定，这三个次级门类的诞生可以直接追溯至寒武纪大爆发多细胞生物最初"绽放"的时候。在瓦洛赛克与穆勒发表他们的发现成果之前，人们一直没有找到任何缓步类动物及舌形虫类的化石记录，这两个门类的生物甚至连标本也没有。如今，既然发现了缓步类动物及舌形虫类寒武纪时期的化石，这两个门类生物的诞生时间便自然而然地从近现代跳跃到了寒武纪大爆发时期。

存活着的缓步类动物通常都体形微小，一般只有0.1—0.5毫米长（几乎不可见，因为1英寸等于25.4毫米），而缓步类动物中的"巨人"也不过1.7毫米罢了。缓步类动物中绝大多数的品种（近400个种）生活在苔藓、地衣、开花植物、土壤及森林凋落物的表面水膜中，也有部分品种生活在如池塘等淡水水域的沉积物表面或咸水环境里沉积物的表面。它们的体形微小，长着八条腿（见图示），移动步态笨拙，因此它们被命名为"水熊"，其学名"缓步类动物"也是根据水熊的外形与体态而定的。

缓步类动物因其不同寻常的特征，在科普文学作品中的名声并不好听（更不用提它们滑稽的外表了）。缓步类动物中的某些品种的交配方式为间接交配，过程很奇特。雄性缓步类动物用性器刺穿雌性缓步类动物的表皮膜，将精子留在表皮膜下。雌性脱落表皮膜后（缓步类动物和昆虫一样，通过褪去旧皮，产生面积更大的新皮来实现生长），将卵排在之前布满精子的旧表皮膜上。

缓步类动物最让人感到惊讶的并非它们的繁育方式，而是它们能够停止新陈代谢，在很长一段时间里陷入冬眠似的状态。这种现象被称为隐生现象，即进入极端的冬眠状态，外部完全无法检测到任何新陈代谢活动。

如果缓步类动物的生存环境完全干旱了（陆地上的水膜环境极其不稳定），它们能将腿缩回去，并在干枯的外壳上分泌一层薄膜。在这种状态下，从外部完全无法检测到新陈代谢活动，缓步类动物能够在自然的残酷环境与人类实验创造出的极端环境中存活极长一段时间，如完全浸泡在酒精、乙醚、液态氦中，或完全暴露于零下 272 摄氏度（接近绝对零度）至 149 摄氏度（远高于水的沸点）的环境里！当可以再次汲取水分时，陷入隐生状态的缓步类动物的身体便会开始膨胀，数小时后就可恢复活动。目前人们还不知道，缓步类动物在隐生状态下究竟能存活多久。布鲁斯卡的教材中讲了个故事（似乎是杜撰的），在博物馆的一个青苔

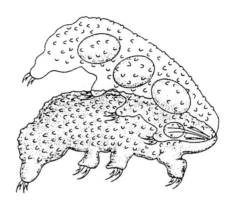

一只**雌缓步动物**，即水熊，蜕掉布满卵的表皮

标本中，一只活着的缓步类动物再度接触到水分，从标本中爬了出来，在此之前，它已沉睡了 120 年。缓步类动物能够激起研究衰老的科学家的实验兴趣也就不足为奇了

1994 年 8 月 22—26 日，第六届国际缓步类动物研讨会于英国剑桥召开（每每想到，就连次级门类生物都能有如此多的人类爱好者为它们举办多样且具世界性的盛典，我的心里总会涌起一股暖意）。在这次研讨会上，瓦洛赛克、穆勒及哥本哈根大学动物博物馆的克里斯滕森向与会者展示了他们极为精彩的研究论文，论文名为《西伯利亚一个有五亿年以上历史的缓步类动物支系》。他们发现了世界上第一个毫无争议的缓步类动物化石，该化石的历史可以追溯至寒武纪大爆发时期的边缘。

这些化石看起来完全就是缓步类动物，身长 0.25—0.35 毫米不等（在现代缓步类动物中属于中等体形）。辨别这些化石究竟是不是缓步类动物，关键并不在于其身体长度或与缓步类动物相似的外形，基本共通的外表可以是由独立分支通过趋同化演进而产生的。辨别这究竟是否是缓步类动物的关键在于那些只能在缓步类动物化石及活着的缓步类动物身上才能发现的大且明显、独特且复杂的特征。缓步类动物系谱上的相似性包括：独具特色的坑状嘴；带着成对爪钩的腿，能够从身体外缘缩回体内；腿与腿之间的板状节瘤。

五口纲类动物是比缓步类动物更好的潜在案例。在次级门类中，五口纲类动物是学术界公认的一种在寒武纪大爆发之后继续进化的门类。五口纲类动物中约有 100—110 个种类必须寄生在脊椎动物身上（几乎所有的五口纲类

动物都是陆上动物，只有少数几个品种寄生于鱼类身上）。与许多其他的寄生动物一样，五口纲类动物的生活周期十分复杂，常常从中间媒介体的身上转移至最终宿主身上。五口纲类动物的幼体通过肠子钻入第一个宿主体内，在宿主体内生长至易传染期。当其他的脊椎动物吃掉其第一宿主后，发育成熟的五口纲类动物要么通过胃移向食道，然后钻过食道进入脊椎动物的呼吸道，要么挖开脊椎动物的肠壁进入血管。之后，五口纲类动物利用嘴巴旁边那两对腿上的钩子附着在肺部、鼻腔或口腔里（甚至有过五口纲动物附着在人类眼球上的病例）。在永久寄生的阶段，五口纲类动物便会通过口器吸食宿主的血液（对于绝大多数人而言，生物中没有什么能比寄生动物的生活方式更加恶心的了。但寄生动物确实是生态与生命多样性中的重要一环，我虽不喜它们，却必须了解它们）。

　　和许多其他的寄生动物一样，五口纲类动物的身体构造极其简单（在宿主体内安全且具遮蔽性的生存环境中，保留复杂的身体结构特征并不会带来任何优势）。为寄生生活而专门进化出来的器官，如用来寻找、附着及挖洞的器官，它们的构造往往会显得复杂（对于五口纲类动物而言，它们用于寄生的器官便是如茎一般的嘴巴及身体前段的两对腿），但身体的其他部位的重要性则稍逊一些，结构简单。举个例子，五口纲类动物的体内没有用于呼吸、循环及排泄的器官。五口纲类动物的肠子是个简单的直管，直管前端有个肌肉形成的抽动部位，显然是用来抽取宿主血液的。

　　五口纲类动物结构高度简化的普通器官，再加上为探索宿主身体而发展出来的特殊器官，使得科学界很难对五口纲类动物进行分类，也不知该如何安排其在独立生存形态的进化树的位置。五口纲类动物已经变成分类学的噩梦。对其分类的假说几乎囊括了所有可行的办法，有提议将五口纲类动物与环节动物（即分段的蠕虫）联系在一起，有人说将五口纲类动物视为节肢动物的子群。目前学术界最认同的分类方式是将五口纲类动物视作单一种类（常常与有爪动物及缓步类动物放在一起）。

　　然而近几年，科学界一致认为，五口纲类动物应该归于节肢动物门中的甲壳动物类。数名科学家找出证据，证明五口纲类动物的幼体与一种鳃尾类甲壳动物具有相似性。五口纲类动物外壳的精巧构造及精子的形态也显示出，它们与甲壳动物之间确实有联系。1989 年，我的佛罗里达州立大学的朋友兼同行拉里·阿贝勒的实验室提出了一个论点，在当时，他们的论点并未引起太多人关注。阿贝勒和她的同事使用最先进、有效且适当的技术，对比了五口纲类动物及其他数种类群的 DNA 排序（比对的是学术界常用且包含大量信息的蚕的核糖体 18S RNA），便于确定二者之间的关系。用来比对的其他类群动物除环节动物外，还有所有主要的节肢动物，包括昆虫、马蹄蟹、千足虫及甲壳类动物。

通过测算分子之间的距离而重新构建的进化树显示，五口纲类动物与甲壳动物之间确实存在着最亲密的关系。正是因为这些数据，布鲁斯卡在其教科书中写道："强有力的例子可证明，五口纲类动物实际上是高度进化的甲壳类寄生动物。"

此外，五口纲类动物寄生于陆上脊椎动物的生活方式，让所有相信五口纲类动物为甲壳动物的人设想出一个合理的假说，即五口纲类动物诞生于寒武纪大爆发之后，由此巩固了"无论在哪一个地质时期都有新物种的诞生，寒武纪大爆发时期诞生新物种的密度较大，但寒武纪大爆发并不具独特性"这一传统观念。事实上，阿贝勒和她的同事认为，五口纲类动物与甲壳类动物生活在 3.50 亿年前到 2.25 亿年前，这个时间段与主流观点并不相同。

瓦洛赛克和穆勒发现的五口纲类动物化石（数个品种的整个动物群落，而非个别几块五口纲类动物化石）均位于上部寒武纪地层。这些五口纲类动物化石均发现于瑞典的上部寒武纪奥斯登地床。在过去的 20 年里，奥斯登沉积层里出土了无数小巧而精密的化石，均为极为重要的动物群落化石，它们大多可追溯至多细胞动物历史的早期时代。这些化石均已磷化，保存在微小的钙化粒状结构中。人们使用酸性物质溶解钙化粒状结构，从中取出里面形态完好、保存完整的三维化石。虽然化石内部是空的，但保留了动物表面结构的所有细节。不幸的是，由于钙化粒状结构过小，常见的稍大型的海洋无脊椎动物便无法通过这样的方式形成化石。从奥斯登沉积层中出土的动物群落大多是节肢动物的幼虫和其他体形较小的成年动物，其中便包括了上文所说的五口纲类动物。

在将所有认为古老化石与现存生物之间存在联系的例子中（特别是考虑到面对如此长的时间间隔，目前科学界仅发现了古奥斯登时期的五口纲类动物化石，未发现任何在古奥斯登时期至现代这一大段的中间时段形成的化石），我们必须考虑到另外一种可能性，这些化石不过是与现代的五口纲类动物具有相似性，在整个地质时间段中，这些化石中的五口纲类动物其实是一个独立的品种。生命史上充满了各自进化的物种却拥有惊人相似性的例子，就好比鱼和鱼龙、有袋类动物和有胎盘的鼹鼠、鱿鱼的眼睛与脊椎动物的眼睛。两个物种之间如果存在着趋同性，二者在基本形态与功能方面的适应性特征上或许会非常相似，但在身体无数的细节及具有高度特殊性的身体部位上则不可能完全相同。首先，所谓趋同性演化，必然发生在两个祖先完全不同的物种之间，两个起初不尽相同的器官在之后的演化过程中出现了相似性。鱼龙的尾鳍与鱼类的鱼鳍在外表上相似，但鱼龙的尾鳍是由过去该物种依旧生活在陆地时的指骨演化而成的。鱿鱼的眼睛与脊椎动物的眼睛虽然在最终形态上十分相似，但两个器官在形成过程中的胚胎路径有着明显差异。

我们之所以相信瓦洛赛克与穆勒发现的化石确实为五口纲类动物化石，是因为这些化石（和缓步类动物一样）中包含着大量普遍的、细微的相似之处。化石中体现出来的基本身体特征包括：球状的头部两侧各有一双腿，用以附着在宿主体内。身体扁瘦，上粗下细，呈虫状。此外，化石与现在的五口纲类动物在基本胚胎构造上均呈现"体段恒定"的特点，也就是说，五口纲类动物通过不断蜕皮实现生长，但在生长的过程中身体不会出现新生的部分。奥斯登沉积层发现的化石中既有幼虫也有成虫，科学家们可由此推断出五口纲类动物的生长细节。

除了在基本外形与生长方式上具有明显相似性以外，瓦洛赛克与穆勒发现的化石与现代的五口纲类动物在一些明显不重要的身体部位上也具相似性：腿部内侧均有明显的气孔；都能将腿的一部分缩回体内；在臀部肛门的四周均长有乳状突起物或瘤状突起物。在身体形态与构造上，二者在明显属于次级体征上具有如此高度相似性，在演化过程中可不会出现两次。

此外，现在的五口纲类动物身上有一个明显的体征，至今学术界尚未厘清该体征的作用，而五口纲类动物化石的出现帮助我们揭开了这一谜题。现代五口纲类动物的身体（头部之后的部位）似乎由四个部分组成。这四个部分之间并没有十分清晰的分界线，每个部分的结构均不相同，然而体节重复的部分正是其他无脊椎动物身体段落划分的真正标志。五口纲类动物的神经节是分段且重复的，但鉴于五口纲类动物形态上的大幅退化（没有呼吸系统、循环系统及排泄器官），除了神经节的分段与重复外，五口纲类动物身上基本找不到其他可用以区分体段的关键部位。所有体征中最特殊的部位——每个体节均有的腿部——在现代五口纲类动物身上已不存在，但还有几个五口纲类动物化石的第二和第三体节上均出现了一对对的腿！事实上，有人可能认为，除了这一特征（包含大量信息）外，五口纲类动物化石与现代五口纲类动物几乎完全一样。

五口纲类动物化石的出现显然推翻了科学界流行的一个假说，即五口纲类动物是在陆上脊椎动物进化之后衍生出来的。5亿多年以来，五口纲类动物都保持着形态上的稳定性。瓦洛赛克与穆勒总结道："五口纲类动物悠长的历史及其形态上的进化停滞显示，五口纲类动物由陆上节肢动物演化而来的假设并不成立。"（在寒武纪过去很久之后，节肢动物才出现在陆地上。）

五口纲类动物早在寒武纪时期便已诞生，这一事实又衍生出了一个大家无法忽视的问题，五口纲类动物最早的寄主为哪一种动物？毕竟寒武纪时期尚未演化出陆上脊椎动物。在寄生动物的演化过程中，更改寄生宿主是稀松平常的事情（哪怕是从一个门类的动物身上转而寄生到另一个门类的动物身上），因此，假设五口纲类动物曾经改变过寄生宿主在理论上不存在任何问题。尽管如此，科学界依旧想要弄清楚宿主名单上到底有哪些动物。五口纲类动物最初的寄主不一定与脊椎动物有密切的联系。牙形虫的化石一直是古生物界的神秘明星（牙形虫的身体柔软，几乎没有可能成为化石。牙形虫目前存留下来的化石均是它们的牙齿部分，只能用显微镜才能观察到）。在过去的十几年里，人们终于发现了牙形虫的完整化石（见我另一本书《火烈鸟的微笑》文章16），最新的证据显示，牙形虫属于脊椎动物。瓦洛赛克与穆勒认为，五口纲类动物很可能从头到尾一直都寄居在脊椎动物身上，从未改变过。在所有发现五口纲类动物化石的寒武纪岩层中都能找到牙形虫化石。

但生物化学认为，五口纲类动物与甲壳类动物存在近亲关系，认为五口纲类动物起源于寒武纪之后，这两个观点又该如何解释呢？过去几年里，分子数据的威望渐长，上述观点似乎是无可争议的，但寒武纪五口纲类动物化石不会轻易屈从于上述观点，仔细阅读阿贝勒于1989年发表的研究论文或许也能为上述问题提供可行的解决方法。

我在文章里常常提到，理论对数据解读的束缚力极强（而且这一过程通常是无意识的）。正是出于这个原因，我们必须特别谨慎地进行探索，考虑理论偏好在研究过程中对我们的影响。事实上，阿贝勒和她的同事在论文的最后一句话提出了生物化学之问题的解决方法，可惜他们却未发现，或许是因为"五口纲类动物是由甲壳类动物演化而来"的假设符合正常的进化理论，也可能是因为这种假设符合大众对"主流物种的诞生贯穿了整个地质时期"理论的偏好，阿贝勒研究论文的最后一句话写道（我将逐字引述这句话，再加以解释）："因此，大约经过 2.87 亿年，两个物种 18S rRNA 的偏离率大约为 10.8%，也就是每 5000 万年的偏离率为 1.9%，而真核细胞每 5000 万年的偏离率为 1%，低于 18S rRNA 每 5000 万年的偏离率。考虑到估算当中的潜在错误，两者偏离率之间差异的重要性未可知。"换句话而言，假设五口纲类动物的诞生时间只比甲壳类动物的诞生时间晚 2.87 亿年，与其他多细胞生物平均进化速率相比，五口纲类动物要比甲壳类动物 RNA 的进化速率快两倍。这样的差异并未让阿贝勒他们感到诧异（正如他们最后一句话所说），因为每个物种的 RNA 进化速率差别都很大，而检测 RNA 进化速率的技术也可能存在测量错误。

但阿贝勒和她的同事却从未提及另外一种非常明显的可能性，现在看来，他们遗漏的这种可能性正确的概率很大。如果五口纲类动物确实是在寒武纪时期（5.3 亿年前—2.87 亿年前）从甲壳类动物（或者其他动物）中分离而出的，那么两者进化速率的差异便不算过快，只是一种平均进化速率罢了。因为在 5.3 亿年的时间里（而非 2.87 亿年），18S rRNA 的偏离率不过为 10.8%，也就是说每 5000 万年的偏离率大概为 1%！换言之，分子数据测量出来的偏离率与化石测量出的偏离率相一致，这也就证明了，分子生物学按照"五口纲类动物是在寒武纪大爆炸之后诞生的"的常理（错误的常理）测量出的异常数据是错误的。

在多细胞生物历史中，寒武纪大爆发是关键的历史事件。我们对寒武纪大爆发时期的研究越多，越被该时期的独特性及其对之后所有生物历史模式的决定性影响而震撼。自寒武纪大爆发时期出现的生物身体构造涵盖了之后所有生物的生命形式，在后来的历史中，也未再出现过任何新的生命形式。看来，究竟哪些物种能够存活下来，凭借的全是如抽奖一般的运气，而非大众所设想的那样，越高级的物种越能够存活（见我的另一本书《奇妙的生命》）。生物历史的模式起源于寒武纪大爆发，也是这场伟大生命开端的延续。我想用葛底斯堡演说的另一句话作为本文的结尾，在第一段中，我所引用的句子存在错误（这对硬要学生死记硬背的教学方式来说，可谓是个残酷的讽刺），但在这里，我将准确而清晰地引述林肯的原话，这句话完全可以用来描述寒武纪诞生之生物对后世超凡的影响："世界既不会注意，也不会长久地记住我们今天在这里说过的话，但勇士们在这里做过的事，世界将永远不会忘记。"

稳　定

WENDING

10

考狄利娅的困境

当高纳里尔与里根为谋取父亲财产而向李尔王阿谀谄媚时，李尔王的三女儿考狄利娅陷入了恐惧中，她害怕她的父亲很快也会要求她说些爱的宣言："该怎么办呢？爱，并保持沉默……我确信，我的爱要比我的语言更加丰富。"

随后，李尔王便要求考狄利娅表明心迹："你要说什么话，换得比你两个姐姐更加富饶的土地呢？"考狄利娅拒绝用花言巧语从父亲的手中骗得利益，她什么也没说。李尔王勃然大怒，剥夺了考狄利娅的继承权，他说道："既然无话可说，你就得不到任何东西。"

李尔王犯下了悲剧性的错误，导致了他的失明、疯狂与死亡，而悲剧的根源就在于，他不明白，沉默所包含的最深沉、最重要的含义。在我们的历史与文学中还有什么能够比耶稣面对彼拉多（古罗马犹太总督）时的沉默，或圣托马斯·莫尔面对刽子手时的沉默（托马斯·莫尔的忠诚不允许他批评亨利八世与安娜·博林的婚姻，他只能维护自己在死亡面前保持沉默及持有异议的权利）更加雄辩呢？

负面结果（在我们的期望面前，自然保持沉默、不顺从）的重要性同样也是科学的主要关注点之一。诚然，科学家承认负面的结果同样蕴含着生机与活力，也常常试图将负面结果转化为正面结果（比如在尝试反驳同事支持的假说时）。负面结果的广泛存在确实导致科学信息报告中出现大量问题，其中有许多是至今悬而未决的。我所说的负面结果并不是指欺诈、掩盖、哄骗及其他病态科学的表象（此类现象确实常常存在，只是我们不知道而已）。我所说的负面结果指的是人类对于好故事的热爱，以及人类想要躲避不确定性及无聊的那种简单而绝对的合理倾向。

科学界大量的日常研究永远也等不到发表的那一天（没人希望改变这种现状，期刊杂志越来越多，内行人基本跟不上期刊发行的速度，而外行人若想要探索该领域，期刊杂志便是他们遇到的第一个无法跨越的障碍）。废纸篓往往是真正错误研究的归属之地，这合情合理。但已经完全展开却得出负面结果的实验，其成果也往往不会发表，这些成果被放在文件夹里，锁在存放文件的铁抽屉里，只有曾经参与过这些实验的人才知道它们的存在，而这些人往往很快便会将它们丢弃在记忆的角落里。我们都知道，世界上有数以千计的小说被其作者视为不够格而锁进抽屉，但我们是否知道，越来越多的实验室里塞满了各种得出负面结果的实验？

与之相反，得出正面结果的实验通常都能被讲述成有趣的故事，也常常会被写成论文发表。因此，发表出来的论文可能会给人一种强烈的功效偏倚印象，仿佛它们的诞生就是为了赢得大众的认同一般。之所以产生这种强烈的功效偏倚印象，是因为科学界从不报道负面结果，而不是因为学术科学的晦涩与抽象。从不发表实验负面结果的做法往往会带来严重甚至可谓悲剧的后果。打个比方，一旦某个治疗手段在个别实验中取得成效，有人便会宣称这种治疗手段是卓有成效的（常见于慢性疾病或者诸如癌症或艾滋病一类致命疾病的实验中）。随后，大范围的实验无法复制出先前的正面结果，实验有效性证明该治疗手段不具价值。但这些负面结果往往只发表于非常专业的期刊上，读者均为行业内部的专家，该类型的论文往往用词严谨，不具可读性，故而也不会引起大众媒体的关注。人们便依旧寄希望于这些已被证实无效的治疗手段，将大量宝贵的时间浪费在毫无用处的治疗过程中。

统计数据在我们的言语评论中常常受到不公平的指责。我个人是统计数据程序的支持者，也常常使用统计数据程序。科学之所以存在，很大程度上便是为了鉴别、排除错误解读数据而导致的无效的期望及错误的观念。哪怕我们错误地认为实验得出了正面结果，数据统计也能告诉我们，那些发表过的数据确实能够指出出现负面结果的概率。但如果我们选择遮遮掩掩，只愿意发表得出正面结果实验的论文，将所有可能得出负面结果的实验统统锁在文件柜里的话，就连数据也拯救不了我们了。

针对这个问题，我想了很多（特别是在创作《人类的误测》期间）。但在阅读科林·贝格与杰西·柏林于 1988 年发表的《发表偏倚：解读医学数据中的问题》一文后，我才发现，原来这种只愿意发表正面结果实验论文的偏好早已有了名字，还有著述专门就这一问题加以讨论。

贝格与柏林引用弗朗西斯·培根的一句话作为论文的开场白。这句话出自 1605 年出版的《学术的进展》，说的是一种培根称为"错误协议"的心理基础，也就是作者与读者之间存在着发表内容上的偏好，认为只有故事的结尾是好的，那么这个故事才是个好故事：

> "在传授知识时，传授的人与学习的人之间存在着错误的关系，传授知识的人总是想利用能够说服他人的方式，而不是能够接受质疑与检验的方式来教授知识，而学习的人则总是喜欢当下的满足感，而非长期的求知欲。"

随后，贝格与柏林引用了几个能体现发表偏倚的案例。我们很难会去怀疑社会经济地位与学术成就之间存在着关联性，但是该关联性的本质及关联强度能够为人类社会的政治活动与社会理论提供十分重要的信息。K.R. 怀特于 1982 年发表了一篇论文，其中揭示了社会威望与学术发表之间的关系愈发紧密。怀特的论文表明，将学术研究成果发表于图书中的作者，其学术成就与社会经济地位之间的平均关联系数为 0.51；将学术研究成果发表在期刊上的作者，两者的平均关联系数为 0.34；未发表研究成果的作者，其学术成就与社会经济地位之间的平均关联系数为 0.24。与之相似，A. 古索尔与 E.E. 魏格纳于 1986 年发表的论文表明，在作者向出版方递交论文的决定过程及出版方决定发表论文的过程中，均存在着偏倚现象。一项关于精神疗法结果的研究显示，如果实验结果为正面结果，那么作者向出版社递交论文的可能性高达 82%，若实验结果为负面结果，作者向出版社递交论文的可能性下降至 43%。在所有已递交至出版社的论文中，如果该论文中实验结果为正面，出版社决定出版该论文的可能性为 80%；如果该论文中实验结果为负面，出版社决定出版该论文的可能性则降至 50%。

在关于发表偏倚方面的各项研究中，我最喜欢的一项出自安妮·福斯托－斯特林所著的《性别神话》一书，也正是因为这本书在发表偏倚方面的研究格外突出，它也成了有关女权主义独一无二的重要作品。在研究文献中，男女在认知与情感模式上存在一致差异的时候，福斯托－斯特林并不否认在很多情况下，男女确实在认知与情感模式上存在差异，而这些差异也确实如传统报道中所写那般。后来，福斯托－斯特林为了进一步研究男女在认知与情感模式上的差别，还调查了同事们为男女差异问题而写的论文，这些论文要么没有发表，要么就是发表后却因为实验结果为负面而被大众忽略。福斯托－斯特林惊讶地发现，这类不受重视的论文结果与大众的主流观点大相径庭。研究结果显示，男女之间在认知与情感模式上的差异极其微小，甚至有些研究认为，男女在认知与情感模式上根本不存在任何差异。福斯托－斯特林在收集了所有的论文之后（包括已发表的和未发表的），之前研究中那些被夸大的差异突然便显得微不足道了。总的来说，自然历史是一门关于相对频率的研究，并非所有的事情都是大是大非的。如果基于已发表的论文来看，人们可能会说："在所有的研究中，女性均强烈地……"但如果再加上所有未发表的论文，人们的言辞或许就要改为："在少数研究中，较弱的影响表明女性……"言辞的更改代表着意义上的彻底反转（得出正面结果的实验数量并不多，哪怕这些实验均认为，男女在认知与情感模式上有很大差别）。

举个例子，最近大受欢迎的流行心理学（虽然我认为，流行心理学近期势头有所衰退）将男女认知与情感模式上的差异归因于男女大脑分工模式的不同（女性大脑皮层左右半脑的分工不够明确）。确实有一些研究表明，男性的大脑具有偏侧优势，却没有一个研究认为，女性的大脑具有偏侧优势。但福斯托－斯特林发现，绝大多数的实验结果显示，男女大脑在分工上不存在任何可测量的差异。这种绝大多数研究均得出的结果（甚至有发表过的文献也提到了该研究结果）显然值得大量报道，却因为"没有故事性"而被刻意忽略了。

发表偏倚会带来严重的后果，在所有的研究中，出版商只选择发表一小部分结果歪曲的实验论文，进而引导大众对实验结果产生错误的印象。但至少还是有人会追问正确的答案，负面结果的实验也能够被概念化，进而为人所知（哪怕负面结果的实验常常被刻意按下不报）。尽管如此，我们依旧需要考虑考狄利娅与其父亲李尔王之间潜在的两难问题：如果我们的心理世界完全不将负面结果视为一种现象，那该怎么办？如果我们根本看不到另一种可能的存在，甚至连"世界上存在另一种有意义的替代可能性"的想法都不曾出现在脑海中，那该怎么办？

考狄利娅所面对的确实是一种"两难"困境，她有两个都算不上好的解决方法：要么诚实，什么也不说，最终激怒父亲；要么抛开诚实，巧言附和，最终赢得李尔王的喜爱。考狄利娅之所以会陷入两难的境地，全在于李尔王并不知道，考狄利娅的沉默或许代表着她对父亲深沉的爱——沉默无言往往蕴含着强烈的情感。

正是因此，考狄利娅的两难困境要比发表偏倚更加深刻，也更有趣。当我们认识到神经、社会、心理方面的影响在我们努力去了解复杂世界的过程中起到的约束作用，我们便能想明白。发表偏倚仅仅起到了看守派对大门的作用，只允许那些获得它们青睐的文章出现在大众眼前。至少大门的守门人能看到所有想要穿过这扇门的人，只不过他们在做出让谁通过大门的决定时不太公平罢了。被拒之门外的人可以生气，可以挑起革命，甚至可以自行举办一场完全不同的、更好的派对。面对与考狄利娅相同困境的人哪怕从奥威尔的角度来看，都是遭到"抛弃"的人。他们被抛弃在渺无人烟的西伯利亚，身处无人之境。他们不为人所知，也无从解释自己的想法。

考狄利娅的沉默困境和负面结果论文报告无从发表的窘境不具可比性，解决方法也不尽相同。解决发表偏倚的问题，重点在于矫正不发表负面结果论文的现象，哪怕负面结果论文不似正面结果论文那般具有"故事性"，也没有正面结果论文那么有趣。若要解决考狄利娅的困境，让人们知道她的沉默其实蕴含着大量丰富的意义，便需要大范围地纠正人们的思想观念。考狄利娅的困境无法自内部解决，人们现有的观念已经断定，她的沉默即代表着"否认"或"不道德"。若要解决该困境，需要从另一个情境中引入另一种理论来改变大众的固有观念，从而让大众明白，考狄利娅的无言事实上比有言更具意义。从这一层面上来看，考狄利娅的两难困境最能表现出科学中理论与事实的动态相互作用现象。纠正错误观念不一定总是依赖已有观念系统的新发现。有时，我们必须先让现有的观念体系崩溃，构建新的观念框架，这样人们才能看到问题所在。我们首先要怀疑，进化论可能是正确的，在认为"进化论是正确"的前提下，我们才能看出群体中个体之所以具有多样性，是因历史的变化造成的，这种多样性并非对最初期诞生原型不重要的或者意外的偏离。

我对考狄利娅的困境很感兴趣，而新理论在促使人们发现先前忽略的现象并萌生对这种现象的研究兴趣方面，到底起到了怎样的作用，也是我的兴趣所在。在我早期的职业生涯中，一件"重大的事情"教会了我大量关于科学的运作方式。在我与 N. 埃尔德雷奇于 1972 年提出间断平衡论之前，几乎所有的古生物学家都认为，绝大多数化石物种在其漫长的地质时期生活当中均保持着进化停滞，从未发生过改变。当时的主流观点认为，进化停滞不能为进化论提供任何强有力的观点支撑，因此没有人愿意费心去研究进化停滞的现象。所谓进化，即指生物在整个地质时期中渐进的变化，而化石中普遍存在着进化停滞的特点让古生物学家倍感尴尬，如此，最好的办法便是忽略化石中进化停滞现象的存在。我的论文导师本身便精通数据统计，希望能够借助数据统计检测出化石序列中肉眼不可见的细微进化现象。他用从密歇根盆底泥盆纪岩石中发现的 50 多个腕足类动物化石进行数据分析测试，结果在这些化石中并未发现任何渐进演化的痕迹（除一个化石外，剩下的所有化石均表现出进化停滞的特征）。我的论文导师认为，这样的测试工作无疑是毫无价值的，不值得写成论文发表，很快，他便离开了古生物学领域（他在另一个领域中取得了卓越的成绩，他的离开实属古生物学界的损失，却是另一个领域的收获啊）。

但我和埃尔德雷奇认为，进化停滞属意料之内的一个有趣的概念（而非检测渐进进化时令人尴尬的失败），进化应当集中发生在物种大量出现分支的短暂时期。在这样的理论框架下，进化停滞显得十分有趣，进化停滞应当是常态，而进化则是一种罕见的现象。从这一点来看，进化停滞值得被记录下来。间断平衡论的座右铭便是："进化停滞即是数据。"（有人可能会揪着这句话中的语法错误不放，但我认为，在观念的斗争中，我们是胜利的一方。）目前，间断平衡论依旧是各种争论的重点，其中的部分论点（也可能是绝大多数论点）最后都会被掩埋在历史的灰烬之下，但从"考狄利娅的困境"角度来看，我们的理论改变了大家的既有观念，从这一点来看，我们是成功的，我为此感到骄傲。25 年前，进化停滞甚至不能算作一个课题——在流行的进化观念面前，进化停滞算不了什么。没有人会发表关于进化停滞的论文，甚至都不屑于提出进化停滞这个概念。如今，许多人都开始研究间断平衡论，相关论文也层出不穷，越来越多的人对间断平衡论的特征及进化停滞的程度进行了定量方面的研究。

间断平衡论是一个关于物种起源与发展历史的理论。在过去的传统观念中，物种个体的稳定被视为"无"，而我们的理论引发了许多研究人员的兴趣与关注。在考虑下一个生命进化故事的过程中，另一种同样具有偏见性的

"无意义"悄然侵入我们的思想。当我们思考原始物种的进化历史，或是各式有着同一祖先的物种的演化过程（如马的进化、恐龙的进化、人类的进化）时，一种研究趋势逐渐占据了上风。该研究趋势认为，物种的某些特征随着时间的推移，会朝着特定的方向演化。演化的过程必然存在着大量的趋势，而演化趋势通常也意味着有"好故事"可听。在人类演化过程中，大脑的尺寸确实有所增加，马的进化过程中，脚趾确实越来越少，而体形则越变越大。

但事实并非如此，大多数生物的演化过程并不存在某种特定的演化方向。所有的古生物学家都清楚这一点，但很少有人主动研究生物演化的非定向演化特点。我们接受大陆与海洋的演化在绝大多数情况下不存在任何渐进模式，按照地理老师常常引用的一句老话来说便是——潮来潮又去。尽管如此，我们依旧希望生物朝着光明的方向发展，演化过程是具方向性的。传教士在评价尘世时说："已存在的将继续存在；已做过的事情在未来也将继续下去；太阳底下无新事。"（《传道书》1∶9）这种观点则是我们不能接受的。

如果我们想要对生命历史的过程与特征有所了解的话，就必须对生物进化的无定向性进行研究。即使我们相信，无论进化呈现趋势性的情况多么稀少，进化趋势性也是物种现象中最有趣的研究对象（原谅我自身便相信这种传统的偏见观点）。趋势性使进化不再只是一场由无数个意外事件串联而成的戏剧，相反，它还使之演化为一场生物进化的盛宴。尽管进化具趋势性的论点看起来格外诱人，但我们依旧需要知道不具渐进性进化现象出现的频率，哪怕是在最普遍的基质中寻得少见的趋势性，从而让进化历史变得有趣。如果我们仅研究生物方向性进化过程中1%—2%的现象，将剩下98%的现象置之不理（这98%的现象囊括了绝大多数生物的进化过程），我们又怎敢说自己明白进化是怎么一回事呢？

古生物学家如今开始研究高层次的进化停滞现象或整个原始生物体系的非定向进化现象，这说明学术界的思想已然开始转变了。最近，A.F. 巴德和A.G. 科茨在古生物学界的优秀行业期刊《古生物学》中发表了一篇极其优异的论文，该论文在白垩纪珊瑚的研究上取得了突破性进展。巴德与科茨在论文的引言部分陈述了他们的研究目标，我对他们的观点表示万分赞同：

> "正如对进化停滞的研究能够帮助人们理解物种形成过程中形态上的变化一样，研究无渐进演化能够帮助人们理解，在不考虑总体演进方向

的情况下，物种进化如何相互作用，进而如何在进化树中生出一个又一个复杂的演化模式的。"

水石珊瑚是一种大型的殖民型造礁石珊瑚，就算是在现代的生物群落中，水石珊瑚依旧占据着非常重要的地位（很多读者家的壁炉架上一定有水石珊瑚的残片）。巴德与科茨主要研究白垩纪时期水石珊瑚的进化史（这段时间大概长达 8000 万年，也是恐龙主宰地球的最后时期）。他们几乎没有发现任何定向进化的迹象，却发现在这 8000 万年间，水石珊瑚的尺寸（珊瑚群中单个珊瑚的大小）在最大与最小尺寸之间不断变化。体形大的珊瑚品种（直径 3.5—8.0 毫米）能够更有效率地去除沉积物，常见于浑浊的水域；体形小的珊瑚品种（直径 2.0—3.5 毫米）则常出现在靠近礁顶的澄澈水域。此外，体形大的珊瑚品种会主动捕食小型浮游生物，而体形小的珊瑚品种则直接从生活在它们体内的虫黄藻身上汲取营养。

巴德与科茨认为，珊瑚直径始终在 2.0—8.0 毫米之间变化，或许是因为最小直径受到了某些生态或发展的制约（也就是说，或许有些珊瑚的直径要小于 2.0 毫米，但是这一类的珊瑚很可能无法健康发展，或者身体功能不健全），而最大直径则受到了隔膜数量的限制。（隔膜是组成珊瑚石骨骼框架的一系列呈放射状排序的碟状体。如果隔膜数量过多，便无法再继续形成新的隔膜，珊瑚石的大小便由此受限——虽然这一论点完全是推测出的。水石珊瑚英文 "montastraea" 中的 "astraea" 指的是碟状体的横截面呈星状。）如果珊瑚的尺寸确实受到上述因素的限制，而无论尺寸是大还是小，珊瑚都能在各自的生活环境中占据优势，那么演化便会在尺寸的上下限之间游移徘徊，不会出现长时间的定向演化。

巴德与科茨正是在水石珊瑚的演化过程中找到了这样的特点，因此二人选择将自己的理论命名为"非渐进式进化"。巴德与科茨将白垩纪分为四个阶段，在每个阶段中寻找水石珊瑚变化的蛛丝马迹。（论文花了大量的篇幅来描述二人确认物种及推断物种族谱关系的过程。）他们发现，在时期 1 与时期 2 中，大尺寸珊瑚的祖先有向小尺寸珊瑚转变的明显迹象，且整个物种开始向南扩散。时期 2 与时期 3 中，物种形成与进化停滞成了珊瑚进化过程的主旋律。在时期 3 与时期 4 之间，珊瑚出现的地理范围限制在加勒比海一带，小尺寸珊瑚的祖先又开始向大尺寸珊瑚转变。换句话说，时期 4 的珊瑚和时期

1 的珊瑚之间并没有什么差异——潮来潮又去，水石珊瑚的尺寸便在其尺寸上下限之间交替改变着。因此，对于绝大多数度过漫长地质时期的物种来说，它们在演化上几乎不会有太大改变，也从未出现过清晰且持久的定向演化。

提笔至此，我确实对考狄利娅的两难处境感同身受。巴德与科茨的论文是我着手创作这篇文章的灵感来源。但在这篇文章中，我对二人研究结论的描写仅占据了非常小的篇幅，毕竟"生物演化过程中不存在定向演化"的结论无法让我们心潮激荡，也无法激发我们继续研究的兴趣。这便是我们在传统文章中必须克服的困难。到底怎么做才能激发我们对平凡及日常的事物的兴趣？时间一秒一秒地向前走，我们的生命不停地流逝着（感谢上帝的存在，不然我们的精神便全然无望了）。难道世界上每日都会出现的一切已经无法让我们感到惊奇了吗？如果我们无法辨认，也不愿欣赏身边无处不在的基本之物，又如何能理解那些创造出生命历史之盛宴的罕见瞬间呢？

谈及考狄利娅的困境，没人能比考狄利娅与李尔王阐释得更清楚了。在莎士比亚创作的《李尔王》第三幕第五场中，李尔王与考狄利娅即将被带走，李尔王在半疯癫的状态下说起即将面临的监狱生活。他那指向明确的英雄式口吻差点儿让人以为他心生欢喜：

> "来吧，我们进监狱去。
> ……
> 我们就这样过日子，
> 祈祷，唱歌，讲讲古老的故事，
> 笑蝴蝶披金，听那些可怜虫闲话
> 宫廷的新闻；我们也要同他们
> 漫谈谁得胜，谁失败，谁当权，谁垮台；
> 由我们随意解释事态的秘密，
> 俨然是神明的密探。四壁高筑，
> 我们就冷眼观看这一帮那一派大人物
> 随月圆月缺而一升一沉。[1]"

---

[1] 此处为卞之琳译本。——译注

　　我们每日的生活充斥着购物、进食、睡觉与排泄，如何提取出这日复一日单调生活中富有戏剧性的一面呢？肖恩·奥凯西曾说过："舞台必须大于生活。"若真是如此，我们在"说故事"时偏颇的态度便会导致生命历史中大量细节被遗漏。生活中充满了无数"无意义"的事情，我们该如何让这些"无意义"的事情变得引人注目，激起人们研究的兴趣？奥凯西的同胞詹姆斯·乔伊斯在他的《尤利西斯》（20 世纪最伟大的小说）一书中解决了这个问题，乔伊斯用了一整本书来描述几个人在 1904 年普通的一天里发生的事情。但还没有文学作品能够告诉我们什么是人类的天性与思想的构架。在文章的最后，我想要引用《尤利西斯》中的最后一段话。这番引用可谓是对《尤利西斯》的亵渎了，因我之引用完全改变了语句本来的含义。茉莉·布鲁姆在她最著名的独白中说了些与以往全然不同的话！但她的话确实为我们的问题提供了答案：我应当承诺关注生活中的每一件小事吗？我应当承诺不会拿它们与历史中辉煌且罕见的瞬间进行比较，视它们为"无意义"吗？"是的，我承诺，是的。"

11
进化停滞的露西

维多利亚女王直到 1842 年才第一次坐上火车，自温莎前往伦敦。和其他许多事情一样，这个时间可算是略晚了（截至 1840 年，美国已有 2816 千米长的铁路处于运营状态中，而英国则自吹有 1331 千米）。总体而言，1842 年可谓大事连连，除了这件彰显王室权力的大事以外，达尔文也于 1842 年开始着手构建进化论的理论框架（1844 年，达尔文对最初的理论框架进行了扩写，1859 年，基于该理论框架而作的《物种起源》问世），而阿尔弗雷德·丁尼生则于 1842 年写出了维多利亚时期最著名的一首诗——《洛克斯利大厅》，该诗的主题为"无法避免的改变"："让伟大的世界永远在变化的沟槽中旋转。"

我将丁尼生的诗歌与维多利亚女王首次乘火车的事情联系起来有几个方面的理由。最主要的理由便是，丁尼生对变化奇异的比喻（有视觉上的，也有听觉上的）源于第一次搭乘火车时对铁轨的误解。他写道："第一次乘火车，是从利物浦前往曼彻斯特（1830 年），我还以为火车的轮子嵌在沟槽中行驶呢。那时正是黑夜，火车站人潮涌动，我根本看不见火车的车轮。由此我便写下了这诗句。"

但凡是与双重性相关的问题，人类都能做得很好，这大约是因为自然偏爱"成双成对"的形式吧。当然，我认为主要还是因为人类的思维天生善用二分法（在文章 4，对这一问题有更深入的探讨）。在人类的意识中，改变与恒定不变的双重性无处不在，影响也最为深刻。毕达哥拉斯想要通过数与形发现简单规律，进而在复杂的世界中寻得恒定不变（现代的学者依旧在孜孜不倦地追寻着毕达哥拉斯的梦想。比如当代的伯特兰·罗素，他曾总结过毕生的三大热情："我曾尝试去理解毕达哥拉斯的力量，他认为数字拥有支配变化的力量"），而与毕达哥拉斯同时代的赫拉克利特则认为，一个人无法两次踏入同一条河流。

这些深刻的双重性不可单纯地用对与错进行分析，因双重性的两个方面各有是非。在人类努力理解这个错综复杂且充满谜团的宇宙的过程中，变化与恒定不变在不同的问题和不同的尺度中都有助于我们获得至关重要的深刻见解。变化与恒定双方同样正确，同样具有实用性。在科学发展的过程中，人们到底是偏爱"变化"还是倚重"稳定"，总是会随着时间的迁移而改变。这种变化便是我们对社会影响的最佳诠释。神学将这种变化称为个人偏好的自由，全受观察的影响。人类体系化的思维究竟视"变化"还是"稳定"为宇宙之本，最主要还是受到政治与社会因素的影响。

西方历史中有许多时期都更偏爱"稳定"，哪怕当时国王、贵族、教皇和主教只是将"稳定"视为统治阶层用于治下的支柱罢了。但是西方历史中最基本的信条（至少自18世纪起）便认为，变化才是自然、持续、不可避免的。社会保守派或许感到愤怒，哀声四起；梦想家与浪漫主义者则欢欣鼓舞。但无论如何，至少在过去的两个世纪里，"变化的沟槽"占据了社会的主流思想。认为自然之本为"变化"的思潮始于18世纪一场由法国与美国引领的改革，该思潮于之后的艺术浪漫主义时期繁盛，并于维多利亚女王治下殖民与工业急速扩张的时期达到鼎盛。

演化是自然的一面，在西方世界开始偏爱"变化"之前，它不曾为人所察觉，显然也未曾大肆公布于众。但在达尔文的时代，"变化"与当时的社会背景完美结合在一起，大众还是比较轻易地就接受了进化论。生物进化与经验主义相结合，再加之与社会完美契合，三方组成了无敌的组合，进化论也就成了西方科学中与变化相关的经典理论。

显然，我写这篇文章并非为了对进化论发起挑战，进化论的流行有其社会根基。我想要着重强调的是，承认社会对科学的影响力或许是最佳的调和剂，能够中和我们对真相的过度自信；承认社会对科学的影响力也是激励我们保持健康的怀疑态度，时时进行自我检验的最佳方式。大多数我们认为已经过实证检验过，或是逻辑上必须存在的思想，不过是人类思维对短暂社会偏好的瞬时反应罢了。如果认为"变化"乃自然之源是所有社会偏好中影响最强烈的思想，我们在思考"变化"之特征时便须格外谨慎，多加怀疑了。

　　社会偏好将认为"变化"为自然之源的简单信仰带入一系列对"变化之本质"的假设当中。我们常常将"变化"视为天然且连续的，而非一种罕见、短暂的现象。这也就说明，我们希望"变化"本身是持续不变的，通过改变来定义系统，将持续的变化性视为常态，所有正经历生物进化的系统尤其如此。

　　大众普遍认为，宇宙受变化的驱使，而其他与变化相关的理论则与大众的观点保持一致。比如，大多数时间里事物是保持稳定的，变化只是一种罕见的状态（通常极为重要），且只有当压力影响到某个系统并超出其吸收能力时才会发生。这种观点认为，绝大多数系统在绝大多数时间里保持稳定，而变化，虽然在广阔的范围与漫长的时间里是宇宙的驱动力，但在大多数时间里却是不曾出现的——详见文章 12。

　　在科学历史中，"变化是稳定与持续的"和"变化是迅速且偶然的"两个观点之间的冲突构成了无数辩论的基础。18 世纪末至 19 世纪初（当时与变化相关的理论刚刚成为社会思想的主流，展现出强大的力量），地球物理史与生物进化中"均变论"与"灾变论"之间的对立，或（引用现代一场小规模的争论）生物系谱中物种形成过程的"间断平衡论"与"渐变论"之间的对立均建立在这一基础之上。

　　我不会向读者隐瞒自己的偏好。1972 年，我与埃尔德雷奇共同提出了间断平衡论。当科学界找到了天外星体撞击地球导致白垩纪 – 三叠纪灭绝的证据（详见文章 12），大灭绝灾变论重回人们眼前时，我不禁欢呼雀跃起来（在写这些文章的时候，我也会不时地给予认同）。

　　我并不反对"渐变论"，也承认渐变论的主流思想地位，但我认为间断式进化才是自然的常态。我认为，人们之所以无法接受"间断式进化"，主要是因为社会与心理方面的偏好，而非大自然的羞于表现（大自然事实上表现得非常明显，懂得的人无须戴眼镜也能看得到，而我们这些可怜的普通人则常常对其视而不见）。

　　后来，我从不同的个人角度明白了，将"进化"的概念与"持续变化"的概念相等同，这种错误的认知常见于受过教育的高知人群。我是一名作家与讲师，职业生涯业已过半，举办过大大小小上百场讲座，也收到过成千上万的来信，我深知问题出现的次数与频率。有些问题很少有人提及，极少有人能提出独一无二且极具挑战性的问题。大多数问题很常见，几乎每次都能遇到，这些常见的问题让我想起一句老话："若我每次听到这个问题，都能获得一块钱的话，那我就可以退休，享受奢华的生活了。"

但无论怎样，我都不会认为这些常见的问题是愚蠢的。与之相反，我每次开讲座都能听到这样的问题，那是因为它们均出自人类内心深处的担忧、兴趣、困惑，尽管都是好问题，但也往往代表着人们对进化的本质有着极深的误解。事实上，人们总是对这些问题感到迷惑不解，正是因为意识到现实世界与科学的方程式之间存在着不一致的情况（无论区别有多微小），根据他们对进化论的理解，这种情况是独特且无法避免的。解决这些问题的方法不在于改变事实，而是需要转变观念，让人们对事实的认知从"不正常"转变为"意料之中"。

在我的讲座中，最常被提问的两个问题植根于（同一个问题的较简单与较复杂的两个版本）对进化论的误解。人们错误地认为，进化即持续的变化，因此稳定便成了最让人困惑不解的异常现象。问题较为简单的版本是："人类的进化将会走向何方？"

这个问题是带有偏见的：若是提出这种问题的人将心中存有的预先假设列出清单，可谓是又长又复杂。首先，该问题建立在一个普遍的信条上，认为进化无时无刻不在发生着，我们特别想知道，进化这种普遍存在的过程到底会将狭隘而渺小的人类带领至何方。如果要我回答这个问题，我首先会问："为什么你会认为，人类理应存在着进化的特定方向？"接着，我会尝试解释，人类身体的形态已经稳定保持了上百万年之久了（在人类大脑或身体不存在任何物理形式改变的状态下，我们建造出了所有可被称为"文明"的东西）。之后，我会告诉提问的人，对于群体庞大、繁衍成功、地理分布广泛的人类而言，身体结构保持千百年甚至上百万年的稳定是一件正常且在意料之中的事情。一般而言，只有出现新物种时，进化才会发生，并且往往也只会出现在数量小且较为孤立的群体身上。世界的每个角落都有人类的存在，人类频繁迁移，无论迁往何方，都保持着繁衍的习惯（这种习惯是无法阻止的），因此几乎没什么机会被孤立，更不可能出现新的人种（除非是在那种科幻小说里提到的太空殖民地）。关于这个几乎无法避免被提及的问题，我可以这样作答：人类在自然发展的进程中没有什么特定的进化方向（但随着基因工程的发展，所有的观点也都没那么确定了），进化论能够预知人类稳定状态的出现，这种稳定也是意料之中的（见文章 25）。

较为复杂的问题，一般是那些已经知道长期稳定的事实的人提出的。他们将这种长期的稳定视为不正常的现象，为此仔细思索了一番，甚至还提出了自己的解释（如果进化真的等同于持续变化，那么他们的解释是非常合理的）。这个复杂的问题便是："近期人类身体之所以保持稳定，是不是因为文化超越了残忍的自然选择，终止了自然淘汰不适者的现象，从而阻碍了适者的进化？"

我将分两部分来回答这个问题。首先，我认为这个问题是古旧的优生学及优生学中各种错误假设的遗留物，是"社会达尔文主义"这个命名不准确、名声也非常恶劣的教条的一部分。这种思想认为，人类的进化伴随着如角斗士一般永无止境的斗争，胜利的一方登上权力的顶点，失败的一方要么只能被动生存，要么被贬至较低的阶层。这种观点认为，文化阻碍了自然淘汰不适者的进程，允许不适者生存下去（比如通过制造人工眼镜、助听器、轮椅来打乱自然的秩序）。"不良"基因越来越多，进化被迫停止。

我承认，看到人们坚守着如此错误且对社会有害的观点，我很气愤。导致眼睛需要佩戴眼镜的基因从任何角度来说都不是"不良基因"，确实，借助工具增加了我们对于文明的依赖性，但人类有上千个必须依赖文明的其他理由，我无法明白，为何非要在这个附加的联系上耿耿于怀。我能想象的依赖文明能够给进化带来的唯一后果便是，文明"弱化了"自然选择进程，将略微增加人类基因的多样性，但我并不认为这种多样性对人类而言是"无害"甚至"有益的"。

随后我必须指出，最初之问题的基础是逻辑学家所谓的"未说明的主要前提"，而我们普通人则称之为"被隐藏的假设"，这也是我写本篇文章的动机。如果我们认为，文明"弱化了"自然选择的进程，从而造成了人类的稳定，这也就意味着我们首先（尽管没有明说）承认了进化改变是大自然的正常现象，任何没有出现进化改变的现象皆为"异常"，就需要寻找造成异常现象的原因。如果稳定真的是"智人"一类物种的正常状态，那么便不存在"异常现象"，这个问题也就不再是个问题了。

当前，另一种有害的文化现象正试图让我们相信，持续变化是进化的正常现象，这让我们想到了媒体对人类进化停滞之发现的报道。此类报道是想要告诉我们进化停滞完全在意料之中，还是想要让读者大感惊讶呢？我想，惊讶是占据主导地位的吧。我之所以觉得应该写这篇文章，正是因为有一个绝佳的例子出现在全世界各种报刊上。

1994 年 3 月 31 日那期的《自然》杂志（英国著名科学专业杂志）的封面上印着"露西之子"四个大字，下面是一张类人猿头骨化石的照片。与之对应的文章的作者为威廉·H. 金贝尔、D. C. 约翰逊和约德尔·拉克，文章名为《在埃塞俄比亚哈达尔发现的第一个头骨及其他与南方古猿阿法种相关的新发现》，这个名字并没有什么吸引力。

大约 800 万—600 万年前，人类便与在进化树上最亲近的黑猩猩及大猩猩分离开来了。分离的时间是基于当前物种的基因差距推测的，而非直接通过化石证明的。世界上第一个有明确时间记载且被人们接受的人类化石于埃塞俄比亚的地层中发现，距今已有 390 万年的历史了。在有明确记载的历史中（390 万—300 万年前），所有出现在前 100 万年的人类化石均属于南方古猿阿法种（Australopithecus afarensis），这个名字是 D. C. 约翰逊、T.D. 怀特和 Y. 科彭斯在 1978 年共同提出的。"Australopithecus"的意思是"南方的人猿"，主要是向 20 世纪 20 年代在南非首次发现这种类型的基因致敬，而"afarensis"则表示埃塞俄比亚的阿法地区，那里正是这种早期人猿的发现地。

20 世纪 70 年代间，D. C. 约翰逊领导的小组在哈达尔一共发现了近 250 块南方古猿阿法种的化石。这一批出土的化石中便包括了一具完整度高达 40% 的女性骨架化石，现在这具出土名为"露西"的骨架化石名扬天下。"露西"一名是为了纪念披头士的那首内容晦涩的与迷幻药相关的流行歌曲，曾在某些社会群体中广为流行（为出土之物取些无关的也不正式的名字是古生物学家的消遣方式，这些名字鲜少有能成为流行词的可能。在这里，我就不列举自己收集的各式蜗牛的名字来烦扰大家了）。

自然总不时地与人类开个残忍的玩笑，哪怕人类只是想把这进化树上小小的一根嫩枝摆放到合适的位置上去。约翰逊发现的这 250 块人类化石可谓人类考古学历史上最有意义的发现。人类的骨骼一共有大约 200 根骨头，绝大多数的骨头都难以变为化石。古生物学家之所以痴迷于研究人类头骨，依靠头骨寻找有用信息，并不仅仅因为一些传统的具偏见性的原因——比如过分强调智力的重要性（或者说我们的祖先在这方面有所欠缺），也是出于一些较为合理的原因——头骨的构造非常复杂，能够为我们提供大量研究与判断的信息。约翰逊找到了 250 块化石，自然，古生物学家希望其中能有一两个状态完好的头骨化石。可惜，事实与期待完全相反，这 250 块化石中竟连一块头骨化石也没有，甚至连一块状态良好的头骨碎片也寻不到。因此，"露西"成了一具没有头的骨架化石。（约翰逊和他的小组曾尝试将无数在不同位置发现的头骨碎片拼凑成一块完整的头骨，但如此重塑的头骨存在着大量的不确定性，难以让人接受。）

除此之外，出土的化石虽然为研究提供了一些新颖的信息，却也带来了更多的困惑和争议。特别是人们发现，同一地方出土的两具骨架化石，尺寸有着天壤之别。为解释这一现象，古生物学家提出了两种解释，同时也引发了一场激烈的辩论：这两具骨架化石是否为同一物种的雌雄性？还是说这两具骨架化石实际上是两个不同的物种，却被错误地一同归在了南方古猿阿法种之下？现代人类中，男性与女性手骨长度平均相差约11%，而这两具骨架化石手骨的长度则相差22%—24%（均用同一种方法测量）。支持"两个物种"之说法的人认为，两具化石的手骨长度差距太大，不可能是同一物种的雌性与雄性；而支持"两个性别"之说法的人（我个人倾向于这一观点）则认为，包括大猩猩在内的许多灵长类动物，雌雄性手骨长度都接近甚至会超过22%—24%的差异水平，其他或者之后发现的南方古猿物种，同一物种中雌雄手骨的长度也接近这个差异水平。

想要解决争端，显然最佳的方法便是，离开座椅，将学术论文中的争论抛到一边，去哈达尔挖掘更多的化石。约翰逊和他的同事便采取这一策略，他们在数年后又从哈达尔发现了53份新的化石标本，其中便包括了一块迄今为止状态最佳的大型男性头骨。古生物学家将这块头骨命名为"露西之子"。

金贝尔、约翰逊、拉克三人在这篇研究报告中强调的理论重点令我感到特别开心。在对这些化石进行研究的过程中，有大量有趣的谜团可供探究，而三位作者却选择将南方古猿阿法种长时间的进化停滞现象作为他们最主要也是最有趣的研究结论。论文中提及的可证明阿法种长时间处于进化停滞状态的证据可分为两个部分：首先，三位古生物学家进一步确定了只有一个物种在这片区域生活了近100万年之久；第二，在这100万年间，阿法种的形态一直保持稳定，他们还找到了强有力的证据足以证明该观点。三位作家将这两个结论整合为一句话，作为论文摘要的结语："它们（即新发现的化石）进一步证明了发现的所有化石均为同一物种，同时也证明，目前所知的最早出现的原始人类物种的身体结构在90万年的时间里一直保持着稳定的状态。"

通过从两个方向上延展阿法种生活的地理范围，新的发现为阿法种长时间保持身体结构的稳定提供了证据。在哈达尔地区发现的最古老的化石显示，阿法种存活的时间仅仅占据了340万年前至318万年前（露西出现的时间）如此短暂的一段时间（人们在利特里发现的著名脚印距今大约已有350万年的历史。从脚印的形态上来看，大概是一男一女并肩行走时留下来的，或许这一男一女也是阿法种。但无论脚印让大众感到多么惊讶，它也没有那么重要，毕竟它只是脚印而已）。新发现的头骨距今已有300万年的历史了，是阿法种化石中最年轻的化石。因为头骨与早期发现的头骨碎片之间非常难以区分，所以露西之子显示出，人类进化树上第一个出现的物种之体形至少保持了50万年的稳定。

对更加古老的人类物种的研究缺乏证据，我们也在证据有限的基础上竭尽全力得出了结论。1987年，B. J. 阿斯法描述了他在贝罗德列附近的古老岩层中发现的一大块头骨额部（包括眉骨）的化石碎片，这块化石在分类与推测方面具有重要意义。阿斯法推断，这块头骨碎片属于阿法种，但因为约翰逊在哈达尔发现的头骨正巧缺少额头的部分，因此无法通过对比加以确定。因此，数年来，人们遗忘了贝罗德列额部化石的存在。直到后来，露西之子的出土为贝罗德列额部化石重新带来光明——露西之子化石有着完整的额部可供对比。经过对比，贝罗德列额部化石与露西之子的额部几乎没有任何区别。当然，想要判断阿法种是否全身均保持着稳定，仅仅对比头骨额部是完全不够的，但贝罗德列额部化石是我们手中唯一一块早于"露西"的化石，而现有的证据确实普遍证明了进化停滞现象的存在。

因此，大量强有力的证据显示，从哈达尔发现的最古老的骨头化石（距今已有340万年之久）到露西之子（距今约300万年之久），阿法种在将近50万年的历史时期中一直保持着进化停滞状态。从部分头骨中得到的证据也显示，哪怕追溯至距今已有390万年之久的最早的阿法种标本，物种的形态也未发生改变。

正如所有能够得到的积极证据显示，原始人类进化树上最早的物种在将近100万年的时间里一直保持着进化停滞（有些人错误地认为，进化停滞现象为负面证据，或者是一种缺乏变化的现象。恰好与之相反，进化停滞应当是从对一段相当长的时间内发现的化石进行严格的解剖学上的检验，从而得出的积极证据。我们必须明白，所谓最早和最晚的化石标本，只是我们目前发现的能够找得到的最早和最晚的物种，而非整个物种诞生与灭绝的时间。阿法种身体保持进化停滞状态的时间可能要比我们现在发现的更久。但我现在的主要目的是纠正大众对负面结果的印象，所以便不再展开来说了！）。

1994 年 3 月 31 日之前，《自然》一直压制"露西之子"的发布，记者们也尊重这一传统惯例。因此，当《自然》刊登了露西之子的报道后，与之相关的报道便在一夜之间都冒了出来（记者希望有充足的时间准备报道），3 月 31 日至 4 月 1 日愚人节（不开玩笑）的各大报纸期刊上说的都是露西之子。这一现象也为全球性的一场实验添加了助力，检验那些博学的读者是否会对进化停滞感到惊讶，毕竟他们一直认为进化即为持续变化。

在一大堆对露西之子的报道中，有两篇文章从间断平衡论的角度分析了露西之子进化停滞的现象，我感到十分高兴。这两篇文章表示，间断平衡论认为，进化停滞是在意料之内的，并非什么出人意料的异常现象，那些为进化停滞寻找合理性的解释实际上与进化停滞并无任何联系。《迈阿密先驱报》写道："研究人类起源的专家们……认为新发现的头骨使人们不得不相信，人类在地球上的进化历史并非持续的，而是长时间保持着进化停滞状态，而进化往往只会在一个较短的时间段中突然出现。"贾维斯·惠特尔在《泰晤士报》上发表了一篇题目为《头骨的发现证实了进化间断现象》的文章，他在文中写道："距今已有 300 万年历史的头骨……证明了进化并非渐进的而是不定时发生的观点，在很长的一段时间内，物种或许完全不会发生任何变化……阿法种兴盛的 100 万年间，形态上根本没有发生任何变化。"

但绝大部分与露西之子相关的文章依旧通篇表达了纯粹的惊讶，惊讶于进化的历程竟然存在着 100 万年的稳定期，认为至少得用"非凡"一词来形容这种进化停滞的状态。（J.N. 威尔福德在《纽约时报》的报道中用过这个词，R.C. 科文在《基督教科学箴言报》上也写道："这块有 300 万年历史的化石最让人感到非凡的地方并不是它有多古老，而是它有多年轻。这块化石要比著名的露西晚出现 20 万年，要比目前人类发现的最古老的人类化石晚出现 100 万年。然而，它的外表与其祖先依旧保持着高度的相似性。"）蒂姆·弗兰德在《今日美国》的报道中则用了"出人意料"这个词；而科文也称，新发现的头骨化石出现了进化停滞是令人"诡异"的现象。

其他的报道或许并未用如此露骨的方式来表达惊讶之情，但字里行间隐含的微妙暗示却最能透露出人们对现实与持续变化之预期相背离的讶异。举个例子，难道你在阅读凯伊·戴维森的文章时（该文章刊载于《旧金山考察报》），察觉不出他对露西进化停滞的现象的轻蔑吗？他的文章字里行间仿佛是在说，我们的祖先完全不合乎标准，在如此长的时间内拖慢了人类的进化进程——"这具头骨更加坚定了科学家的信念，认为露西是生活在埃塞俄比亚的单一物种，在至少 90 万年的时间里，几乎没有进化。"在另一篇刊登于《华盛顿邮报》的文章中，博伊斯·伦斯伯格在文章里表达了他的惊讶，他发现，虽然露西生活在人类与猿人分离 100 万年以后，露西的大脑竟然并不比祖先猿的脑子大。从伦斯伯格的语句中，我们能理解他的未言之意（另一个"未说明的主要前提"）。那就是，在持续变化的世界里，100 万年足以让一个物种发生巨大的改变，但显然，在一个进化停滞与突变的世界里，现实并不会满足人们的这种预期，因为露西所处的时期显然正好是其物种的稳定期。伦斯伯格写道："目前人们尚未测量最新发现头骨的脑容量，但预计其脑容量与祖先猿的脑容量不会有太大差别，哪怕当时人类与祖先猿已分离有近 100 万年之久了。"

当然，在对进化速度的更正后的观点中，进化停滞只是故事的其中一面，我们当然不是完全没有发生进化的！与进化停滞相对的另一方面（即间断平衡论中的突变部分）认为，物种会在某些较短的时期内集中出现进化的现象，突变是基本保持稳定之世界出现的集中性重组现象。若你随机挑选一个时间段来观察这个世界，你会发现，这个世界极有可能并未发生任何变化。但在几百万年的时间里，哪怕突变只在这漫长历史中占据了 1%—2% 的时间，也会为世界带来翻天覆地的变化。在历史与地理的范围里，比例能说明一切。

进化中一旦发生突变，通常意味着新物种的诞生。这种情况多在一定时期内（往往是几千年时间）出现在个体数量较少的孤立群体中，几千年的时间在人类的历史中或许显得过于缓慢，但从地质时间的角度来看，却不过一瞬罢了。（要知道，人类有记载的历史不过 1 万年之久，这 1 万年在人类保持进化停滞状态的那 100 万年里，也只占了 1% 而已。）

就此而言，在发现露西之后，越来越多的人开始着手研究露西生活的那 100 万年的历史，关于骨骼化石的研究数据越来越多。人们发现，在这 100 万年期间，有大量新物种诞生了，南方古猿又增加了多个成员，智人便是其中之一。在发现露西之子后，美国人类起源研究所的约翰逊绘制了一张图表（见下页），上面清晰地列出了露西死亡之后的一段时间内出现的 7 个新的人

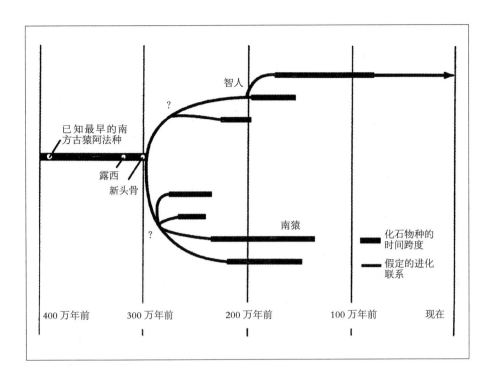

类物种，这段时间要比露西进化停滞的时间短很多。

　　在这段人类新物种密集诞生的时期里，地球的生态环境也发生了极大的改变，高纬度地区开始被冰川覆盖。我在耶鲁大学的同行伊丽莎白·弗尔巴将这一现象与间断平衡论相结合，总结出了一个新的理论。她认为，物种的诞生并非均匀地出现在整个历史时期里，而是集中出现在地球环境发生实质性改变的时期，这便是"流动批次假说"。几乎所有关于露西之子的报道都强调了阿法种稳定期内诞生了大量人类新物种的现象。许多报道都引用了 W. H. 金贝尔（《自然》杂志中关于露西之子论文的第一作者）的话："在约 100 万年的时间里，人类祖先并未显现出明显的进化痕迹。然而在之后较短的一段时期内，人类进化树上突然出现了大量的新物种。"

　　本文的开头，我引用了维多利亚时期英国文学史上与变化有关的最著名的诗句，那么本文的结尾，我想要引用在丁尼生之前的桂冠诗人——华兹华斯的一首更著名的诗歌：

"当天边的彩虹映入眼帘，

我心为之雀跃；

我出生时即是如此，

现在的我仍未改变，

当我年老之时当也如此，

否则宁愿死去！

儿童本是成人的父亲；

但愿终此一生，

我能永葆这纯朴的天真！"

你是否对我援引此诗感到困惑，的确，我是有意表达矛盾的观点。华兹华斯所说的"雀跃"只是一种比喻，这首诗表达了他希望能够一生都在审美观念与道德价值观方面保持稳定。与他同时代的威廉·布莱克则表现出了矛盾的另一方面——破裂：

"我的母亲呻吟，我的父亲流泪——

只因我跳进这危险的世界。"

双重性或许是人类思维的牢笼，但若我们必须与这种思维模式相伴相生，就要把握一切机会，尝试通过掌握变化与稳定的双重性来理解自然的复杂性，缓慢与稳定并不总能取得胜利。

灭 绝
MIEJUE

12
干草堆里寻针

人们对个性的追求促进了时尚产业的繁荣兴盛。对于那些思想陈旧、对穿着打扮不屑一顾的学者（并非所有学者都是如此），办公室的大门有着同样的功能。办公室的大门彰显了学者们对深沉信仰的誓言与坚定的承诺。作为专业的学术人士，或许世人认为我们说话总是冗长又带有偏见，但若仔细观察学术人士办公室的大门，你会发现，其实我们的语言也可以幽默而机警。一般而言，我们办公室的大门上会贴着卡通画（在这一方面，漫画家盖瑞·拉尔森的画是所有人的首要选择）和科学界泰斗的名言。

然而，我却似乎从来没有想过在大门上贴上他人的名言。尽管我曾为盖瑞·拉尔森的《远方》漫画集写过前言，但我依然穿没有任何标志的白T恤，也永远不会选择用他的才华装点我的大门。当然，我也有自己特别喜欢的名言，一句让我愿意为之而死，让我愿意站在屋顶大声念出来的句子（前提是我不用把这句话贴在大门上）。

我最喜爱的句子当然出自达尔文，但在说出这句话之前，还有些前提需要向亲爱的读者们解释一番。18世纪末，地质学领域涌现了一大批波及范围广泛却愚昧十足的理论。所谓的"地球理论"对世界上所有的事物进行了一番推测，但这些理论大多都是由那些足不出户，单靠坐在书桌前胡乱臆想的人提出的。伦敦地质学会于19世纪初成立时，学会的成员极其反感这种被社会所承认的恶劣风气，并在学会集会时禁止一切对理论的讨论。学会的人认为，地质学家首先应当通过直接观察，建立起地球的真实性历史，在完成这一步，从而累积了大量的可用信息后，才可以着手研究理论与现象的解释。

达尔文个人对于科学研究如何才能取得硕果的过程有着深刻的理解，他知道，理论与观察一直以来都是一对双生儿，相互交缠，密不可分。做科学研究，不能只着手钻研理论与观察的一个方面，而将另一个方面丢在一旁置之不理。1861 年，达尔文给当时的英国国会大臣亨利·福西特写了一封信，在信中，达尔文提及了早期地质学家的错误观念，并概括了他个人对于正确科学研究流程的看法。这封信的最后一句话给我留下了不可磨灭的印象：

> "过去 30 年里，有许多人认为，地质学家应该先观察，无须将观察结果理论化。我清楚地记得，曾经有人说过，如果只用这么做，那么地质学家只须前往采砾场，数清楚到底有多少卵石，再一一描述出这些卵石的颜色便算得上研究了。进行观察的前提，必然是希望观察的结果能够支持或者反对某种观点。（学术界竟无人能认清这一点，实在是太奇怪了！）"

这一点应当非常明显。伊曼努尔·康德曾在其著名的警句中说道："知而无感乃空，感而无知则盲。"世界如此复杂，手中的工具有限，为何我们依旧选择只使用一半的工具去研究它呢？让思维与感知共舞，让我们的感知帮助我们收集信息，让它们按应有的方式互动。感知收集信息，思维处理信息；脱离现实的大脑若缺乏外界输入的信息，就只是一个可怜的摆设罢了。

尽管如此，科学家依旧对事实有着强烈的执念，认为事实始终比理论重要，感重于知。达尔文写给福西特的信就是为了反驳这一奇怪却让人印象深刻的想法。科学家们认为，所谓科学方法的研究流程理应为全世界通用的研究方法，他们常常宣称这种科学方法天生具有客观性，进而为这种方法争取到特殊的地位。要想拥有客观性，我们首先需要清空大脑中所有的预设想法，用双眼，不带任何偏见地去观察自然展现出的样子。这种想法听起来很迷人，实际上却是一种妄想，最终只会导致我们的傲慢自大，造成观点上的分裂。纯粹依靠感知做研究，只会将科学家们推上高塔，让他们凌驾于所有在文化与灵魂的沼泽中苦苦挣扎的其他知识分子之上。

想要理解复杂的世界，缺少感知是不可行的，因此，相信"感重于知"的科学家，他们的研究并未受到限制，也没任何损失。"进行观察的前提，必然是希望观察的结果能够支持或者反对某种观点。"客观并不是要求我们完全清空大脑，毕竟想要做到这一点是非常困难的，而是要求我们在发现事实与心中预期截然相反时，能够放弃心中的偏好，也就是达尔文说的"希望观察的结果能够支持或者反对某种观点"。

达尔文对于"理论与观察应当相互作用"的说法得到了科学家们的大力支持，并取代了"事实比理论重要"的观点，成了科研领域的标准。我们之所以喜欢并接受了达尔文的观点，显然又是出于此前我提到过的"大理由"——达尔文的观点颠覆了我们看待世界的方法，引领我们用不同的方法处理万事万物。但如果你随意咨询一位实践型科学家，你会发现，现实并非如此。实践型科学家更爱原创的理论，我们每日忙于日常工作中的大量细节，赶着节奏往前走，很少有时间思考那些基本原理。我们喜欢原创的理论，是因为它为我们提供了一个新的、全然不同的、容易处理的方式来进行观察。通过不断提不同的问题，新奇的理论能够不断拓宽科学家们每日工作的范围。新的理论促使科学家们寻求那些可以帮助我们佐证或推翻某些热门观点的可用证据。数据可判断理论的对错，但理论同样也指导着我们寻找数据的方向，为科学家收集数据提供灵感。康德和达尔文的说法都是正确的。

之所以提到个人最爱的名言，是因为我的古生物学同行近期发现了一个现象，恰好可以印证上述之论。我的那位同行，最近发现了一个由数据证实的理论，此前从未有人想过要去收集相关的数据，直到该理论已发展到了不得不寻求数据进行测试的程度。（在这里，读者需要分清"寻求数据进行测试"和"用数据佐证理论"两者之间的区别。寻求数据进行测试，数据并不能保证理论的正确性，测试结果可能是负面的，从而判定理论的错误性。好的理论不惧挑战，也不会对可能的测试结果有任何偏好性。在这个例子当中，我的同行进行了两次测试，结果均印证了该理论的正确性。）讽刺的是，达尔文提出的观点对他自己本身而言却是一种诅咒。但我认为，如达尔文这般友善又宽宏大量的人，定能立刻接受现实，乐意让自己成为绝佳的例子，印证他对"理论与观察"之间关系的看法。不仅如此，他还会对所有充满丰富含义的观点感到兴奋。

自现代古生物学诞生起，我们便知道，在大约 2.25 亿年前的二叠纪生物大灭绝中，有大量的生物消亡了，其中包括 96% 的无脊椎海洋动物。最先，古生物学家认为"二叠纪生物大灭绝"事件的原因非常简单明了，因为当时地球上发生了灾难性的事件，生物大灭绝完全属于一种突然出现的现象。达尔文之后提出的渐进式进化理论取代了早期古生物学家的灾变论，达尔文认为，进化是"缓慢而稳定的"，于是古生物学家在寻找生物大灭绝的相关证据时，也开始寻找符合"缓慢而稳定"特征的证据。历史上确实有一段时期，物种发生了大规模的灭绝，证据摆在面前，古生物学家们不否认这一事实，但他们认为灭绝事件持续的时间较长，而且密度并没有之前认为的那么大。简单来说，古生物学家认为，生物大灭绝只是普通的生物灭绝过程的强化现象，而不是在短时间内发生的突变性大灾难事件。

达尔文在其 1859 年出版的《物种起源》中否定了"地球上所有的生物因灾难事件，在连续的一段时间中相继灭绝"的老旧观点。鉴于达尔文不赞同完全灭绝的极端理论，他很可能也不认可这种极端理论体系中对物种诞生的看法，此类看法与他的进化论截然相反。不得不说的是，达尔文的渐进式进化论也同样是极端的、错误的："我们完全有理由相信……物种和种群是逐渐消失的，一个接着一个，从一个地点到另一个地点，灭绝的现象最终扩散至整个世界。"但达尔文也必须承认，确实有与其理论完全不同的现象存在："在某些情况下，会出现整个物种突然全部灭绝的情况，就像是第二纪末时的菊石一样。"

现在，我们便来谈谈激发我创作这篇文章的灵感，这灵感讽刺意味十足。只要达尔文的"生物大灭绝现象为逐渐发生的"观点依旧盛行，古生物学的数据便无法推翻渐进主义的基本前提条件——生物大灭绝是在较长一段时间内逐渐蔓延至全球的一种灭绝现象，而非在某个时间点内突然发生。地质学数据依旧存有大量的空白，那个时期灭绝的动物只有很少的一部分变成了化石。面对这种情况，哪怕某些物种真的是突然灭绝的，在化石记录中，它们的灭绝过程依旧被定义为渐进灭绝。这种说法听起来自相矛盾，但请考虑下面这种情况：

"部分物种非常常见，且容易变成化石保留下来，几乎每个地层都能发现此类物种的化石。但还有许多物种的化石非常罕见，几乎没能保留下来，在挖掘过程中，每一百英寸才能发现一次这类物种的化石。现在假设，所有的物种在同一时间突然全部灭绝，它们同时被 400 英寸（约 10 米）的沉积物掩埋在海洋盆底下。我们难道还能找到生物突然灭绝的直接证据吗（也就是从距离地表足足有 400 英寸深的地层中找到所有灭绝生物的化石）？答案当然是不可能。"

  常见物种的化石布满了整个地层，我们很容易便能发现它们。但稀少的物种哪怕在大灭绝中坚持到最后一刻方死去，它们的化石也是较难发现的。换言之，或许某个罕见的物种曾经存活过相当长的一段时间，但它们的最后一块化石很有可能被掩埋在距离上界 100 英寸（约 2.5 米）深的地方。如此，我们很可能会错误地认为，这种罕见的物种是经过很长一段时间之后才灭绝的。

  总结这一论断，我们会发现，罕见的物种哪怕事实上曾经生活在 K-T 界限的上界，该物种的最后一块化石也很有可能只会出现在较古老的沉积物中。哪怕所有的物种突然在同一时间灭绝了，我们也只能在不同的沉积层中找到不同物种的化石，这些化石也只能显现出渐进式灭绝的特征——从较古老的沉积层中发现罕见物种的化石，从上界沉积层中发现常见物种的化石，据此，古生物学家只能推测，罕见物种先行灭绝，常见物种在其后灭绝。上述的现象完美地印证了一句古话，即事物的表象很少能代表事物的本质，事物的表象常常会让真相变得扑朔迷离。这种现象甚至有其专门的名字——西格诺－利普斯效应（即模糊效应）。这个名字取自我的两位同行菲力·西格诺和杰拉·利普斯，正是他们二人通过计算，发现化石显现的渐进式灭绝表象下隐藏着灾难式灭绝的真相细节。

  现在，我们大概能领略到达尔文所说的"需要理论来引导观察"的用处了吧。我们常说，只有新的观察结果证实了旧理论的错误，我们才能推翻旧的理论。事实上，理论之于观察，就如同一件约束衣，将观察引向支持理论的方向，抢占先机阻止任何可能证明该理论为错误的数据出现。想要推翻此类理论，单凭借其自身的缺陷可不行，我们根本无法概念化任何对此类理论不利的观察。如果我们接受了达尔文在物种灭绝问题上的渐进式灭绝理论，也从未思考过，化石在不同沉积层的分布现象（即西格诺－利普斯效应）也可能代表物种是突然间集体灭绝的，那么我们也许会自满于手头的那些数据，认为它们是物种渐进式灭绝坚不可摧的证明，甚至永远也不会考虑物种的灾难式灭绝这种可能性。

  新的理论在解开思维僵局上的作用，正如魔术大师哈里·胡迪尼在魔术中解开约束衣一样。我们需要引入新的理论、对一个事物不同的表象进行不同形式的观察，才能摆脱思维上的僵局。我并不是在阐述什么抽象的观点，也并非在不停赞扬着我最爱的那句达尔文的名言。近期，我的两对最亲密的同行正研究历史中最后一次物种大灭绝中的菊石与恐龙，他们的研究正好完美地阐释了我想要传达的观点，为大家提供了极佳的例子。

如果你喜欢阅读科学领域中对热门话题的各种各样的报道，那么你一定知道，古生物学界于过去十年中，在物种大灭绝问题上流行的最新的灾变理论（这个理论还登上了《时代周刊》的封面）。1979 年，由刘易斯·阿尔瓦雷斯与沃尔特·阿尔瓦雷斯父子组成的研究团队和弗兰克·阿萨罗、海伦·迈克尔一起发表了一篇研究论文。他们的研究认为，于白垩纪 – 第三纪发生的物种大灭绝事件是因小行星或流星撞击地球导致的，此外，他们还找到了能够证明该论点的数据。白垩纪 – 第三纪交界时发生的物种灭绝事件是历史上最后一次物种大灭绝，也正是这场灾难导致恐龙和 50% 的海洋无脊椎物种永远地从地球上消失了。

此论文一经发表，便在古生物界引发轩然大波，对该理论的争论实在多如牛毛，别说用一整篇文章来记述了，哪怕是一本书也无法囊括所有的争论。若说正是他们的理论掀起了这场学术圈的争论热潮，促使越来越多的科学家去搜集该理论强有力的证据，我认为一点也不为过。现在，几乎没有科学家拒绝接受他们的理论，争论的焦点已然从最初对理论正确与否的探讨转变为，生物大灭绝是否完全是因为天外星体撞击地球所导致的，其他的大灭绝事件背后是否存在与之类似的原因。

与接受其他新理论的过程一样，在天外星体撞击地球论刚刚诞生之时，古生物学家也拒绝接受。天体撞击论的发明者刘易斯·阿尔瓦雷斯是个典型的信心十足的物理学家，他对这一现状感到大为恼火（事实上，刘易斯的理论几乎是正确的，因此我原谅他对我的职业的抨击。如能允许我自夸一番的话，事实上，我是天体撞击论最早期少数的支持者之一。然而我对天体撞击论的支持并非基于该理论在证据上更好的洞察力。天体撞击论恰好符合我对进化的"快速性"之特点的个人偏好，之后，进化"快速性"推动我提出了间断平衡论——见文章 8）。毕竟，我的同行支持达尔文的渐进式灭绝论也有百年之久了，而化石确实也显示，绝大多数动物在天体撞击地球之前就已经逐渐灭绝了。如果绝大多数动物已然灭绝，天体撞击又怎么会造成生物大灭绝呢？

在不久之后，天体撞击论很快便以最崇高的方式证明了自己。正如达尔文所说，要在老旧的观点之下进行大家此前从未考虑过的新观察。简而言之，天体撞击论通过自身的检测，挣脱了此前物种渐进式灭绝之观点对科学家思维的束缚。

　　我的同行们或许并不喜欢阿尔瓦雷斯的天体撞击论，他的理论带着无法掩盖的活力，但古生物学界可是个崇高的圈子。通过对天体撞击论大量的辩论，能够证明该理论的证据相继现身，古生物学家对之前的渐进式灭绝理论产生了怀疑。有许多观察方法可用以考察理论的正确性，现在让我们将重点放在最简单、最明显、最直观的方法上。天体撞击论与生物突然灭绝观点的威信渐长，古生物学家逐渐理解了西格诺－利普斯效应，发现化石中渐进式灭绝的表象也有可能代表生物是突然之间在同一时刻集体灭绝的。

　　那么，直观来看，化石依旧表现出生物渐进式灭绝的特点，我们该如何打破这一僵局呢？许多人提出了非常精妙的计算方法，但为何我们不采用最直接的方式解决这个问题呢？如果罕见的生物确实活到了天体撞击地球的那一刻，我们却没能在最上面的地层中找到这些物种的化石，为何不更加仔细地搜寻整个区域的各个地层呢？正如一句老生常谈的话所说的那样：如果要在一堆干草堆里找一根针，使用的方法是将这堆干草分为十小堆，能够寻得的概率非常小；但是如果将这堆干草一根一根地分开，寻得的概率就提高了，就会找到这根针。同样，如果我们一寸一寸地寻遍所有人类已知的地层，或许最终，我们能在靠近上界层的位置找到罕见物种的化石，当然，前提是罕见的动物物种确实存活到了大灭绝的最后一刻。

　　这个方法太明显不过了，我简直无法相信，在阿尔瓦雷斯提出天体撞击论之前，竟然从未有人将这种方法概念化过。我不能说，是达尔文的"渐进式灭绝"论蒙蔽了古生物学家的双眼，让他们根本无法想象将干草堆里的干草一根一根地分离开来，而仅仅是从干草堆中抽取几个样板来研究。这个例子正是因其过于普通，反而引人注目。原创的理论能为观察方式打开新世界的大门，从这一点上我能想到许多例子：比如伽利略的望远镜揭开了许多过去人们连想都不敢想的现象的外衣。在这个例子中，阿尔瓦雷斯的天体撞击论只不过要求大家多干点活罢了。

　　为什么此前大家从未想过对各个地层展开地毯式的搜索呢？古生物学家都是勤劳的人，或许我们犯过很多错误，但在实地考察方面，我们从不偷懒。我们很爱挖掘化石的过程，可以说，这就是大多数古生物学家选择入行的首要原因。之所以没有对每个地层进行地毯式的搜索，是出于所有科学领域中最基本的一个原因：生命过于短暂，而世界是无穷尽的，你不能将自己的职业生涯完全花费在学科的某一个方面上。科研的基本方法便是学会智能采样，而不是坐在同一个地方，日复一日地想要找到所有的东西。在达尔文的渐进式灭绝理论下，智能采样才是研究干草堆的常规方法。

采样实验的结果符合理论预期，同样也为科学家提供了概念上的满足感（或许是出于懒惰吧）。科研人员根本没有任何"对干草堆进行地毯式搜索"的动力，这种方式不但费力，在科研过程中也实属罕见。我们可以进行地毯式的搜索，但我们没有选择这么做，也没有理由这么做。天体撞击论的出现却将"地毯式搜索"这个少见的科研方法变成了必要。新的理论迫使我们寻找其他的研究方法："希望观察的结果能够支持或者反对某种观点。"

世界上最有名的海洋生物是菊石，世界上最有名的陆生动物是恐龙，它们是在白垩纪－第三纪的生物大灭绝事件中灭绝的最有名的两大物种。这两个物种都曾不断地被用来证明渐进式灭绝理论。天体撞击论激发人们对这两个物种的灭绝进行地毯式的搜索研究，而在搜寻的过程中，人们发现了大量足以证明这两个物种存活至白垩纪－第三纪大灭绝的最后一刻，并在一场可能的灾难性事件中灭绝的证据。

菊石为头足纲动物（同样为头足纲动物的软体动物还包括乌贼和章鱼），外壳带卷，和它最亲近的物种——鹦鹉螺非常相似。菊石曾经是海洋捕食类动物中的霸主，其美丽的壳部化石令许多收藏家们赞不绝口。菊石诞生于古生代中期，曾有两次几乎灭绝：一次是在二叠纪末期，还有一次是在三叠纪末期。但每次快要灭绝时，菊石总有那么一两个品种存活了下来。在白垩纪－第三纪的大灭绝中，所有的菊石种类全部灭绝。援引华兹华斯的一句诗："有一种辉煌已经从地球上消失了。"

我的朋友与同行彼得·沃德是华盛顿大学的一位古生物学家，在菊石灭绝问题的研究上可谓数一数二。他是个热情洋溢、信守承诺的人，对实地考察有着非同寻常的热情，你永远也不能将懒惰的罪名加在他的头上。刚开始，彼得并不怎么在意阿尔瓦雷斯的理论，很大一部分的原因在于，彼得在他最爱的地方（位于西班牙比斯开湾的祖马亚悬崖）挖掘菊石的化石时，他发现在离分界线30英尺（约7.6米）的地方便再也寻不见菊石化石的踪迹了。1983年，彼得为《科学美国人》杂志写了一篇文章，名为《菊石的灭绝》。在这篇文章中，他表示反对阿尔瓦雷斯的理论，至少在解释菊石的灭绝问题上，阿尔瓦雷斯的解释是新奇而富有争议性的：

"然而，化石显示，菊石的灭绝并非大灾难导致的，而是因为白垩纪末期海洋生态环境的剧变导致的……对西班牙祖马亚地层出土的化石进行研究，结果显示，在阿尔瓦雷斯所说的星体撞击之前，菊石便已经灭绝很久了。"

彼得是我所知最聪明也是最出色的人，他承认，他的发现是基于有限的负面证据。一个建立于找不到其他证据的理论给了人们拒绝接受这一理论的可能性。彼得写道："这个证据是负面的，只要再找到一个新的菊石化石，便能够推翻我的结论。"

如果没有天体撞击论，彼得没有理由也不会费心去搜寻 30 英尺之上的地层。既然假定生物的灭绝是渐进式的，无法在 30 英尺的地层找到任何菊石的化石多么合情合理，我们又何必费心去进一步深究呢？但是天体撞击论明显在暗示，菊石一直活到白垩纪 – 第三纪的交替期，那么一寸寸地细致搜索 30 英尺的地层便成了一件必要的事情。1986 年，彼得依旧支持着生物渐进式灭绝论："在这个盆地中的菊石显然在白垩纪 – 第三纪交替期之前便已经灭绝了，显然，'渐进式灭绝论'是正确的。"

但受到阿尔瓦雷斯的启发（也可能只是单纯地想找到证据否定天体撞击论），彼得和他的伙伴地毯式地搜索了祖马亚的地层："白垩纪地层剩余的部分已经完全暴露出来了，我们对这一地层进行了全面的搜寻与开采。"最终，他们于 1986 年在分界层以下 3 英尺（约 0.9 米）的位置找到了一块化石。尽管这块化石被压碎了，保存得并不完好，以至于他们无法辨认这块化石究竟是菊石还是鹦鹉螺，但这块化石的发现显然表示，古生物学家们有必要对地层进行更进一步的探索（鹦鹉螺显然在大灭绝时期中逃过一劫——有眼鹦鹉螺至今依旧存活着。而且，在分界层附近发现鹦鹉螺的化石绝不是一件稀奇的事情）。

1987 年，彼得开始对地层进行更加细致的搜索，菊石的化石一个又一个地冒了出来。虽然大多数被发现的菊石化石残破不堪，数量也十分稀少，但它们都出现在分界层的上方。彼得在其 1992 年初出版的一本书中写道："最终，在一个阴雨绵绵的日子里，我在分界层的数英寸厚的黏土层中发现了菊石化石的碎片。过了几年，我又在祖马亚的白垩纪地层最高的一层中相继发现了好几块菊石化石。菊石似乎一直活到了生物大灭绝事件的最后一刻。"

彼得采取了下一步行动——搜寻其他地方的地层。祖马亚的地层有菊石的化石，但数量并不多，并不是因为全球范围内菊石的数量不够多，而是因为当地生态环境的缘故。彼得早前已经分段搜寻了祖马亚西部的地层，并未找到白垩纪末期的菊石化石（这也是彼得早期接受渐进式灭绝论的其中一个原因）。但现在，他觉得将搜寻的范围扩展至祖马亚的东部，一直到西班牙与法国的交界处（祖马亚东部直至西法交界处的地层一直以来广为人知，而且允许科学家进行研究；但彼得是在受到阿尔瓦雷斯的刺激之后，才起了进一步观察研究的念头）。这次，彼得研究了两块新的区域，分别是西法交界处的昂代伊和法国比亚里茨的雅皮士海滩。彼得在这两个地方分界层的正下方找到了大量的菊石化石。他在其 1992 年出版的书中写道：

> "我在祖马亚搜寻了那么多年，只找到了寥寥几个证据……在昂代伊进行挖掘的第一个小时，我就在白垩纪岩层最后一米深的地方发现了好几块菊石化石。"

就我们专业人士而言，菊石化石和恐龙化石具有同等重要的地位，但显然，大众的想象力更容易被恐龙的化石激发。说起反对天体撞击论，也没有谁能比恐龙专家们更突出、更普遍的了。绝大多数恐龙专家（并非全部）坚称，或许有那么一两只恐龙幸免于难，但绝大多数恐龙早在所谓的天体撞击发生之前就已经灭绝了。

至今我依旧清楚地记得，恐龙学家用以当作推翻天体撞击论的确凿证据——"3 米空隙"。所谓"3 米空隙"，指的是最后一次发现恐龙化石的地层与 K–T 界限之间有 3 米的距离完全没有发现任何恐龙的化石。我还记得，刘易斯·阿尔瓦雷斯听到这种说法后虽然愤怒，但依旧能够对这种说法保持足够的公正（因此，当我听到古生物界同行所说的那些不好的言论时，心中满是羞愧）。毕竟，寻找到的最后一块骨头并不一定出自最后一个灭绝的恐龙，它只是一个样本，或许在它之后，依旧有恐龙存活，只是我们尚未找到它们的化石罢了。如果我的朋友朝船外扔了 1000 个瓶子，而我在距离船只 20 千米之外的小岛上捡到了其中一个瓶子，我也没有理由假设，我的朋友只扔了这一个被我捡到的瓶子。但如果我知道我的朋友扔瓶子的时间和当时水流的方向，或许我能够大致估算出他一共扔了多少个瓶子。动物死后变为化石的可能性自然要比我捡到瓶子的可能性小了许多。所有的科学都属于聪明的推理，过度的写实主义是一种错觉，而不是对证据谦卑的尊重。

有了彼得·沃德和菊石化石做榜样，如果恐龙学家想要证明恐龙在"天体撞击"发生之前便早已灭绝，就应当停止争论，离开自己的办公室，将面前的干草堆一根一根地分离开来，搜寻距今最近的白垩纪地层的每一块土地，寻找掩埋于其中的恐龙化石。在拉丁文中，"彼得"一词表示"岩石"之意，因此叫"彼得"的人天生注定要以古生物为职业。另一个名为彼得的古生物学家——彼得·希恩是我的朋友，也是我的同事，他在密尔瓦基公立博物馆工作，负责搜寻恐龙化石已有数年之久了。1991 年末，他终于发表了人们期待已久的研究成果。

恐龙化石一向比海洋生物化石更加罕见，要想从如此广阔的区域里找到恐龙的化石，真的需要趴在地上，一寸一寸地仔细搜寻。国家自然科学基金和其他基金机构不会为这种缺乏实验魅力、搜寻范围又如此之广的项目提供资金，管这些项目重不重要呢！彼得（这次是彼得·希恩）聪明地为自己的项目寻得了完美的资源援助，这可是另一个彼得搜寻菊石化石时从未得到过的。接下来，我将引用他的原话为大家讲述这件事情：

> "我们在密尔瓦基公立博物馆里组建了'挖掘恐龙'项目，并通过这个项目招募了一批长期的志愿者。我们将三个夏季分为七个挖掘期，每个挖掘期为两周的时间，16—25 名经过良好训练、受到严格监督的志愿者及 10—12 名成员每两周便会被送至挖掘现场进行挖掘。每个志愿者的主要目标便是在事先确定的区域寻找一切在地表可见的骨头。所有的志愿者都以搜寻队的方式进行排列分组，以确保所有暴露在地表的骨头都能获得系统的调查。每个搜寻队都配有地质学家，这些地质学家的主要任务是帮助测量地层剖面，确定沉积相。"

我实在想象不出任何能够比彼得更加高效的搜寻方法了。彼得花费了15000 个小时用以挖掘搜寻，为我们提供了第一份合格的最上层白垩纪地层的恐龙化石样本。在蒙大拿州和北达科他的地狱溪地层进行挖掘时，他们分开调查所有的生态环境，无论是河道还是冲积平原，都力求找到最完美的证据。彼得的挖掘小组将整个地区分为三个区域，最上面的三个地层一直延伸至天体撞击时期的地层；他们还考虑过这三个地层中恐龙化石的数量是否有稳定地逐层减少的现象，当天体撞击地球时，恐龙是否已经灭绝了。接下来，我将再次援引他们简短却又囊括了如此之多的努力的结论：

> "低、中、上三个地层并没有明显的改变。有假说认为，恐龙在白垩纪末期已经完全灭绝了，出于上述理论，我们不认同这一假说。我们在这些地层中的发现吻合生物突然灭绝的情境。"

你依旧可以说："这又如何呢？T. S.艾略特是错误的，有些生物是砰的一下便灭绝了，而非呜咽着渐渐消失的。"但这两种灭绝方式完全不一样，突然消失和逐渐消失会造成完全不同的结果。彼得·沃德在研究论文的最后一段写到了菊石不必要的死亡，他的言论立下了正确的主题：

> "它们的历史如此与众不同，又如此善于适应新的环境，它们应当在某些很深的地方存活下来。鹦鹉螺目的软体动物做到了。菊石本可以从那场大灾难中存活下来，然后改变之后6600万年的生存规则，当然，这只是我的个人意见。在菊石漫长的历史中，它们躲过了地球带给它们的其他所有灾难，或许真的是天外的物体才导致了它们的灭绝。"

真正的门外汉依旧会坚持说："那又如何？如果天体没有撞击地球，菊石和鹦鹉螺目的软体动物就都能存活下来。可是我为何要关心这些？在读这篇文章之前，我从来都没听说过鹦鹉螺目的软体动物这种生物。"想想恐龙，你就能明白个中的恐怖之处了。如果没有天体的撞击终止了恐龙多样又旺盛的生命，或许它们至今依旧存活着（为什么不呢？在超过1亿年的时间里，恐龙一直活得好好的，恐龙灭绝也不过才6500万年的时间而已）。如果恐龙依旧存活着，哺乳动物的个头永远不会变大，当然也永远不会变得重要（毕竟在那1亿年的时光里，世界的霸主一直都是恐龙）。如果哺乳动物的个头无法变大，生活受限，并且从未出现过意识，自然也不会出现人类这么一个物种——会声称自己对生物大灭绝毫不关心的物种。这个物种会给自己的孩子取名为"彼得"，会思考太空与地球，会思考科学的本质、事实和理论应当如何适当相互作用的问题。若恐龙依旧存活，人类或许会变得十分愚蠢，只会日日忙于搜寻下一个饱腹之物，慌张地躲避迅猛龙的攻击。

13

木星上的撞击

1847 年的一个夜晚，住在美国楠塔基特岛的玛利亚·米切尔拖着她的望远镜，爬上了太平洋国家银行（她的父亲是这家银行的首席出纳员）的屋顶，部分原因是想躲过家里喧闹嘈杂的晚餐聚会。就在太平洋国家银行的屋顶上，米切尔在距离北极星五度的位置上发现了一颗彗星。正因这次发现，玛利亚·米切尔成了美国历史上第一个发现了彗星的女性，获得无数荣耀，其中就包括丹麦国王授予她的一块金质奖章，并且成为历史上第一位获得波士顿美国文理科学院选举权利的女性。

玛利亚·米切尔的选举证至今依旧悬挂在楠塔基特其出生的房间的墙上。这张选举证上的字迹已模糊不清，看起来也让人倍感心痛。其中的两句话被修改了：打印出来的称呼"先生"被人手动改成了"女士"，而证明中的"会员"一词则被替换为"名誉会员"，意指玛利亚·米切尔在文理科学院中并没有投票的权利。选举证的签发人是哈佛大学著名的植物学教授阿萨·格雷，他是达尔文坚定的支持者。玛利亚·米切尔当选后，过了 90 年，才出现了第二名赢得选举资格的女性。文理科学院的大楼就在我家附近的拐角处，作为文理科学院的成员，我很光荣地告诉大家，如今，不论身材、人种、性别及社会背景，所有的人都可以加入文理科学院这个坐落在自由与公平之地最古老的文人组织当中来。

在那个时代，天文学领域几乎是男性的天下，鲜有女性能踏入该领域。哪怕迈入了天文学的大门，大多数女性也和卡洛琳·赫歇尔一样，是借助男性天文学家的姐妹、妻子或女儿的身份加入的。但玛利亚·米切尔不同，她靠自己，在天文学领域大放光彩。玛利亚·米切尔的父亲威廉是个天文学爱好者，他也确实曾将帮助船只测量航海经线当作生活的一部分（那个年代，船只需要通过船上极度精确的钟表来测量经度，因此，在楠塔基特岛大型的捕鲸港上，为船只测量航海经线是一项必不可少的活动）。但威廉·米切尔并非一名专业的天文学家，在玛利亚·米切尔发现彗星的时候，威廉的主要工作是负责银行的出纳。

玛利亚·米切尔虽然很想上大学，却从未有过这样的机会，因此也未曾获得过大学文凭，但她依然成了美国第一名天文学女性教授。1865—1888年，玛利亚·米切尔于瓦萨大学教授天文学，并一直致力于为女性争取在美国优秀院校接受科学教育的权利。此外，玛利亚·米切尔还是哥伦比亚大学、汉诺威大学、罗格斯大学的荣誉博士。玛利亚·米切尔于1889年逝世。1902年，玛利亚·米切尔的家人和之前的学生在楠塔基特岛共同组建了玛利亚·米切尔联合会，该联合会致力于天文发现与科学教育。

1994年7月21日，我在玛利亚·米切尔联合会进行了一场年度演说。我没有要酬金，而是提出了一个诚恳的请求：在晚上的演讲结束后，我希望能借用玛利亚·米切尔的望远镜观测木星（并非1847年玛利亚发现彗星时用的那一架，毕竟那一架现在正安置于联合会博物馆里呢。我想要借用的，是那架依旧能用的5英寸折射望远镜，由波士顿的阿尔文·克拉克制作，于1857年由一家叫作美国女性的组织赠予米切尔）。

如果你想的话，大可称我是个傻子。当了一辈子的古生物学家和进化学家，无论是智力层面还是道德层面（也可说是审美层面），我的职业生涯都教会我从关联的角度看问题，也让我惯于回归最具价值的第一手资源上做研究。那一晚，我希望能够通过玛利亚·米切尔的望远镜观测木星，因为玛利亚是美国在发现彗星方面的伟大先驱。除此之外，那一刻，木星遭到了苏梅克－列维九号彗星上的20余块碎片的撞击。必须承认的是，那一晚，我并没有用玛利亚·米切尔的望远镜观测到木星表面的撞击痕迹，因为木星恰好被一丛树遮住了。但我依旧选择耐心地等待，在离开之前，我终于在繁叶之间瞄到了忽隐忽现的木星。任务算是完成了！与此同时，楠塔基特岛上的天文学爱好者都齐聚于附近的电脑旁边，看着从世界各地上传至网络上的与苏梅克－列维九号彗星撞击木星相关的消息。

1993年3月，我的朋友与同行金·苏梅克（世界闻名的撞击结构地质学专家）与卡洛琳·苏梅克及戴维·列维一起在木星附近发现了一条由 20 余块彗星碎片组成的线状体，长度有近 20 万千米。他们认为，彗星此前自距离木星表面 10 万千米之内的地方飞越木星时，木星的引力将彗星拉扯成一块块碎片。同时，他们还发现一个让人感到兴奋的事实：彗星的碎片将在 1994 年 7 月无可避免地撞上木星。

多盛大的场面啊，撞击的时间也十分巧合——1994 年 7 月 21 日正是阿姆斯特朗在月球表面踏出第一步的 25 周年纪念日。但此后，天文学领域逐渐不再是大众关注的中心了。慢慢失去希望的天文学专家这下终于可以提高音量说话了。他们笃定地表示，这次的彗星撞击木星事件必然有极高的科学价值，但观测这一现象的人不应指望这次撞击能为他们带来任何实际利益。彗星的碎片或许会因木星的引力进一步分裂，在木星大气层的上空便燃烧殆尽。再者，我们对该彗星的构造一无所知，或许彗星的碎片全是由灰尘或冰块构成的，根本无法在木星的表面造成任何痕迹。一位评论员甚至预测，此次撞击造成的闪光一闪而逝，规模过小，木星附近的伽利略宇宙飞船在监测时，每一块碎片的撞击造成的闪光或许都不足一个相机的像素。7 月 14 日，也就是撞击发生的前一周，发表在《自然》杂志上的一篇半官方报告的标题便是《苏梅克－列维九号彗星：大撞击即将到来》。

我当然理解降低预期的原因。科学的总体精神便要求大家保持谨慎，特别是当事实尚未发生时。近年来，天文学家碰过两次钉子，每次都是彗星惹的祸，那时，哈雷彗星与科胡特克彗星的表现都远未达到人们的预期。此外，科学家依然不太想让灾难性的事件成为太阳系近期历史中的主角，特别是与地球及地球生命相关的灾难性事件。苏梅克－列维九号彗星的撞击若也是一闪而逝，没有闹出太大动静，自然会加深人们这一老旧的偏见。

现在，全世界都知道，苏梅克－列维九号彗星为大家上演了一场戏中戏。无论是其撞击木星的视觉效果还是撞击为我们提供的数据（估计接下来几年我们怕是都闲不下来了）都远超人们的预期。这篇文章是我在撞击发生的一周后所写，我还不能就撞击发生的原因做出任何理性的评估分析，但当下，我们最需要的并不是理性分析，而是重现撞击时壮观的场景，阐明雷霆撞击与失败撞击之间的区别。

苏梅克－列维九号彗星全部的 21 块碎片均撞击在木星南半球的同一纬度上。撞击发生于木星的夜晚，人们在地球上无法直接观测。与地球自转一圈需 24 小时不同，木星自转一圈为 9 个小时，因此撞击发生的地点很快便移动至人们可见的范围内，彗星碎片的撞击坑在木星表面上形成一道环形的伤疤，有些撞击坑甚至比地球还大！我们不知道，这些撞击痕迹能够在木星上停留多久，又或者那黑黢黢的坑洞里是否暗藏着阴影或其他物质（有些人认为，坑洞里很可能是变黑的碳与某种形式的硫黄）。我们也不知道彗星碎片嵌入木星的深度，甚至不清楚在木星这个气态的没有岩石表面的星球上，撞击意味着什么。但撞击之时，一股白色的高温气体（目前我们认为是从木星内部喷射出来的）从撞击坑中喷涌而出，形成一个又一个巨型的火球，仿佛是来自宇宙发射而出的加农炮一般（此处引用的是马尔科姆·布朗于 1994 年 7 月 26 日发表在《纽约时报》的报道）。

彗星上的最大一块碎片被命名为碎片 G，于 1994 年 7 月 18 日凌晨 3:30 撞上木星。在撞击的瞬间，木星表面闪过一道光，并升腾出一个巨大的火球，火球的亮度照亮了整个木星（这光可比一个像素大多了）。碎片 G 冲入木星大气层近 40 英里（约 64 千米）的地方，坠落过程中造成的过热气体自坠落点腾空而起，蹿升至离木星表面近 1300 英里（约 2092 千米）高的地方，创造出整整一周以来最为壮观的景象。

我读过很多和这次撞击的大小与强度相关数据的文章。据主要报纸与科学期刊（《今日美国》7 月 22 日）的保守估计，碎片 G 的直径约为 2—2.5 英里（3.2—4 千米），撞击木星时的威力相当于 600 兆吨三硝基甲苯（也就是俗称的 TNT）爆炸时的威力。按照此规模估算，将 21 块碎片全部加在一起，撞击的威力约等于 4000 兆吨的 TNT 炸药同时爆炸，又或者是地球上所有核武器同时爆炸时释放威力的 500 倍！

这种百万吨级爆炸威力的对比让我不禁后背发凉，随后，我又想起，古生物学界也曾出现过类似级别的数字，在过去的几十年里，这串数字引发了一场又一场的争论，所涉及的各种主题同样也是我在创作本篇文章时的灵感来源。1979 年，刘易斯·阿尔瓦雷斯和他的合作者发表了一个理论，该理论认为，在 6500 万年前，也就是白垩纪的末期，有一个体形硕大、直径约 6 英里（约 9.7 千米）的外星物体（可能是彗星，也可能是小行星）撞击了地球，导致了地球上的第五次生物大灭绝事件。最近的、也是最重要的（至少对人类而言）研究显示，正是这个事件使恐龙灭绝，哺乳动物才有了成为地球霸主的机会（见文章 12）。

初闻该理论时，我尚不理解类似撞击能够带来的物理力量。我记得，当时我对该理论中所说的"撞击"效果抱以强烈的怀疑态度。我理解，对于一只正走在传宗接代道路上的霸王龙而言，正巧遇上彗星或者小行星撞击地球是一件多么不愉快的事情。但我实在无法理解，为何一个直径只有6英里的天外物体，在撞击直径足足有8000英里（约12875千米）的地球时，会给地球带来如此之大的浩劫？我将满肚子的疑问通通告诉了刘易斯·阿尔瓦雷斯。阿尔瓦雷斯是获得过诺贝尔奖的物理学家，也曾参加过广岛原子弹的制造。显然，他对于物理撞击的威力很有研究。他用下面这一串测算的数据堵住了我的嘴：一个直径有6英里的大火球撞击地球时，造成的爆炸威力比地球上所有核弹一起爆炸的威力还要强10000兆吨！与撞击地球的天体相比，碎片G可谓是个小矮子，但它依然在木星的表面砸出一个地球大小的坑，还造出了一个能够照亮整个木星表面的大火球。如果碎片G的撞击能为木星带来如此之大的影响，当年撞击地球的天体比碎片G更大，而地球比木星要小许多，我们还需要怀疑天体撞击论的正确性吗？

当阿尔瓦雷斯与他的同事第一次提出"天体撞击灾变论"时，绝大多数的古生物学家拒绝接受他们的理论，更是以嘲笑与刻薄的态度来对待该理论。然而，自该理论提出后，越来越多的证据浮现在众人的眼前。首先，人们从发生过生物大灭绝的地层中找到了高浓度的铱（地球原生的沉积层中几乎不会出现铱元素，但彗星与小行星中却含有大量的铱）；其次，人们在同一个沉积层中发现了大量的石英（虽然石英是一种常见的矿物质，但是其物理构造并不普通。据我所知，一般只有撞击产生的高压才能造出石英，地球表面或接近表面的内部作用一般无法产生石英）；最后，便是坐落于墨西哥尤卡坦半岛上直径约200英里（约322千米）的火山，火山的年龄正好吻合理论中天体撞击地球的时间，这是"天体撞击论"最明显的证据。

当有趣的理论遭遇强烈的反对，特别是该理论的有效性已得到证明，却依旧不断遭到攻击时，我们必须去寻找植根于哲学和方法论中更深层次的原因。在地球科学领域中，从来没有哪一种理论能和查尔斯·莱尔的均变论一样，在人们的理论偏好中占据如此稳固的主导地位。均变论是由一组复杂的理论构成的，其核心观点认为，地球历史上所有宏大且明显的现象都是由连续、可观察到的微小效果经年累月积累而成的。比如科罗拉多大峡谷的诞生便是由这些微小的效果通过岁岁年年的叠加，一寸一寸侵蚀科罗拉多河谷而成的。地球不断创造出新的动物群落，老的物种也在不断灭亡，人们根本无法察觉动物群落的变化。均变论认为，在地球上的某些时期，气候与地势曾经发生过剧烈且快速的变化，因此这些时期动物灭绝的数量要比平常时期更多，但历史上从来没有发生过物种集体灭绝的现象，这一点是毋庸置疑的。莱尔与达尔文都认为，所谓的"物种大灭绝"实际持续的时间可能跨越好几百年（人们之所以认为，物种是突然灭绝的，是因为地质学记录的不完善造成了这种假象），物种的灭绝也只是普通地理变化进程加快导致的。

均变论与灾变论之间的争论一直都是科学界的大难题，争论中涉及了太多的原则性问题，也牵涉到许多对人类生命影响深远的问题。我们只须列举争论涉及的最深刻的问题便可略知一二：第一，自然变化自身的问题。人类的文化、生活与物理世界是否是容易改变的，其变化是否是持续且不易察觉的（此为均变论的观点）？又或者是，人类社会绝大多数的形式与组织架构是稳固不变的，社会或思想的剧变往往位于两个稳定的社会时期之间，而且剧变是一种极为罕见的现象，只有在老旧的系统无法继续进行调整时，社会结构才会发生灾难性的剧变，才能诞生新的社会结构（此为灾变论观点）。第二，因果关系的本质。世界上巨大的效应是不是由我们每日都能够进行研究的、普通的、决定性的"因"导致的？又或者说是偶然发生的灾难性事件为地球的历史进程带来了强大的、变幻莫测的因素？

美国地质调查局位于加利福尼亚州的门罗公园，威廉·格伦便是一位任职于地质调查局的杰出的地质学家与科学历史学家。在过去的 15 年中，他专心研究科学革命这个有趣的领域。格伦的第一本书《通往哈拉米约的路》，被人们视为自 18 世纪末至 19 世纪初发现时间的无穷性后最伟大的地质学革命。《通往哈拉米约的路》主要讲述了板块构造论的发展及大陆漂移说结论的有效性。在过去十年里，格伦一直密切关注阿尔瓦雷斯"天体撞击论"从异端邪说到正统观点的变化全过程。他还为灾变学说的再发展编写了一本编年史，其中着重论述了探讨生物大灭绝的内容（详见他的新书《生物大灭绝的辩论：科学如何在危机中发挥作用》）。

有一天，格伦突然和我说，他认为，在科学历史上，或许与生物大灭绝相关的讨论比板块构造说更加重要。他的话把我吓了一大跳。虽然我乐于接受格伦的这种想法，但初听到该言论时，我很惊讶，内心也是拒绝接受的。这么多年来，地质学家对板块构造论赞不绝口，称没有任何理论能比板块构造论的影响更加深远，因此，我的内心也早已接受了板块构造论的崇高地位。所谓板块构造论，即指地球的表面在移动过程中破裂成一块块薄薄的板块，新的地壳从海脊中诞生，在涌出海脊的过程中逐渐成形，并推动板块移动，最终，这些地壳会于潜没层重新回到地球内部。

格伦的话让我想起我常常在文章中引用的一句弗洛伊德的名言："最重要的科学革命的一个共性，即是它们都会一个接着一个地削弱人类的傲慢之心，让人类不再坚信自己是宇宙的中心。"（见文章 25）伟大的科学革命至少能让我们对生活或宇宙运行方式的某些核心概念产生怀疑。板块构造论颠覆性地改变了人们对地球物理的看法，但人们对生活或物理因果问题的基本看法几乎没有受到任何影响。在板块构造论出现之前，我们认为地壳向上移动即成山，向下移动即成海洋盆地。板块构造论出现后，我们明白，原来地壳也是能够水平移动的。

如果格伦拥戴的撞击论是对地球历史运行机制的概述，而非只是解释个别现象（如生物大灭绝），那么"天体撞击论"便有了更加广泛的意义。如果撞击对当时的地质形态起到了一定的塑造作用，那么"天体撞击论"至少应当与之前主宰（甚至可谓是独占）了大众观念的均变论相一致，我们对于改变的本质与因果关系的看法也应当随之改变。除此之外，未来可能发生的观念性改变就和弗洛伊德所说的一样，既是可怕的，又是能够解放思想的。对于支持灾变论的人来说，宁愿不承认生物进化的过程中会有概率性事件与不可预测事件的发生。如果 6530 万年前，天空没有落下这么一颗大火球，那么恐龙就不会灭绝。如果恐龙不灭绝，哺乳动物永远无法成为地球的霸主，那么人类也就不会拥有今天的成绩。均变论与灾变论相比平和许多，它认为哺乳动物是一步一步不可避免地走向成功的，这与传统观念相符。

作为一个相信现在的果与最初的因必然存有联系的人（前文在叙述关于玛利亚·米切尔望远镜的故事时我曾提到过），我决定亲自研究地质学中"均变论"与"灾变论"的原意，尝试了解灾变论再现的重要性，及苏梅克－列维九号彗星在均变论与灾变论的对峙中作出的贡献。"均变论者"与"灾变论者"这两个词是由威廉·休厄尔发明的，他是英格兰著名的科学哲学家。在评论莱尔所著的《地质学原理》第二卷时，休厄尔写道：

"这些引导我们从一个地质状态走向另一个地质状态的改变，是否在漫长的时间中都保持一致的强度呢？又或者说，在两个同样平静的地质时期之间，会突然出现灾难性的改变吗？在未来某个时候，这两个截然相反的观点或许会将地质学领域分割成两个阵营，即'均变论者'与'灾变论者'。"（发表于1832年的《季度评论》期刊）

G.P. 斯克罗普是一名优秀的地质学家，也是莱尔的同事。在读了休厄尔的评论后，斯克罗普给莱尔写了一封信，表示灾变论与均变论之间的分歧其实可以相互妥协，甚至能够轻易得到解决：

> "至于他（休厄尔）所说的争论，我知道在如你一样的均变论者与灾变论者之间一直存在着。但除了你们自己画下的那一条分歧线以外，我几乎看不到两个阵营之间存在任何其他的分歧。均变论者与灾变论者之间不过是在争论改变发生的程度罢了，换言之，便是加与减的问题，其中一方微小的让步便能解决双方的争论。"

但莱尔坚定地拒绝了斯克罗普"妥协调和"的提议，均变论者与灾变论者便陷在休厄尔划出的两个阵营中，不死不休。莱尔给休厄尔写了一封信，信中引述了斯克罗普的想法，以及他个人对于划分两方阵营方法的支持：

> "在这个问题上，我绝对不会改变我的想法。至于原因，我已在《地质学原理》第三卷中说过了（出版于1833年）。在某种程度上，就我们当前的知识水平来看，这确实是一种可能性的问题，但在我看来，这是个相当重要的原则问题。我们到底是倾向于相信在过去3000多年里已经得到证明的可能性，还是相信在我看来完全没有强有力的证据可证明的可能性？"

换句话说，莱尔写道，既然缓慢作用于自然的效果已经被人类发现并观察了3000多年，这种自然效果也足以解释地球历史上所有发生过的地质事件，为何人类还要为发生过的地质事件编造一个看不见的力量（或者是灾难）作为其原因呢？

莱尔在言辞上对均变论不遗余力的支持在其所作的《地质学原理》第三

卷第一章中表现得淋漓尽致。《地质学原理》第三卷第一章是莱尔在阅读了休厄尔的评论后，受休厄尔的"均变论者"与"灾变论者"划分法的启发而作的（再版的《地质学原理》将这短短 7 页的第一章打散，分插在书的前一部分）。莱尔认为，我们必须抵制灾变论。灾变论是一种全凭推测得出的理论体系，这种论调会败坏地质学的名声，让人们认为，地质学是一种单纯依靠猜测的学科，经不起推敲。均变论则与之不同，是在观察当前原因的基础上建立起来的，具有坚实的理论基础，能够将地质学打造成一门严密的、以经验为基础的、成熟的科学体系。莱尔是一名职业律师，同样也是一名杰出的业余作家，其文章极具说服力，无人能出其右。

> "这种假说（指天体撞击论）让变化的过去原因与现在原因之间产生了冲突。没有哪一种假说能比它更能唆使人们变得懒惰，打击人们的好奇心。这种假设在最大限度上削减了人们坦然面对变化的能力。地球上每时每刻都在发生着各种微小的突变，该假设的出现，让人们无法坦然面对地球的变化……我们听说地球突然发生巨大的变化，我们听说山脉于瞬间拔高，我们听说火山突然爆发……有人告诉我们，持续的洪水、平静时期与混乱时期交替出现、地球变冷、所有动物与植物竞相灭绝等等，这些都是普通的灾难性事件。于是，满腹狐疑的灵魂再度复苏，面对戈尔迪之结（意指难解之题），相较于耐心地将缠绕成乱麻的难题一点一点地解开，我们更倾向于将其一刀斩断。"

一直以来，我都认为无论莱尔的文笔多么具有说服力，他的论点在原则的问题上都存在着极大的偏颇。然而，莱尔的观点依旧盛行了近 150 年，在这段时期里，地质学界对假说的接受程度一直受限。他认为，我们应当直接对问题进行观察，而非进行任何形式的推断（按照他的话来说，即"猜测"）。灾变主义被扣上"狭隘"的帽子，连一场公平的竞争机会都没有，便在这场争论中彻底落败。如果灾变论提出的模型是合理的，那么任何突发的自然灾害确实会给地球的地质带来突发的、巨大的影响，当然，这种强度的自然灾害发生的频率比较低。如果两个自然灾害期之间的间隔为数百万年之久（造成生物大灭绝的自然灾害，其时间间隔必然有这么长），仅凭人类只有数千年的观察历史，我们能有多大的概率在人类的历史当中观察到此类自然灾害？

我们不能因从未直接观察到某种现象，便一味地拒绝相信这种现象存在的可能性。绝大多数的科学都是建立在严谨与精确的推理之上的，科学不能只依靠被动的观察。对于一些因科学技术发展不足而从未被观察到的现象，我们依旧能够确信它们的存在，比如原子和黑洞。当可靠的理论预测到，某种现象出现的频率为数百万年一次，不过是三千年里未曾发生过这种现象，我们怎么敢嘲弄地说，这种现象并不存在呢？既然规模较小的普通事件发生的频率如此之高，为何我们不愿意接受"灾变论"呢？毕竟，足以造成物种大灭绝的大规模灾难性事件出现的频率相当低，这一类型的灾难性事件完全有可能成为地球与生命历史的主角。1908 年，一块名为通古斯卡的彗星碎片在西伯利亚上方 28000 英尺（约 8534 米）的位置炸裂，将 1000 平方英里（约 2590 平方千米）的森林碾为平地。如果这块彗星碎片在人群密集的地方坠毁，极有可能造成人类历史上最惨重的灾难性事件。经过最精确的测算，通古斯卡彗星碎片直径约 300 英尺（约 91 米）。对于彗星而言，300 英尺的直径并不算大。这样的一颗小彗星撞上地球的事件，都是间隔几百年甚至上千年才出现一例，被人们认为是极不寻常的历史性事件。由此，我们推断，一颗直径达数英里的巨型火球撞上地球，必然也是数百万年才能出现一次的，它的撞击给地球带来的影响必然是巨大的。撞击的次数够多，撞击带来的影响必然足以重新塑造地球与多细胞生物的历史。

莱尔在英国最著名的期刊杂志上为休厄尔的评论摇旗呐喊。休厄尔赞扬了莱尔的书，并公正地描述了莱尔的理论体系，随后也表示，莱尔在均变论的问题上过于死板，灾变论在原理上依旧有待讨论。换言之，均变论与灾变论之间的分歧必须通过科学研究的方式解决（也就是观察与推断），而不是在未经研究之前便先下定义。就在休厄尔为均变论与灾变论下定义的一段文字中，他为灾变论做了辩护：

"我们似乎像均变主义者一样，过于草率地下了定义，认为当前世界中能对地球与生物产生影响的物理现象，足以支撑我们建立起将已然灭绝之物也囊括在内的分类体系。与我们有限的知识一样，我们在时间、空间与耐心上都存有不足。如果这种分类体系能够帮助我们了解历史上对地球造成巨大影响之事件的规律与原因，自然是美好的。但若该分类体系导致我们忽视了自地球初始便一直存在的重要现象（简而言之，即某些可能在规模与影响程度上会不断加强，最终成为灾难的现象），那么便是奇怪的。"

我们无须对苏梅克－列维九号彗星进行直接的观察以证明灾变论的正确性。我们这一代人着实幸运，科学技术在高速发展的同时，也推动着我们的理解力的发展。工具与理解力两相结合，让我们能够观测到数百年难得一见的天文奇观。在彗星撞上木星的前几年，通过对化石的推测，我们已经证实了白垩纪生物大灭绝现象的真实性。

苏梅克－列维九号彗星代表着大自然对人类的宠爱，它是大自然赐给人类的一份礼物，用以奖励我们勇于反抗均变论观点对推测的所有偏见，通过合理的科学推测证实了地球上确实曾经发生过至少一场灾难性事件。大自然似乎在对地球上这些任性却无足轻重的居民说："我忠实的仆人们，你们通过艰辛的努力，进行了复杂的推断，你们做得对，也做得很好。现在，我将直接向你们展示一场发生在宇宙中的灾难。这场盛宴我分文不收，尽管它可能上千年才上演一次呢。"

当然，上述的一切只是一种比喻而已。我可没有变成那些头脑不清的新新人类，更不相信自然会有和人类一样的意识，带着目的行事。我们只是碰巧幸运地遇上了彗星撞木星这场天文奇观。但在文章的最后，请大家思考另外两件确实十分奇妙的事情。苏梅克－列维九号彗星撞击木星的那一日正好是人类第一次踏上月球的 25 周年纪念日。大自然是否专门选择了这样的一个日子，通过这场天文奇观向我们展示其基本运作的方式，对我们带着敬意踏入她的领地表示赞扬？当然，我们要感谢大自然没有将这场盛宴的举办地设立在我们的家园——地球上，而是选择了木星这样一个能够承受如此撞击的星球。苏梅克－列维九号彗星若是撞上了地球，我们人类的下场想必与恐龙别无二致。

肆

与腹足类动物有关的一切

14
爱伦·坡精选集

死后出名这种事情或许对于灵魂而言，是件不错的事情，但绝大多数的艺术家还是希望在活着的时候能获得一些实际的援助。1827年，爱伦·坡[1]18岁，他发表了生平第一本书——《帖木儿及其他诗》。他自己承担了所有的出版费用，一共印刷了50本。目前，全球只有12本流传了下来。因数量过少，《帖木儿及其他诗》成了美国第一版发行的书中最稀有、最昂贵的作品。这本书最近的拍卖价格或许高得惊人，但在当时，爱伦·坡的这本处女作既没有给他带来经济上的利益，也没有为他赢得文学上的地位。

说到这里，我想问读者一个较冷僻的问题：你知道爱伦·坡的哪一部作品曾大获成功，在他尚在人世时便不断加印再版吗？答案便是《贝壳学基础》，又名《贝壳类软体动物体系（学校专版）》，出版于1839年。《贝壳学基础》发行的第一版每本定价1.75美元，两个月内便全部卖完了。1840年，出版社发行了该书的第二版，内容也大大增加，之后，出版社又于1845年发行了第三版。至于爱伦·坡的其他作品，从《厄舍府的倒塌》到《莫格街谋杀案》，我们只能默默念着他笔下最出名的角色"乌鸦"的经典名句——"永不再"。爱伦·坡在世的时候，他的其他作品均未获得过再版的机会。

很多名人的成就与他们声名远扬的原因极不相符，对此我们无须感到惊讶。亨利八世（英国都铎王朝的第二任国王）的作曲能力相当不错，但我们也无须惊讶，亨利八世在音乐领域颇有造诣，且深受文艺复兴人文主义的各

---

① Edgar Allan Poe，1809—1849。——译注

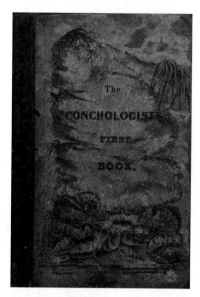

爱伦·坡所著的廉价教科书的封面

种艺术形式的熏陶。达·芬奇设计出了令人害怕的武器，这也并不奇怪，其高贵的资助人对达·芬奇实际能力的需求要远高于对其绘画能力的需求。但几乎没有任何资料能够表明，爱伦·坡曾与自然历史有任何交集。我们能够描述的是，爱伦·坡穷困潦倒，身无分文，醉醺醺地走在纽约或费城的街头；但谁能想象得出，爱伦·坡在林间漫步，又或是于海边闲逛，"做着从前无人敢做的梦"的样子？他创作的包括《乌鸦》中的乌鸦、《莫格街谋杀案》中的猿人、黑猫在内的多个角色都显示出他对动物学并没有多么深入的了解。爱伦·坡的传记作家苦苦挣扎着想要找到爱伦·坡对贝壳感兴趣的星点证据，却都无功而返。（有人认为，爱伦·坡于1827—1828年间在查尔斯顿港口沙利文岛上服兵役的时候，结识了自然学家爱德蒙·拉弗奈尔。还有人指出，其作品《阿瑟·戈登·皮姆的故事》中有一个章节对贝壳进行了描述。）我们或许能得此结论：《贝壳学基础》是一本最古怪、最离奇的书，作为一名小说家，爱伦·坡写了一本贝壳类的教科书，实在是一件反常的事情。

当承认《贝壳学基础》一书的模糊地位后，我们或许能更好地理解，爱伦·坡创作这本完全被人遗忘的最佳畅销书的动机与方法。这本书的出版，基本可以算作一场精心策划的计谋。事实上，作为一名出借署名权、部分是个小说家、部分是个抄袭者的人，爱伦·坡无需过多的科学知识便可出版这本《贝壳学基础》。爱伦·坡的朋友托马斯·怀特于1838年出版了一本非常昂贵的精装书，其内容与软体动物贝壳相关，售价每本8美元。这本书的销量和预料的一样低。怀特希望能够出版一本价格较低的简装本，里面的图片全部替换为黑白插图。但出版商哈珀拒绝了怀特的请求，他给出的理由十分充分——如果真的出了价格低廉的平装本，那么原先出版的精装版就永远也卖不出去了。怀特并没有因出版商的拒绝而死了发行平装本的心，但同样，他也害怕私自用自己的名字发行新的版本会引来法律上的纠纷，于是，怀特心生一计，决定花钱借用他人的名字，发行新的平装本。

可怜的爱伦·坡正好破产，经常醉醺醺的，几乎是出借名字的完美人选。其他人要价 50 个银币才愿意出借自己的名字，而爱伦·坡只要 50 美元。他不仅愿意出借自己的名字，还帮忙写作《贝壳学基础》。（详细的经济合同现已丢失，但我怀疑怀特从中抽取了稿费。）

我读了几乎市面上所有的爱伦·坡的标准传记，几乎每一本传记作者都毫不掩盖对《贝壳学基础》这本书的不适感。没有哪本传记愿意花费超过两页的篇幅来记述《贝壳学基础》这本书，每每提及这本书，传记的作者似乎便不得不停一停，想要找到一份灵药，抹去大家对这本书的记忆。F. T. 祖巴赫写道："这本书与爱伦·坡的文学生涯没有丝毫联系！"杰出的侦探小说作家与文学传记作者朱利安·西蒙写道："爱伦·坡让如此粗劣的作品冠上了他自己的名字。"戴维·辛克莱认为《贝壳学基础》是一本"令人感到羞耻的拙劣之作，爱伦·坡当时只是过于绝望，才会允许发生这样的事情"。杰弗里·迈耶斯形容这本书为"爱伦·坡最荒唐的劣作"。

我写这篇文章，并不是想为爱伦·坡开脱，更不是想要改写《贝壳学基础》一书诞生的背景。从当代知识版权法的角度来看，爱伦·坡做出此事，要么会被送入监狱（一同被送进去的还有怀特及与他共事的人），要么会被出版商起诉，站在被告席上等待法官的最终宣判，之后还会面临一大笔罚款。但我确实想说明的一点是，爱伦·坡的传记作者完全没有必要为此事感到抱歉，也完全没必要将《贝壳学基础》看作是爱伦·坡古怪且令他感到羞耻的一本书，在写作时一笔带过。事实上，我认为爱伦·坡这本书的成功之处就在于，

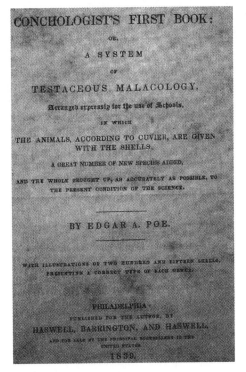

虽然这本书是合作的成果，但是封面的书名下只将爱伦·坡作为唯一作者

175

它以一种富有竞争性和创新力的方式满足了当时读者的需求（无论这本书创作的背景有多么模糊不清）。此外，当我们探究《贝壳学基础》这本书的成功之处时，我们还能发现一些关于 19 世纪美国大众教育方面的有趣现象。

为了更好地探究《贝壳学基础》这本书，我们首先需要了解这本书各部分创作的起源，以及爱伦·坡在将每一个部分衔接起来时扮演的角色。（记住，尽管只有爱伦·坡的名字被印在这本书的封面上，但是编写这本书的人都付出了相当的努力。怀特自己肯定参与了本书的编写，其他人也一定在某些程度上帮了忙。）想要探究这些问题，爱伦·坡自己的言论便是最好的证据。爱伦·坡的证词源自他的一封典型的自我剖析式信件，不可否认，其中有部分内容是编造的，但目前我可以肯定，与《贝壳学基础》相关的言辞是真的。

爱伦·坡的一生短暂而充满苦痛（就像是用来形容莫扎特的一句老话所说的那样：爱伦·坡到我这个年龄，已经过世 11 年了，而我虽然已人到中年，却依然认为自己还是个孩子呢）。爱伦·坡一手创造了他生命中的苦难与折磨——打架，决斗，酗酒，永无止境地为钱而自贬人格，因文学上的分歧而谩骂他人。爱伦·坡的一生几乎可以用他最著名的一句诗来形容：

"'基列有没有止痛香膏？求求你，向我坦白！'
乌鸦说道：'永不再。'"

爱伦·坡一生惹下的无数祸端中，其中有数项是对他剽窃他人作品的指控（部分指控是正确的）。爱伦·坡在他人生最后的十年里，花费了大量的时间去威胁与起诉指控他抄袭的人。《贝壳学基础》一书自然也在这项指控的范围之内。1847 年 2 月，费城的一家杂志对爱伦·坡进军自然历史领域表示质疑，爱伦·坡得知此事后，写了一封信给乔治·W.埃弗利思：

"当您告诉我，费城的那家杂志指控我抄袭时，我十分惊讶……请把您能够记得的所有详情尽数告知于我，我必须将这家杂志告上法庭。是谁写了这篇指控的文章？谁发表了这篇文章？这篇文章发表的具体时间是何时？我向您担保，他们的指控纯属污蔑！1840 年（这一年，爱伦·坡正巧离开了费城），我出版了一本以《贝壳学基础》为名的书。我想，那家杂志所指控的就是这本书吧。这本书是我与托马斯·怀特教授、费城的默克莫特里教授联合编写的。我的名字之所以放在这本书的封面上，是因为我的名气最大，有助于提高这本书的销量。我为这本书写了序言与引言，书中提及的对于动物的描述，均是我根据法国自然学家居维叶的研究翻译而来。学校的用书非常有必要统一专业术语与格式。我在书本最开始的标题中就明确写道，书中所有动物的描述都是根据居维叶的研究翻译而出。该杂志对我的指控是毫无理由的。只要我与《镜子晚报》解决了账户上的问题，我便立刻将这家杂志告上法庭。"

《贝壳学基础》开篇是长达两页的序言，爱伦·坡说这一部分是他写的，我对此毫不怀疑。序言之后，便是四页的"引言"部分，也是问题开始的地方。有一个名为托马斯·布朗船长的作家，他曾出版过一本书，名为《贝壳学家的教科书》。爱伦·坡的引言"借用"了这本书第四版中的许多内容。有些传记作家认为，爱伦·坡所写的引言，哪怕不算是完全抄袭，但也算得上是纯粹将托马斯的书复述了一遍。（F. T. 祖巴赫写道："爱伦·坡几乎是一字一句地将托马斯的书抄了下来。"）事实上，在亲自对比过两本书后，我发现只有三个自然段（差不多是整个引言的四分之一）有大量"借用"的痕迹。（抄袭就像是怀孕，不会依靠抄袭的多少来判断罪孽的深重，爱伦·坡此罪难逃。你要么没有抄袭，要么确实存在抄袭的行为，爱伦·坡显然属于后者。）

引言之后，是 12 张贝壳的插图，这一部分的抄袭问题更严重。前 4 张插图分别描绘了贝壳的各个部位，它们完完全全取自托马斯的书，是完全不加掩饰、不寻借口、毫不慌张的抄袭。接下来的 8 张插图按照分类顺序描绘了贝壳的种类，依旧是抄袭托马斯的，只是排列的顺序与托马斯的书相反。换言之，托马斯书中的最后一张图便是《贝壳学基础》中的第一张图（爱伦·坡对这些插图进行了位置的调整）。如果我们倒序看爱伦·坡的插图，正序看托马斯的插图，就会发现，爱伦·坡的最后一张图就是托马斯第一张图的复制版本。

其他人也发现了这一规律，甚至有人称，爱伦·坡与怀特这么做，是在蓄意掩盖他们的抄袭行为。然而真实的原因不仅与之完全不同，还更加有趣。（既然头四张插图已经完全抄袭了托马斯的，爱伦·坡与怀特还有什么必要掩盖自己的抄袭行为？）托马斯的书是按照法国伟大的自然学家拉马克的教学法进行编排的。与传统的自下而上（也就是自低级到高级的顺序）的教学方式不同，拉马克习惯以自上而下（从高级到低级）的顺序进行教学。也就是说，拉马克在教学时习惯以人类为教学的起点，最后以变形虫收尾。托马斯的书完全按照拉马克的方式编排，所以他的书从最高级的软体动物开始讲起，而爱伦·坡与怀特的书则是按照传统的教学方式编排的，从最低级的生物开始讲起。因此，两本书的讲解顺序是恰好相反的。

选择将托马斯的书作为抄袭的对象，充分展现出这场计谋的本质，也可以说，至少显示出爱伦·坡与怀特在出版这本经济版软体动物教科书时最简单的方法。之所以抄袭托马斯的书，最主要就是因为他的出版商在英国格拉斯哥。在爱伦·坡那个时代，有法律效力的国际版权法尚未出台，抄袭、改写国外出版的书，完全无须担心来自法律方面的惩罚。（就像今天一样，或许会有道德上的谴责，但是没有执行效力的规定永远都不可能成为惩罚的工具。）托马斯是英国人，具有极大的可利用价值（出于同样的原因，40 年后，吉尔伯特与沙利文将整个剧团带到了纽约，出演了纽约首场《彭赞斯的海盗》，这些演员在没有向吉尔伯特与沙利文之前非常流行的《皮纳福号军舰》舞台剧支付半分版税的情况下，赚得盆满钵满）。至少，爱伦·坡绝对为此行为感到羞耻，在《贝壳学基础》一书中，他在引言中补充道："同样需要感谢托马斯·布朗先生，我在此书中大量引用了他那部优秀的作品。"

接下来，《贝壳学基础》用整整 10 页的篇幅来解释贝壳的各个部位，这一部分同样大量抄袭了托马斯的作品，因为需要简化术语、减少英国的语言特点，所以爱伦·坡他们对个别几个地方做了略微的更改。再往下，便是整本书的主体部分了。这一部分对各个物种逐个进行了描述，先讲软体动物，再讲贝壳类动物，篇幅长达 120 页。这一部分的编排顺序与怀特先前出版的精装版本一致。显然，爱伦·坡从精装版中摘取了怀特对各个贝壳种类的描述，还将居维叶的法语文章翻译为英语，用来解释并支持他对动物软体组织的描述。（我认为，爱伦·坡便是在这里，通过贡献的方式来赎罪。）《贝壳学基础》以术语表与索引页作为结束，这两个部分显然是怀特提供的。

这本书涉嫌抄袭？毋庸置疑，很多部分都有抄袭的痕迹。这本书是爱伦·坡无耻的"劣作"？那倒未必。爱伦·坡在写这本书时做了一两件有趣的事情，算是给这本书添了些价值。历史的起源和现在的功用代表了生物体的两个不同的方面，不可混为一谈，进化论生物学家比任何其他领域的专家都更了解这一点。在对待爱伦·坡的这本书时，我们也要牢记这一点。我不会为这本书的来历做任何辩解，但这本书确实有其用处（至少它的诞生方式算是一种创新），其商业上的成功更是不容忽视。为了理解这本书成功背后的合理原因，我们首先要弄明白两个问题：为何怀特选择了爱伦·坡而不是别人？这本书面向的是哪些读者群体？

1. 爱伦·坡的才华

在写给埃弗利思的信中，爱伦·坡曾经提到过他被选为借名之人的一个理由，此前我也曾在文章中摘录过："……我的名字之所以被放在这本书的封面上，是因为我的名气最大，有助于提高这本书的销量。"如果这个理由能够被接受，那事情就变得有意思了。这说明，在那个时候，爱伦·坡的文学才华已经得到了社会的承认，他并不像后世描绘的那样，是可怜的失败者或者彻头彻尾的悲剧型天才。

我个人认为，怀特选择爱伦·坡作为替名之人，也体现出怀特优秀的判断能力，他非常清楚，自己需要一个怎样的帮手。《贝壳学基础》这本书的结构清晰，内容浅显，素材的编排也是循序渐进的，并且具有一定的创新性。没有哪位爱伦·坡的传记作家曾经提到过这一点，或许是因为，这本书的篇章构造过于规整，我们理所当然地认为，历史上所有关于软体动物的教科书都是按照这种顺序编写的吧。事实上，并不是这样的。在爱伦·坡那个时代，这本书的编写方法并不常见。我认为，怀特之所以选择了爱伦·坡，部分原因正是在于，他需要爱伦·坡的能力来帮助他完成编写方法上的革新。

"软体动物"（mollusca）一词来源于希腊语的"mollify"或"mollycoddle"，意为"柔软的"。"软体动物"指的是身体中没有坚硬组织的动物，这种动物能够分泌出用于掩体的钙质介壳。绝大多数的收藏家与自然历史学家都将注意力放在了能够保留下来的钙质介壳上，而忽略了软体动物极易腐烂的肉体。在爱伦·坡的书中，对贝壳的研究与分类统统这样划分在"贝壳学"之下。

在爱伦·坡的那个时代，大多数与软体动物相关的畅销书都只对贝壳进行研究。怀特最初的那个精装版便只描述了贝壳，一如托马斯的版本（也就是爱伦·坡抄袭的对象）。林奈则是仅仅根据贝壳的特征对软体动物进行分类。举个例子，在文章 15 中，我将介绍一本名为《贝壳学者手册》的软体动物畅销书，这本书于 1834 年出版，与爱伦·坡的书同属一个时代，作者为玛丽·罗伯茨。这本书开篇就把软体动物与贝壳分开了，研究的关注点全部在贝壳上，完全忽略了软体动物。她写道："我的朋友，优雅的贝壳学是由对贝壳的知识、编排及对贝壳类动物的描述构成的；根据林奈的说法，贝壳学以贝壳的内部结构及贝壳的特征为基础，与贝壳内部包裹的躯体没有关联。"1836 年，托马斯·布朗又补充道："贝壳学建立于贝壳的基础之上，与贝壳内部的躯体毫无关联，这就是林奈的贝壳学体系。"

怀特与爱伦·坡确实抄袭了托马斯的著作，但他们也在一定程度上优化了托马斯的理论体系。由此看来，称这本书为"拙劣之作"便显得不合适了。只基于贝壳本身，完全忽略了制造出贝壳的生命体，这是一种完全的人为分类方法，无法对软体动物进行准确的研究。一个对软体动物综合性的、全面的生物学讨论，必须同时涉及贝壳与软体动物。怀特与爱伦·坡决定以两者并论的方式编写《贝壳学基础》（虽然怀特在他的精装版中并没有做到这一点），并没有将这种研究方法视为一种奇思异想，或者是一种有趣的解释方法，而是真真切切地将两者并论的研究方式视为整本书的基础。

爱伦·坡长达两页的序言不过是在讲述《贝壳学基础》定义特征的基本原理。他以定义开头，将软体动物学或是对软体动物在生物学方面的研究与贝壳学（或贝壳本身）进行了对比。之后，爱伦·坡表示，这本书将保留贝壳学中为人熟知的名词，但也会引入可以同时描述软体动物及其贝壳的创新性概念：

> "对这一主题的一般性研究，在每一位科学家的眼中，都是不完美的。其不完美，正是因为所有的研究都将贝壳与贝壳内部的动物分开对待，认为两者互不依赖。事实上，同时检验贝壳与贝壳内部的动物，对于软体动物学研究而言是必不可少的……贝壳学（这是大家常用的词）发展到后来，其实也是软体动物学，因此，一本研究贝壳的书，从头到尾都没有提到过软体动物，这是完全没有道理的。"

随后，爱伦·坡向读者讲述了这本新书最重要的特征，以此强调出版这本书的目的："在向读者讲述每一种动物的解剖构造时，同样也会描述这种动物栖居的贝壳。"顺便提一句，1992 年出版的关于爱伦·坡的传记恰好遗漏了这一点，传记的作者并没有意识到，爱伦·坡在学科名称概念性改革上作出的贡献（软体动物学和贝壳学）。这本传记的作者写道："爱伦·坡写的无聊透顶、卖弄学问、过分纠结细节的序言，对于读者而言绝对是一场折磨，就连最具好奇心的学童也读不下去。"

爱伦·坡与怀特到底是从哪里找到了那些动物的描述性文字？毕竟，怀特和托马斯的书均没有相关内容。爱伦·坡与怀特将视线转向了法国。在19世纪，法国在自然历史方面的研究一直领先于世界，此外，法国还有欧洲最伟大的解剖学家乔治·居维叶的研究著作。在这种情况下，爱伦·坡的实际技能便发挥了作用。

爱伦·坡显然对自然历史并不是很了解，但他会说一口流利的法语。爱伦·坡的母亲是位演员，在爱伦·坡只有两岁的时候，母亲便离开了人世。此后，爱伦·坡便被一位名叫约翰·艾伦的里奇蒙德商人所收养，然而这位商人并非一直富有（爱伦·坡的中间名便取自这位商人，虽然他从未办理过正式的收养手续）。爱伦·坡在英格兰和苏格兰度过了一生中关键的五年（1815—1820年），在这里，他于一所管理非常严格的学校接受了经典教育，其中就包括完整的法语学习。后来，爱伦·坡回到了里奇蒙德，但他依旧坚持学习古代语言和现代语言。1826年，爱伦·坡进入了预科学校，他在弗吉尼亚大学进行了为期一年的学习。在伟大的政治家托马斯·杰弗逊尚在人世时，爱伦·坡很可能便是在弗吉尼亚大学与他相识的。也正是在弗吉尼亚大学，美国的两位前总统詹姆斯·麦迪逊（接任杰弗逊作为弗吉尼亚大学的校长）与詹姆斯·门罗花了几个小时对爱伦·坡的古典语与现代语能力进行了考查，并对爱伦·坡的语言能力给予了极高的评价。简而言之，爱伦·坡对法语必然是极其熟悉的，他的法语水平很有可能是所有参与编写与修订这本书的人中最高的。

我不知道爱伦·坡到底花了多少时间来翻译居维叶对动物的描述，也不知道他花了多少时间将居维叶的描述与怀特对贝壳的传统研究材料融合在一起。但是爱伦·坡在这一方面的贡献，显然成为《贝壳学基础》中最重要、也是最备受推崇的特点。爱伦·坡明白这一任务的重要性，翻译居维叶的研究是整本书成功的关键所在，他在给埃弗利思的信中写道："我为这本书写了序言与引言，书中提及的对于动物的描述，均是我根据法国自然学家居维叶的研究翻译而来。"我不敢说，爱伦·坡在《贝壳学基础》的编写过程中花费了很多个午夜端坐在书桌前，为翻译居维叶的研究"消得人憔悴"，但完成这项工作显然需要一定的时间，而怀特的人脉圈子里很可能也不存在拥有如此高超语言技巧的人。爱伦·坡高超的语言水平是《贝壳学基础》能够大获成功的重要保证。

2.《贝壳学基础》的目标读者群体

怀特为何如此急切地想要出版他那本滞销书的平装版呢？为何他就那么笃定，新的版本能够获得成功？为何为了出版这本书，怀特甚至愿意放弃署名权，为避免和原出版社之间产生法律上的纠纷，主动选择寻找解决方式呢？

为了回答这个问题，我们先要找到当下文化中，最能与怀特的举动有可比性的现象——现代的音乐表演者会在演奏会（或演唱会）幕间休息的时间向观众售卖录有其作品的 CD 和磁带。怀特并未将书店当作《贝壳学基础》一书的主要销售场所，他有着明确的、特定的销售市场，在这个市场中，售价不高的产品最容易取得较高的销量。现代流行科学的演讲人常常在学校里任教，或是在深夜的电台中担当"深夜最佳催眠人"的角色。然而在 19 世纪，与雅克·库斯托或戴维·阿滕伯勒的名气相当的人通常会在全国进行巡回演讲，演讲场所遍布各种文化团体、图书馆、书友圈、男士与女士的俱乐部（男士与女士的俱乐部通常是分开的）。正是这些人的演讲，点燃了 19 世纪美国各个小镇的学习热情。托马斯·怀特便是这样一位不断进行巡回演讲的科学商人，在他常常举行且极受欢迎的软体动物讲座上，他需要一本书作为讲座的补充。我不敢说怀特的动机完全（或者是大体上）是出于理想，但很可能是为了赚得大量的稿费。办讲座能获得的报酬是很少的，但是如果将《贝壳学基础》作为讲座的补充，卖给极有购买意愿的听众，销量一定不会低到哪里去，这很可能会让怀特从穷人变为一个具有偿付能力的人（正是因为同样的原因，现代博物馆商店才会如此快速地扩张起来）。要知道，爱伦·坡在编写这本书的过程中，不仅创作了部分文字，为教材翻译居维叶的文章，还将自己的名字借给了怀特，然而他得到的钱却少得可怜。怀特，则必然从《贝壳学基础》极佳的销量中大赚了一笔。

尽管如此，我还是要重申，一个事物的诞生过程与它诞生后的作用属于该事物的两个方面，不可混为一谈。怀特邀请爱伦·坡加入编写《贝壳学基础》的团队，其目的或许完全是出于金钱，但他们确实在创作这本书的时候，提出了一个不错的创新性想法——将软体动物与贝壳作为整体进行研究，使得贝壳学从完全的人工描述上升到了完整的生物学的高度上。他们的作品或许称不上什么鸿篇巨制，但也存在着一定的价值（毕竟爱伦·坡的生物学知识匮乏，无法将翻译过来的材料与怀特对贝壳的描述融合在一起，他只是单纯地将信息罗列出来而已）。

我自己便拥有一本《贝壳学基础》（我可不敢梦想能够拥有一本《帖木儿及其他诗》，《贝壳学基础》的销量实在太好，有很多都流传了下来，且价格都在合理范围之内）。我的这本书里有许多铅笔涂写的痕迹，起初我并不知道为何要在这本书上涂涂写写，后来，为了写这篇文章，我阅读了大量的相关材料，这才弄明白了涂写背后的原因。在我的这本书背面的空白页上，写着这样一句话："在查尔斯镇女子学院的年轻女士们面前进行了演讲。"查尔斯镇女子学院或许就坐落于波士顿中心的东部，因为查尔斯镇（Charlestown）的拼写中有一个字母"w"，而南加利福尼亚、西弗吉利亚、伊利诺伊或密西西比的城市都不习惯在地名中加字母"w"，这些州更习惯于将查尔斯镇写作"Charleston"。在爱伦·坡将解剖学与贝壳学放在一起进行描述的最后一页上，这本书的主人写道："贝壳学讲座到此结束，演讲人为怀特教授。"正是这一句话激发了我对整本书的出版历史进行调查的兴趣（在写这篇文章之前，我从未听过怀特教授的大名，因此，当时我也不是很了解书中字迹的真正含义）。书中其他的笔记绝大部分写的都是林奈命名法的语源，或是将通用的动物名字记录在爱伦·坡所写的拉丁文字下。打个比方，这本书的原主人在"Mya"类下写下了这一类别的通用名称"蛤"，在"Mytilus"下写下了它的通用名"贻贝"。

除了单纯地向读者表达我心中的感受外，我不知道还能有什么办法可以表达我的观点。我大胆地推测，怀特曾带着我手头的这本《贝壳学基础》前往查尔斯顿女子学院举办讲座。在那里，他将这本书卖给了一位小姐，这位小姐之后参加了他的讲座，并在书上潦草地记下了笔记。这本书曾被怀特亲手交给它的原主人，这种推测让我感到十分开心。或许当时她递过来 2 美元，怀特还找了她一个 25 美分的硬币。你要是觉得我的想象很好笑，那你便笑吧，但在那个年代，在美国这个民智尚未完全开化的国家，这种形式的巡回演讲在所有的文化活动中是意义最为重大的（也是之后夏季短训班和当代所

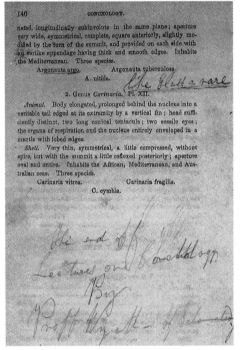

讲座结束后，"怀特教授"（托马斯·怀特，贝壳书背后的专家）可能将这本书以1.75美元卖给了它的第一个拥有者

有的流行教育方法的前身）。巡回演讲同样也是当时少数几种允许女性接受集体教育的方式之一。《贝壳学基础》在这一方面作出了贡献，而我手中的这本书便来自这项有意义的事业的中心。

接下来，我想引用爱伦·坡最著名的一首诗，虽然我想表达的意思与爱伦·坡创作该形象的原意完全不同。爱伦·坡打开窗户，看到那只乌鸦站在帕拉斯女神（也就是雅典娜女神）雕像洁白的胸脯上，再也不会离开：

> "那乌鸦并未离去，仍然栖息，仍然栖息，
> 栖息在房门上方苍白的帕拉斯女神雕像上面。"

爱伦·坡笔下的乌鸦是一个充满着不祥与悲剧的角色，它承载着对内心和平与拥有成就的希望。再来看看乌鸦栖息的帕拉斯女神雕像，帕拉斯·雅典娜是理性与智慧之女神，同时也是城市的保护神，是城市与文明的象征，与荒野女神阿尔忒弥斯相对。她难道不就代表着爱伦·坡吗？至少，雅典娜代表着爱

伦·坡未曾实现的梦想。雅典娜的两个代表性标志为智神星（也就是帕拉斯）与帕特农神庙，帕特农神庙便是用来供奉雅典娜的神庙，代表着雅典娜的纯洁与童贞。爱伦·坡称雅典娜为帕拉斯，不正是渴望着帕拉斯所代表的清白无污点的生活吗？那个彬彬有礼的爱伦·坡，居于城市之中，在语言上有着极高的造诣，对自然历史并无特别的爱好。而乌鸦则代表着未经驯化的自然，未经许可便强行闯入爱伦·坡的世界，与爱伦·坡彬彬有礼的一面结合在了一起：黑与白，科学与文学，自然与文化。我们难道不该珍惜这样的并存状态吗？

15
被忽视的女性

在我个人熟知的进化论重建领域中，对于其中一群体的忽略现象普遍存在着。几乎所有较老的能够使"人类文明得到跃升"的理论，都因在措辞上存在这样的偏见，在概念上存在着一定的局限性。女权主义的兴起在整个人类社会群体中引发了一场良性的扩张。然而在此之前，人类的语言、智力及其他的意识均服务于男性的需求与活动。因此，我们知道，人类之所以发展出了语言功能，全是因为男性在狩猎时，需要有语言来沟通，以便相互配合（一项传统的全男性参与的活动）。因此，我们知道，男性在追捕猎物时需要进行更加复杂的思维活动，意识才由此诞生（追捕猎物是一项只有男性才会进行的活动）。在此类理论中，女性是完全隐形的。我想，男性出去狩猎时，女性大概是和孩子们躲藏在山洞里的吧（一如油画与博物馆实景模型展示的那样），但在文献中并未明确提及女性的任何活动。

科学界对于史前女性在意识形态上的全然忽视，主要原因在于这个歧视女性的社会让当下的女性无法参与科学界最重要的两项活动——研究与发表研究结果。一直到这个时代，才有相当数量的女性踏入了科学领域（在过去十年里，我的实验室有近一半以上的研究生为女性，我对此感到自豪。但我也必须承认，我们学校第一位为非科学生上通识课的女性教员直到20世纪70年代才获得了任教资格，她现在是史密森学会一位杰出的研究员）。

如果在我们这个年代，有才能的女性都会面临如此之多的限制，那么19世纪的女性受到的限制定然更多，她们很可能在大多数情况下是被社会完全忽略的。在英格兰，绝大多数主要的科学组织不允许女性加入。伦敦地质学会直到 1904 年才开始接受女性成员（T.H. 赫胥黎支持禁止女性加入地质学会），林奈学会则到 1905 年才允许女性加入。女性在植物学领域的表现普遍较好，因女性在审美与识别力方面要普遍优于男性。长久以来，人们一直认为植物学是最适合女性研究的一门学科，但因为社会对女性的歧视态度与不公平的待遇，哪怕是在植物学领域，女性被接受的程度也不高。在一则备受尊重的研究论文《1836—1856 年，伦敦植物学会中的女性成员》中，作者 D. E. 艾伦写道：

> "植物学之所以能够打破不允许女性加入的规定，正是因为这一学科的运气极好，能与当代社会对女性气质看法的转变保持一致。一方面，植物学能够包装成为一种高雅的活动，其研究也无需过多的理智主义，能够迎合实际上是贵族阶层的女学者的兴趣爱好。另一方面，人数众多的中产阶级更欣赏一种新式的多愁善感的女性气质——压抑情绪的福音式完美女性，而植物学在这一方面更容易被中产阶级所接受。"

即使能够加入植物学会，女性依旧在学会中扮演着次要的角色。1836 年，伦敦植物学会成立时，整个学会中只有 10% 的会员为女性，但在此后的 20 年里，该比例下降到了 5%。只有一位女性在学会会议中发表过自己的研究报告，她的研究报告也不是由自己宣读的，而是委托一名男性会员帮忙代读的。女性从未获得过加入学会理事会的权利，学会的管理层中也从未出现过女性。女性虽然能在会议中投票，但必须事前通过书面形式告知学会秘书，该女性是被某位协会男性成员派来作为参与本次会议的代表，才能被予以投票权。由此来看，伦敦植物学会也并不是什么打破了传统的学会，其他的学会则是完全贯彻"禁止女性加入"的禁令。艾伦写道：

> "为迎合下层中人数众多的科学爱好者的趣味，大量参差不齐的小型科学团体如雨后春笋一般冒了出来，植物学会便是其中一个。即使下层中的科学爱好者具有一定的知识素养，他们也很难加入主流的科学团体。简单来说，这些小型的科学团体主要服务于各个科学学科的门外汉们。与其他的科学小团体一样，植物学学会反映出一种自我意识的自由立场，这种立场甚至可以说有向激进主义发展的趋势。"

因此，对科学抱有兴趣的女性只能参与科学学会中的边缘性活动，却无法接触到科学研究中最能够获得声望、进行创新的研究与出版活动。女性可以为男性出版的作品绘制插图。在约翰·古尔德所著的《欧洲的鸟类》（对于现代的书籍收藏家而言，这本书的需求程度与价格仅次于美国鸟类学家奥杜邦的书）一书中，绝大多数的插图均为其妻子所画。这本书的声誉之所以如此高，部分原因就在于书中精美的插图，由此看来，《欧洲的鸟类》获得的部分声誉，还是要归功于古尔德的妻子。顺便提一句，这本书其余的插图由爱德华·李尔创作而成，他是欧洲最好的科学插画师之一，然而在现代，李尔最出名的，还要属他那些打油诗。

女性能够成为标本收藏家，然后将标本交与男性来做正式的写作与出版。19世纪初古脊椎动物学的诞生，多半归功于鱼龙与蛇颈龙标本的第一位收藏者——莱姆里斯杰的玛丽·安宁，她的贡献比任何一位写了鱼龙与蛇颈龙的男性作家（比如巴克兰德、科尼比尔、霍金、欧文等）都要高。除玛丽·安宁外，著名的女性收藏家还有最伟大的海藻类收集家——英格兰托基的A.W.格里菲斯女士。创作出最畅销的海洋植物学著作的男性作家曾经对格里菲斯女士表示过高度的赞赏，他写道："格里菲斯女士比一万个收藏家加在一起还要厉害。她是我的法宝。"查尔斯·金斯利则表示，如果没有格里菲斯女士，英国海洋植物学恐怕就不复存在了，此外，查尔斯还高度赞扬格里菲斯女士"有着与男人一般强大的研究能力"。然而，琳·巴伯在其优秀的英国畅销科学著作《1820—1870年，自然科学的鼎盛时期》一书中写道："一个海藻物种及数个种类的海藻均以她的名字命名，每一个维多利亚时期的海藻类植物作家提到她时，言语中都充满了尊敬，甚至是敬畏。然而，格里菲斯女士从未用自己的名字发表过任何研究。如今，她的名字只出现在其他人所作之书前言的鸣谢部分。"

对于女性而言，创作与自然科学相关的流行书籍是大众最能接受的一种方式，但女性能够尝试创作的主题却十分有限，多是将自然界中的事物让人感到娇美或兴奋的一面描绘成圣洁的女神，或是要求人类举止端正、对自然心怀敬畏的指引。许多女性就这些主题创作了大量的作品，如今，此类书籍大多已被人遗忘，但在那时，却算得上是一种重要且可以获利的出版物。这类作品大多轻易被人们抛之脑后。甚至连琳·巴伯也遵循着当代对此类作品不屑一顾的态度，在一篇言辞尖锐的文章中，他不无讽刺地赞扬这类女性不惧困境、坚持科研的精神：

> "维多利亚时期，有无数的女性在不经任何研究的情况下，创作出大
> 量的科学文章。除了牧师以外，最热衷于创作自然历史流行书籍的当属
> 维多利亚时期的女性了。她们不断地与出版商签订合同，写出无穷无尽
> 的故事……忠犬救主、能够记住一切事情的大象等。她们在作品中流露
> 出的绝大多数情感多与其他女性或孩子有关（一般情况下，很难指明到
> 底与两者之中的哪一方有关系），字里行间充斥着多愁善感……她们有能
> 力创作出最煽情的文章。"

我并不是批评巴伯的评价，但我认为，出于多种理由，我们应当更加严肃
地看待此类文学作品。从学术的层面来看，这一类型的文学作品能够展现出维
多利亚时期女性在社会与学术层面上的挣扎；从道德的角度来看，处于社会边
缘的人，因社会对他们的歧视而被强加限制，但即使这些人深受刻板印象的
折磨，也依旧有着表达内心想法的创作冲动。那些特别喜欢歌剧的黑人，最
终却只有流行音乐的世界接受他们；如我祖父一样的犹太人，梦想成为一名
艺术家，最后却只能成为一名手艺纯熟的裁缝。如今，有很多学者，特别是
在女权主义圈子里，或者是研究女性项目的学者，正在重新研究于19世纪创
作自然历史流行书籍的那些隐姓埋名的女性，对此，我感到十分开心。在这
一方面，我既没什么专业知识，也没有研究的经验，故而无法作出贡献，但
我希望能够将这些女性的个人遭遇记录下来。

最近，我从英国一家专门贩卖
自然历史古董书籍的承包商手中，
以极低的价格买下了一本上述类型
书籍的经典代表作——《贝壳学手
册》（1834年版），作者为玛丽·罗
伯特。我从未听过玛丽·罗伯特的
名字，也从未听过《贝壳学手册》
这本书，之所以对这本书感兴趣，
是因为我研究的就是贝壳学（曾经
学习过软体动物贝壳），想了解这

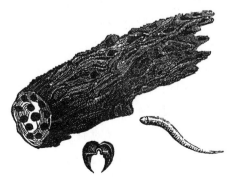

玛丽·罗伯特在《贝壳学手册》书中绘制的长
在木头里的蛤蜊和船蛆

个过去盛行至极、现在却被大家遗忘的文学类型。

在尝试搜寻罗伯特女士的相关信息时，我很快便遇到了研究社会边缘人士时容易遇到的难题。显然，正规学会的人认为，他们这一类人的学术作品较为浅显。在当代的各种文献中，这一类人的资料少得可怜，他们可以说是近乎隐形的存在。没有人会将他们的生平记录下来，后世的历史学家也不会将他们的人生经历当作研究的对象。能够找到的记录，绝大部分都是他们的出生记录、发行商的账户及他们死后的墓志铭。

玛丽·罗伯特曾出版过十几本与自然历史相关的书，有些书在她那个时代颇流行，即便如此，现在基本上也找不到关于她的生平记录。罗伯特于1788年出生于伦敦，其父为贵格派商人（19世纪许多女性作家的父亲都属于贵格派）。1790年，罗伯特全家搬到了英格兰格洛斯特郡，但她在父亲过世后搬回了伦敦，同时也退出了贵格派。罗伯特剩下的人生均住在伦敦的布朗普顿广场，终身未婚，最终于1864年1月13日过世。除此之外，我找不到任何与她相关的其他资料。经过观察，我发现，手头上五本文献，无一例外都提到过："……非常容易将玛丽·罗伯特和另外一名同样也叫作玛丽·罗伯特（1763—1828）的人弄混，1763年出生的玛丽·罗伯特是一位诗人，为一位名叫汉娜·摩尔的人写过一本诗集。"与他人相混淆是被社会忽略的不可避免的结果（当然，玛丽·罗伯特这个名字过于普通也是原因之一）。

传记文献除了列出罗伯特所写的书籍名以外（虽然列出书名也能够为我的研究起到一定的帮助作用，但很难找到罗伯特的作品，几乎没什么图书馆会保留过去的流行作品），几乎没有提到过任何与罗伯特的作品内容相关的信息。我手头上与罗伯特相关的最久远的文献是1870年出版的《英国文学批评词典》，这本词典称罗伯特为"一位有帮助且受欢迎的英国女作家"。我手头上与罗伯特相关的最近的一本文献是1990年出版的《英国文学女权主义者手册》，这本书称"即便是在写给孩子们阅读的书时，罗伯特也会非常仔细地写下书中引用的来源"。罗伯特曾写过一些非科学类书籍，最出名的一本莫过于1821年出版的《女性传记选》，一本简要记述那个年代著名女性生平的书，还有1823年出版的《对H.克里克·怀特未完成之手稿的续写：基督教徒与异教徒在生活上的差别》，书名非常有趣。但罗伯特最出名的著作，绝大多数还是与自然历史有关的流行作品，包括（按出版时间排序）：《植物王国的奇迹》《我所居住村庄的编年史：一本与一年12个月中自然现象相关的书》《从文明与艺术的角度看家畜》《修女玛丽讲自然故事》《海边手册》《野生动物》《美国动物与植物简要》《与英国历史大事件相关的废墟与古树》《晨祷与夜祷的花：早起者对诗歌与散文的思考》《软体动物历史科普》《林地之声：森林树木、蕨类、苔藓与地衣》（我个人最喜欢的书名）。

不可否认，相对于所有社会主流及特定文学流派对女性作家的期望来说，《贝壳学家手册》这本书平庸至极，过于保守，随大流，书中内容毫无创新（这部作品在题材上边缘化，内容却随大流。但意识形态与是否受到社会的尊重是两个完全不同的现象。这种说法似乎互相矛盾，但我们都清楚，做事情还是要脚踏实地，万不可耍小聪明）。

传统论点认为，上帝在创造自然时冠以美与和谐，是为了显示他的力量与美德。他还为其创造之物（也就是我们）提供大量的食物、燃料、衣物、珠宝及建筑材料。传统观点体系同样也让我们几乎是出于本能地快速明白，达尔文与其自然选择进化论体系引发的知识革命在社会中传播的深度。

对于玛丽·罗伯特而言，大自然的每一寸都显现出神圣的光辉，自然的每一个小部分都紧密地联系在一起，和谐共处，为世界的善与美服务：

> "上帝精妙地创造出自然的每一个部分，让它们能够完美地和谐共处。在我们看来，上体创造了世界上最低等、最卑微的生物，他为每一个生物都安排了合适的位置，令人敬畏地调整着整个大自然。大自然中的每一颗细小的颗粒，每一种活着的生物，包括会爬行的、会动的、居住于地球表面的，都在为世界的善与美而服务。"

上帝谨慎小心地为每一种生物安排合适的位置，他创造出部分专门供其他生物食用的动物，并合理地将这类动物安排在其他生物能够获得的位置。软体动物存在的部分原因，就是作为其他更加高等生物的食物：

> "因鸟儿喜爱前往海滩，那些居于沟槽或是积水中的生物便成了鸟儿源源不断的食物来源。毫无疑问，还有其他出于同样目的而被创造出来的生物。在近海沙地上包裹在海洋植物外皮上的生物及掩藏在深海中的海洋植物，都是鱼类的美食；还有一些生物附着在漂动的海藻上，它们便是海鸟的食物；地球上许多未得到开发的地区还有大量的蜗牛，它们

都是饥肠辘辘的旅行者们的美味大餐。"

为了向读者证明万物皆善的论点，罗伯特列举出一些有害的生物，并向读者表明，这些生物虽然看似有害，实际上却对世界是有帮助的（特别是对人类有帮助）。罗伯特举了一个例子：蛀船虫因祸害船只、码头、桩材而臭名昭著。但若仔细观察，你会发现，其实蛀船虫对世界也是有益处的。首先，蛀船虫在啃食木材时，总会通过精密的计算，将对船只结构的伤害降至最低。我承认，我希望能够以罗伯特所在时代的知识背景去理解她的观点，尽可能不以现代的科学水平嘲笑她的言论，但接下来这一段文字，还是让我着实愤怒："请留意上帝保护万物的天性！这类阴险的动物破坏性的行动在很大程度上都被人们忽略了，很显然，它们都是朝着庄稼生长的方向贯穿木材的。"

此外，蛀船虫将树枝蛀为木屑，河道阻塞、河水泛滥的现象得到了显著的改善。最后，蛀船虫为瑞典人带来了绝佳的赚钱机遇（这一点让我更愤怒了）。因蛀船虫破坏了船只，荷兰人只能不停地修缮他们的堤坝与船只，修缮工作需要大量的"橡木、沥青、冷杉木"，这些材料都需要从瑞典进口。因此"这些看似有害的生物在阿姆斯特丹不断祸害船只，却为斯德哥尔摩带来了巨大的财富"。罗伯特总结道：

> "我的朋友们，请不要再认为这种生物是单纯有害的了……造物主为他所创造之物委派了重要的任务。哪怕造物主将它造成了一个恶魔，也会用关心与计谋将它邪恶的一面一点点地抹去；而其向善的一面若是发挥作用，则会为整个自然带来无穷无尽的好处。"

自然的方方面面都是为了展现上帝的力量与光辉，哪怕整本书中与自然相关的许多观点都自相矛盾。我们或许认为，上帝之所以赋予贝壳如此美丽的颜色，是为了取悦他的（或者我们的）眼睛，但事实上，贝壳的颜色只是为了伪装自己，躲避天敌罢了：

> "杰出的自然学家们呀，你们的观察为何不能更进一步呢？你们只发现贝壳那取悦双眼的色彩，却看不见那五颜六色的背后，是无所不能的造物主呀！如果没有造物主的同意，头发不敢从我们的头上掉落下来，

乌儿也不敢从天上降落，贝壳与鹅卵石也不会被海浪冲刷到沙滩上。造物主之所以为贝壳设计了这样的颜色，就是为了让它们能够躲过海鸟与贪婪的鱼儿的双眼，防止贝壳灭绝。"

但罗伯特在这本书的其他篇章中又认为，上帝为某些品种的贝壳赋予斑斓的色彩，确实只是单纯为了美丽而已。就颜色本身而言，它与贝壳实用的形状与大小形成鲜明对比。罗伯特认为，海笋贝壳的形状是为了适应环境，而颜色则只有装饰的作用："海笋贝壳卵状或椭圆状的外形让其非常容易能够适应环境，此外，贝壳表面的凸点使得贝壳免受外界伤害……同时，海笋贝壳多样的色彩也表现出了造物主对其作品的精心加工与装饰。"最后，经过上帝的完美设计，大自然不仅处处透着美丽，也向人类传达着道德上的信息，敦促人类朝着善的方向前进。蝴蝶的破蛹而出象征着灵魂自尘世的肉体中挣脱，获得自由。绽放的花朵则代表着人类对思想升华的渴望："植物学家承认，花朵的绽放象征着人类思想的升华。人类思想的进步便是从无知的状态开始，循序渐进，一步一步成长为一朵绽放的花朵。"

罗伯特传统保守的观点，完全符合那个时代对于女性作者创造该文学类型的预期。举个例子，当罗伯特写到软体动物对人类的用处时，她是从装饰这个较为"女性化"的角度来写的，而没有选择从食用价值这个较为"男性化"的角度进行讨论。讨论软体动物之作用的章节可谓是整本书最长的一章，罗伯特花了整整一章的内容用来讨论从软体动物身上提取珍珠白与紫色的染料（这两个颜色可以从蜗牛的身体中提取），却几乎没有提到许多人都会食用蛤与蜗牛的事实。

罗伯特还在书中引用假定的社会等级制度与自然稳定论，来证明我们每个人都必须接受自己在社会中所扮演的角色，哪怕我们出生即为受到社会不公正对待的女性或工人阶级。接受自己在尘世中扮演的角色，待我们死后去到另外一个更加美好的世界，生时安守本分的人自会得到奖励。正如上帝为每一个品种的软体动物都安排了适合它们生活的环境一样，上帝"也为每一个个体安排了适合他活动的范围，只要我们在上帝指定的范围内活动，尽自己该尽的义务，自然能够收获快乐，就像那些弱小的动物完成了自己的义务一样"。这样的言论，即便是跨越了数个世纪，放在今天，依然会激起我们对其进行批判的冲动。之后，便是全书中最令人感到不舒服的一个段落（至少

《贝壳学手册》中的贝壳插图

对我来说，阅读这一段落是极其不适的），为响应亚历山大教皇在《论人类》
一文中的观点，玛丽·罗伯特表示，任何改变人类天生之阶层的行为都会导
致大自然这个维持着精妙平衡的体系的崩溃：

> "大自然的结构体系已然完美，不可再往里面添加一丝一毫，也不能
> 从其中减去一寸一厘，对大自然的任何改变都会导致缝隙的出现。或许
> 我们无法看到这些缝隙，但它们确实会对大自然的总体和谐造成一定的
> 影响。世界万物皆由上帝所造，没有上帝，一切均不可维系。此外，上
> 帝仿佛是通过这种方式来告诉我们，他的安排有多么合理，社会不同的
> 阶级也是上帝的深谋远虑，是为我们的利益而设计的。"

《贝壳学手册》中充斥着大量性别歧视的内容与保守的政治观点。在那个
时候，"性别歧视"的观点深深地植根于整个社会，人们认为男性与女性之间
存在着极大的差异（在一定程度上来说，现在依旧存在着这样的观点），这种
差异虽然是抽象的，也是永远不会改变的，而罗伯特本人对这种观点表现出

来的顺从更让我感到惊讶。我认为，这一点正是理解《贝壳学手册》与其他当时颇具影响力的同类书籍的关键所在。我认为，想要更好地理解性别歧视这个关键的、显著的话题，还须回到英国历史上最重要的、或许大多数人在学习哲学时都曾经读过（至少读过其中的选段），但从未深入思考过的这篇文章。这篇文章便是爱德蒙·伯克于1756年发表的《一种哲学的探究：探究我们的崇高和美丽思想的起源》。

伯克认为，我们的审美主要受两个因素的影响，一个因素叫作"崇高"，另一个因素叫作"美丽"。崇高与美丽之间的差异显著，两个方面既不互相否定，也不相互补充。崇高（伯克又称之为"伟大"）源于人类自我保护的本能，每有恐惧，便会出现。崇高的主题包括巨大、黑暗、垂直性、沉重、粗糙、无限、坚硬、谜团。美丽则植根于愉悦，是人类世代相传的本能（对于人类这一物种的延续起到至关重要的作用，但没有自我保护和崇高那么重要）。美丽的主题包括渺小、顺滑、形状多样、精致、透明、缺少模糊性、脆弱、色彩明亮。

伯克并没有说明崇高之主题、美丽之主题与传统的性别歧视观点（男性对应崇高，女性对应美丽）之间的联系，但两大主题之间的对比为性别歧视提供了基础。举个例子，伯克认为，女性能够迅速察觉到美丽与脆弱之间存在的必然联系："女性在这一方面非常敏感；出于这个原因，她们学会说话咬字不清，走路踉跄，以营造出柔弱，甚至是病态的感觉。这些行为都受本能的驱使。"他还认为，那些男性思想所谓的强大与女性心灵的胆怯也是出于这一原因："崇高总是与庞大的物体及可怕的形象相关联；而美丽则多与娇小与愉悦的感觉相关……女性的美丽多源于她们的脆弱与精致，胆怯（也就是心智上的脆弱）使她们更显美丽。"

我认为，只有在理解崇高与美丽之间的区别后，我们才能明白罗伯特之书及其他同类型之书的精髓。我们必须知道，罗伯特和其他女性作家完全认可伯克的观点，她们寻求的是完全的美丽，不希望与崇高有半点关系，也就是说，她们希望能够尽可能地表现出女性气质（同时，我也鼓励我的读者去理解"崇高与美丽"的区别在当时性别歧视极其严重的社会背景下，对女性的糟糕处境是能够提供帮助的。同时也要记得，只有了解被压迫的原因，才能寻得真正的解放）。

伯克关于美丽的标准为我们提供了理解《贝壳学手册》的方法（而不是

单纯地因对其内容的困惑不解而大肆嘲笑）。伯克所说的美丽的主题在这本书中均有体现：思想传统、胆怯、受到局限、缺少惊喜的观点、言语的过渡转换叫圆润。就连书本的装帧也追求美丽的感觉。那个时代，女性作家出版的书大多尺寸较小，大多是 12 开 [①] 或者小 8 开，而不是男性作家出版书时常选用的大 8 开或 4 开。书中的字体多选用小号字，插图也格外精致。散文大多多愁善感，少有对力量的赞颂，在一首名为《达姆达姆》的打油诗中，这一特征尤为明显：

> "哦！拥有一双眼睛去观察——
> 拥有一颗心去感受——
> 拥有舌头去赞美，
> 这样的人能够获得永久的快乐，
> 因大自然神奇而可爱。"

选择渺小卑微的软体动物作为写作的对象，这也符合女性作者的写作特征，一如罗伯特在书中多次提到的那样：

> "在众多骄傲的生命形式中，高大的雪松，又或是强壮的大象，大自然的行事风格与之宏伟的设计风格类似。如软体动物一类渺小的生物则常常被自然学家忽视。然而这些渺小的生物却心有善念，蕴含着无比的力量，其中有那么多的精巧与完美正等待着人们的发现！"

就连男性在赞美女性作家所作之书时，都会选用一些符合"美丽"标准的词语，而不会选用那些显现出"崇高"特征的词。《文学俱乐部》（一家文人俱乐部发行的杂志，该俱乐部成员包括达尔文和赫胥黎）赞扬玛丽·罗伯特就贝壳学所著的第二本书是一本"有用又有趣的书"（发表于 1851 年 11 月 22 日，第 1224 页）。

我本计划就在此处结束这篇文章，文章的最后或许会为罗伯特女士的著

---

① 开，即开本。拿一定规格的整张印书纸裁开的若干等份的数目做标准，来表明书刊本子的大小，叫开本，如 16 开、32 开。——编注

作辩解几分，承认虽然罗伯特小姐完全屈服于传统观念对女性的要求，但我也不会苛责她的选择。创作的欲望如此强烈，自我强加的沉默为灵魂带来的痛苦又如此剧烈，在这种情况下，我们有时不得不屈服于那些不公正的约束。作为一个白人，我没有资格批评斯特平·菲特奇特或万丹·莫兰一生只演一个角色的行为，毕竟那时，好莱坞只允许黑人演员饰演这一种角色。我也不会严厉批评任何一名想要写作，但在创作时只能遵守伯克的美丽原则的女性。

但在这个复杂的世界里，没有什么事情是能够就此干净利落地结束的。重读了罗伯特小姐的作品后，我又细细思索了一番，对她的理解更进了一步。我发现，她的书中依旧存在着一股反叛的精神，虽然掩藏得很好，但我是绝对不会理解错她的意图的。我这才明白，罗伯特女士并没有完全屈从于那些强加于女性身上的规定，在她优美、精致的文字中，闪烁着女性受到压制的愤怒火花。

有一篇文章引起了我特别的关注。罗伯特女士在书中常常表达那个时代的传统观念，认为大自然将其真实的一面藏了起来，人们是无法探究得到的，因此，人类不该如此自负地认为，自己已经掌握了大自然的方方面面。她的观点与大众流行的观点一样，将大自然的神秘莫测归因于男性的力量，也就是归因于上帝这个大自然创造者的无所不知上，与上帝相比，人类的精神极其渺小（例如，她写道："在许多情况下，人类都无法理解上帝造物的意图"）。但在一篇非常有趣的文章中，罗伯特将人类无法完全理解大自然的原因归在了女性特质上，她将女性力量的必然胜利与传统的观念进行对比（培根及后世许多作家都曾写到过这种传统观念，认为科学就像是男性，行事主动，从与女性相似、行事消极被动的大自然手中夺取知识）：

> "看到她的孩子——人类迷惑不解，大自然母亲似乎心情格外愉悦。她对那些自信地声称人类已经完全洞悉了大自然与上帝所有谜题的人说：'你只能走到这里了，别再继续往前走了。'哪怕是在弱小的贝壳面前，又或是面对贝壳里毫不起眼的软体动物，人类的骄傲自负也是卑微渺小的。"

我想要深挖玛丽·罗伯特掩藏起来的动机与感受，于是我阅读了她所作的其他与古生物学相关的书籍。她的《万物的发展》（1846 年版）就放在怀德纳图书馆的书架上（其实那算不上是个书架，只是一个用来存放很少被借阅的书籍的容器，我等了两天才拿到了这本书，这一切都表明，现代对于这一类型的书籍的关注度可谓低得可怜）。

这本书的写作风格与传统的观点全然不同，这一点着实让我感到震惊。《贝壳学手册》对限制的屈从或许让我感到悲伤，而《万物的发展》让我感到疯狂，因为它无畏地为捍卫宗教创世论而斗争。在这本书中，玛丽·罗伯特坚定地与圣经文学中提到的创世观点站在同一立场上（创世观点认为，上帝花了6天时间创造了整个世界，地球的历史仅数千年之久）。她明确写道："通读这本书，我认识到，天堂与人间，以及人间的万事万物，皆为上帝在6日中创造出来的。没有任何一种理论能够推翻上帝创世论，无论那些理论看起来有多么可信。"

她利用灾难地质学家的研究来论证诺亚大洪水的真实性，认为正是这场洪水创造出了当前的地质形态。但她所引用的论据要么无知，要么毫无诚意。到1846年，所有在册的灾难学家（包括玛丽·罗伯特错误引用过他们观点的灾难学家）都知道，人类历史中的任何一场洪水，都只是漫长的地质时期中发生的一系列灾难里离我们较近的一次灾难而已。

罗伯特在这本书中表达的观点，向整个欧洲的男性科学家发起了挑战。她认为乳齿象是食肉动物，而在自然历史领域中地位与牛顿相当的居维叶竟然认为乳齿象为食草动物（有证据表明，这一观点是正确的）："食肉大象，或称为俄亥俄的乳齿象，是最令人感到惊奇的大象之一。然而居维叶竟然认为这种大象是食草动物，他的观点显然是没有理论依据的。"罗伯特女士的这一观点简直是无稽之谈！

我们现在知道了，罗伯特女士也能够写出一些尖锐的、崇高的观念，那么她在创作《贝壳学手册》这本书时，却采用了甜美、精致、温和的语言风格，又是为何呢？她对顺从及大自然之和谐的个人观点也和传统的观点保持一致吗？她是否接受社会强加于女性身上的束缚呢？还是说她的内心并没有屈服于社会对女性的传统观点，只是不愿表达出她的不认同呢？我认为，与罗伯特女士相关的现有文献永远也无法解答我的困惑。传统的历史大多由男性执笔记述，而这些男性通常忽视了罗伯特女士一类的女性。

我想，那个年代的女性作家，虽然表面上顺从地接受了社会对她们的种种约束，在创作时也遵循着自然历史散文的文体特征与风格，但她们的真实想法到底是怎样的呢？或许我们应该引用文学史上最强大的一位女性的言论，她来自吉尔伯特与沙利文创作的《皮纳福号军舰》。这位女性试图告诉船长，事情的真相很少会与其表象一致。或许，在温柔与顺从的外表之下，掩藏的正是那些女性长年累月的愤怒与痛苦吧：

> "为了跟上我的速度，他努力着，
> 我将伪装，我会伪装；
> 当他看清我的真面目时，
> 让他颤抖吧——让他颤抖！"

16

左手螺壳，右手思维

"怎样不朽的双手或双眼

才能创造出如此可怕的对称？"

或许威廉·布莱克的本意只是想打个比方，但向创造出老虎的造物主抛去的询问确实提到了一个关键的问题：为何对称？特别是以人类身体中轴线为界的镜像对称，在动物复杂的身体构造中占据主宰的地位。为何人类身体的左半边与右半边如此相似？为何人类对于细微的不对称现象如此着迷（这里的不对称现象指的是功能上的不对称，而非外表上的不对称），以致惯用右手的人成为世界的主导，人类还痴迷于"左脑"与"右脑"在功能上的区别？

地球上有少数几个物种的身体构造并不具对称性，其中便包括我喜欢的研究对象——腹足类动物，俗称蜗牛。只有当蜗牛将柔软的躯体从壳里伸出来摊平后，才能看出其身体对称的特性。蜗牛平日藏身于贝壳里，而贝壳朝着单一的方向呈螺旋状旋转，由此蜗牛的壳便成为所谓的"高等动物"中最著名的非对称模式。

一根管子可以沿着垂直的中轴线朝着左侧或者右侧旋转。我们用常规的方式举起一只蜗牛，让它的贝壳尖顶朝上、孔穴朝下（也就是蜗牛的躯体可以向外伸展的一端）。如果我们正对着蜗牛，发现蜗牛的壳朝着中轴线的右侧旋转，那么我们便称之为"右旋"；反之，则为"左旋"。（下面的图片显然要比我的文字解释得更清楚。我们拧螺丝钉的时候，也是用的同样的方法。）

贝壳形状的构造完全是随机生成的，蜗牛可不懂得何为尖顶朝上、孔穴朝下（在现实生活中，大部分蜗牛都会沿着地平线的方向将贝壳水平摆放）。如果我们让蜗牛的壳顶朝下（法国传统科学插图一般采用这样的画法），那么原本"右旋"的螺纹就变成了"左旋"。

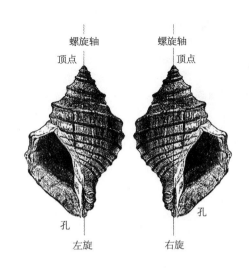

打个比方，在印度，海螺壳（印度铅螺）被奉为印度守护神毗湿奴的象征（在《薄伽梵歌》中，毗湿奴以其最著名的化身——克里希那神的形象出现，吹响了他神圣的海螺壳，召唤阿朱那的军队加入战场）。左旋的螺壳极为罕见，需要用与其等重的黄金才能换得一颗。但在印度，他们通常将螺壳的尖顶视为底部，因此这种极为罕见的螺壳便成了"右旋"的螺壳。印度人之所以珍视这种罕见的螺壳，或许正是因为，在印度文化中，只有"右旋"的螺壳才能与右撇子主导的社会风格相一致吧（我个人认为，这是神明拟人化的一种表现）。

若是"左旋"的螺壳与"右旋"的螺壳数量相当，或许纯化论者还能不计较蜗牛一反对称模式的现象，然而事实上，两个旋转方向的螺壳数量差异惊人。"右旋"的螺壳数量远超"左旋"的螺壳，不仅印度铅螺如此，几乎所有的螺壳种类皆是如此。"右旋"的螺壳被称为"dextral"（右旋的），该词源于拉丁语的"dexter"，意为"右边"。在我们的语言中，这个词由占据社会主体的"右撇子"所造，其意也隐含着些许具偏见性的色彩。"right"（右边），是善用右手的意思，不像在许多语言中是表示"正确"的意思。顺便一提，"法律"一词在法语中为"droit"，在德语中为"recht"，"droit"和"recht"均有"右边"的意思。语言学家或许永远不会跑来指点我的这些文章，但我还是想要说一下，"rights of man"（人类的权利）这个词组中，"right"（右边的）与"man"（男性、人类）这两个词从语言学的角度，向我们展现了人类社会中两大主流群体（右撇子与男性）对边缘群体（左撇子与女性）的歧视。"左旋"的螺壳被称为"sinistral"（左撇子），该词来自拉丁语的"sinister"，意为"左边"。在我们的语言中，"sinister"有"阴险、罪恶"的意思，而法语称左撇子为"gauche"，该词在英语中则表示"笨拙"的意思。在接下来这篇文章里，我会称"右旋"的螺壳为右撇子螺壳，将"左旋"的螺壳称为左撇子螺壳。我完全无法抑制自己的好奇，总会不断地想，如果当时我们没有武断地决定以尖顶朝上、孔穴朝下的方式来观察螺壳，现在人们对"左撇子"与"右撇子"的看法会发生怎样的改变？毕竟，正是"尖顶朝上、孔穴朝下"的观测方式让我们将旋转方向占据绝对优势数量的螺壳定义为"右旋"螺壳的。

绝大多数的螺壳均向右旋转，但在大部分螺壳种类中，也存在着一部分螺壳向左旋转的情况。举个例子，印度西部陆上蜗牛是我研究的对象，对上百万只陆上蜗牛进行检验后，我们只发现了 6 个左撇子螺壳（正如上文所述，左撇子螺壳的蜗牛价值相当于同等重量的黄金）。有一些品种的蜗牛比较特殊，左撇子螺壳在该品种中占主要地位，但在同一种群中其他品种的蜗牛则以右撇子螺壳居多。为显示出左撇子螺壳的稀缺性，我们常常为它们起一些能够符合其稀少特征的名字，比如 *Busycon contrarium* 或者 *Busycon perversum*（均表示左旋香螺）便是北大西洋里一种常见的左撇子螺壳的专有名称。有少数品种的贝壳主要呈现出向左旋转的特征（最出名的便是烟管蜗牛科），但与之相近的其他品种则均是右撇子螺壳占主导地位。简而言之，右撇子蜗牛在蜗牛的各个品种中数量最多，占据最主要的地位，无论是品种中的个体、群系中的品种还是较大种群中的群系，皆是如此。蜗牛中右撇子螺壳与左撇子螺壳之间数量差距之悬殊，要比人类社会中右撇子与左撇子的差距还大。

讲到这里，任何观察力敏锐又具有好奇心的读者一定想提出一个显而易见的问题："这种现象产生的原因是什么呢？右撇子螺壳较左撇子螺壳有什么显著的优势吗？"我只能说，这个问题提得很合理，也确实是许多人十分关心的，但目前我们还没有找到任何和答案相关的线索（我认为，这个问题的答案与所谓的"右撇子具有优势"完全不沾边，在生理功能上，左撇子螺壳与右撇子螺壳完全一致。右撇子贝壳只是偶然地先出现在地球上，并逐渐占据主导的地位罢了）。很遗憾，我无法解答这个如此有趣的问题，但至少在这一主题上，就同一个问题，我能引用自然历史方面最伟大的散文家达西·温特沃斯·汤姆逊的一句话作为回答："无论是过去还是现在，为什么世界上所有普通的贝壳类动物的贝壳大多都朝着同一个方向旋转，反方向旋转的贝壳

数量少之又少？这个问题无人能够回答。"（这句话出自其于1917年首次出版的《生长与形式》一书，该书至今依旧大量发行）

这篇文章的主题并不是想探讨右撇子贝壳数量众多的原因，而是与之相关的另一个问题，即动物学论文中贝壳的插图历史。接下来，让我以一张插图作为该话题的开场，第一次见到这张插图时，我还以为它犯了一个荒谬又好笑的错误。这张图实际上是对另一张插图的模仿之作，原版出自1681年出版的《对英国皇家学会天然与人造珍品的描述以及胃部与肠道的结构对比》，作者为英国当时最优秀的物理学家与动物学家。那个年代的人确实觉得书名起得越长越好，在这篇文章中，我们将忽略该书的附录部分，虽然附录部分的脊椎动物大肠结构图画得极好，基本上将整个大肠的平面图都画了出来，在纸张上构成一道弯曲的曲线。

注意，在右边格鲁的贝壳插图中，除了一张为"右撇子"贝壳外，其余的均为"左撇子"贝壳。难道这世界的规则改变了？"左撇子"贝壳成了主流？这些贝壳的名字为"wilk"，按照现代的拼写方法则为"whelk"（海螺）。几乎所有的海螺都是"右撇子"贝壳，包括图中所示的这几个品种的海螺。插图中唯一的"右撇子"贝壳下印着"反向海螺壳"（inverted wilk snail）道出了故事的真相。所谓的"反向"（inverted），实际上是对于"不常见"的一种古老的贬义称呼。

显然，格鲁博士是对着贝壳，镜像绘制出这些插图的。起初，我以为格鲁犯了低级错误，我还嘲笑在贝壳类插图史上，大家经常犯这个错误呢，事实上，这种错误现在依旧存在。在技术发达的现代，如果

正方形螺

长方形螺

厚唇螺

三角螺

反向螺

影印出来的贝壳图像的螺纹与实物的螺纹旋转方向相反，那一定是影印的人在复印之前，忘记将负片掉转方向了。任何一名专业人士只要仔细观察便能发现这种错误，但我们都是身有缺陷的凡人，难免疏忽犯错。如果你的双眼与大脑对于对称问题的敏感度不够高的话，螺纹旋转方向相反看起来并不是特别扎眼的问题。

基本上所有的专业人士都犯过这种错误。一位全球著名的贝壳类动物专家（之后也成了我的同事）出版了一本畅销书，封面上印着的贝壳，螺纹旋转的方向便与实物相反。我也得承认，我出版的第一本与贝壳相关的书中，就有好几张新发现的贝壳品种胎壳照片，螺纹旋转的方向与实物相反。现在我把这个隐藏了多年的秘密公之于众，真是如释重负啊！那本书出版之后，我收到了一位同行的来信，那封信可谓是我见过的最可爱、言辞最客气的一封信了。在信里，我的同行问我，这些右撇子贝壳的胎壳螺纹是否真的是向左旋转的，若真如此，他请求我务必为这一重大的发现单独再出一本书。当然，他在信中暗示我，是否存在图片方向影印错误的可能性。棒球运动员通常对身体犯下的错误和思维的错误区分得非常清楚。身体犯下的错误可能会在任何时候，发生在任何人的身上，犯错的人无须感到羞愧。但思维的错误，比如说愚蠢的判断，或是忘记规则等，是绝对不允许出现的。在科学研究时，人们难免会犯下一些事实方面的普通错误。科学便是一门依靠着自我纠正兴盛起来的学科，也是一门通过对错误进行矫正而向前发展的学科。我还从未在不犯任何类似身体错误的情况下写出一篇文章，但将贝壳螺纹印反是思维的错误，没有任何借口可寻。

关于我对格鲁博士错误的第一想法就写到这里吧。但我想起作为一名学者的首要义务——不要从现在的角度沾沾自喜地看待过往发生的事情，应该将自己置于事情发生时的情境中思考后再做评价。当下我便明白了，想要解决影印的问题，在当时那个年代并不是一件简单的事情。19世纪初，所有印刷自然历史论文插图的手段，无论是木版印刷、金属板刻印刷还是平版印刷，都需要先做出一份与实物方向相反的图片。印刷的人先要在自己的金属板上刻一幅与实物方向完全相反的图，这样在印刷时，只需要将纸放在墨版上，便能得到一张与实物方向一致的插图。这一规则是印刷的核心，对于印刷师来说，没有什么比这一过程更加基础的了。

想要印出一个普通的右旋的贝壳，印刷的人就必须先在金属板上刻出一个向左旋转的贝壳。显然，格鲁博士的印刷师将实物原封不动地刻在了金属板上，刻画的时候完全忘记掉转螺纹旋转的方向了，因此印刷在书上的插图便正好与实物的方向相反：向右旋转的贝壳变成了向左旋转的贝壳，罕见的贝壳变成了普通常见的贝壳。

这个错误到底是怎么发生的？为什么会犯下这种错误？如此奇怪的错误不太可能是印刷师一时的糊涂导致的。印刷师定然知道他们的工作流程，至少书中字母的方向与顺序都是正常的，也就是说，印刷师在印刻字母时，都事先在金属版上刻好了字母的反向版本。导致插图方向印刷错误的原因有很多种，但我们手头并无证据可以推测出具体的原因是什么。或许格鲁提供给印刷师的模板就已经事先掉转过方向，但他却忘记告知印刷师了，因此，印刷师按照正常工序印出来的图，便正好与实物完全相反（我个人猜想，印刷师有时会先在透明的纸上画出草图，再将透明的纸附在金属版上雕刻图画）。

与此同时，我们还应当考虑另外一种截然不同的可能性，或许我们不该从当下的角度看待过去的事情，认为 17 世纪的印刷师会犯下如此低级的错误（虽然直到现在，人们印刷照片时依旧会犯这种错误）。或许在那个时候，大家普遍将"右旋"的贝壳视为"左旋"（也就是观察贝壳时选择的角度不同），只是现代不再承认这种观点罢了。

在这篇文章里，我想为这一种可能性说上几句。当然，十年前我第一次见到格鲁书中的插图时，完全没有考虑过这种可能性。当时我只是将"格鲁的错误"记了下来，存放在脑海中专门用来记录自然历史奇人异事的档案袋中，并给它贴上了"格鲁的错误"的标签。那时，我根本没有从其他角度看待这件事情，只是单纯地认为格鲁的书将贝壳螺纹的方向画反了而已。

这种记忆方式当然有其好处与实用性。"格鲁的错误"档案就这样一直隐藏在我的大脑里，潜伏在汹涌的思维之下，并未对我的思想或计划带来任何影响。它就这般潜伏着，等待着契机的出现，将自己带入我的意识之中（也正是这个原因，我认为，要求学生机械地背诵人类编年史、阅读经典名著，甚至是背诵《圣经》与莎士比亚戏剧的部分经典章节，这种教育方法有一定的可取之处）。我喜欢看自然历史方面的古籍，阅读时，双眼也总是不由自主地瞄几眼书中与贝壳相关的插图。过去十年里，有好几次，"格鲁的错误"从我的脑海中一闪而过，但我从来没有仔细考虑过这个问题，在第一次看到"格鲁的错误"时，我便对这个问题做了错误的判断。事实上，"格鲁的错误"

在我的脑海里反复出现四五次后，我才意识到，这或许是个值得思考的问题。思考这个问题，能够迫使我修正此前错误的结论，去理解与科学和人类意识相关的更宏大的主题，这主题如此宏大，足以将如此微小的一件事情（贝壳的插图）扩展为一篇不错的文章。

几年之后，我购入了一本写得相当不错的自然史著作——米歇尔·米尔卡提的《矿物博物馆》。米尔卡提是梵蒂冈植物园的主管，在教皇西克斯图斯五世（Pope Sixtus V）的赞助下，他成为教皇收藏矿物与化石的博物馆的馆长。西克斯图斯五世向百姓施加的沉重税务负担让整个梵蒂冈困苦不堪，但这些征收的税款却也让他建造了辉煌到无与伦比的罗马。我还很喜欢西克斯图斯五世这个名字，他明明是第五世教皇，名字里却包含了一个"六"字（Sixtus 中的 six 意为数字 6）。西克斯图斯一世（Pope Sixtus I）生活于公元 2 世纪，为彼得之后罗马的第六任教皇。正是出于这个原因，他的名字才会出现"6"这个数字。米尔卡提将梵蒂冈的藏品一个个记录下来，列成一份长长的清单，并做成了一块精美的雕刻板。但他尚在人世时，这件记录了梵蒂冈所有藏品的清单并未出现在世人面前（大概是因为，西克斯图斯五世于 1590 年突然去世了吧）。这块雕刻板在梵蒂冈偌大的仓库里存放了近一个半世纪，直到 J. M. 兰奇西于 1719 年以《矿物博物馆》为名将其上的内容发表，与之一起公之于众的，还有米尔卡提的手稿与许多新的雕刻品（如果藏书馆是用来存放书籍的地方，那么矿物博物馆就是用来展示金属及其他矿物的地方）。

《矿物博物馆》一书中有一个叫作"Lapides Idiomorphoi"（意思是形状若动物的石头。米尔卡提及其他 16 世纪的学者并不会将化石视为死去生物的一部分，而是将其视为石头内部"可塑性力量"的显化表现）的章节，其中展示了大量贝壳化石的雕刻图。值得一提的是，这一章节中所有与贝壳相关的雕刻图，都将"右撇子"贝壳雕刻成了"左撇子"贝壳（所有的贝壳化石雕刻图均是如此，这并非个例）。

"过去观察贝壳的方法或许与现在完全不同"的假设一旦出现在大脑里，便挥之不去了，哪怕我根本没有找到任何合理的证据可证明这一假设。我再也无法将"方向与实物相反"的贝壳插图视为简单的印刷错误，所以我选择带着当前科技进步的偏见，对我的假设进行辩护。我猜测，这种对大自然的漠不关心必然代表了过去那段黑暗时代的某种奇怪的拟古主义（米尔卡提的作品展现出了 16 世纪的习俗），不值得过于关心其学术上的价值。于是，我

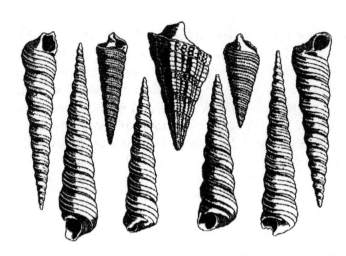

左旋的特种贝壳不断以右旋形式出现在 1719 年出版的米歇尔·米尔
卡提的《矿物博物馆》一书中

将这次发现再度抛于脑后，将其保存在了大脑中"刻"着《矿物博物馆》的
"文件夹"里。

　　之后，我在多本于 1700 年之前出版的自然历史书籍中又多次发现了将右
撇子贝壳摹画为左撇子贝壳的现象，这下，我再也无法忽视这个奇怪的现象
了。事实上，几乎 1700 年之前出版的所有自然史书籍中，都将贝壳旋转的方
向画反了，看来，我们不应该再将这种现象视为印刷错误，是时候考虑 1700
年前人们观察贝壳的传统到底是什么了。再者，自林奈的时代开始（最早于
18 世纪中期开始）的自然史书籍中，几乎找不到任何将贝壳旋转方向画反的
插图，就算有，也极不常见，纯属印刷的错误而已。显然，"影印技术变了"
的假设是错误的。我只是单纯地不清楚（但非常想得到答案）为何反着画贝
壳的方法在 1700 年之后逐渐改变了，贝壳画法又是如何逐渐变成现在这个样
子的。

　　接下来，我想简要地按照时间的顺序来说说我个人的发现。在这之后，
我又发现了两个例子，于是我终于笃定，过去在画贝壳的插图时，一定是
故意与实物反着画的。我最先查阅了当下能寻到的 16 世纪最"正规"的资
料——意大利自然学家尤利瑟·安德罗凡蒂（1522—1605）所作的《金属博
物馆》（另一部主要记述化石与石头类收藏品的书）。尤利瑟与他的同事康拉
德·格斯纳（1516—1565）写了一本几乎囊括了那个时代所有与动物相关的

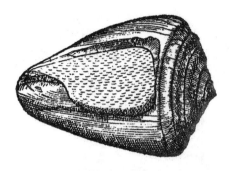

在 16 世纪意大利自然主义者尤利瑟·安德罗凡蒂的《金属博物馆》中，右旋螺壳呈现左旋样式

知识的概略性著作，无论是过去的还是现代的，故事还是观察结果，神话还是现实，人类用的还是自然创造的，你都能从这本书中找到相关的信息。我手头这本著作中与化石相关的信息最早可追溯至 1648 年，书中与贝壳相关的插图，其螺纹均向左旋转，但插图临摹的贝壳实物，其螺纹实际上是向右旋转的（见上图）。

如果连最正规、最官方的文献资料也无法让人完全信服的话，那我便只能去咨询贝壳领域的专家了。于是，我翻阅了 17 世纪末古生物学领域最伟大的一本著作——"De corporibus marinis lapidescentibus"（即《论石化的海洋生物》），作者为奥古斯蒂诺·斯库拉（我的拉丁文版本为 1747 年版，但这本书首次出版于 17 世纪 60 年代的意大利）。我决定将斯库拉的著作当作检验假设正确性的最后一道关卡，因为斯库拉是一位商业画家，也是 17 世纪意大利文艺风格的标志性人物，他自己也雕刻插画板。在斯库拉的书中，他临摹的螺壳均为螺纹"右旋"的，但在书中，所有"右旋"螺壳均被画成了"左旋"。如果最"正规"的资料及最著名的画家在绘制螺壳类插图时，都是从镜像描摹实物的，书的作者与插画师必然是遵循当时大众所接受的常识绘制插图的，这显然不是一种错误。

但为何那时人们绘制螺壳的方法与现在的方法差异如此之大？为何那时的插画家在知道螺壳天然形状的情况下，依旧选择镜像绘制插图？难道插画师选择以镜像的方式绘制贝壳插图，只是因为这样的方法能让工作变得更加容易？若真是如此，镜像绘制而出的螺壳插图

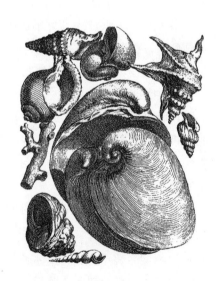

在 17 世纪古生物学家奥古斯蒂诺·斯库拉关于螺壳化石的书中，右旋的螺壳呈现左旋样式

能为科研工作提供什么帮助吗？我猜想，插画师直接将图片粘贴在金属板上，然后按照最能显现出螺壳细节的方式雕刻插图。然而，正常的雕刻技术要求插画家在将图画粘贴到金属板上前，必须先掉转原画的方向，如此一来，在雕刻的过程中，插画师便不得不通过纸张的反面来临摹原画（首先必须有足够透明的纸。但是我很好奇，当时的工艺流程是否真的为插画师的工作增加了难度）。又或是，插画师先按照与原画相反的方向机械地将原画描摹下来，然后直接将描摹的画粘贴在金属板上？如果是这样，那么镜像描摹原画确实能够大大节省插画师的时间。又或是插画师直接将原画粘贴在金属版上，然后按照原画绘制插图？但若如此，要画出与原画方向相反的插图，则还需多花费一个步骤才能做出镜像的插图，而无论是哪一种情况，插画师在雕刻金属板时，通常都要先画一幅与原画相反的模板图。

　　无论原因是什么，过去绘制贝壳插图的传统告诉了我们一件重要的事情：18 世纪前，动物学界并不重视螺壳螺纹的旋转方向。那些研究动物的人并不愚蠢，也不古板。如果他们为了成功而愿意选择牺牲准确性，那么他们对于"准确性"的理解定然与我们大不相同。绘制插图历史中如此微小、不受重视的改变为我们提供了重建"固化的"思维模式的线索，也正是这些细小的改变让思维得到了升华，从而促使学者们不断地向前发展。

　　在重建思维模式的过程中，最大的阻碍莫过于进步与客观性致使我们养成的可悲习惯了。正是进步与客观性这成双出现的思维模式让我在初次遇到这个问题时产生了困惑，在我初次对这个问题下判断后，也是这对恶习阻碍了我寻求正确答案的步伐。我们总是理所应当地认为，现在做事情的方式一定优于过去，我们的进步让我们摆脱了过去的人一直持有的偏见，我们看待事情时越来越客观，对万事万物的理解也越来越准确。当前人看待事物的方法与我们不同时，我们便认为，是偏见蒙蔽了他们的双眼，而且他们做研究时，数据显然也不够充足。简而言之，我们认为，前人的能力无法与我们相提并论。所以，我们从不严肃地看待他们的研究，将他们与我们不同的观点视为不成熟的，甚至是错误的。当实践方法发生历史性的改变时，我们也就无法理解改变之下暗藏的有趣原因，更不用说去重建那些让前人所作所为变得合理的旧思维体系（这种体系往往建立于和当前全然不同的神奇的自然哲学基础之上）。

　　在贝壳插图的问题上，关键在于，我们要明白，现在来看极为明显的实践性错误，在过去其实是种实践传统，只是因为这种传统早已被摒弃，我们对其极为陌生罢了，但前人之所以按这套传统行事，定然有其合乎逻辑的原因。想要更具同理心地理解前人的行为，我们还须跨越另外一道障碍。我们必须理解，镜像描摹螺壳是传统，而非错误，而传统改变的历史必然记录下了前人在尝试更具准确性时做出的一切努力。举个例子，我们需要知道，现在只需要按下快门便可记录我们看到的东西，而前人只能通过手工绘画才能将眼前之物记录下来。

接下来的两个论点应该能让我们明白，历史记录并未显示，我们已经从僵硬的传统走向了高度精确。首先，我咨询过许多职业摄影师，所有的摄影师都认为，摄影技术为我们带来了客观的准确性这种说法实际上是一种误解。摄影技术的发展确实让过去的一些障眼法无处遁形。在我的《人类的误测》一书中，我曾向读者展示过，一位优生学领域的大师如何对照片进行修改，让那些他认为天生愚钝的人看起来更显蠢笨。他篡改的手段如此粗糙，任何一个看过现代精细照片的人都不会被他修改过的照片所蒙蔽。但在 1912 年，很多人都对他的说法深信不疑，那时候的人可没见过这么多的高清照片，因此他们也看不出这位大师对照片做出的修改。更何况，在那个年代，对照片进行修改是可以接受的，那是对原版照片中瑕疵部分的修复手段。但其他技术方面的进步让照片骗人的方法变得更加复杂巧妙，也更加容易让人上当。曾经就有人对 20 世纪重大历史事件的照片进行了修改，将照片中的齐利格替换成了伍迪·艾伦，将阿甘替换成了汤姆·汉克斯，这些照片可是骗过了许多人的眼睛。谁能平衡技术进步带来的得与失呢？我们为何非要将这些改变视为得与失的问题呢？我们并没有放弃追求准确性的传统，只是用另一种传统罢了。

其次，让我决定写这篇文章的原因是，我们至今尚未放弃过去绘制插图的方法。事实上，一些具有高度影响力、科技极其先进的领域至今依旧会以上下颠倒的方式处理照片，就像前人镜像绘制螺壳插图一样。有多少读者知道，月亮与行星相关的传统照片均是上下颠倒的？（如果你对此表示怀疑，可以从旧版的天文教科书里选择一张晴天满月的照片好好观察一下。）现代的天文学家可比当年绘制螺壳插图的插画师们聪明多了。天文学家之所以选择以上下颠倒的方式处理天体的照片，只是想模仿出传统折射天文望远镜观测星体时呈现的画面（也有可能是这些天文学家直接将折射望远镜观测到的画面打印了出来。这和前人将贝壳临摹在金属板上，再将其反向印刻在纸张上的方法没什么两样）。

显然，天文学家认为，将折射望远镜中的景象上下颠倒打印出来实在是件麻烦的事情，而且经过处理以后，图片中天体的样子也与望远镜中观察到的样子完全不一样。事实上，有人还认为，将照片上下颠倒的呈现方式可能会让人感到疑惑，毕竟我们无法通过肉眼（除了月球以外）直接观察其他卫星与行星的特征，对于天体的认知完全是从折射望远镜中获得的，也就是说，对这些天体的印象便是上下颠倒的。我认为，对于过去的插画师来说，绘制螺壳插图时，螺壳螺纹旋转的方向实在无足轻重，我想知道其中原因为何。此外，我还想知道，是什么导致过去绘制螺壳的传统方式发生了改变？

我们应当如何认识自然的本质？我写这篇文章并不是想揭开这个认识论的古老谜团。在文章的结尾，我想重申绝大多数哲学家与严于律己的科学家们都承认的一个观点：科学确实能够帮助我们更加全面地了解这个世界，但仅凭科技的进步与观念的成熟并不能让我们了解最真实、最客观的自然现实。这个观点很浅显，却总是被我们忽略。人类的大脑是个奇妙的工具，也是人类进步路上极大的阻碍，思维必须在观察与理解之间相互切换。因此，我们总是在传统观念的帮助下"观察"万物。所有的观察都是思维与自然合作的结果，而所有好的合作关系，必然需要合作双方在一定程度上相互妥协。我们信赖的思维或将限制我们理解真实的自然，而想要了解到真正的自然，却又需要思维的帮忙，这种将不同方面拼凑在一起的令人恼火的复杂过程便是我们常常提到的"进化"。

后记

我前后共写了230篇文章，我也知道哪些文章最常被读者拿出来阅读，也知道哪些文章获得了读者最热烈的反应，这让我对人类的小癖好与敏锐的感觉肃然起敬。很少有读者会来信与我讨论一些主题内容最宽泛、最麻烦的文章，比如人类生命进化的意义、科学与道德价值观的关系等。但每当我写一些有趣的主题或是一些潜在范围内具有明确答案的文章时，便能收到海量的读者来信与我讨论答案，这些信几乎要将我掩埋。在这个痛苦的尘世中充斥着各种不确定，请多给我们一些混凝土般的实在感吧！就让梦幻的云朵与神秘的宝藏留在那令人无法触及的领域吧。

在我所有的文章中，有三篇文章收到的读者反映最佳：第一，我在一篇文章中设计了一个谜题，并向读者发起了挑战。这个谜题是由英文的26个字母组成的一个句子，每个字母只能用一次，句子中不包括任何缩写或专有名词，能够解开这个谜题的读者将免费获得我出版的所有书籍（见《为雷龙喝彩》一书文章4）。至今没有人能够解开这一谜题，但有不少读者花费了大量的时间用纸或者电脑程序进行演算！第二，我在一篇文章中讲述了我对哥伦布竖起鸡蛋的这个故事的疑惑，并表示，现在已经没有多少人记得这个故事了。这篇文章发表后没多久，我就收到了上百封读者的来信，告诉我他们依旧记得这个故事（后来我认为这篇文章写得不太好，故而没有将其收录在出版的书籍中。我一直尝试遵守一项原则，即所有出版的文章必须高于普通水准）。第三，是一篇探讨古时反向印刷螺壳螺纹传统的文章。

为何18世纪中期前的印刷师要按照实物镜像绘制螺壳插图，读者在来信中给出了各种各样的答案。许多读者提出了一些明显是错误的观点，我还以为在文章中我已经将这些错误观点剖析得清楚明了了。看来事实与之相反，我认为，现在我需要再清楚地阐释一遍。简而言之，许多读者认为，螺壳插图之所以与实物方向相反，正是因为如此一来，插画师就可以将插图直接临摹在金属板上，省去了反向临摹实物这一步骤。

这种解释听起来颇具可信度，事实却与之截然相反。或许在我们看来，反向绘制实物是一件有难度的事情，但对于那个时代的插画师来说，反向绘制插图简直与喝白开水一样，是件稀松平常的事情。让我通过一件我觉得倍感尴尬的事情来向读者阐释这个道理吧。我的叔叔莫迪在罗切斯特交响乐团当了近一辈子的首席中提琴手。在我年少时，我发现所有的中提琴手乐谱上标注的均为中音号，中音号对于大多数业余演奏人来说并不是一种常见的谱号，他们大多只见过高音谱号与低音谱号。我对我的发现感到欣喜，还在莫迪叔叔面前炫耀了一番。我问莫迪叔叔："按着中音谱号演奏的感觉如何？"他听后哈哈大笑。毕竟对于他来说，近40年的时光里，除了中音谱号外，他从来没有按照高音谱号或者低音谱号进行过演奏，按着中音谱号演奏对他来说是件稀松平常的事情。想必，这个问题在他看来十分奇怪吧。专业的插画师反向绘制插图也是同样的道理。

还有一些读者认为，我将螺纹向右旋转的贝壳称为右撇子贝壳，将向左旋转的贝壳称为左撇子贝壳，这种论点过于武断。读者指出，我们用同样的词语来描述螺丝钉与其他的五金工具，用描述工具的词语形容贝壳并不是一件合适的事情。其实这种说法算是一种递归式，用"左旋"和"右旋"来形容工具，和用"左旋"及"右旋"来形容贝壳一样武断。我感谢读者提出了这一点，于是在文中又加了一句描述五金工具的句子。

我个人认为，对螺壳插图中螺纹旋转方向的思考非常有趣。在写完这篇文章的两个月后，我在一场古董书籍交易商年度大会上提出了这个话题。这场会议的主要议题与印刷及其他插图相关，有近 50 名古董书籍插图制作方面的专家参加了会议。他们都被这个话题所吸引，我感到非常满足，但在场的所有人均无法找到这个问题的答案。

此后，在确定过去反向绘制螺壳插图是否故意为之的问题上，我又有了新的发现。我发现有两本书（一本是文章中提到的《金属博物馆》，另外一本是塞鲁蒂于 1622 年出版的《博物馆藏品》）的卷头插画包括了大量博物馆藏品的插图。这两本书中与螺壳相关的插图，其螺纹均是向右旋转的，原因就在于，这些螺壳被放置在一块较大的展示板上，想要绘制它们的插图，必须先正确地将其以镜像的方式临摹在金属板上。但这两本书的主要文章中，所有与螺壳相关的插图，其螺纹又变成了向左旋转。

我收到的所有来信中，有一封信点出了该问题最有可能的答案，而这封信来自我喜欢的一位科学家——美国软体动物学方面的领军人物 R. 塔克·阿尔伯特（现在是森尼贝尔岛贝壳博物馆的馆长）。塔克在信中写道："螺壳插图螺纹方向与实物相反的原因可能非常简单，或许是绘制插图的人单纯地认为，螺纹方向画反了并不会造成多大的影响罢了。"

绘制插图的人并不关心螺纹旋转方向，这种说法确实有一定道理。18 世纪时，人们绘制插图的方式已经开始向现代转变，即将实物原封不动地按照显示的样子绘制下来，这也从一定程度上反映出人们看待自然之态度的转变。但为何过去的插画师独独毫不在意贝壳螺纹的旋转方向呢？这让我陷入沉思，我想，或许这种漠不关心的对象并不只有贝壳（只是印刷品中没有提供更多的证据）。总体来说，大多数生物体基本上都是左右对称的（就像人类的身体一样）。或许那时的插画师在绘制其他生物时，也将插图画得与实物相反，但因只有贝壳为非对称生物，我们才会发现这个现象。出于方便的原因，这种做法在当时可以算得上是一种传统，为了偶尔的一两个稀有的贝壳而改变传统显然是不可能的。

鉴于我爱读者的来信，这篇文章的结尾，我想向我的读者们发起挑战。塔克提出的假说尚未经过检验，我希望我的读者们能够仔细观察 18 世纪前古籍中其他非对称生物的插图（比如只有一侧有螯的螃蟹），看看这些生物的插图方向是否也与实物相反。

伍

博物馆的辉煌

17
对恐龙的狂热

一

麦克白的独白道出了他想要谋杀邓肯国王的意图，也让我们明白了一个道理，当下的行为在未来或将导致意想不到的结果。"如果真的要杀了邓肯国王，"麦克白沉思道，"那我最好快点下手。"杀害国王的动作必须迅速，但更重要的是，最后的结果必须是在意料之中的，一如麦克白希望的那样"要能够获得美满的结果，又可以排除一切后患。只要这一刀下去，就可以完成一切，终结一切，解决一切……"然而，麦克白又担心他的所作所为会在未来招致一系列不可预测的后果——"我们用鲜血树立的榜样，教会了别人如何杀人，最后自己也被别人所害。"

亨利·费尔菲尔德·奥斯本（Henry Fairfield Osborn）在蒙古著名的戈壁沙漠中发现了三个新的恐龙品种，并于1924年发表了一篇与之相关的论文，名为《于蒙古中部发现的三种新的兽脚亚目食肉恐龙》。我很怀疑，奥斯本在发表这篇论文时，从来没有过与麦克白一样的思想挣扎。在论文中，奥斯本第一次描述了新发现的恐龙物种："头骨与下颚，有前爪，趾骨相连。"奥斯本表示，新发现的物种是一种体形小、身体轻盈、捕食技巧高超的肉食性恐龙。为表示他对这种恐龙精湛的狩猎技巧（虽然是人类推测而出的技巧）的赞赏，他将新品种的恐龙命名为"蒙古迅猛龙"，意思是"动作迅猛的捕猎者"。奥斯本写道："迅猛龙似乎是一种极其机警、动作迅猛的食肉性恐龙。"之后，他又写道："迅猛龙的牙齿完美地为迅速捕捉猎物而生……是一种动作迅速的捕猎者……长长的吻与上下颚宽大的间隙表明，迅猛龙喜欢捕食活物，且猎物的体形不小。"

奥斯本是美国伟大的脊椎动物古生物学家，是个保守党派、社会声望显赫的大人物，也是美国纽约自然博物馆馆长。我想，如果他知道，70年以后，他的迅猛龙成了轰动一时的电影《侏罗纪公园》中的头号英雄（也可以理解为头号反派，全凭读者的立场而定），奥斯本定会觉得惊讶，而且丝毫不会觉得有趣。

大众总是会被类似的史前野兽激起无限的兴趣与迷恋。1840年，理查德·欧文首创了"恐龙"一词。十年后，雕刻家沃特豪斯·哈克金雕刻了一组真实大小的恐龙雕像，并于1851年的大展会期间在水晶宫进行展览（水晶宫在1936年的一场火灾中被烧毁，然而人们近期翻新了哈克金的恐龙雕像，现在只要去伦敦南部的西德纳姆便可见到）。

然而大众对于恐龙的狂热却是一阵阵的。我们在电影《金刚》里看到了恐龙的身影（感谢威利斯·欧·布莱恩精湛的定格摄影手法，只需用体形较小的模型，经过修饰加工后，便可在电影中呈现出真实恐龙的体形）。我们在巨大的绿色雷龙标志下为汽车加油（辛克莱石油公司的标志为绿色的雷龙，同时该公司也是1939年纽约世界博览会的赞助方）。尽管如此，恐龙从未成为一种广泛的文化象征，在几十年里，人们甚至完全忘记了恐龙这种巨大的生物。作为一个40年代末至50年代初在纽约长大的人，我从小便是个"恐龙狂热粉丝"。那时基本没什么人对恐龙这庞然大物有多么深刻的了解。在这样的大环境下，对恐龙的痴迷让我成了其他人眼中的"呆子"，哪怕是挑选终身职业这样的大事，我做决定的场合（学校废弃的操场）也是极不合适的。那时，我的外号是"化石脸"，学校里唯一一个也喜欢恐龙的孩子则被称为"恐龙"（我可以很开心地告诉读者，他现在也成了一位自然历史学家）。此类绰号一点也不让人觉得有趣，反而很伤人。

在过去的20年里，恐龙忽然成为了一种流行文化，美国公共电视台（PBS）里教授孩子们树立正确价值观的温柔巴尼便是一只恐龙，让各种类型的电影大获成功的主角也是恐龙。汹涌而至的恐龙狂潮让古生物学家躲避着记者们的追问：为何现在的孩子如此痴迷恐龙？这简直是20世纪90年代里最棘手的问题了。

这个问题或许很常见，但事实上这个问题包含了两层意思，可以拆分为两个单独的小问题。第一个小问题与荣格心理学的原型论有关，宇宙中的万事万物，到底其中哪些能够激荡孩童的灵魂呢？（这个问题不仅愚蠢，就算有答案，也全凭推测，我个人并不喜欢该问题）。对于这个问题，我认为心理学家的回答最贴切：因为恐龙的体形够大，性子够凶，并且已经灭绝。换句话来说，恐龙足够令人胆寒，但既然已经灭绝了，也就意味着它足够安全。

大多数人得到这个答案后就停住了，觉得问题已经解决了。但这个答案却没有触及当前社会恐龙热潮现象的核心。在《侏罗纪公园》上映后，人们对恐龙的狂热愈演愈烈，但热潮涌现的原因却被忽视了，这是因为：只有少数"书呆子"孩童和零星的几位古生物学家才会如此关注恐龙。为此，我们必须提出第二个小问题，为何过去未出现此类恐龙狂潮，而现今人们突然对恐龙如此痴迷？

针对第二个小问题，我们能找到两个可能的答案。作为一名实践型古生物学家，我希望是古生物学家对恐龙的研究——我们就恐龙提出的各种天马行空的新想法引发了当下人们对恐龙的狂热（尽管不太可能）。在我童年时，人们认为恐龙是一种行动缓慢、身材臃肿、笨拙而愚蠢的动物，而如今，人们形容恐龙的词句则变成了行动敏捷、温血动物（可能是）、足够聪明、行为复杂。在我还年轻的时候，古生物学家认为，恐龙这种蜥脚类动物的体形过大，其脚根本无法支撑它们站立。而如今，人们认为恐龙能够舒展着脖子与尾巴，在平原上尽情漫游。部分人还认为，恐龙能够依靠后腿站立起来，能够获取长在高处的果实，或是吓跑捕食者（《侏罗纪公园》的腕龙出场的场景中，它便依靠后腿站立了起来。近期，美国自然历史博物馆的圆形大厅中还搭建了一套用玻璃纤维制造的完整的腕龙模型，其造型就是后腿支撑整个身体站立着。而我绝大多数的同行都认为，腕龙是不可能做出这样的动作的）。当我还是个孩童时，人们认为鸟脚亚目恐龙是一种会在窝里产卵，悉心照料幼崽，"政治立场"极其正确的恐龙。它们会守护自己的巢穴，照顾幼小的恐龙，组建起相互协作的群落，为此，我们还给它们取了一个相当和善的名字——慈母龙（与它们最初的名字——肿头龙形成了对比）。现在，就连鸟脚亚目恐龙的灭绝原因都成了大众关注的焦点。过去，人们认为恐龙灭绝主要归咎于气候环境的突然变化，而现在，我们有足够的证据可以证明，是天外星体的撞击导致了恐龙的灭亡（见文章13）。

但恐龙形象的重建是引发当下恐龙狂潮的主要原因吗？从荣格心理学的

角度来看，哪怕过去我们认为恐龙又蠢又笨，让人们对恐龙产生强烈的喜爱之情的因素也一直存在（恐龙庞大的体形与凶猛的性格是不会变的，更重要的是，它们已经不存在于世界上了）。是什么将个别人群对恐龙的热爱转化成了社会中普遍存在的情感？在研究类似的短暂或周期性的流行热潮时，一个典型的美国式因素往往会成为问题的答案——对商机的发现与探索。

当我还住在纽约市的时候，每隔一两年，悠悠球就会重新成为孩子们的心爱之物，而这种热潮一般只会持续1—2个月的时间。悠悠球热潮的重现并不是由悠悠球设计技术的改进引发的（恐龙热潮的出现显然也不是由恐龙形象变好引发的）。植根于控制论的荣格心理学显然无法解释，为何每一个孩子都想买悠悠球的现象会出现在1951年7月，而非1950年6月呢（就像只有在某些特定的年代，人们突然对恐龙产生了强烈的兴趣）？

简单来说，商业化就是出现此类现象的原因——每隔几年便有人想出增加悠悠球销量的办法。大概20年前，有个人突然发现了利用荣格心理学来销售过剩产品的方法。仅仅需要一点点推动力，你便能在人群中激发不断获得正向反馈的羊群效应，之后，它能为你带来大量的财富（羊群效应对于有零花钱可用的孩子特别有效）。

我特别想知道，如何才能激发不断获得正向反馈的羊群效应？（对文化历史学家而言，这是个不错的研究课题。）或许我们应当研究博物馆礼品店的急速扩张？（最初的博物馆礼品店一般都是由志愿者经营的，在博物馆的墙壁上凿个洞便可以成为礼品店的售卖窗口。这是因为如今的博物馆礼品店已经成了其不断商业化的母公司维持资金链的关键一环。）还是因为某些特定的商品或是商品的某些特定特征，能够在某一方面触动年轻人的想象力？或者某个邪恶的天才是这场狂潮的幕后推手？又或者原因很简单，不过是最初的一次骚动，被获得正向反馈的文化不断放大，进而演变成了一场社会性的热潮？

二

在当代文化中，强大的文化象征、随处可见的商品，它们的影响力都比不上每年夏天在大银幕上映的"叫座大片"。这些大片本身足够好看，但考虑到一波接一波的宣传攻势，印在午餐盒、咖啡杯、T恤上的搭卖广告，与其说这些大片给人们带来了感官上的愉悦，倒不如说它们对着大众的心灵发动了一场突然袭击。但凡是没有陷入古生代狂潮的美国人都能看出，随着史蒂芬·斯皮尔伯格的电影《侏罗纪公园》（改编自迈克尔·克莱顿的优秀同名小说）的上映，社会上的恐龙热潮达到了顶峰。作为一名古生物学家，面对这样的现象，我的内心十分矛盾与挣扎——既惊讶于电影的精彩又对部分情节不满，一边欣喜欢笑，一边痛苦抱怨。在事情发生之前，宣称自己不可能保持中立态度，要比予以这件事情更高的评价简单得多。

企业家约翰·哈蒙德（《侏罗纪公园》小说中的反派人物，但在电影中被改编成了友善、过度热情的正面人物）一手建起了恐龙主题公园（在小说里，哈蒙德的动机纯粹是为了钱，而在电影里，他建立恐龙主题公园完全是出于崇高的信念），这个公园里满是活着的恐龙。那么活着的恐龙又是从何而来呢？哈蒙德手下的科研人员从一颗中生代琥珀中的蚊子化石体内抽取出了恐龙的血液，又从恐龙血液中抽取了恐龙的DNA，进而重新创造出恐龙。鉴于可信度是一部优秀的科幻小说的精髓所在，从库多斯到克莱顿，电影与小说的制作人员为如此不真实的一幕创建出了聪明且逼真的情境（克莱顿还承认，利用恐龙血液重新创造恐龙的主意在相当一段时间内引发了古生物学实验室的研究狂潮）。

事实上，从琥珀中提取DNA在现实中确实取得了一些研究成果，但现实中古生物学家们提取的是裹藏在琥珀中昆虫的DNA片段，而非藏匿于昆虫体内的其他生物血液的DNA片段！1992年9月25日，由R.德·萨勒领头的研究小组在《科学》期刊中发表了研究成果，他们从一颗大约3000万—2500万年前的白蚁琥珀中成功抽取了数个白蚁的DNA片段（每个片段中的碱基对少于200个）。1993年6月10日，也是《侏罗纪公园》首映的同一个星期，另一组由R.J.卡诺带领的科研小组在英国著名科学期刊《自然》上发表了研究成果，他们从一颗包裹着象鼻虫的琥珀里成功抽取了两段较大的象鼻虫基因片段（每个基因片段里大约包含226—315对碱基对）。琥珀里包裹的象鼻虫大概距今已有1.35亿—1.2亿年了，虽然它生活的时代并非侏罗纪时代，但也是侏罗纪时代的下一个地质时代——白垩纪。在白垩纪，恐龙依然是陆地的主宰（在白垩纪生活的恐龙囊括了《侏罗纪公园》中绝大多数种类）。

流行领域与专业领域之间的界限在这一刻变得模糊了，这一点或许便是《侏罗纪公园》能为我们带来的最有趣的附加效益。从我的角度来看，该附加效益无疑是《侏罗纪公园》效应中积极的一面。当英国一家保守却极具专业性的杂志开始以美国大片的首映时间来安排学术文章的发表时间时，流行领域与专业领域便融合在了一起。博物馆礼品店贩卖最让人讨厌的劣质恐龙模型；叫座大片为了提高电影中恐龙的真实性，聘请古生物学家作为电影顾问；奥威尔笔下的"猪"（出自奥威尔的《动物庄园》）站立起来，用两条腿走路，成了人类的替代者——而如今"已经很难看出二者的区别了"（但看外表，我再也无法分清到底哪个是猪，哪个是人了，又或者二者皆有可能吧）。

　　如果《侏罗纪公园》和上述的科研成果让人们以为，我们真的能够重新创造出恐龙，那么我只能充满遗憾地朝着古生物迷们当头浇下一桶冷水。亚里士多德曾经告诉过我们：一燕不成夏。现代的科学家们恐怕还要在这句话后面再补充一句："一个基因（或者一个基因片段）造不出整个生物。"目前，我们只能对最显著、最容易提取、最容易被复制的 DNA 化石进行排序。此外，我们也没有理由认为，任何重建某个生物的完整基因程序能够保存在一颗古老的石头里。有科研人员在一片距今已有 2000 万年的木兰叶化石中提取了完整的叶绿素基因序列，尽管被复原的基因在每一个细胞中都有大量的复制体，留存下来的可能性较高，研究人员却也没能在这组基因中找到任何的核基因，而这已经是基因化石领域中最全面、最严格的研究了。《侏罗纪公园》中从琥珀里提取的基因虽然被称为核基因，事实上是 16S 和 18S 核糖体 RNA 基因，而这两个基因是基因程序中最容易被提取、复原的了。

　　DNA 可不是地质学里稳定的化合物。我们或许能够复原基因片段，甚至是复原整个基因，但没有任何办法仅凭寥寥几个百分点的基因密码重新创造出整个生物体。在《侏罗纪公园》中，科学家想要利用现代青蛙的 DNA 来补足恐龙基因程序中缺失的部分，在这一幕，科学家们承认了这种做法的局限性。但在这么做的同时，《侏罗纪公园》中的科学家们犯下了科学领域中最愚蠢的大错，这个错误不是简单的科研上的错误，或者是肤浅的、有意识的沉迷于科幻小说想要营造戏剧性噱头而产生的错误，而是整部电影中唯一值得在哲学上深刻反思的错误。

　　80% 的恐龙基因再加上 20% 的青蛙基因，这样的混合基因永远也无法直接培育出发育正常的生物胚胎。这种简化论，一言以蔽之为蠢。动物是一个综合的实体，不是单纯由基因累加而成的。利用你身体中 50% 的基因是绝对无法创造出一个完整的你的，甚至无法创造出一个运作正常的机体。一两个基因的遗失或许还能够对付，但若基因遗失的数量较多，用其他动物的 DNA 去填补是万万不可的（除此之外，在进化树上，青蛙和恐龙可谓八竿子打不着，远在石炭纪的时候，这两个族系的进化便已渐行渐远，而那个时候距离恐龙的诞生还有 1 亿年呢。我怀疑，克莱顿之所以选择青蛙的 DNA 来补充恐龙缺失的 DNA，是因为青蛙的外表看起来很原始，而恐龙也是远古动物。但进化关系的"远近"需要考虑的是进化树上两个物种出现进化分叉的时间，而非两者的外表是否相似。《侏罗纪公园》的科学家们应该选择用现代鸟类的 DNA 作为恐龙缺失 DNA 的补充物，因为现代鸟类与恐龙的关系最为接近）。对一种 DNA 程序进行胚胎解码，然后利用它重新创造出有机体，这是大自然中最复杂的"作曲"。你需要运用所有正确的乐曲，找到最合适的指挥家，才能演奏出这一首独一无二的进化交响乐。你不能往这支交响乐里随意塞进 20% 的摇滚乐，允许它们按照自己的规则自弹自调，还期望整首乐曲和谐顺畅。

每当有科学家严肃地表示，某件事情是无法做到的，大众总会对科学家的言论表示怀疑。毕竟历史上有太多前人宣称无法做到的事情，然而后世不仅成功了，还远超前人的预期。可惜的是，从不同的角度来看，当前存在着许多强有力的论点显示，从琥珀中提取 DNA 重造恐龙这件事情，实在是天方夜谭。

绝大多数宣称某件事情不可能达成的科学家都缺乏对未来发现的想象能力。无法看到月球的背面，那是因为你无法飞到月球的背面。无法看到原子，那是因为光学显微镜的观测能力依旧发展不足。目标一直就在眼前：原子与月球的背面。我们缺乏的是技术，或许这些技术在理论上是可行的，在实践过程中却是难以想象的。

但当我们说诸如恐龙等历史生物无法被重造时，我们所说的这种不可能与上述的不可能不是同一个性质，而且根本无法避免。如果与历史生物相关的信息已经在漫长的时光中丢失，重造这些生物所需要的数据便再也找不到了，这也就意味着，我们无法重造这些生物。我们并不缺乏发现它们的技术，但我们丢失了重造过程中必不可少的信息，没有任何技术能够重造已经在地球上完全消失的东西。打个比方，我想要知道参加马拉松战役所有士兵的名字，但是我怀疑，记录士兵名字的信息很可能早就丢失了。无论多么先进的技术，都无法找到已经完全消失的信息。同理，我认为，哪怕我们拥有当下能想象出的最强大的基因技术，没有恐龙的 DNA，一切都无济于事。

三

我喜欢《侏罗纪公园》的原版小说。克莱顿不仅描写了最有可能重造恐龙的方法，还以当下最流行的混沌理论来构建整本书的情节。为了安抚出资人，哈蒙德带了一组专家前往侏罗纪公园，希望能够借此赢得出资人的首肯。他的专家组包括了两名古生物学家和一名爱说教的、善于打破旧习的数学家，名为伊恩·马尔科姆。马尔科姆是整部小说中智力与哲学方面的核心人物，基于其对混沌理论及分形学的知识，他常常以形式多样的长篇大论批评公园的安全系统。他表示，公园的安全系统涵盖了大量精巧的安全设施，而安全系统的正常运转需要这些设施天衣无缝的配合，但数量如此之多的设施难免会出现失灵的情况，一旦发生这种情况，安全系统便会崩溃。此外，马尔科姆还认为，侏罗纪公园最终必然会因其过于庞大、不可预测因素多而彻底崩溃，他解释道：

> "这属于混沌理论。但我意识到没有人愿意听我说数学的计算结果，因为它们对人类的生活产生巨大的影响，那影响甚至大过人人都在讨论的海森伯不确定性原理和哥德尔不完全性定理……混沌理论与每个人的生活息息相关……在侏罗纪公园破土动工前，我就将这一切都告诉了哈蒙德。你想要重新创造出一批史前动物，然后把它们投放到一座岛上？好吧，是个不错的想法，很有吸引力，但现实不会如计划一般完美发展，这种事情天生具有不可预测性……让我们冷静下来，考虑考虑可能发生的意外，比如一场车祸，又或者一些人类无法掌控的事情，比如突然患上致命的疾病。我们总是考虑不到存在于事物之中突然发生的、彻底的、毫无理性可言的改变，但这些改变是真实存在的。这就是混沌理论教会我们的事情。"

此外，马尔科姆还利用混沌理论告诫我们，在科学的理论面前，人类一定要控制自己。他的论点与那些陈词滥调（即人类踏入了上帝无意创造的领域，在文章 5 中我曾说过，好莱坞但凡拍摄怪兽主题的电影，一定会选择这样的论断作为电影的主题）完全不同，他说道："混沌理论证明，生活处处存在不可预测的事情，它们如同一场突如其来的暴雨，完全无法预测。在当下这个世纪，千百年来人们对科学的看法和认为人类能够控制一切的幻想，就此破灭。"

然而，正是因为《侏罗纪公园》小说的主题过分依赖于混沌理论，导致小说的故事线出现了理论不一致的致命缺陷。让我感到惊讶的是，在阅读小说的时候，似乎没有读者发现这个问题。小说的后半部分基本都是喧闹的追逐情节，幸存者们不断在各种场景中与恐龙相遇，他们用尽一切办法，想要从一次次险境中存活下来。混沌理论告诉我们，复杂的事情一般无法按照计划发展。在这本小说里，为了小说的故事性，必然有主人公能够逃出生还（并不是每一个人都能毫发无伤地从恐龙嘴下逃脱）。马尔科姆甚至说道："你到底清不清楚，我们能活着离开这个岛的概率有多小？"但在这种情况下，我接受改变自然法则的文学惯例。

我想，我会比别人更加喜欢这部电影。那个痴迷于恐龙的小男孩至今依旧住在我的心里。所有与恐龙相关的电影我都看了一遍，从《金刚》到《公元前一百万年》，再到《哥斯拉》。较好的故事线与更加先进的创造怪兽的技术相结合，这两点似乎能够保证将电影的宏伟壮丽推向一个全新的高度。

电影显然极为用心地刻画了恐龙的形象。作为一名实践型古生物学家，我承认，每每阅读重造恐龙的小说时，我都能从小说真实与虚构交织的情节中获得乐趣。我能辨别出同行们每一个挑衅的或者是荒诞的点子，也能辨认出恐龙作为文化标志而引发的每一个社会影响。我们的社会将恐龙刻画成一种温顺的田园动物。巨大的腕龙如牛儿般俯卧在和平的恐龙王国中。它们用后腿站立，获取树顶最鲜美的枝叶。在较小的族群中，腕龙们互帮互助。在迁徙时，经验丰富的老腕龙甚至会将年幼的似鸡龙护在族群的中心这个最安全的位置。

就连食肉的恐龙在电影中都被刻画成了后现代主义者。霸王龙体形庞大，异常凶猛，它一直是整个侏罗纪公园的主宰（霸王龙在电影中的形象与现在的流行形象如出一辙，它们低着头，抬着尾巴，脊柱与地面平行）。但显然，后来，体形更小的迅猛龙——亨利·费尔菲尔德·奥斯本的蒙古珍宝，成了电影中的英雄。较小的体形与较多的数量成了优势，霸王龙庞大的躯体成了悲剧性的缺陷。在当代合作至上的世界中，出色的竞争者所需要的一切优点，迅猛龙均具备。它们老练，精瘦，轻盈，聪明。它们以团队的形式，用古老的作战方式捕猎，一只迅猛龙在猎物的前方，其他同行的迅猛龙则从两侧围捕。

　　斯皮尔伯格在构建恐龙的形象时，并没有为了迎合学术界对恐龙形象的推测追求细节上的准确性与专业性，而去挑战流行文化对恐龙形象的普遍认知。在某种程度上，叫座的大片必须在观众熟悉事物的基础上发挥想象力。讽刺的是，斯皮尔伯格发现，迅猛龙原本身长 6 英尺（约 1.8 米），但是如果想要在大银幕上产生惊吓观众的效果，这样的长度远远不够。于是，他在电影中将迅猛龙的身长设定为近 10 英尺（约 3 米）。就这样，迅猛龙又恢复了其老套的形象，不然电影便达不到想要的效果。在刚开始设计恐龙形象和制作模型的时候，斯皮尔伯格曾经与我的部分同行尝试将迅猛龙的皮肤设定为鲜艳的颜色。他们认为，迅猛龙的部分行为与鸟儿类似，或许这也意味着，它们皮肤的颜色也与鸟儿相似。但最终，斯皮尔伯格还是选择将迅猛龙皮肤的颜色设定为沉闷的传统的爬虫类皮肤色。我手下的一位研究生原以为斯皮尔伯格能够突破传统，向现代致敬，当他发现迅猛龙的皮肤依旧是绿色时，不禁哀叹道："和过去一样，还是那种普通的、垃圾一样的恐龙绿。"

　　不得不说，电影中恐龙出现的场景壮丽宏大。学者总是对现代的电影制作技术存有偏见，要么对此类技术的神奇之处漠不关心，要么干脆鄙夷此类电影特效，认为它们"不过是机械的效果"而已。乍闻这般狭隘的想法，我感到很惊讶。天底下最复杂的东西，莫过于活着的生物体了，这也就说明，能够精确地重建生物体，这种技术可谓是对人类聪明才智极大的挑战。

　　电影界历来在技术进步方面有着悠久而光辉的历史，有谁能够否认，《侏罗纪公园》不能在年度人类才智成就方面占据一席之地呢？科学历史学家之间一直存在着一个悬而未决的问题，那就是绝大多数关键性的科技创造到底是因实践需要（绝大多数是因为战争需要）而出现的，还是因想要在实践的压力之下获得最大限度的自由而出现的。我的朋友西里尔·史密斯是我认识的最聪明的科学家与人类学家，他强烈认为，具有极大实用性的创新性行为往往是由"娱乐"而引发的。史密斯认为，人们之所以发明了滑轮组，并不断对其加以改进，就是为了能够将地下室的动物运送至古罗马斗兽场内。确实，《侏罗纪公园》只是一部电影，但正是出于"娱乐"的目的，电影制作者才能够自由地（并且有金钱支撑地）将重建生物体的技术（特别是电脑技术）发展至逼真的境界。无论是从审美的角度，还是从未来数不尽的实用角度来看，这样的进步都是极其必要的。

　　最初，斯皮尔伯格认为，电脑技术的先进性尚不能满足他的要求，他想用模型技术来完成所有宏大场面的拍摄。模型技术早已有之，并且在好莱坞不断得到改善。这是一种利用小型模型进行定格拍摄的技术，需要身着恐龙服装的工作人员、各式各样的木偶、由控制台内工作人员控制的液态机械装置共同配合完成。

然而在拍摄《侏罗纪公园》的那两年里，电脑生成技术得到了极大的改进，电影中绝大多数有恐龙参与的壮丽场景均非由模型搭建而成的，而是依靠电脑绘制而成的。这也就意味着，在实际拍摄的过程中，演员需要对着空无一人的幕布进行表演。看完电影后，我发现，我最喜欢的两个场景都是由电脑生成的，一个是似鸡龙群奔逃的场景，还有一个便是结尾时霸王龙对战最后两只迅猛龙的场景。当然，电脑生成的画面并非总是毫无缺陷，电影中恐龙出现的第一幕——古生物学家格兰特从他的汽车中逃出来，遇上了由电脑生成的腕龙，这一幕是整部电影中最失败的场景。格兰特显然与腕龙不在同一个空间里，与这一幕一样糟糕的，我只能想到《公元前一百万年》中的维克多·麦卓和他的野兽了。

电影中的恐龙着实奇妙，可惜出场的时间并不多。我知道，重建恐龙要比雇用演员的花费高得多。不幸的是，人物的故事线被高度简化，几乎算得上是毫无逻辑，完全背离了书中想要表达的严肃主题。我担心，这是出于对利益的追求，对必须"要让电影情节对于观众而言通俗易懂"的信仰，使得我们陷入了这样主题不一致的僵局。我们投入了大量的资金（至少有几百万美元）、聘请了大量的专家用于重建恐龙，却不愿花心思，以最精确、最现实的方式，去落实电影中的每一个细节、每一个可能出现的细小差异。对于这部电影，我只能赞扬工作人员在制作每一个恐龙模型时投入的心思与关爱；赞扬这部电影将电脑合成技术的实用性发展至全新的高度；赞扬工作人员对每一个小细节的精心处理，哪怕是很少人能够听到的声音，他们都花费了大量的心思制作。这部电影让我想起了中世纪的雕塑家们，他们将精湛的雕刻技巧全都用在雕刻矮护墙上人们看不见的雕像上了，那是上帝观看这些雕像的最佳角度（用现在的话来说，这就叫作从个人完美的技艺中获得心灵上的满足）。我们允许一部电影在画面与技术上做到完美，却也允许这部电影抛弃那些观众可能会拒绝或者无法理解的剧情（电影的制作方显然认为，观众们只能理解尼安德特人的喃喃自语与腕龙的吼叫），这是多么讽刺的一件事情啊！

我不认为，一部电影想要取得高票房，便必须将剧情降至最简单的程度。

科学小说素来在探索事件、历史、人类生命在宇宙中的意义之类的复杂哲学问题上享有极高的赞誉。一部真正具有挑战性的电影，比如库布里克和克拉克的《2001》，不仅能够赚大钱，赢得一票朋友，还能对观众产生影响。就连诸如《星球大战》《星际迷航》《猿人星球》一类真正拥有大众市场的系列电影，也都在电影的核心剧情中讨论了大量有意义的问题。

反观电影《侏罗纪公园》，它不仅毁了克莱顿的书，还将其书中最有意思的混沌理论删改为好莱坞中最常规且最毫无意义的主题。我们认为，电影之所以缺乏灵魂，问题便是出在了对伊恩·马尔科姆这个角色的塑造上，电影中的马尔科姆与书中的马尔科姆完全是对立的两个人。在电影中，马尔科姆依旧是混沌理论忠实的拥护者，但他不再用他的混沌理论批评侏罗纪公园。电影中的马尔科姆与其他自《弗兰肯斯坦》（见文章5）起所有的好莱坞怪兽电影中的主角一样，动不动便是一番长篇大论，言词陈腐，说话的内容完全可以被猜到：人类科技的进步绝不可扰乱自然的进程，我们不能胡乱闯入上帝的领域。马尔科姆变成了多么让人失望的迂腐之人啊。电影中的马尔科姆是个令人害怕的、极具偏见性的无聊之人，显然斯皮尔伯格也是这么想的，于是在电影的中间部分，马尔科姆就因摔断腿而退出银幕。

这样愚蠢的论调我们早就听过千千万万遍了。（难道斯皮尔伯格真的认为，他的观众除了这样的理由外，听不懂其他任何批评侏罗纪公园的原因了吗？）马尔科姆在电影中表达的观点完全否定了他所宣称的人格与他的信仰。他在电影中的言论完全是反混沌理论的，由此，电影的主题与原书的主题背道而驰，整个故事线变得混乱且不连贯。

首先，当马尔科姆激烈地反对重造恐龙时，哈蒙德问他，如果世界上最后一只加利福尼亚秃鹫就要死去，他是否会犹豫要不要通过保存下来的DNA，将加利福尼亚秃鹫重新带回这世上？马尔科姆表示，他不会犹豫的，他视这样的行为为仁善，因为秃鹫的灭亡很可能并非自然进程的结果，而是人类不正当的行为导致的。但人类坚决不能重新创造恐龙，因为恐龙的灭亡是自然进程的结果。马尔科姆说："恐龙有属于它们的时代，自然选择让它们灭亡。"他的言下之意便是，恐龙从诞生到兴盛，再到灭亡，这一过程完全是按照特定的、可预测的进程发展的。这种说法完全否定了混沌理论的基本原理，混沌理论的关键点就在于，它认为微小的、不引人注意的变化不断地累积叠加，最终将会对历史造成无法预测的影响。一位相信混沌理论的人，怎么能说出"自然有其发展方向"这样的话呢？

其次，如果"自然选择让恐龙灭亡"，并且哺乳动物在这之后得到了进化，那么侏罗纪公园中的恐龙又如何能够战胜岛上包括最高等的灵长动物在内的哺乳动物呢？二者不可兼得，要么自然并没有选择让恐龙灭亡，要么恐龙根本无法战胜哺乳动物。如果你严肃看待恐龙修正主义论，认为恐龙是聪明的动物，能够在与哺乳动物的对决中立于不败之地，那么你就不能说，恐龙的灭绝是注定的、可预测的，毕竟所有的动物都是朝着更加复杂、高级的方向发展的。

电影中，马尔科姆的言行实际上站在混沌理论的对立面，然而他却以混沌学说拥护者的身份登场，那么在电影中，他必然会提及混沌理论。于是乎，当马尔科姆谈及混沌理论时，这个场景便成了整部电影中最令人尴尬的部分——马尔科姆不怎么热情地向一位女古生物学家献殷勤。他抓住女古生物学家的手，向她的手心里滴了些水，然后用混沌理论解释为何无法确定这些水会从哪边落下来！混沌理论沦为了献殷勤的工具，让人不忍直视。

四

在电影中，哈蒙德驾驶着直升机，前往艾利·萨特勒与艾伦·格兰特的挖掘现场，邀请二人前往侏罗纪公园，说服他的出资方。起初，萨特勒与格兰特拒绝前往，因为两人挖掘迅猛龙化石的工作正进行到关键的时刻。哈蒙德表述，如果二人愿意在侏罗纪公园里待上一个周末，他愿意在未来三年里出资赞助二人的研究。就这样，格兰特与萨特勒突然意识到，侏罗纪公园是全世界他们最应该去的地方，挖掘迅猛龙化石的事情可以先放一放。

作为一名古生物学家，上面这一幕激起了我对侏罗纪公园现象与恐龙热潮的矛盾心理。投身于自然历史领域，我们这些研究人员从来都是祈求的那一方，从未有人主动为我们的工作提供资金赞助。我们总需要依赖于出资人，依赖于那些认为我们的数据有可用之处的人。我们对着那些想要往他的巴洛克式珍宝馆里塞满各式异国标本的王子大献殷勤。我们乘坐着殖民船去往其他的国家，在那里，他们将植物群视为控制权的一部分（我们曾帮助布莱船长将面包果从塔希提岛带到西印度群岛喂奴隶）。从我们的角度来看，绝大多数的合作关系并不怎么光荣，我们也从未在合作中占上风。与之相反，很多时候，我们根本没有资格做决定。

考古领域就是这样，权力分配不均，且极其不公平，没有哪些职位能比考古领域中的一个小人物更具不确定性了。手握权力的中间人需要我们的专业知识，与他们相比，我们显得如此弱小，常常落入他们布下的陷阱，又因过往的承诺选择默不作声。三年的资助对于古生物学家来说是一辈子的梦想，对于哈蒙德而言，不过是一张微不足道的税务抵扣凭证罢了。我们总是如此轻易地被征服，在这样的情况下，如果我们在这些巨大的、与我们的领域完全不相同的行动中无法坚持内心最珍视的价值观，那又应当如何在其他领地吟唱圣歌呢？

我并没有责怪王子、船长，又或是他们在当代的化身（政府代言人、商业许可人、大片制作人）的意思。这些人很清楚自己想要的是什么，他们总是将需求与交易放在第一位。而我们的工作便是，保持内心的完整，不因妥协而被吞没，不要因为金钱而选择同意或者选择沉默。相比于道德性，这个问题更具原则性：我们人微言轻，但我们的思想或许更有力量。如果我们不坚持原则，那就输了。

大众商业文化来势汹汹，比任何时候都强大。就连斯皮尔伯格这样的人，也在大众商业文化的压迫下选择了妥协。他获得了拍摄电影、制作宏伟特效的资源。但我不相信，在面对那些为赚取票房而采取的营销手段时（从麦当劳出售给孩子们放在恐龙嘴巴里的薯条，到珠宝商店的琥珀戒指），他的心中没有一丝不安。我也不相信，斯皮尔伯格与克莱顿会对自己的怯懦感到满意，出于担心观众无法理解更深层次的内涵的原因，选择用毫无逻辑的剧情来替代原书中有意思的内容。想象一下吧，在这样商业化的世界里，我们这些古生物学家进行研究时又需要做出怎样的妥协？

作为古生物学家所处两难困境的象征，我们来看看自然历史博物馆在商业文化中面临的困境吧。在过去十年里，无论大小，几乎每个博物馆都曾屈服于两种商机：在礼品店中出售大量毫无价值且往往做工粗糙的恐龙模型；以收取高价门票、增加展览场次的方式，展览各式色彩缤纷、能够移动与吼叫的恐龙机械模型，但这些模型往往没有任何科学价值。如果在每种恐龙机械模型旁贴上正确的标签，这些模型能够成为不错的教学辅助工具。但据我观察，绝大多数展览中，博物馆只会用恐龙多样的色彩与吼叫的音效来吸引参观者。恐龙的颜色与叫声显然是此类投机活动中最重要的两个因素。

如果你问我在博物馆工作的同行，为何允许这样的展览侵占他们珍贵且有限的空间，他们或许会告诉你，因为这样的展览能够帮助博物馆吸引大量人群，否则，绝大多数人是永远不会来博物馆的。此类人会因为恐龙展览被吸引而来，那么博物馆的科学教育功能也就被大大提高了。

我不能说这样的逻辑是错误的，但我认为，这种说法，不过是一种希望，并非展览真正达到的效果，甚至可以说，这或许并不是绝大多数博物馆举办恐龙展览的目的。如果这些炫目的展览被分散在各个不同的教育展厅中，如果这些展览被当作教育项目的出发点，那么追求利润与对大众进行教育这两个目标便能够取得平衡。但在绝大多数情况下，这些炫目的模型被集中放置在博物馆的某个展览厅中（一般而言，会被放置在能够收取较高门票的展厅里），展览的实际效果自然由参观人数与最终利润来衡量。有一个大型的博物馆，多年来一直在修建一个华丽的新展厅。展厅建成后，博物馆在空闲的位置开了大量的礼品商店、一家豪华的餐馆与一家球幕电影院，而普通的展馆则被博物馆忽视了，破损的地方也从未修缮过。另一家博物馆计划将恐龙机械模型作为看点，吸引观众前来观看永久展览。但他们发现，普通的展馆放不下恐龙机械模型。他们取消了这场展览吗？当然不可能。他们将恐龙模型搬到了博物馆的另一端，可是绝大多数观展的人都是为了看恐龙模型，这样一来去普通展馆的人变得更少了。

我认为，我的论点可总结为以下两个方面：机构组织有着它们的本质，也就是用于定义其完整性与存在意义的中心目的。恐龙热加剧了机构组织不同本质之间的分化——它们到底应该作为博物馆而存在，还是应当作为主题乐园而存在。博物馆存在的意义是为了向人们展示自然与文化当中存在的真实物品，所陈列的物品必须具有教育意义，博物馆可以借助电脑图像与其他虚拟展示方式来达到教育的目的，但无论如何，博物馆中陈列的展品必须具备真实性。主题公园则是为人们带来欢乐的天堂，为达到娱乐的目的，主题公园可以运用世界上最先进的虚拟技术，搭载最好的显示设备来让游客们感到兴奋、刺激、恐惧，甚至可以让游客受到教育。

我个人非常喜欢主题公园，因此我绝不是坐在灰尘密布的博物馆办公室里以一种居高临下的学术角度来谈这个问题的人。但从多个角度来看，主题公园与博物馆是互相对立的。如果每个机构都能够尊重博物馆与主题公园在本质上的区别，那么二者的对立并不会带来任何问题。主题公园代表着商业的王国，博物馆则代表着教育的世界。在正面较量时，主题公园凭借着它的力量与巨大的空间，无论如何都能够战胜博物馆。如果教育人士为了追求直接的金钱利益，试图将商业规则带入博物馆当中，博物馆最终将会被商业吞没。

在谈及主要体育赛事的经济效应时，大家都喜欢得不得了的乔治·史坦布瑞纳曾经说过："想要获得经济效应，只要用尽手段让粉丝坐在观赛的椅子上便可以了。"如果我们只是想吸引更多人观展，获取更多的经济利益，那就要将博物馆改造成主题公园，然后建造更多卖咖啡杯的礼品店。但是那样，我们便真的输得一败涂地了：博物馆的面积肯定比不上迪士尼乐园或是侏罗纪公园，更没有它们的吸引力，同时我们也不再具有明确的自我定位了。

如果在坚持自我、尊重真实性之后，博物馆被不断地边缘化，几近破产，那么我们也不可能达到目标。但幸运的是，这不会也不应该是博物馆的命运。我们手里握着极具开发价值的物品——大自然里真实存在的物品。或许，我们永远不会像侏罗纪公园那样能够吸引如此多的游客，但我们能够以正确的理由吸引人们前来观展。真实性是能够拨动人类的灵魂的，虽然我不知道这是为什么。这原因存在于大脑之中，是抽象的，无法看见的。如今，仿造的技术已经发展得出神入化，复制品与真品之间的区别极小，只有最具经验的专家才能看出二者的区别。仿造的罗赛达石碑是用石膏制成的（无论其细节刻画得多么完美），而展列于大英博物馆中的罗塞达石碑真品，则可谓充满着魔力。用玻璃纤维制成的霸王龙模型值得好好观赏，但见到霸王龙真实的骨头却能够让我感到震撼，因为我知道，在7000万年前，这曾是一只鲜活的霸王龙。就连诡计多端的哈蒙德也明白这个道理，并心怀至高的敬意为博物馆献上花环。他之所以这么做，是因为他能够抛弃所有仿真的展品，在自己的主题公园里放上鲜活真实的恐龙。我很欣赏《侏罗纪公园》中对现实有意识的讽刺——最好的恐龙来自一部根据小说改编的电影，并且是由电脑合成的。

对于古生物学家而言，《侏罗纪公园》既是我们最好的机会，也是压迫在我们身上的沉重负担。这部电影激发了人们对我们的研究的无限兴趣，同时，汹涌而至的商业浪潮很可能会将恐龙从令人敬畏的生物转变成商品、老古董，最终彻底毁掉恐龙。古生物学家们有能力抵抗商业浪潮吗？

我无法保证古生物学家能够在这场斗争中取得胜利，但只要我们能够守住真实的本心，便能拥有一个强有力的优势。商业化的恐龙浪潮或许在当下主宰着市场，但这也只是短暂的，除了当下能够获得的利益以外，这场浪潮没有任何其他能够支撑其长久的理由。文章最初，我引用了麦克白的内心独白。他发现其计划中存在着一个特殊的问题，除了个人的野心以外，他想不到任何能够支撑他谋杀国王的理由："没有任何一种理由能够支撑我继续实施我的意图，只有我那野心，它不断地驱使我走下去。"恐龙的热潮终将过去，人类制造之物永远也无法与6500万年前（至少）便蕴藏于恐龙骨头中的力量相抗衡。

18
博物馆的密阁

在都柏林这个美丽的城市，靠近三一学院与旧国会大厦的位置，矗立着一座莫莉·马隆的雕像。我并不想谈这座雕像本身雕刻得怎么样（我没怎么留意过），而是想谈谈莫莉·马隆手里提着的具有传奇性的篮子。她的手里提着两个篮子，其中一个放满了牡蛎，另一个放满了贻贝。依照铜像的状态来看，它们并没有歌词里写的那样"鲜活哟，鲜活哟"，但是牡蛎与贻贝的形象还是得到了完美的还原。雕刻莫莉·马隆雕像的雕刻家通过完美刻画《莫莉·马隆》这首歌中出现的自然之物，表达了他对自然多样性的尊重。谈及这首曲子，我一直不明白，整首歌曲调优美，歌词押韵雅致，唯有第三段歌词里有一句话并不押韵："她死于高烧，没有人能够挽救她。"（She died of a fever; and no one could save her）后来，我转念一想，这句话用爱尔兰口音念出来便是押韵的，一如"thought"和"note"这两个词在约克郡口音中是押韵的，在华兹华斯的诗里也是押韵的。

在距莫莉·马隆雕像几个街区之外的爱尔兰议会大楼旁，是都柏林自然历史博物馆。都柏林自然历史博物馆始建于 1731 年，最初名为都柏林协会，为 14 名市民组建的私人机构。都柏林自然历史博物馆于 1733 年第一次举办公开展览（绝大多数展品为农业用品），展馆就设在爱尔兰议会大楼的地下室里。1749 年，乔治二世授予博物馆皇家特许状，议会也于 1761 年开始为博物馆提供资金。藏品不断增加，原先的博物馆已经无处安置新增的藏品，政府于 1853 年向博物馆提供了 5000 英镑，用于扩建博物馆。博物馆于 1856 年扩建完工，我们现在看到的都柏林自然历史博物馆的建筑主体，大多数便是在那个时候建成的。1856 年 3 月，卡莱尔勋爵、爱尔兰总督与爱尔兰治安长参加了博物馆的奠基仪式。勋爵用维多利亚时期与其尊贵的官衔相匹配的洪亮声音表达了对这座博物馆的希望："这里将立起一栋建筑……希望博物馆能够为追求有益知识与人类成就的人提供不断改善的环境；希望这里成为后代的科学殿堂——他们在这里接受教育，学会如何尊重他们的父母，学会如何为自己的同伴带来最大的利益。"

有关都柏林自然历史博物馆的历史，我是在 C.E. 奥莱尔登所写的一本名为《都柏林博物馆的自然历史》的小册子里读到的。从外部设计来看，博物馆的外部与四周早期乔治王朝时期的建筑风格保持着高度的和谐，然而内部的装饰却是典型的维多利亚风格。博物馆一楼大厅的入口处悬挂了两副完整、壮观的大角鹿（人们私底下称这种鹿为爱尔兰麋）的鹿角化石。两副大角鹿鹿角的后面还悬挂着一副没有鹿角的雌鹿化石。一楼的藏品涵盖了绝大多数爱尔兰拥有的动物，展品分门别类地摆放在展架上（从"爱尔兰线虫"到"爱尔兰蟹"，看得出，都柏林博物馆的藏品涵盖范围极为全面）。

博物馆其他的展馆，二楼及二楼之上另外两个展列室的陈列风格则更显老式。铁制与黑木制的展示柜上摆满了大量的维多利亚时期的展品。光线穿过玻璃制的天花板，投在展品与展柜上，留下一道道阴影。墙壁上挂满了各种动物的头颅与犄角，站在展室内，总会生出一种误入老式绅士战利品陈列室的错觉。

博物馆的总体风格和谐一致，所有的陈列馆看起来就像是将维多利亚时期博物馆馆长对未来博物馆建筑的憧憬变为现实一般。事实上，虽然在过去的几十年里，博物馆里的展品被不断地合并、拆分、重新摆放，但是距离上一次重新安置展品也已经过去好长一段时间了。直到 20 世纪 30 年代，那些动物的犄角才被挂到了墙上，但绝大多数展品自维多利亚与她的儿子爱德华七世统治时期开始便没怎么改变过。至少自 1921 年爱尔兰人脱离乔治五世的统治，建立爱尔兰自由邦时起，人们便没有再整理过博物馆中的藏品。

奥莱尔登的小册子里尽数记录了博物馆中每一样展品的变化，从鸟类标本到海贝壳，十分详尽。他也承认，自 20 世纪开始，展品几乎一直处于一成不变的状态。在小册子中，奥莱尔登提到，1892 年，博物馆曾经重新安置过所有的展品，将所有爱尔兰动物的标本搬到了一楼，二楼与二楼之上的陈列室里则按照林奈命名法的顺序来摆放全球各地的标本。奥莱尔登写道："1906

年，博物馆曾经招募过员工，此举使得博物馆很快便于 1907 年完成了顶层展厅无脊椎动物标本的布置工作。自那以后，二楼与二楼之上的展厅便再也没怎么变动过。"之后，奥莱尔登又提及 1910 年一楼举办了数次的爱尔兰麋头骨展览。他评论道："展览对一小部分的展品做了更改，展示的位置顺序也做了调整，除此之外，展列的主题和计划与之前并无不同。"

如果展品没有出现老化或者毁坏的情况，那么博物馆便不会替换展品，这种现象在我看来便是一种停滞的征兆。我们对"维多利亚时期"最基本的印象都是被煤烟熏得焦黑的建筑、冷冰冰的屋子里摆放着黑木制成的柜子、斑驳的油漆、脱落的墙纸、架子上摆满落着灰尘的小古董。在许多镇子里，维多利亚末期的建筑大多都成了殡仪馆或者律师事务所，然而这二者似乎都不怎么受人们的喜爱。

我承认，第一次参观都柏林自然历史博物馆时，觉得博物馆的一砖一瓦完全符合人们对于维多利亚时期建筑的刻板印象。1971 年，我花费了大量的时间泡在自然历史博物馆里，手里拿着码尺，丈量爱尔兰麋的头骨与鹿角。我参观了巴斯侯爵与顿拉文公爵的庄园，在已经商业化的本拉提城堡里（靠近香农机场），我测量了公鹿的尺寸。在中世纪的时候，这些公鹿受到了极为不公正的对待。那些愚蠢的狂欢者总爱在深夜寻欢作乐，将雪茄塞在公鹿的嘴巴里，还把咖啡杯挂在它的鹿角上。最好的标本都收藏在都柏林自然历史博物馆里，除了两具鹿的骨架以外，博物馆还收藏了 15 个动物头颅与犄角，这些藏品都被堆放在高高悬挂于墙上的陈列柜里。

小册子的作者奥莱尔登博士热情地招待了我，他所收藏的标本是我的重要研究对象（这篇研究文章于 1974 年在专业期刊《进化》上发表，总体来看，我于 1973 年便完成了这篇研究论文，它也是我的系列科普文章的第一篇，之后又收录于我的第一本书《自达尔文之后》中）。奥莱尔登的标本简直棒极了，可要命的是，那时的博物馆是个肮脏的地方。昏暗的光线，环境让人一点也不舒服，到处都是灰尘。为了测量高处的动物头颅，我只能坐在陈列柜的顶层。那里的灰尘积得很厚，已经多年没有人打扫了。我甚至怀疑自利奥波德·布卢姆与斯蒂芬·迪德勒斯在夜市相会后（出自《尤利西斯》），便没有人再带着任何清洁工具进入博物馆了。

带着这样的回忆，我于 1993 年 9 月再度参观博物馆，心里还有些恐惧不安，总是想着，说不定现在博物馆的环境变得更差。当我真的抵达博物馆时，眼前的一切让我欣喜若狂。展品没有替换，但博物馆被彻底翻新了一遍，四周的物品都恢复到了最初的状态，露出了它们可爱的真容。扫把大军整齐地排成一列（这让我想起了《魔法师学徒》中米奇老鼠创造出的无数克隆体），要是我祖母在这里，她一定会说："这么多扫帚，你是想把地板扫烂吗？"（我一直无法理解，为什么老一辈的亲戚都爱说这句话，无论清扫的力度有多强，你也没办法把地板扫烂呀）。玻璃天花板被擦得干干净净，阳光穿过天花板，倾洒在地板上。展柜的黑木被修缮了一番，还打了蜡，窗户也散发出闪亮的光芒。精致的铁制柜被打磨得光亮，并被涂上各种颜色，拼成了圣弗朗西斯科维多利亚时期房屋里"油画女子"的模样。如今的博物馆终于能够流露出自豪的"神情"，而我也终于明白经典的维多利亚式自然博物馆陈列柜背后暗藏的和谐之美。

我们无法欣赏维多利亚时期的美，主要出于两个原因，一是心怀偏见，二是维多利亚时期建筑的现状大多不佳。首先，我们总是自以为是，认为自己处于先进的时代，过去的时代都是野蛮的。因此，当现代主义偏爱朴素简单的几何图形与实用性空间设计时，维多利亚时期对繁复图形的喜爱便成了人们嘲笑的对象。（我们或许能说，日式房屋设计符合当代崇尚简单的审美，但在面对放满古董玩物的架子时，我们又该做出怎样的评价呢？）从某种程度上来说，这也可以说是风水轮流转，毕竟维多利亚时期的人也常常吹嘘自己所处的时代是历史上最辉煌的时代。无论如何，随着保护主义运动越来越深入人心，后现代主义开始逐渐将折中主义与教堂式装饰品重新引入建筑设计当中，人们对于维多利亚时期审美的鄙夷逐渐消退。

其次，也是最重要的一点，我们对于维多利亚时期审美的印象和真正的维多利亚风格相去甚远。我们所看到的维多利亚风格，是经过长达一个世纪的忽视与退化后的版本。在没有看过其原貌的情况下便对其审美下定论，原就是一件不公平的事情，而这种不公平，更是被我们对当今时代之先进的沾沾自喜放大了无数倍。毕竟，虽然我的祖父现在已经安然沉睡于墓穴之中，但当我回忆祖父的音容笑貌时，想到的绝不会是他沉睡于墓穴之后的样子。既然如此，为何我们又理所当然地认为，维多利亚时期的建筑都是摇摇欲坠的危楼，楼梯破破烂烂的，地板吱呀作响，墙纸脱落了大半。这样的建筑，恐怕只适合亚当斯一家居住，或者是在万圣节时被当地青年商会当作"鬼屋"。

最开始，我也对维多利亚时期的风格心怀偏见，但1976年，一次展览让我重新认识了维多利亚时期风格的原貌。为庆祝美国成立 200 周年，史密森学会仿照 1876 年费城百年博览会，举办了一场展览。那次展览的展品包括犁、药品、家居与农场用品。除此之外，还有各式机械，个个闪亮，颜色鲜艳，运作正常，它们发出嘶嘶声，能够和现在的机械一样运转、鸣笛。我印象最深的是一把斧子，斧刃锃亮、锋利。我突然意识到，在我的记忆里，维多利亚时期的物品总是笨重的，上面布满锈迹。我从来没有想过，维多利亚时期的工具在被刚刚制作出来的时候，也是崭新的，运作完全正常的。我总是对于带着偏见的预设思维的力量感到惊讶，无论这种思维多么荒谬，它总有办法扰乱人们的逻辑思考能力。

1961 年，我第一次前往格拉斯哥的时候，认为那是地球上最丑陋的城市。但当我于 1991 年再度拜访格拉斯哥时，我发现那其实是世界上最美丽的地方。格拉斯哥的公共与商业建筑是世界上最具维多利亚时期风格的建筑。1961 年格拉斯哥城区的主要建筑，其外墙都被煤炭熏得漆黑，看上去破旧不堪。然而如今，建筑的外墙都被修缮，破败的街道也被改建为步行购物街。我被这些建筑外形的多样所震撼，它们的弧线、装饰、银丝玻璃各不相同，相互之间既争奇斗艳，又能形成一番和谐的景象。在第一次见到伦敦的自然历史博物馆时，我对它心生厌恶。从外向里走，伦敦自然历史博物馆那精心设计的罗马式入口越来越黑，污垢越来越厚。而如今，那些污垢已经被处理干净，我因它精妙的色彩与拱顶的形状而感到兴奋不已。在近 25 年的时间里，我多次经过哈佛大学教堂样式的纪念堂，却从未注意过那些维多利亚时期的玻璃。而如今，我向每一个游客大力推荐纪念堂里的玻璃，它们由约翰·拉·法尔赫及其他美国玻璃制造师设计制造而成。玻璃被清洗干净后，但凡前往哈佛大学，我都会在此驻足欣赏一番。

如今，从破败到光辉的维多利亚时期建筑的清单上又添加了都柏林自然历史博物馆，经过简单的复原措施，它们已经恢复至建筑师与设计师刚刚将它们建造出来时的状态。最重要的是，翻修后的博物馆让我欣赏到了之前从未见过的维多利亚时期博物馆设计之美。

博物馆内的展品完全按照维多利亚时期的习惯陈列，与现代的陈列方式大不相同。今日，每展示几个重要的标本，周边就会摆上与标本无关的装饰物，旁边再加上一段有用的解释，目的便是为了教育，或者单纯是为了好看。维多利亚时期的人将博物馆视为一种缩影，它代表了扩张国家领土的目标与不断累积知识从而获得进步的信念。那时的人想要将所有的标本都塞进装饰豪华、设计考究的展示柜里，以显示世界生物的奇妙与多样。我最喜欢罗斯柴尔德勋爵的私人博物馆，作为一名收藏家，他不仅富可敌国，其藏品覆盖的范围也极为广泛。他将斑马与羚羊的标本制作成屈膝的样子，也可以说是俯卧在地的模样来节省空间，他的博物馆从地板到天花板，堆的满是藏品。按照此法节省空间，他的博物馆便能收纳更多的藏品。标准的维多利亚时期的展柜，最上层是展示标本的地方，上面盖上玻璃罩，下面则还有数排用木头打制的带锁抽屉，都柏林自然历史博物馆里大多展柜均属于此类。带锁抽屉存放的标本，只给专家或者对此类标本特别有兴趣的人观看。

我发现，尽可能收纳藏品的习惯在一定程度上反映出了帝国主义侵略和军事扩张的罪过，以及人们的种族歧视与对生态环境的漠视。但这种大量收集藏品的行为却也有值得肯定与赞赏的一面，正如《诗篇》第 104 篇所说的那样："神圣的上帝，您的作品是如此多样！……世界充满了您的产物。"展示藏品的方式有许多种，你可以选择将一只甲虫的标本放在展柜里（通常并非真的甲虫标本，而是放大的模型），旁边再摆上漂亮的电脑图画和用来解释此为何物的按钮，告诉参观的人，没有其他物种的多样性能和甲虫相提并论。又或者，你可以在同一个展柜中摆满各式真实的甲虫标本，不同的颜色、形状、大小，应有尽有。

维多利亚时期的人和我一样，更喜欢第二种展示的方法，没有什么能比自然的多样性更容易令人激动的了。此外，维多利亚时期博物馆融合了两种不同的传统（二者的融合并不总让人觉得舒服，毕竟究其根本，两个传统存在着对立的方面），促成了维多利亚式博物馆的发展。第一个传统是 17 世纪巴洛克时期对畸形之物的收集癖好——人们还喜欢以最大、最小、最好看、最丑陋的方式为藏品排序，较老的收藏者称其为"多宝阁"。第二个传统便是18 世纪时，人们对林奈与启蒙运动的热爱，那时，人们喜欢在连贯且综合的分类体系下为藏品分类排序，以显示大自然正常的秩序。

我早就理解了维多利亚时期展览的原理与美学特征：将所有的藏品赤裸裸地呈现出来，让人直观地感受到大自然物种的多样。但直到我参观了翻新后的都柏林自然历史博物馆，我才意识到，这样的陈列方式多么震撼人心。阳光透过玻璃天花板倾洒在地板上，标本，铁柱，木头制成的栏杆，黑木与展柜透亮的玻璃投下的阴影与阳光交相辉映，创造出绚烂迷人的光影效果。

展示柜紧密的布局与密密麻麻的展品搭配在一起，深色的木头与晶莹透亮的玻璃之间醒目的对比更是加强了藏品物种的丰富感。分门别类摆放的藏品与铁制品和展柜相互呼应，体现出自然有机生物与人造建筑之间的和谐。

我写这篇文章是想要向都柏林自然历史博物馆表达我的欣喜之情，重新翻修博物馆的决定实在是英明。这一决定不仅从科学的角度来看是正确的，而且从道德的角度来看也是合理的，同时也证明馆方有着莫大的勇气。翻修博物馆或许会招来大众的嘲笑，因此做决定时还需一颗坚韧之心。群众不一定总能明白馆方翻修博物馆背后的苦心。

为了建立一座富有活力的馆中之馆，为了重新引入维多利亚时期的展览方式，将自然的丰富多样性直接展示在大众面前，为了重新寻回维多利亚时期强调自然生物与人造建筑和谐共处的建筑风格，都柏林自然历史博物馆的馆方站到了现代博物馆设计主流理念的对立面。现代博物馆的设计多崇尚展示少量藏品，将重点放在教育上，而交互展示也逐渐成为每个现代博物馆都选用的一门技术。若交互展示做得好，便能增加参观者与展品之间的联系；如果做不好，就只是表面好看，成了聒噪的"按下按钮激活"之类的没用玩意儿。

虽然我钟爱都柏林自然历史博物馆丰富的展品，但我不能断定，都柏林博物馆这样的展览方式是否能将空间利用到极致。自19世纪起，博物馆开始引入大量的新技术用于展览藏品，部分技术取得了不错的效果，特别是那些能激发孩子对科学兴趣的新科技。都柏林博物馆则找到了另一种解决方法，馆方全面翻修了原来的展馆，使之成为世界上最好、藏品最丰富的展馆，而展览的方式依旧选用了令人惊叹的维多利亚式——展馆不仅用来展示过去的藏品，还向观众展示浑然一体的建筑设计。此外，馆方还在另一条街道上建了一栋新的建筑，用于展示需要现代科技辅助的展品（现在新展馆里陈列的便是当下最热门的主题——恐龙）。

如果这样的博物馆所珍视的只是过去的光辉，那么我定然不会力挺维多利亚时期的博物馆风格。将所有展品呈现在大众面前的展示方法充满活力、令人兴奋，它能够激起每一个有好奇心的人的兴趣与对自然的敬畏。我之所以如此喜欢老式的博物馆，正是因为哪怕在现代，它们依旧美好。老式博物馆能够为大家展现物种的丰富性，这在其他地方是找不到的。有一次，在参观都柏林自然历史博物馆时，我看到馆内正在进行一个大学的绘画课——学生们坐在不同的哺乳动物标本前，惬意地画着素描。

老式博物馆的第二个绝妙之处或许无法产生立竿见影的实质性作用，如果我的观点有足够的说服力，我想大家应当仔细考虑这第二种作用。奥利弗·萨克斯在写给我的两封信中（一封写于 1990 年 12 月，另一封写于 1992 年 9 月），完美地阐明了这个微妙而富有争议性的观点：

> "我最喜欢的领域莫过于生物学。年轻时，我花费了大量的时间待在伦敦自然历史博物馆里。至今，我依旧几乎每天都会参观植物园，每周一都会参观动物园。没有什么能比生物的多样性——生命那数不尽的各种形式——更让我兴奋的了。"

> "年轻时，我对博物馆有着极大的热情，相信和我们类似的人，大多如此。艾瑞克·科恩、乔纳森·米勒和我基本上都是在自然历史博物馆里度过所有的闲暇时光的。我们三人喜欢的类别均不相同，艾瑞克喜欢海参属，乔纳逊喜欢多毛类动物，而我则选择了毛足类动物。博物馆布满灰尘的展柜上摆放着的 Sthenoteuthis carolii，这件展品于 1925 年被海水冲至约克郡海滩上，我至今依旧能清晰地记得它的每一个细节。不知道我年轻时看过的那些布满灰尘的展柜是否还存在于世上，老式的博物馆、老式博物馆的理念都已经渐渐消失了。我支持如圣弗朗西斯科科学博物馆里那种交互式的展览方法，但并不希望现代科技的普及是以老式博物馆的消失为代价的。"

萨克斯并没有成为一名专业的动物学家，他的另外两位朋友亦是如此，但他们都是极有成就的人，部分原因就在于他们保留了对细节与多样性的热爱，而这种热爱，则是过去长时间泡在老式博物馆里的经历培养出来的。艾瑞克如今成了英格兰最好的自然历史古董书籍经销商人，米勒在医药及剧院领域工作，而萨克斯则涉足神经病学与心理学领域，三人都成长为有名望的人。萨克斯的名气尤其大，早期对人文主义的热爱使他建立起一套独特的个人性格体系，基于其早期对动物分类学的热爱，他重新开始使用过去的"案例研究法"。在给我写的信中，萨克斯表示："我将我的部分病人视为另一种形式的生命，而不将他们看作有缺陷的、不正常的人。"老式博物馆的展览方法对三位优秀人士的人生产生了很大的影响。

　　我必须以一个从政治角度来看极为错误，但却值得强烈辩护的观点作为结束。我们对精英主义的厌恶，使得我们总是希望让所有人都能够获得最高水准的教育。维多利亚式的博物馆或许对于绝大多数孩子来说是枯燥无味的。在这个电视主宰的反智时代，真正的大多数群体是需要音响效果与闪光灯的。如果这种方式能够让孩子们关注科学，我当然不会反对。每一个教室里可能都有如同萨克斯、科恩和米勒一样的孩子，他们通常是孤独的，内心充满着对大自然的热情与好奇，也有足够的热情去克服"与众不同"所带来的压力。这样的孩子，50 个人中总会有一个，难道他们不该拥有如同维多利亚式博物馆一样富有魔力的地方吗？这种地方能够激发此类孩子深藏于内心中的天赋。

　　基于排斥与歧视（诸如种族、性别、社会地位上的歧视）的精英主义让人感到恶心。它之所以全然错误，正是因为天才的出现是随机的，无论哪种种族、何种性别、何种社会地位都有可能出现拥有天赋的人。因此，我们必须让每个人都获得受教育的权利，我们必须时刻保持警惕，无时无刻地关注每一个孩子，为他们提供能够激发其天赋的机会。只有在这样的情况下，我们才能创造出完全公平公正的环境。若只有少部分人闪烁着天赋的光芒，而他们的同伴却都喜欢被动地接受教育，喜欢闪烁着光芒的东西，难道我们便可以因此而忽视少部分人内心的挣扎吗？我们应该允许他们投入书的海洋，至少应该保留几个老式的博物馆，为他们提供一个能够感受大自然多样性的场所。这种真正民主的精英主义并没有什么不可取的地方。

　　在都柏林的时候，我还参观了圣·米歇尔教堂。1742 年，《弥赛亚》首次在都柏林演出，亨德尔便在这间教堂里用那美丽的风琴演奏（有人认为这种说法是谣言）。亨德尔还为乔治二世的加冕写了四首美妙的赞美诗。而乔治二世之后签署的皇家授权令，让都柏林自然历史博物馆得以建立。我想起了《弥赛亚》第二部分我最爱的合唱曲（并非《哈利路亚》），亨德尔以丰富的复调作为开头，以震撼的齐唱作为结尾。大自然丰富的多样性与严谨的分类学顺序及进化扩张相互影响，和都柏林自然博物馆展示藏品的方法与主题形成鲜明对比，这与亨德尔作曲的方式不谋而合。我想起人们如何形容教师最伟大的职责：拓展学生们的知识，直到走到知识的尽头，通过歌曲、写作、指导、展示来凝聚智慧的力量。"最美好的莫过于传道士的陪伴……他们的声音传遍世界，他们的言语传遍至世界的尽头。"

19
进化路线图

　　电影里有不少女性与邪恶力量之间戏剧性的冲突，比如费伊·蕾（首版《金刚》的女主角）与金刚，西格妮·韦弗（电影《异形》的女主角）与异形；如果你喜欢经典戏剧，还有鲍西娅与夏洛克（出自莎士比亚的《威尼斯商人》，其中的反犹太主义让人感到不安，就连鲍西娅这个女权主义角色也遮盖不住书中的反犹太主义）。但在这类戏剧冲突中，我最喜欢的还是《神奇旅程》中的韦尔奇和抗体。韦尔奇扮演的是科研小组中的一员，该小组通过一种手段，使小组成员被缩至微生物大小，并被注入其他正常人类的身体，在人体内进行了一次"太空漫步"。在这场奇妙的旅途中，人体内部的抗体将韦尔奇与其他小组成员视为"异体"，并为了消除"异体"而展开了激烈的追杀。

　　我赞同这部电影运用的叙事手法，看似无关紧要，却能够起到见微知著的教育效果。为了了解某件事情或现象的全貌，让人放大或缩小，并将其直接投入这件事情当中。举个例子，我曾在一场大型的国际象棋比赛中用一个卒不屈不挠地向前进攻，巧妙地沿着对角线吃掉了对手的一个卒，最后却难逃被对手同一条对角线上的象吃掉的命运。但经过此役后，我对国际象棋有了更加深刻的理解。

　　与之相似，用心的博物馆会将每一位参观者视为其体内的血液细胞，走廊则是腔静脉与主动脉，将血液细胞输送至如耳郭与心室一般存在的展厅里。还有一个例子可能比较抽象，但其理念与上述两者并无不同。当代著名的科普作家乔治・伽莫夫 [①] 所作的《物理世界奇遇记》（ *Mr. Tompkins in Paperback* ）很好地解释了相对论与量子理论——他是以我们生活中的时间和体积等变化来解释这些理论的，而不是从常人难以体验的微观或者超速度等角度来说明的。打个比方，伽莫夫在书中提到了量子猎虎的故事，猎人只能在老虎可能出现的范围内开枪，才有望得到好的结果。

我写这篇文章的初衷，便是赞扬近期美国自然历史博物馆新开的哺乳动物化石展厅。馆方以一支主干加数个分支的形式布置展厅，模拟的便是我们常常提及的进化树。博物馆通过这样的布展方式向参观者传授进化树相关的知识，让人们一步一步走过漫长的进化道路，在大脑中绘制出一张进化的地图。这是我极为赞赏的教育方式。此外，选择以几何图形的方式安排新的哺乳动物展馆颠覆了大众对生命历史的传统印象，以非同寻常的规模和方式展现出科学历史的重要原则与本文的主题：图像、图表及其他视觉形式对人类思维的限制与引导方面起着中心作用。思维创新通常需要以新的图像解释新的理论。灵长类动物都是视觉动物，在图像与几何的帮助下，思维最为活跃。文字则是人类进化后才出现的产物。

作为人类文化核心理念的缩影的图像，能够自动引发人们联想到与生活息息相关的重要理论或习惯。这种图像在某些研究领域被称为"权威图像"或者是标准图像。人类高度发达的神经系统拥有进行抽象思考、处理信息、辨别差别极小的两张图片的能力，通过神经系统的处理，"权威图像"的力量更进一步。人类的大脑尤其擅长辨别特征鲜明、结构明显对称的简单图形，老练的漫画家深知人类的这一特点，总会刻意放大其笔下人物身上 1—2 个关键特征，以便让读者印象深刻。

这篇文章写于 12 月，彼时，我正研究着两个简单的左右对称图像（树枝状的半球形大烛台和呈等腰三角形的圣诞树）与两幅放射性对称的图片（有六个角的大卫之星和有五个角的伯利恒之星）。每每见到这些图像，我们便能够瞬间联想到它们背后的含义，甚至能够激发内心深切的情感（更多情况下，我们可能只是大哭一场，而不是情绪高涨地抄起武器投入战斗）。若是某些图像与其"权威图像"极不相符，人便会感到烦躁，这一点我深有感触。作为一个在宗教上没有太多要求的犹太人，当我第一次看到拜占庭时期的画像中

---

① George Gamow，1904—1968。——译注

没有胡子的耶稣时，自内心深处升腾而起的不适感让我记忆犹新。这是"权威图像"之力量的又一体现。我们并不知道耶稣的真实长相，但那身形高大、温文尔雅、长着胡子的白人形象却是数十亿信徒心中耶稣的模样。

所有的科学理论均需要借助图像来说明（有时甚至需要图像来加以定义），进化与生命历史领域则尤为依赖图像，我对图像的兴趣便由此而来。我发现，进化与生命历史领域中所有的"权威图像"都受到了社会传统与心理学上某些谬论的影响，这些图片总是倾向于按照有组织的顺序展示进化的过程。如何让大众明白这种观点的错误性，如何纠正"权威图像"的错误，对于古生物学家而言是件尤为重要的事情。

绝大多数"权威图像"总是按照线性的模式来展示生命进化的过程，图总是从原始与古老的物种开始，以智人作为结束。展示线性进化过程的方式也有很多种：从简单生物到复杂生物的垂直排列（臭名昭著的进化之梯），从驼背的猿人到直立行走的人类的水平排列方式（也就是所谓的进化大部队，一般此类型的图片都是驼背的猿人在最左，直立行走的人类在最右。但在最近的百事可乐广告中，直立行走的人类在最左，驼背的猿人在最右）。在普通的博物馆展厅与传统教科书中，一般在讲述生命进化时，最先出场的总是原始动物，最后出场的则是哺乳动物。

首次改进"权威图像"中错误的部分，定然会受到大众的支持。我们应该将"权威图像"中的阶梯形进化图更改为树状图，在更加精准的同时，还能消除部分偏见。然而仅仅改变图像的构造是远远不够的，无法解决图像中最核心的进步主义偏见问题。树状图蕴含着一种微妙的含义，似乎在暗示万物总是处于不断进化的状态。传统的进化其实是多样性的不断累加。若真要以树状图来表现，那应当将进化图画为上下颠倒的圣诞树图像，树干为万物共同的祖先，靠近树干的树枝数量少（这些便是离万物之共同祖先血缘最近的少数几个分支），之后，各个树枝稳定地分裂出更多的枝丫，最终变成现在枝繁叶茂的状态。

如今绝大多数进化树状图旁标注的注释，都会将向上的演化视为地质时间范围内古老物种向年轻物种方向的演化，在我们的意识形态当中，向上演化隐含着最下层物种低级、最上层物种高级的意思（枝丫上有美丽的花朵，枝干的根部却只有肮脏的泥土，与此类似的还有大脑与肠道、天堂与地狱、英灵殿与死人国之间的对比）。此类树状图与进化阶梯图犯了同样的错误，认为树形图中最上面的物种即代表着最先进的物种。

若必须针锋相对的话，我们必须普及一种更加正确的新"权威图像"，以更正大众对进化持有的错误观念。将进化梯形图改为进化树状图带着我们朝正确的方向迈进了一步，但正如我在上一个自然段所说的那样，树状图也蕴含着"进化具有可预见性"的谬误观点。我们如何能够画出一幅与众不同的树状图，它强调的是定义了进化概念的血缘关系，同时能够摒除自上而下的结构给大众带来的印象，避免给人留下"进化便是一种由低级向高级进发，物种不断增多的过程"的错误印象？画出这样的一幅树状图并不简单，想要精准地表达进化的正确含义，唯有文字能够完成这样的任务。图像是思想最基本的表现形式，想要找到表达正确进化路径的图是学者身上背负的最艰巨的任务。

一些生物学家曾尝试画出一幅新的图像，重点突出生命历史的偶然性与不可预测性。而如今我写这篇文章，则是想赞扬我在美国自然历史博物馆的同行，他们在博物馆展厅的结构安排上巧妙布局，将这个艰巨的任务向前推进了一步。

无论是阶梯形进化图、进化大军图，还是不断繁茂的树状图，传统的"权威图像"总是包含着错误的进化观念，传统的博物馆展厅也同样存在着这样的问题。绝大多数展厅呈长方形，参观者沿着最主要的轴线朝着同一个方向观展。我所见过的博物馆都会按一到两种固定的方式安排展厅的布局，无意识地将展品按照从古到今的顺序排放，也不会贴上显眼的引路标志。

博物馆最爱的一种展览方式便是按照时间顺序排放化石，将最古老的化石放在展厅的一头，最新的化石则放在另一头。馆方或许希望通过这样的排放顺序，记录生物进化的顺序，事实却并非如此。首先，最新的化石并不代表其生物构造是最复杂的，更何况，自生命伊始便出现的细菌至今依旧统治着世界（它们会一直统治着世界，直到太阳爆炸）。实际上，按照时间顺序陈列展品，这件事情本身便在一定意义上带着偏见。博物馆总是按照一种奇怪的、扭曲的、严格的时间顺序排列展品，无脊椎动物最先出场，其后便是鱼类化石、两栖动物、爬行动物（包括恐龙在内）、哺乳动物，最后是人类。

馆方虽然是按照时间顺序排列的，但顺序的选择却充满了偏见！总的来说，虽然鱼类出现了，但是无脊椎动物并没有灭亡，更没有停止进化。鱼类也不会因为其中一个物种爬上了陆地而停止进化。事实上，更高级别的硬骨鱼的出现是脊椎动物进化史上最重要的一件事，现在存活的近半数脊椎动物都是硬骨鱼。而硬骨鱼则是在恐龙主宰地球的时期诞生的，并于之后的地质时期大范围繁殖扩散。传统博物馆的展览顺序完全忽视了脊椎动物进化史中如此重要的一件事情，即使注意到了，也只是将硬骨鱼安置在展览室的一小块不起眼的角落里。

　　换句话来说，按照时间顺序摆放化石并不能代表动物真实的进化过程。这样的排列方法似乎意味着，生物在任何时刻都处于进化的状态，新的地球主宰出现后，老的物种便会永久消失，哪怕事实上，老的物种依旧生存于世上，而且变得更具多样性。

　　博物馆经常会采用的另一种安排展厅的方法在原则上大体与第一种方法相同，也没有试图为时间顺序进行辩护。第二种安排展厅的方法最核心的观点就是认为生物是自低等状态向高等状态进化的。恐龙摆放在哺乳动物之前（恐龙与哺乳动物的出现时间基本相同，恐龙与哺乳动物在相当长一段时间里处于共存的状态），只因为恐龙笨重、体形巨大、较为原始，而哺乳动物摆放在其后的唯一原因便是，人类也属于哺乳动物（或许原因还有许多，但这个原因绝对是第二种摆放方法的要旨）。

　　到底如何才能设计出能够替代当前流行的"权威图像"、更加精准地传达进化知识的图像？我想起过去读过的一本书，那本书简单的叙述顺序，当时让我极为震撼。当我还是古脊椎动物学的研究生时，用的教材是耐德·科尔伯特所写的《脊椎动物的进化》。我想我这一生也无法忘记书中与哺乳动物相关的章节给我的灵魂带来的冲击。科尔伯特写了二十多种哺乳动物，占一个自然段，以教科书必须采用的线性顺序进行讲解。让我印象深刻的是，他将包括人类在内的灵长类动物放在第五位。换言之，在提及猪、大象与海牛的进化过程之前，他先介绍了更新纪灵长动物的诞生、直立人的出现，以及克鲁马努人与尼安德特人在欧洲的互动。

　　第一次看到这样的排列顺序时，我很迷惑，但随后，我便明白了科尔伯特如此安排的用意，他引导着初学者打破学术的传统观念，对此我极为赞赏。为何每每提及进化时，人类总是最后一个出场？虽然人类诞生的时间确实较晚，但其他哺乳动物诞生的时间要比人类更晚。无论从解剖学的哪一个角度来看，人类都不是最后出现的哺乳动物，我们身上依旧存有部分哺乳动物的特点，而这些特点是许多年之后诞生的哺乳动物物种身上遍寻不见的（包括手和脚都有五指，每个指头上都有指甲这个特点）。

随后，我明白了科尔伯特的做法——他讲解哺乳动物的方法简单却聪明至极。科尔伯特没有从后来人类在哺乳动物身体构造领域（通常一旦涉及人类，就会遭到误解）的成就来安排章节顺序，而是按照分支的顺序讲解。无论灵长类动物后来演化出了多么复杂的身体器官，达成了怎样高的成就，都不会给自己或者其他动物带来好处。在哺乳动物的发展历史当中，灵长类动物出现时间较早。因此，介绍灵长类动物的章节被放在了前面。

在我年轻时，美国自然历史博物馆的第四层便是我的神殿、我的避难所，一个对我而言充满了魔力的地方。我第一次参观美国自然历史博物馆，是在5岁时，父亲领着我一起去的。在那一刻，我便决定要投身于古生物学领域。童年时，我几乎每个月都要去一次恐龙与哺乳动物化石馆，直到高中毕业。之后，我离开纽约上大学。等到攻读博士时，我又重返美国自然历史博物馆。我钟爱过去的展馆，但它们确实破旧不堪，已经过时了。因此，几年前，它们闭馆翻修重建时，我并没感到特别惋惜。

1994年，陈列哺乳动物化石的两个展馆重新开馆。我不喜欢新展馆的某些地方，我想念过去那些塞满了展品的展柜。但是，馆方修复了查尔斯骑士的壁画，将它从一层又一层的污垢与灰尘中拯救出来，为它重新披上了绚烂的色彩。在我心里，只有西斯廷教堂中米开朗琪罗壁画的翻修质量能够与之相比。虽然对于新展馆的某些方面，我存在着纠结的情绪，但我绝不吝惜对展馆新的陈列方式的赞赏。我的同行们真的做到了！他们并没有按照传统的进化树形式排列展品，而是对其进行了大规模的修改，打破了传统树状图中在进化方面的偏见，我们得以沿着生命之树走过进化的道路，学习正确的理念，而不是仅靠阅读文字理解进化观念。我的同行们采用了科尔伯特颠覆性的排列方式，按照化石分支的顺序布置展馆，而不是按照物种的先进性或者物种在之后的道路上取得了怎样的"成就"来安排展品的顺序。越早出现的分支在展馆中的位置越靠前，哪怕在后来的进化道路上，这些分支通过不断分化，占据了主导的地位（比如老鼠和蝙蝠），又或是进化成了我们所谓"特殊"或"先进"的物种（比如灵长类动物）。海牛与大象摆放在展厅的最后面，马类在中间，而灵长类动物则靠近展馆的大门。

既然这篇文章是关于图像的，我自然不能只用文字来赞扬美国自然历史博物馆的伟大变革。来看看发给参观者的指南中的图解吧！在进入博物馆前，馆方会向每位参观的游客发一本展览手册，手册里印着一幅指引图。指引图中间黑色的线代表着参观主题为"哺乳动物及其灭绝的近亲"两个展厅的推荐路线。标着数字"1—6"的圆点则代表着哺乳动物及其祖先的进化历史中发生的重要事件，排列以时间为序。

图中采用了分类学的理论与方法来界定对哺乳动物影响重大的历史事件，这种方法在过去的 25 年里对我的同行们影响极深，同时也为重要的科学研究打下了良好的根基（坦白说，我对这种叫作支序分类学的理论一无所知，所以我肯定不是鼓吹这种理论的托儿）。支序分类学按照分支的顺序，对具有共源性状的生物进行分类。

按照支序分类学设计而成的新"权威图像"名为进化分支图（见图解，取自博物馆的展览手册）。在进化分支图中，主要的有序分支由距离其最近的分支点的特征而定，该分支之后所有的旁支都带有同样的特征，此类特征便被称为"同源特征"，用专业术语来说，便是"共源性状"。后者虽然听起来

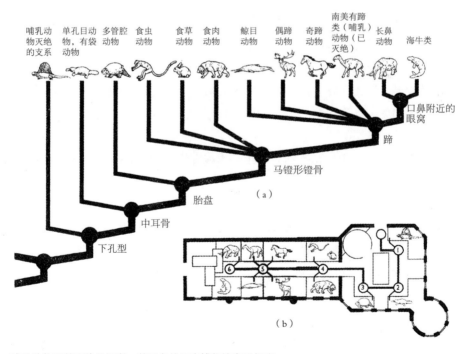

哺乳动物及其灭绝的近亲：美国自然历史博物馆参观指南
博物馆哺乳动物化石新展厅楼层示意图（b）以及其构造依据——进化分支图（a）

深奥难懂，实际上与"同源特征"是一个意思。打个比方，最早期的哺乳动物，胚胎并没有发育出胎盘，部分现代的物种，比如产卵的单孔目动物（鸭嘴兽和有袋小刺猬）和有袋类动物便是此类早期哺乳动物的分支。自单孔目动物与有袋类动物从早期哺乳动物一支分离出去后，胎盘便逐渐形成了，之后所有的哺乳动物的胚胎都能够发育出胎盘，胎盘便成了之后诞生的哺乳动物共有的特征。因此，单孔目动物与有袋类动物的化石摆放在展厅较靠前的位置，在进化分支图中，也必须安置在胎盘形成之间的节点上（图片中第三个节点）。

为了向读者展示，如何用"共源性状"搭建起按照时间排序的进化分支图（而非依靠身体构造的复杂程度与可察觉的进化为基础进行分类），我摘录了展览手册中的一部分解释文字：

"鲨鱼、蝾螈、蜥蜴、袋鼠、马拥有由脊柱构成的脊椎骨，均属于脊椎动物。在以上几种动物中，只有蝾螈、蜥蜴、袋鼠、马有四肢，与四足动物的联系更加紧密。在四足动物中，蜥蜴、袋鼠、马能够产下不透水的卵，也可以让胚胎在母体的子宫中发育完全后再生产。卵内不透水的膜名为羊膜，因此蜥蜴、袋鼠、马又可以被称为羊膜动物。只有袋鼠与马在哺育幼崽的时候会分泌奶水，并且它们的耳朵里有三根骨头，能够感应声音的波动。因此，袋鼠和马也属于哺乳动物。因为袋鼠的胚胎没有胎盘，所以我们需要将袋鼠放在哺乳动物发育出胎盘之前的分支上。"

按照展览手册中推荐的参展路线，参观者能大致了解进化分支图的全貌。六种共源性状按照时间顺序排列，组建起具有内在共同性的包含型的等级层次进化图。位置越靠后的展品，拥有的共源性状越多，一如我在上文中举的例子一样。展厅利用六个定义了系谱分支的共源性状，带领参观者一览哺乳动物的进化历程，与传统的阶梯形进化图完全不一样。

1. 下孔型。古生代末期，也就是大约 2.5 亿年前，一组爬行动物的头骨眼眶后部发育出一个孔。后来继承了这一特点的物种与第一个进化出该特征的动物拥有同样的生理特征。所有的哺乳动物，头骨侧面眼窝后面都有一个孔（用来闭合下颌的肌肉便附着在这个孔四周）。打个比方，著名的盘龙便是下孔型动物（早期的盘龙和异齿龙一样，背后有翼。儿童食用的燕麦粥里附赠的盘龙玩具将这个特点表现得非常明显），因此盘龙更加接近于哺乳动物。将盘龙的化石摆放在展厅靠后的部分，不是因为它的身体构造有多高级或多复杂（我认为，所有恐龙的重要器官都具有完整的功能性），而是因为它是眼窝后面进化出孔洞的第一个分支，在进化层面上，盘龙更加接近其他包括哺乳动物在内的下孔型动物。

2. 中耳骨。构成爬行动物下颌的两根骨头缩小后，移至哺乳动物中耳内，并与镫骨（爬行动物耳朵中唯一的听骨）结合，构成了中耳内的锤骨与砧骨。这种具有高度辨识度的特征在化石中非常明显，也是真正的哺乳动物与哺乳动物祖先分离的分支点。在新展厅里，单孔目类动物与有袋类动物皆属此类，但它们并不属于拥有胎盘的动物。

3. 胎盘。正如前文所述，单孔目类动物与有袋类动物自主干上脱离后，哺乳动物便发育出了胎盘，之后诞生的哺乳动物皆有此特征。在展馆里，贫齿目动物（树懒、食蚁兽、犰狳）止步于此，它们虽然有胎盘，却没有马镫形镫骨。

4. 马镫形镫骨。爬行类与早期哺乳动物的镫骨只是简单的棒状骨头。之后，镫骨逐渐演化出一个洞（重要的血管从洞里穿过），此后所有哺乳动物的镫骨上都有一个洞。第二个展厅的入口处便摆放着所有镫骨上进化出孔洞的动物，但这些哺乳动物并未演化出蹄。在这一层中，许多种族再度分离开来，其中包括食肉动物、啮齿类动物、蝙蝠与灵长类动物。因此，人类的化石被摆放在第二个展厅入口的位置，而不是像常规的展厅一样，放在展览的最后。

5. 蹄。部分动物在演化出马镫形镫骨后，脚趾合拢构成蹄。演化出蹄的动物不在少数，它们占据了第二个展厅中间的大块场地。这些动物包括奇蹄动物马、犀牛、貘，偶蹄动物牛、猪、绵羊、山羊、长颈鹿、鹿、羚羊及其他多种动物，还有独特但如今已经灭绝的南美种动物以及自蹄类祖先进化而来的鲸，虽然鲸为了适应水中的生活，逐渐失去了蹄的生理特征。

6. 鼻子附近的眼窝。这是最后一个共源性状，眼窝逐渐向前移动，直至鼻子附近，大象、海牛及与海牛血统接近的其他动物皆属于此类。

如此安排展厅多么具有创新性啊！过去，人类的化石总是占据着展厅最后面的一个角落，人类被认作世界上最先进、身体结构最复杂的动物——这主要是靠一种现今占统治地位的标准，即人类高级的大脑所决定的。如今，展厅的最后摆放着海牛，因为它们与大象拥有共同的特征，这种特征是哺乳动物最后才进化出来的。

纵然我极力赞扬这样的布展方式（打破了传统观念，认为进化发展才是生命历史真正的核心），但我还是应当回归本文的中心观点：所有的权威图像都包含着理论，所有的权威图像都有能力打破旧的、不充分的观点，引入新的观点（通常非常精妙，不容易被察觉）。用一句老话来说：我们站在岔路口，针锋相对，自己被自己所伤。新的权威图像驱散了人们对进化持有的偏见，但也因严格遵守支序分类学，给分类类别套上了严格的、扭曲的条条框框。支序分类学并非适应力极强或是能够兼容其他学说的理论，它无法合理地解决各方面的问题。这种理论认为，按照时间排列的进化分支图是解释生物之间关系的唯一合理方式，也是一种不可否认的重要方式。

许多古生物学界的专业人士（包括我在内），认为进化过程中存在两个极为重要的特征，然而新的权威图像中并没有包含这两种特征：第一是单一物种进化出来的独有特征，第二个则是令种族停止再度分裂进化的趋势。第一个特征，用行话来说便是独有衍征，这种特征无法作为分支点，往往是某个物种独有的。支序分类学里或许承认此类特征的存在，但新的权威图像完全没有独有衍征的容身之地。在大众与专家的眼中，独有衍征是物种独有的魅力。我们真的想知道，盘龙的翼到底有什么作用，为何剑齿虎需要长长的牙齿，独角鲸为何会长角，鸭嘴兽的鸭嘴又有什么作用，犰狳的盔甲有何功能，人类又为何会进化出如此"可恶"的大脑——正是因为这大脑，让我在圣诞节前五天的凌晨 4 点还在伏案写作。我们还想知道一个种族内的所有生物为何会共同演化：为何马都拥有高高的牙齿和较少的趾？为何鲸的后腿会退化？为何人类的大脑会演化成现在的尺寸？这些问题，支序分类学都无法回答，因为它们都是同一个物种里不断演化的特征，进化树状图也无法将这些特征表现出来。

此外，在哺乳动物的展厅里，拥有如此有趣特征的物种却只能被安排在边缘的位置。在主要参观路线之外，为我们展示分化出来的支系内部后来的进化中最令人着迷的现象如今却被放置在一旁。空间使用不当，使得原本应当撩拨我灵魂的展厅如今变得不再那么有趣。

我不该如此吹毛求疵。那些在学术界、政界、所有人类崇高事业之领域中引起的巨大变革，不都会在最初给人带来痛苦吗？又有哪一次变革是绝对积极的呢？我们是进化主义者，深知不完美和改变的存在。亚里士多德的弟子们之所以被称为逍遥学派，正是因为他们知道思考与行动之间的联系。爱默生在宣扬美国精神时，也将思想与行动联系在一起："我们用自己的双脚行走……我们为自己的思想发声。"科学家为了带领大众走出传统思维的僵局，创造出如此激动人心的新权威图像，我们应该大声地赞美他们！他们的创造一如历史上极为重要的一件事——人类依靠双脚站立起来，最终学会了直立行走。

20
拉兹莫夫斯基兄弟

　　我住在一条拥挤的街道上，沿街有紧巴巴的二十多所房子。我猜测绝大多数邻居和我一样，按照财产归属权，将这片街区划分为马路、人行道、住宅和花园。街区里的猫比人还多。我知道，这些小动物有领地意识，它们私下也将这片区域划分得一清二楚，因侵犯对方领地而大打出手基本上是每天都会发生的一件事情，只不过它们划分空间的方式与人类不同。若是能够知道新月街上猫的分布图，我们便能够理解猫这种哺乳动物的思维了。有一只猫就住在我家附近，它肯定知道其他猫的分布，可它偏偏坚持不与我合作（而我还是要喂饱它）！

　　在动物学领域更加受限的框架内，不同划分地区的方式能让我们更清晰地了解人类在文化、时间、心理上的差异。正如法国年鉴学派的学者们告诉我们的那样，他们更强调日常生活方式上的变化，相较于国王与统治者们，他们更爱观察广大的劳动人民。在学校里，学生们按照传统方式学习年代史、国家史、战争史。在我的脑海里，时间与空间都是按照常规的方式划分的：时间上按照不同的国王与总统统治时期划分，空间上则按照不同的国家与语言划分。然而其他的划分方法也很有道理，究竟采用哪种划分方法，还要看划分方式与人类活动的联系是否紧密。

　　我想，水手更喜欢按照大小与功能的不同，而不是按照船只的注册地来区分不同的船只（特别是许多船只因为征税或许可证的原因，都挂着黎巴嫩或者巴拿马的国旗）。我研究的蜗牛可不懂得巴哈马群岛、土耳其、凯科斯群岛在政治上有何不同，它们选择在这些地方安家繁衍，纯粹是因为这些地方的气候环境适合软体动物生活（长久以来，按照同样的方式与同样的规模绘制政治实体的方法让我倍感困惑）。这篇文章的主题便是，欧洲历史中人为创造的传统语言学与人为界定的国家边界。接下来，我将向读者介绍，科学家与艺术家们在解析 18 世纪早期的世界时，是如何受赞助人的影响与限制的。

许多作品或研究，小如这篇科普文章，大如耗尽调研人毕生时光的科研项目，往往都是在不经意间开始的。毕竟，你无法明确地探索一些你自己从未想过会发生的事情。几个月之前，我买了一本旧书，它价格低廉，若是当时不入手，怕是以后再也寻不到这么好的机会了。这本书的作者约翰·哥特尔·费舍尔·冯·瓦尔德海姆（1771—1853）并不是著名的科学家，但他在古生物学家的心中颇有分量，因为在科学家们还在编纂地质时间表时，他就与其他几位先驱者共同建立了生命史的基本顺序。除此之外，费舍尔还推广甚至可以说是创造了"古生物学"（他在其大多数出版物中用 paleontology 作为其缩略签名）这个词。单凭这一点而言，我们便欠他一声谢谢；没有他，或许我们只能继续使用过去晦涩难读的"oryctology"一词了。

费舍尔出生于德国萨克森的瓦尔德海姆镇（1817 年，俄国沙皇封他为贵族时，费舍尔将瓦尔德海姆加进了自己的名字当中）。他与居维叶一起学习，与歌德交朋友，和洪堡兄弟一起旅行，在德国多个大学里教书，最后于 1804 年永久迁居俄国，成了莫斯科大学自然历史系的教授，同时还是莫斯科大学自然历史博物馆的主任。作为博物馆的主任，为了不让自己看起来与其他人格格不入，费舍尔选择遵循自彼得大帝（1672—1725）以来博物馆的一项传统，从国外引入专家、购入藏品，以解决俄国自然科学落后的问题。彼得大帝通过购入两个荷兰的珍贵藏品，建造起属于他自己的自然历史博物馆。如今这两个藏品收于圣彼得堡的珍宝馆中，有幸还能看上两眼。

过去俄国缺乏大学，本土的专业人士少之又少，因此在 18 世纪末至 19 世纪初，俄国大学的扩张发展为引入其他国家的科学家与教授铺平了道路。1804 年，费舍尔移居莫斯科，在他前后，分别有两位重要的德国生物学家来到俄国大学教书，一位是 1768 年来到俄国的彼得·西蒙·帕拉斯（见文章 21），一位是 1834 年来到俄国的卡尔·恩斯特·冯·贝尔。这两个人在圣彼得堡的大学教书。帕拉斯出生于德国柏林，而冯·贝尔则出生于古老的普鲁士家族，之后搬至爱沙尼亚生活。冯·贝尔是 19 世纪最伟大的胚胎学家，是俄国沙皇最骄傲的"学术成就"。他于 1827 年发现了人类的卵细胞。在俄国时，冯·贝尔在人种学、古人类学和地形学方面取得了辉煌的成就，也因此放弃了胚胎学研究。

在俄国，费舍尔有着光辉的职业生涯，也取得了丰硕的研究成果。他创立了三种学术期刊（于法国发行），创作了近200部作品（绝大多数作品用法语写成）。其写作话题涉猎的范围几乎涵盖整个动物学，但最主要的还是俄国现存昆虫与化石领域的前沿研究。他的成就得到了国际科学学会的认可，他也成为近90家机构与学术组织里活跃的荣誉成员，其中包括美国波士顿艺术与科学协会和位于费城的美国哲学学会。1847年，在庆祝他获得博士学位50周年的庆典上，当时全球最出名的科学家亚历山大·冯·洪堡称费舍尔为"我高尚的老朋友"。在费舍尔给老家瓦尔德海姆的朋友寄去的信件中，他如此描述庆典的盛况：有六辆马车引路，其中前面五辆马车由四匹马拉着，最后一辆则配有六匹马。他还在信中提到了收到的礼物与赞誉，最后还写了自己的反应："我感动得热泪盈眶。"

我买下的这本旧书并非费舍尔在古生物学领域的作品。它出版于1813年，品相极好，但这类作品因电脑技术的发展而快要完全消失了，因为书中的内容主要是动物学中另一种分类体系的文献综述。费舍尔选用林奈的分类方法作为整本书的框架，利用图、表、名单等方式向读者展示林奈及其他著名动物学家（绝大多数为德国人和法国人）所创造的分类方法之间相似的地方。看上去，这本书就像是对三个大纲性的四福音书进行比较，或者是对比不同翻译版本的《圣经》。书的内容只是文献综述，但我们能够从费舍尔的比较中看到许多历史上与理论上有趣的现象。比如，历史学家常说，拉马克于1809年出版的《动物学哲学》是投机取巧之作。但就在《动物学哲学》出版的四年后，费舍尔在自己的书中绘制了一张名为"最著名的拉马克清单"，用图表的形式再现了拉马克在书中按进化顺序制作的生物链。

费舍尔这本书的书名便显示出了书的用途及主要受众群体——《动物学知识：配有一览表的莫斯科皇家学院皇家医学外科学院教科书》。对于没什么机会频繁接触大量文献与藏品的学生而言，配有一览表的教科书显然大有帮助。我手里的这本书是费舍尔捐献给库尔兰的艺术与科学学会的。库尔兰是波罗的海的一块公爵领地，如今部分属于拉脱维亚，这个地方非常偏僻，当地学生接触到一手资料的机会很少。16世纪时库尔兰是波兰的封地，1795年波兰被第三次瓜分后，库尔兰又成了俄国的领土。17世纪，库尔兰迎来其历史上繁荣辉煌的一段时光，它甚至有实力在西印度（多巴哥岛）和非洲（加蓬）建立起小小的殖民帝国。

我特别喜欢阅读古书里用君主体书写的题献，它们大多是作者写给某些骑士（大多数毫不出名）或者公爵的，用词极为阿谀奉承（显然，目的是获得赞助资金）。这些古老的题献让我觉得，自己真是个正直诚实的人呀。对比之下，我在填写经费申请书的时候，为了能够获得资金，仅仅会选用一些比较夸张的词罢了。这本书的题献是费舍尔献给"最杰出的伯爵与最仁慈的君王"的，初看题献时，我觉得它和其他同类书并没有太多不同。但往下阅读的时候，有两个特点引起了我的兴趣，也促使我写下了这篇文章。首先，费舍尔对于自己做研究时遭遇灾难而产生的惋惜之情要比其他作者更显激烈。只需要看看以下几句话，我们很容易便能够感觉到他的痛苦。费舍尔在题献中写道：他将这本书献给最杰出的伯爵，也愿意将博物馆中的藏品献给伯爵，但"唉，所有的东西都被毁了，只有少数藏品保留了下来"。之后，他又问："守护着莫斯科缪斯的人们在经历了如此多灾难，如此多令人沮丧的事情后，又会发生什么？"

写这篇文章的时候是 7 月 4 日，波士顿当地正准备上演费舍尔在题献中提及的这场灾难。每年 7 月 4 日太阳落山前，波士顿大众管弦乐团都会在连接查尔斯河的海滨大道上演奏柴可夫斯基的《1812 序曲》。炮声轰鸣之时，绚烂的烟花在空中绽放，象征着《1812 序曲》的终结。我年幼时沉湎于爱国主义，不太理解为何柴可夫斯基要写一首序曲来庆祝一场美国战争中我们并没有取得胜利的战役。后来我才知道，1812 年还发生了好几件大事，柴可夫斯基所写的，正是 1812 年发生于俄国的一件大事。1812 年，拿破仑占领了莫斯科，随后他被迫撤退，并在战争中被打败。正如俄国将军们常说的一句老话一样，风水轮流转。拿破仑于 1812 年 9 月 14 日入侵莫斯科，他希望能够尽早结束战斗，并从亚历山大沙皇手中取得和平条约。然而事与愿违，亚历山大沙皇并没有与拿破仑对抗。更重要的是，就在拿破仑进入莫斯科的那一天，一场大火于城中蔓延开来，整个城市的近三分之二都被烧毁了。这场大火烧毁了拿破仑军队用于过冬的物资，逼得拿破仑不得不撤退，从而也帮助了俄国军队在后来的战斗中击败拿破仑。但与此同时，被这场大火烧毁的还有大量的图书馆与大学博物馆里的许多展品。换句话来说，费舍尔也是这场大火的受害者，只是在当今这个时代里，他的故事不为大众所知。

接下来便说说费舍尔题献中第二个引人注目的特点，那就是他笔下所说的"最杰出的伯爵"到底是谁。这个问题并不难回答，因为在题献的最后，费舍尔写道："我们所有的希望都寄托在您的身上，最杰出的伯爵。"费舍尔的这本书是献给当时的公共教育部部长亚历克斯·基里洛维奇·拉兹莫夫斯基的。

既然前文谈及音乐，自柴可夫斯基向上数两代的人中，有一位所有的古典音乐爱好者都知道的俄国人，贝多芬最著名的弦乐四重奏中有三首便是献给这位俄国人的。事实上，这三首曲子的名字便是《拉兹莫夫斯基四重奏》，四重奏中的前两首明显带有俄国民歌的旋律。我不禁猜想，拉兹莫夫斯基四重奏中的拉兹莫夫斯基与费舍尔的赞助人之间存在着怎样的关系。贝多芬于1806年创作了《拉兹莫夫斯基四重奏》，费舍尔则是在七年后向拉兹莫夫斯基公爵寻求赞助，也就是说，这两位拉兹莫夫斯基几乎是活在同一个时代的人。大千世界中，人与人之间存在着神奇而复杂的联系，两位拉兹莫夫斯基之间的关系值得我进一步探究。

贝多芬的赞助人安德烈·基里洛维奇·拉兹莫夫斯基和费舍尔的赞助人亚历克斯·基里洛维奇·拉兹莫夫斯基公爵是兄弟，但两人的相似性也仅限于血缘相近罢了。拉兹莫夫斯基兄弟的故事还要追溯至两代人以前，一位叫作格里格尔·拉祖姆的乌克兰哥萨克人，他有两个著名的儿子。音乐再一次成了故事的关键。格里格尔·拉祖姆的其中一个儿子叫格里戈里耶维奇·拉兹莫夫斯基（1709—1771），是圣彼得堡宫廷音乐合唱团成员。在合唱团里，他得到了伊丽莎白公主的青睐，并与公主坠入爱河。1741年，伊丽莎白公主成为俄国女沙皇。1742年，格里戈里耶维奇与伊丽莎白秘密结婚，二人并无子嗣。格里戈里耶维奇对国事毫无兴趣，但他一直是伊丽莎白的最爱，也多亏了伊丽莎白的慷慨，格里戈里耶维奇才变得非常富有。格里戈里耶维奇的兄弟名为基里尔·拉兹莫夫斯基（1718—1803），他便是费舍尔与贝多芬那对赞助方兄弟的生父。与格里戈里耶维奇相比，基里尔更有野心，也取得了不错的成就。基里尔在圣彼得堡科学学院里任职近20年，但与其学术影响力相比，作为俄国最后一任"小俄国"司令官（乌克兰的统治者），他的政治影响力更大（手下有10万农奴）。正因如此，他的两个儿子一出生便拥有大量的财富与较高的社会地位。

基里尔的小儿子安德烈（贝多芬的赞助人）是个热心、慷慨、开放的人，享誉全欧洲。安德烈是驻欧洲中部的外交官，职业生涯中绝大部分的时间都用来追求不同的女性（他曾追求过那不勒斯女王，在当时令他声名狼藉），签署各种协议。1790—1799 年及 1801—1807 年，他担任俄国驻维也纳大使一职。1815 年，安德烈被任命为俄国驻维也纳议会代表，并在奥地利度过余生（拿破仑的战利品在维也纳遭到各方胜利者的糟蹋与掠夺，这些战利品随后又和费舍尔的故事有一定联系，这就牵涉到了本文的另一个故事了）。因其表现出色，沙皇过境维也纳时，将安德烈自伯爵晋升为亲王。

音乐一直是安德烈的最爱（也可能是除了女人之外的最爱）。初到维也纳时，安德烈在俄国大使馆内担任职员，在这一段时间里，他认识了莫扎特，很可能也和海顿见过面。安德烈的小提琴技艺高超，他还在自己组建的管弦乐队里演奏四重奏，这支乐队也是后来贝多芬常用的乐队。但安德烈最大的功劳，还在于他对音乐的赞助。保尔·尼特尔在《贝多芬百科全书》中写道：

"拉兹莫夫斯基是他那个年代最慷慨的赞助人，他为艺术家、音乐家、画家提供资金上的支持。他的画廊与音乐舞会享誉整个欧洲。拉兹莫夫斯基受过良好教育，是个思想开放、慷慨大方的贵族，也是一位杰出的社会公益人。他是 18 世纪末期至 19 世纪初期最受欢迎也最受尊敬的贵族。"

安德烈当然认识贝多芬，并最早于 1796 年开始赞助贝多芬的音乐事业，因为贝多芬三重奏作品的赞助名单上出现了他的名字。十年后，贝多芬创作了《拉兹莫夫斯基四重奏》，虽然人们应当赞扬拉兹莫夫斯基对音乐的赞助，但以俄国贵族的名字命名四重奏完全不符合德国的传统。当时不少音乐家无法忍受贝多芬这样的做法。一位意大利的演奏家挑衅地质问贝多芬到底有没有将四重奏看作真正的音乐。贝多芬回答道："这些四重奏不是为你而写的，它们是为下一个时代创作的。"此后，贝多芬还将他的第五和第六交响乐同时献给了安德烈与洛布科维茨王子。

作为对贝多芬的支持与喜爱的证明，安德烈于 1808 年组建了一支弦乐四重奏乐队，该乐队由舒潘齐格领导，由贝多芬管理。当时的一位观察家评论道：

"贝多芬便是那贵族最骄傲的手笔。他全由自己的想法、自己的主意、自己的意愿来创作每一首曲子。他用他绝高的天赋表达他的热情、顺从、奉献。"

如此和睦快乐的关系持续到 1816 年。安德烈为庆祝自己荣升亲王，于 1816 年新年除夕举办了一场盛大的舞会。他那宽敞的宫殿容纳不下 700 名客人，于是，安德烈在宫殿旁建了一座木质结构的房子，以作为额外的舞会场所。可惜，这个木房子着了火，大火蔓延至宫殿里，最终烧毁了安德烈最喜欢的地方——一个摆满了卡诺瓦雕像的房间。安德烈在精神和财务上都受到了打击，他在给乐队中的每个人分发了遣返费后就解散了这支乐队。

基里尔的大儿子亚历克斯·基里洛维奇·拉兹莫夫斯基（1748—1822）是费舍尔的赞助人，弟弟安德烈的所有优秀品质他都不具备。权威的资料将亚历克斯描述成一个懒惰、脾气差、好斗、跋扈、一生充满坎坷的人。他与俄国当时最富有的女继承人共结连理，在榨干了她的财产后，亚历克斯与她离了婚。他的两个儿子，一个过于放荡，另一个则不仅浮夸，而且疯疯癫癫。他的两个女儿则是令人尊敬的人物，其中一个女儿建立了专为穷人就诊的医院，并将一生都奉献在这项崇高的事业中。可惜，由于当时社会普遍对女性持有偏见，并没有留下太多资料可供查阅。

亚历克斯极为憎恨宫廷的生活，一直想要推卸肩上担负的公共责任。但他确实热爱植物学与自然历史。亚历克斯于他在莫斯科附近的格伦斯基庄园里搭建了一个植物园（专门种植高山植物），他还有整个俄国最丰富的自然历史藏书（包括他买下的圣彼得堡图书馆）。然而，亚历克斯虽然坐拥如此丰富的资源，但并没有为科学或公众作出半点贡献。当时的一位观察家写道（可能不怎么公正）：

"亚历克斯·拉兹莫夫斯基伯爵整日待在庄园中，足不出户，就是为了在植物园里摆弄他的花花草草。他对待知识的方法与他对待财富的方法一样——仅限于他自己，从不肯惠及他人。"

在众人的劝说下，亚历克斯还是担负了部分政府的责任，他于 1810 年开始担任公共教育部部长一职（虽然资料显示，他做事被动，但这并不代表他能力不足）。在担任公共教育部部长期间，亚历克斯进行了几项改革，最著名的便是禁止学校体罚学生。然而，在他最热爱的领域里，亚历克斯并没有号召过改革，他认为政治家们无须学习自然历史。在俄国大学方面，亚历克斯依旧采用的是不干涉政策。詹姆斯·富林在于 1988 年出版的《沙皇亚历山大一世时期的大学改革》一书里写道：

> "亚历克斯·拉兹莫夫斯基在大学改革方面几乎没有发挥任何领导的作用，大学只能自己制订计划。这样的环境使得每个学校的校长变得尤为重要，同时也降低了国家法律与部门的重要性。"

亚历克斯的不作为其实也算不上什么坏事。他最著名的身份要属法国保守主义社会思想家约瑟夫·德·迈斯特的密友与支持者。迈斯特最出名的一句话便是"享有特权的行刑者是社会秩序最好的守卫"。在大革命时期，迈斯特离开法国前往瑞士，并在瑞士度过余生。他曾作为撒丁岛国王的特使，在圣彼得堡待过许多年。在这里，他认识了亚历克斯，并将关于公共教育的信件直接递交给这位俄国部长，劝说他支持各种保守主义的教条，其中包括加强出版物的检查以及更集中地将宗教教育统一为学校课程。

总而言之，在重建莫斯科自然历史博物馆与图书馆的问题上，费舍尔选择亚历克斯作为其赞助人，实在算不上明智之举。更可惜的是，亚历克斯那更加和蔼可亲、更具公德心的弟弟再也没法在维也纳的弦乐四重奏乐队里担任小提琴二把手了。我依然认为，在如此严峻的形势下担任公共教育部部长，亚历克斯的内心应当希望能够做出一番好成绩来。

费舍尔于 1812 年 11 月 20 日写给他在圣彼得堡皇家科学院中的同乡同事尼古拉斯·菲斯的一封信中，将他内心的痛苦展现得一览无余（信件内容引自唯一能够得到的文献，由 J. W. E. 布特纳所写的《自然科学家的工作与生活：约翰·哥特尔·费舍尔·冯·瓦尔德海姆》）

> "所有的科学机构都被烧毁了。我们的大学损失惨重。图书馆和博物馆都没了，我抢救下来的藏品没多少，只能尽我所能，快速打包了二十个盒子。为何上天要针对这些美丽的藏品！我已经失去了一切！"

之后，费舍尔详细地描述了损失之惨重。他只救下了五本书（大火发生时，这五本书恰好放在他的行李箱中），要知道，图书馆的藏书足足有5000本呀。在这场大火里，他损失了几乎所有珍贵的藏品，包括一份与化石相关的完整手稿，他个人收藏的林奈著作《自然系统》，里面记满了这20年来他写的无数注释与笔记。自然历史博物馆中几乎所有的藏品都没了，费舍尔最为心痛的还是他那美丽的头骨、昆虫与风干植物的收藏品。他还丢失了几乎所有的解剖工具、矿物学仪器、130块用于雕刻的铜板，其中还有一块雕刻着长毛象骨架的大铜板。

但是费舍尔笔锋一转，突然又流露出对事情取得进展的狂喜与乐观情绪：

> "我们尝试自我安慰，告诉自己，至少我们是健康的，也有面包可以吃。我不知道还能不能继续完成我的《动物学知识》，目前只有其中的9页被印刷出来了（很高兴我的书能够让我忘掉恐惧）。最近我正着手修订最新一版的《岩石与化石的清单》。这项工作让我忘记了不幸，在绝大多数情况下感到快乐。"

这是真正的学者才会拥有的崇高品质！在脑力工作中寻求慰藉，通过辛勤的劳动，重建所有不幸被毁掉的成果。在给他的老朋友瓦尔德海姆学校校长的信中，费舍尔写道："我的一切都没了。但和许多与我受着同样折磨的人相比，我又是幸运的。因为我的知识一直与我同在，在知识的帮助下，我能寻回失去的一切。"

因此，费舍尔向亚历克斯求助，希望能够获得金钱与行政上的援助，可惜这位懒惰的部长什么也没做。福林写道：

> "亚历克斯在1812年法国入侵俄国期间并没有帮助大学。他加入了部长委员会、军队及其他机构的阵营里，一起向大学发布指令，要求各大学开放或关闭，留在莫斯科或撤离，重返莫斯科或不允许回到莫斯科，等等。"

费舍尔与其他教授因此只能自救。他们向当地的朋友请求在金钱、书籍、可用建筑方面施以援手。教授们四处奔波，到处进行即兴演讲，甚至还举行了义卖活动。1813 年 9 月，教授们终于让大学重新运作起来，只是学生的数量大幅减少，只有 129 人。到了 1815 年，图书馆的藏书达到了 12000 本（在火灾之前，图书馆拥有 20000 本藏书）。费舍尔在其接下来的职业生涯中，成功地重建了他的博物馆，没有半点依靠亚历克斯的地方。1830 年，费舍尔还带着明确的计划重返德国，想要寻找 1812 年大火中被毁掉的藏品的替代物。

这个故事如此复杂，两个贵族兄弟的脾气品性完全不同，他们资助的对象也完全不一样，这种情况下，我们还用时间、地理、语言等限制性条件来看待这个故事显然既不现实也不合理。对国家与语言的分类方法在这个故事里毫无用处。费舍尔是个在莫斯科工作的德国人，他的作品大多用法语写成。为了想让一位俄国的贵族帮助他重建在法国入侵俄国时被毁掉的图书馆与博物馆，他用拉丁语为贵族写了一篇题献。与此同时，这位贵族的兄弟久居奥地利，在那里，他的兄弟认识了莫扎特，还在相当长一段时光里，是贝多芬最重要的资助人。

我不知道学生们与其他领域的专家们（包括音乐家、外交官、资助人等）选择何种方式解决这个问题。我只能从一名科学家的角度，来谈谈我自己的看法。我的职业在许多方面常常为人诟病，说科学家傲慢，见利忘义，在运用知识方面的道德问题上漠不关心，为赢得经费而虚与委蛇，完全不考虑这种行为是否会导致道德观念的退化。有些指责的问题确实存在，有些指责确实毫无依据。作为科学的拥护者，我在面对这些指责时，有时会心生愧疚。科学家也是人，必然会有缺点，会受到世俗生活的引诱。我们中的有些人，道德品质优良，心志坚定，而有些人则如随风摇摆的芦苇。我认为，科学家较社会上的其他群体而言，在品质上大体来说要好很多。在面对不合心意的数据时，我们愿意接受其他不同的观点，一切都是为了发现与宣传最好的、最真实的我们关于自然本质事实性的解释。在评论一位同行时，我们的依据是他在学术上的成就，而非他的地位或官职的大小。

基于个人丰富的经验，我有充足的信心能够比别的职业更加坚守自己的职业道德。科学是跨越国界的。我们共享信息，互相交流，谴责一切阻碍交流的地方主义。（打个比方，古生物学家们若是不愿意分享收藏的化石与研究的数据，古生物学界如何能繁荣发展呢？）在全球，有很多超越国界的科学家紧密联系、彼此合作的故事，知识没有国界，科学家必须这么做。

抵制丝绸产品，在纽约大都会博物馆中非正式地禁止德国歌剧，又或是将棒球队的名字从"辛辛那提红人队"改为"红腿队",在这些方面看来,沙文主义并不能带来严重的伤害。在法国入侵毁掉了其毕生心血的一年之后,费舍尔发表了他的《动物学知识》,但他并没有将法国科学家居维叶和拉马克的科学体系从这本书中删去,因为在分类学领域,这些法国人是当时世界上最伟大的分类学家,他们在科学上做出的贡献要远超他们的国家为俄国带来的劫难。在莫斯科的那场大火中,费舍尔几乎丢失了他所有的藏书与藏品,为了下一代学生,他又花费了余生大部分的时间重新收集藏品与藏书。为了尽快恢复图书馆与博物馆,他呼吁全球各地的科学家们行动起来,捐献、出售或是用以物换物的形式将书籍与藏品交与费舍尔。费舍尔的世界里并不存在国界或语言方面的界限。在他重建大学的过程中,最大的障碍可能便是那位懒惰且毫无作为的伯爵了,那位伯爵毫不在意他生活的土地上发生了什么,而伯爵居于奥地利的兄弟则资助了全世界最伟大的音乐家。

自然历史科学总是强在国际合作,却往往缺少来自官方的支持。当亚历克斯·拉兹莫夫斯基拒绝帮忙而世界各地的科学家却纷纷施以援手时,费舍尔发现了这一个事实。费舍尔的名字其实便应该教会他自给自足的美德。安德烈·拉兹莫夫斯基第一次遇到莫扎特这位伟大的音乐家时,他便选择将"戈特利布"这个名字加入他众多的名字当中去(莫扎特的希腊教名为"西奥里奥斯",在选择将名字转化为拉丁文时,他又将名字改为"阿玛多伊斯")。"戈特利布"与"阿玛多伊斯"均有"上帝之爱"的意思,显然,沃尔夫冈·阿玛多伊斯·莫扎特确实是上帝的宠儿。一位名为戈特尔夫(意为"上帝的帮助",即费舍尔)的科学家向俄国的拉兹莫夫斯基发出请求,但这位拉兹莫夫斯基却拒绝施以援手。尽管如此,费舍尔依旧通过坚持与努力,靠自己的双手重新建起图书馆与博物馆。毕竟,穷理查德曾经告诉我们:自助者天助。

21
遭遇灭顶之灾的蓝羚羊

由于拒绝了警卫的好意，坚持在寒冷的大雪天里在户外骑马，乔治·华盛顿于 1799 年 12 月 14 日因受风寒病逝。我每每想到这件事情，便心生遗憾，这位美国的伟人只差不到三个星期便能迈进 19 世纪（当然，乔治·华盛顿很可能并不在乎"跨世纪"这种人为设置的里程碑）。我们绝大多数人都会为能跨入新世纪的大门而感到非常荣幸（见文章 2）。

事实上，并非只有乔治·华盛顿错失迈入新世纪的机会。在地球的另一端，南非好望角的东部，一名布尔人猎杀了世界上最后一只蓝羚羊，导致了世界上首例大型陆地哺乳动物的灭绝。虽然有些资料提及，蓝羚羊是于 1800 年灭绝的，但绝大多数人还是认为，蓝羚羊真正的灭绝时间是 1799 年的最后一天。

博物馆的领导人被称为馆长（curator），这个词出自拉丁语"cura"，有"照顾""管理""心痛"等多种意思，而"馆长"这个词无论取"cura"的哪一个意思，都说得通（对此我深有感触，毕竟我名义上是哈佛大学比较动物学无脊椎古生物博物馆馆长）。馆长虽然看上去受人尊敬，但每当看到那些灭绝生物的标本或残片时，就会十分难过。这些动物本该在地球上安稳繁盛地活着，却因人类的掠夺而灭绝。正因如此，博物馆馆长们会更热衷于保护动物，打破那种认为只有伟大的动物才能生活在我们周围的惯性思维。我们珍视存放于阿姆斯特丹的一本青少年的笔记本；我们保存了孟菲斯一家汽车旅店的阳台，因为那是安妮·弗兰克和马丁·路德·金留下的遗产。每当发现能够佐证某个谣言或是记忆的证据时，我们总会感到一丝安慰。

在同行保尔·隆巴尔多的帮助下，我有幸查阅了薇薇安·巴克的小学成

蓝羚羊，引自布封的《自然史》(1778)

绩单。薇薇安·巴克死于大萧条时期，死时年仅 8 岁。正是因为她，最高法院于 1927 年颁布了一条臭名昭著的法律，确立了强制绝育的合法性（见《火烈鸟的微笑》文章 20）。在她年纪尚小时，一位红十字会的护士仅凭借一分钟的观察，就判定薇薇安的智力发育迟钝，因为她是第三代被认定为智商低下之人的第一个孩子（随后，薇薇安的母亲被强制绝育）。在薇薇安生命的最后一年，她的小学成绩证明，虽然她不算是个天资聪颖的孩子，却也绝对是个智力正常的小孩，所谓的智力发育迟钝是护士的误诊。当我发现这一事实后，刚开始很高兴，可转念一想又觉得心里不是滋味。薇薇安本应继续活到现在，享受着子孙满堂的乐趣，可她却在 8 岁时死于一种可预防的疾病。作为一名馆长，我为我的发现感到高兴，同时也心生悲凉，人们在证据不充分的情况下妄作判断，导致年轻的生命凋谢。

最近，在参观世界上最好的动物学藏品之一时，我又发现了与薇薇安相似的例子。在荷兰，莱顿市之于阿姆斯特丹，就如波士顿之于纽约。莱顿市面积虽小，却历史悠久，市区并没有繁华的商业中心，却满是各种大学和教育机构。莱顿大学于 1575 年由沉默者威廉（即荷兰第一任执政的奥兰治亲王）创建，是欧洲最好的大学之一。莱顿大学的自然历史博物馆最初是由皇家赞助的荷兰国立自然史博物馆，收藏了许多世界级的伟大藏品，以为研究提供可以追溯至现代动物学开端的历史资料而闻名。荷兰曾是世界上最具实力的商业中心与航海国家，荷兰东印度公司的贸易网络更是跨越了整个世界（为莱顿自然史博物馆提供了许多珍贵的动物学标本）。

莱顿自然史博物馆位于一栋大型建筑的仓库中，配备了一个很大的旋转楼梯，是 M.C. 埃舍尔部分著名版画中光影效果的灵感来源（埃舍尔的兄弟是莱顿市的地质学家）。标本安放于木质的展柜里，展柜层层摆放，铺满了数层楼，散发出一股全世界的专家们都熟悉的"博物馆"专属味道——也就是灰尘、樟脑丸、甲醛糅杂在一起的味道。展馆中的视觉效果能让任何一位电影爱好者感到满意——光束与长长的阴影同时穿过层层展柜，地板是用光亮的工业铁而非传统的不会反光的混凝土制成的。几十年来，莱顿自然史博物馆不对外开放（这项规则或许很快就会改变了），只有专业人士才能窥见，因此，博物馆中那些世界级的展品也成了动物学家们专属的私人展品。

最近，受和我一起研究软体动物的同行爱德蒙·吉腾伯尔格和哺乳动物专家克里斯·史明克的邀请，我有幸参观了莱顿自然史博物馆。史明克带着我走过层层展柜，从老虎、大象与独角鲸的标本身边一一走过。但他想要找的动物标本，是这座伟大博物馆的馆中之宝。

史明克找到了陈列该标本的展柜，他打开那扇绿色的大门，里面是一副中等体形的非洲羚羊标本，标本上有轻微的疥癣（樟脑丸就是用来清疥癣的），褪色严重。羚羊角向后弯曲，意味着它属于马羚。马羚属目前仅剩两个存活的种类：一种是生活在埃塞俄比亚西部到南非草原的马羚；另一种则是头上的角足足有五英尺（约 1.5 米）长的南非大羚羊，主要分布在肯尼亚到南非的林地里。莱顿自然史博物馆里的这只羚羊标本看起来既不是马羚，也不是南非大羚羊。初次看到该标本时，我认为它是一只年轻的南非大羚羊，因此并未露出任何惊讶的表情，史明克一定对我的反应感到失望。

我根本不记得，马羚属在历史上其实还有第三个品种——南非的蓝羚羊。我的无知是能够被谅解的，没有哪一种大型哺乳动物的标本符合人们对蓝羚羊的设想。西方科学界也是在 50 年前才知道蓝羚羊的存在的。一位旅者于 1719 年第一次提到了蓝羚羊，对蓝羚羊的正式描述则只能追溯至 1766 年，而蓝羚羊则于 1799 年灭绝。蓝羚羊连一具完整的骨架都没有留下，只有四副拼装好的蓝羚羊标本为欧洲的展品添上一颗耀眼的宝珠。史明克向我展示的标本正是四副拼装好的蓝羚羊标本中保存最好、最出名的一副，是整个莱顿自然史博物馆的镇馆之宝。

世界上有关蓝羚羊的首份报告发布于 1719 年，其中的部分细节已经预示出蓝羚羊终会灭绝的悲惨命运。一位名为彼得·科尔布的德国商人在好望角工作，于 1705—1712 年间频繁拜访南非（他称南非为霍屯督人的荷兰）。科尔布提到，蓝羚羊的肉"尝起来不错，但是太干了"，但他赞美了蓝羚羊皮毛的美，特别是它那蓝色的皮肤（早期的报告在这一方面的结论略有分歧，有些报告认为，蓝羚羊之所以为蓝色，主要因其毛发为蓝色，而其他的报告则

莱顿自然史博物馆里的蓝羚羊标本

认为，蓝羚羊的皮肤本来就呈蓝色。有报告显示，蓝羚羊死后，其蓝色的皮毛会很快褪色，而其他报告则不认同该观点。现代博物馆中收藏的四副蓝羚羊的标本，其皮毛均未显示出任何蓝色）。"我敢说，"科尔布写道，"这种野兽的皮毛之所以格外美丽，正是因为它的颜色看起来就像天空一般蓝。"因此，捕猎者们为了获得皮毛而大量猎杀蓝羚羊，在剥去皮毛后，便将剩下那些干硬的肉用来喂狗。旅行家与自然学家也逐渐开始记录蓝羚羊的数量，基本上，自发现蓝羚羊这个物种开始，它们的数量便迅速减少。1774 年，C.P. 桑伯格便曾惋惜过蓝羚羊的日渐稀有，H. 利希滕斯坦则在之后的报告中称，最后一只蓝羚羊于 1799 年被射杀。蓝羚羊灭绝后，很快便有人对此表示悔恨。W. 哈里斯船长在 1840 年所著的《南非野生动物肖像》中写道："我愿意以我右手的一根手指去交换一只蓝羚羊。"

林奈发明了双名法这种动物命名法后的第八年，一位年轻的德国自然学家彼得·西蒙·帕拉斯（1741—1811）在荷兰（那时荷兰拥有世界上最好的动物标本，是动物学家心中的麦加圣地）做了数年的研究，终于让蓝羚羊成了正式的科学研究对象。帕拉斯最终并未完成他那篇研究荷兰藏品中包括蓝羚羊与所有哺乳动物的综合性论文。他接受了俄国大学的邀请，前往圣彼得堡担任自然历史教授一职，很快便投身于一系列其他的重要研究。之后，帕拉斯还发表了一篇 18 世纪地层地质学领域最重要的论文，此外，他还是历史上第一次观察到被冻死的猛犸象的人。帕拉斯的人格魅力与辉煌的事业很好地表现出当时欧洲那个范围小、资金不足的科学界中的普世教会主义。那个时候，欧洲雇用科学家的人非常少，出版论文的途径更是少之又少。直到最后，拉丁文成了欧洲科学家的共通语言，科学家们才能跨越国界的障碍，互相得以接触沟通——见文章 22。

林奈曾对帕拉斯大加赞赏，称他是在昆虫学、鸟类学及其他领域都有杰出贡献的青年才俊。这样的评价对于一位 25 岁的年轻人而言无疑是极高的。

至少说明，对蓝羚羊的研究是从新一代最优秀的那一批人开始的。

那时，南非被如今南非白人的祖先荷兰人所占领，来自世界各地的标本不断被运往荷兰。帕拉斯一定是见过多张蓝羚羊的皮毛，在于 1766 年发表的《动物学杂识》中关于蓝羚羊研究的论文的开头，帕拉斯写道："我见过好几张从好望角送过来的蓝羚羊皮毛。"动物学发展初期，科学家们只研究了少数几种动物，林奈的分类体系较宽泛，所有的羚羊都归于"羚羊属"之下。为加以区分，帕拉斯为蓝羚羊取了个"*blaauwbock*"的名称。随着越来越多的羚羊种类进入人们的视线，单用"羚羊"一词已无法明确指代各种羚羊，分类学家便将原来的"羚羊属"按照血缘的不同又下分为好几类。蓝羚羊便与其他血缘相近的两种羚羊——"马羚"与"南非大羚羊"一起，被划分在"马羚"属下。奇怪的是，帕拉斯并没有根据蓝羚羊的蓝色皮毛来命名它，而是根据蓝羚羊眼睛下方明显的浅色毛发将其命名为暗白色羚羊。

人类活动显然加速了蓝羚羊的灭绝。欧洲的捕猎者给蓝羚羊带来了致命一击，但当地的非洲人早在公元 400 年便将绵羊赶进了蓝羚羊的生活区，导致蓝羚羊的栖息地大幅退化，使得蓝羚羊的数量与活动范围都不可避免地大幅度缩减。若说自然的潮起潮落中必然有物种的最终灭绝，那么在当时，灭绝的乌云已经笼罩在蓝羚羊头顶上方。蓝羚羊的体形较大，对生态与地理环境的要求严格，因此格外脆弱（也正是如此，蓝羚羊的数量一直不多，蚂蚁的数量比大象多也正是出于此原因）。在蓝羚羊的分布位置上，各种资料的说法不一：第一个发现蓝羚羊的是欧洲人，但大部分报告认为，蓝羚羊最常出没的地方只是一片很小的区域，即斯韦伦丹省南北 40 英里（约 64 千米）再乘上东西 60 英里（约 97 千米）左右大小的区域，距离开普敦东边 100 英里（约 161 千米）左右。从整个自然历史范围来看，还没有哪一种大型哺乳动物的活动范围会如此之狭窄。

因为蓝羚羊数量少，活动范围狭窄，灭绝的速度又过快，所以我们对蓝羚羊知之甚少。野生动物史上没有关于蓝羚羊的生活习性或生存状态的可靠数据（旅行家的记录质量不一，而且大多并非第一手资料，记录内容甚至存在着矛盾的地方）。除了个别不能确定的头骨和几个羊角以外，我们没有任何蓝羚羊的骨骼材料（或许有几个蓝羚羊的化石）。欧洲那四具蓝羚羊的标本褪色严重，很难从中寻得任何生活习性的信息。西方科学界几乎刚发现蓝羚羊，这个物种便从地球上永远地消失了。

当一个物种消失时，我们首先需要做的便是保留它们生存的证据——尽可能收集残骸，制作成标本。因此，蓝羚羊便进入了全世界各博物馆馆长的生活中。物以稀为贵。根据这个标准，当下自然界没有什么比蓝羚羊的残片更珍贵的了，因此，拥有可以展出的蓝羚羊标本的博物馆馆长是极其幸运的。在厄尔纳·莫尔为蓝羚羊所写的论文中，她列举了各大博物馆拥有的所有蓝羚羊碎片，而这清单也不过短短三行而已。

目前世界上只有四具蓝羚羊的标本，分别存放在斯德哥尔摩、维也纳、莱顿、巴黎的博物馆中。在乌普萨拉与伦敦，能够看到于巴黎出土的蓝羚羊角，南非奥尔巴尼博物馆里也有一副。1941 年德国空军对伦敦发动的闪电战毁掉了一副蓝羚羊带角的头骨，它曾收藏于皇家外科医学院亨特博物馆中。格拉斯哥博物馆中也收藏着一副可能是蓝羚羊的完整带角头骨。此外，世界上再也没有蓝羚羊的皮毛或者骨骼了。帕拉斯曾在论文中说过："曾见过数张自好望角送来的蓝羚羊外皮。"因此，荷兰的博物馆或许曾经收藏过蓝羚羊的皮毛。但岁月与战争夺去的不仅是人类的生命，还有我们创造的成就。由此，我们大概便能明白，莱顿自然史博物馆为何如此珍视这一副蓝羚羊标本了。

若我与蓝羚羊的"缘分"止步于莱顿自然史博物馆中的那一面，或许我根本写不出这篇文章，除非之后出现了能够激发我更多思绪的事情。在参观了蓝羚羊的标本后，史明克又与我说了一些其他的事情，并推荐我阅读两篇文章。读完那两篇文章后，我下决心要了解与蓝羚羊有关的一切。史明克告诉我，最近学术界展开了一场辩论，帕拉斯当年为蓝羚羊取学名时观察的蓝羚羊可能有很多种，而现存的蓝羚羊标本只是其中的一种。在为动物取学名时，有一个规则，那就是所有的物种都必须有一个原型标本。之所以需要这样的原型标本，是因为命名人为某个物种命名后，人们后来常常又能发现其同一属的其他物种。我们只能用最初的学名来命名其中一个物种，再为其他物种另取他名。但到底哪个物种最有资格承袭原来的学名呢？根据命名法则，最初的学名应该属于原型标本。

一个多世纪以来，莱顿自然史博物馆的历任馆长一致认为，博物馆中的那一具蓝羚羊标本身上的皮便是帕拉斯当年为蓝羚羊取名时参考的那一张皮。鉴于除了这一张羊皮以外，世界上也没有第二张蓝羚羊的皮，莱顿自然史博物馆中的那一副蓝羚羊标本便理所当然地成了原型标本，也成了所有蓝羚羊标本中最重要的一副标本（这也是史明克骄傲地向我展示这副标本的原因之一）。然而厄尔纳·莫尔对这一观点发起了挑战，更是指出，莱顿博物馆里的蓝羚羊标本不过是一副出处不明的标本而已。厄尔纳·莫尔的言论无疑可以算作博物馆界中的挑衅言论，她对莱顿博物馆发起了挑战，而莱顿博物馆的馆长则接受挑战，进行反击，并且获得了最终的胜利。史明克给了我两篇文章，由 A. M. 哈森和 L. B. 霍尔休斯这两任莱顿博物馆的馆长分别于 1969 年与 1975 年发表在博物馆杂志《动物学公告》中。第一篇文章名为《1766 年普拉斯命名蓝羚羊的范式标本，现存于莱顿自然史博物馆》，这篇文章重申了莱顿自然史博物馆中蓝羚羊标本的正统地位。

　　哈森和霍尔休斯指出，莱顿自然史博物馆中的蓝羚羊标本正是布封《自然史》中提及的同一个标本。布封的《自然史》1778 年版是 18 世纪经典的动物学著作。有布封的著作为蓝羚羊标本背书，无疑在蓝羚羊标本身上打上了特殊的标记。布封的书上画了一幅蓝羚羊全身图，这是世界上仅有的一幅蓝羚羊完整图示，此前其他两个资料只绘制了蓝羚羊的角或头，而帕拉斯的论文中根本没有提供任何图示。布封的《自然史》为莱顿自然史博物馆的蓝羚羊标本提供了良好的历史资料。这副蓝羚羊标本最初属于 J.C. 科勒科纳医生，他曾在一艘前往东印度的船上做随船医生，以制作标本技艺高超而闻名。1764—1766 年间，科勒科纳生活在阿姆斯特丹，而帕拉斯正是在这段时间内发表了关于蓝羚羊的论文。我们知道，帕拉斯在阿姆斯特丹工作，他肯定见过科勒科纳的蓝羚羊标本，那么帕拉斯在为蓝羚羊命名时一定参考了科勒科纳的标本，也就是说，莱顿自然史博物馆中收藏的蓝羚羊标本肯定是当初帕拉斯为蓝羚羊取名时看过的标本之一。

　　为布封出版书的编辑称，科勒科纳的标本之后转交至 J.C. 西尔维尔斯·凡·伦乃普的手中，他是哈勒姆的一位年轻贵族，他于 1776 年死后，标本便被收藏于荷兰科学学会。到目前为止，一切都没有任何问题。帕拉斯曾经在阿姆斯特丹看过布封书中绘制的标本，而该标本最后收藏在哈勒姆。布封书中的画显然是莱顿自然史博物馆中的那一副标本，但要盖棺定论，则还须弄明白，为何在哈勒姆的标本最后会出现在莱顿市？此前大家一直未找到这个问题的答案，直到哈森和霍尔休斯有了新的发现。

　　P. 图尔先生是阿姆斯特丹动物园的一名图书馆管理员，他发现了线索，并告知了哈森和霍尔休斯。图尔在整理档案时发现了一篇于 1842 年 4 月 5 日刊登于报纸上的广告，内容与荷兰科学学会动物学部分展品的拍卖有关。广告显示，蓝羚羊标本也在拍卖之列。哈森和霍尔休斯随后翻阅了莱顿自然史博物馆档案，发现了一摞博物馆于 1842 年 5 月 31 日递交给资助博物馆的内政部的账单。这份账单显示，当时莱顿自然史博物馆的馆长去了哈勒姆的拍卖会，买了两副羚羊的标本，其中就包括了现在的这一副蓝羚羊标本。在其他相关的账单中，有一张相关的账单引起了我的注意，那是一张自哈勒姆至莱登的旅行账单："运费：拖驳绳 -2 弗罗林；羚羊 -0.6 弗罗林；运送费 -0.85 弗罗林；消费 -0.75 弗罗林；购买羚羊费用 -47.1 弗罗林；总计 -51.3 弗罗林。"

我不知道为何这张账单会让我如此震撼。我们在追踪蓝羚羊来源的过程中竟然能够发现如此微小的细节：0.75 弗罗林能买一杯啤酒和一份香肠，让驳船船员在将蓝羚羊标本从哈勒姆运回阿姆斯特丹的路上保持良好的精神状态。然而蓝羚羊作为曾经鲜活、不断进化的自然生物体，却已经从这个世界上消失了，在我们知道它的饮食喜好、叫声与皮毛的颜色之前便灭绝了。当蓝羚羊的灵魂与精髓消失后，我们只能对着它的残骸争论不休。我们会因为读了安妮·弗兰克的日记哭泣，我们也会对信仰的神灵顶礼膜拜。我们应当在意当年那些驳船船员的午餐，因为他们的午餐让我们与蓝羚羊这消失的美丽生物之间产生了联系。

当有动物因人类的行为而消失时，还有什么能比原封不动地保留那些消失动物的残片及精准文献档案更加重要的事情呢？

当我们在比较当下依旧存在的物种与一张 150 年前账单的相对价值时，内心深处涌现的悲伤让我们明白，我们要对动物心怀怜悯，也应当大力保护现存的动物——这对蓝羚羊来说，我们的觉悟来得太晚。元素周期表中尚未被发现的那些元素，终有一天会被发现，因为如此简单且极其遵守规则的系统中具有绝对的可预测性与重复性。但若我们丢失了某个已经灭绝的物种的存活痕迹，便再也无法重建该生物过往的生活，因为我们的所作所为，永久地消除了自然独一无二的丰富性。蓝羚羊从人们的记忆中（也从非洲）消失了，而我们知道这种生物的时间却很短。我们保留了蓝羚羊的部分残骸与记录，每每看到这些残骸，心里一面是悲伤与后悔，一面是对大自然的赞叹。蓝羚羊的残骸如此珍贵，是物种加速走向灭亡的唯一见证。它们站在莱顿、巴黎、维也纳、斯德哥尔摩的博物馆中默默地看着我们。四只已经灭绝的蓝羚羊静默地站在那里，看着人类还要将多少生物慢慢推向灭绝的深渊。

陆

优生学的不同面孔

22
无核李子能够指导会思考的芦苇吗？

美国式的天才往往是个人才华、杰出的口才与大量的辛勤工作这三方面的结合体。不同天才身上，我们会发现，这三个方面的比重有所不同：巴纳姆以雄辩闻名，爱迪生则最为勤勉（爱迪生最出名的一句话便是：天才源于1%灵感加上99%的汗水）。但在路德·伯班克①身上，这三个方面得到了均衡的体现。伯班克曾提议，在美国的沙漠中种植大量无刺的仙人掌作为牛的饲料，以此将沙漠转变为广阔的牧场。他通过杂交的方式，培育出两种自发性突变仙人掌，一种仙人掌的叶子上没有刺，另一种新长出的根部不带刺，但他穷尽一生也没有培育出完全不带刺的仙人掌。在向大众展示其培育成果时，伯班克会用一块经过"特殊处理"的仙人掌摩擦自己的脸颊，好让大众相信他已培育出完全不带刺的仙人掌。

尽管如此，伯班克取得的成就也不容忽视，他是美国历史上最伟大的植物育种家。一连串令人啧啧称奇的成就为他树立起崇高的声誉，仿佛他有一双充满魔力的双手，能培育出与众不同的植物。伯班克也很会利用自己建立起来的名声。作为一个年轻人，伯班克在他的老家马赛诸萨州培育出一种名为"伯班克"的新型土豆。他利用伯班克土豆大赚一笔，为他在加利福尼亚州营生的扩张提供了资金。在加利福尼亚州，伯班克"发明"了无核李子，白色黑莓、（几乎）无刺仙人掌、大滨菊、火罂粟及伯班克玫瑰。

伯班克取得的成就反映出美国天才身上的另外两种特质。一是天赋异禀，

---

① Luther Burbank，1849—1926。——译注

伯班克在植物种植与繁育方面独具慧眼，能够找出任何对他有用的东西，哪怕它再微小不过。他可以搜寻整个雏菊田或种植李子的果园，然后找出最具优势的一株用以改善品种。二是勤奋，没人能比伯班克更加勤奋，比他更有热情、有活力。尽管对伯班克有很多赞誉，但其实他取得的成就不能称为奇迹。他从未创造出大自然中没有的东西，只是在杂交培育与植物选择方面不断地努力钻研，比任何人都要努力工作。伯班克有精准到可怕的眼光与无与伦比的判断力，他可以将一两种受欢迎的特植嫁接到普通植物的身上，进而获得全新的植物品种。他总在寻找那些他想拥有的优良特质的植物。举个例子，伯班克将多汁多产的传统李子（只能通过常规方式去核）与一种 16 世纪开始便已知名的品种（因汁少，产量低，人们一直认为这种李子用处不大）杂交，通过十几年不断的杂交培育和优株选择，伯班克最终培育出了汁多肉厚的无核李子。

除了上述两个特质以外，伯班克身上还有一个特质也符合人们对美国式天才的设想：他很少写东西，擅长通过不断培育出世人认可的新植物及偶尔发布难懂的声明来建立自己的名望。确实，他曾为推广自己的产品而出版过小手册，也曾为农业杂志写过一些小短文。但伯班克一生中写过的篇幅最长、最出名的文章于 1906 年发表在《世纪》杂志上，此后又经过修改与删减，汇编成一本小书，于 1907 年出版，书的内容涵盖了优生学的多个话题。这本小书的书名为《人类植物的培育》，很早之前便引起了我的注意。如此看来，伯班克一生中写过的篇幅最长的文章内容还是比较贴近他的专业的。

这篇文章中，我们不会详细地讨论伯班克这本书中与土豆和玫瑰相关的内容，而是想借着他的书，谈谈科学推理过程中最常犯下的两个错误：误导性分类与错误类比。考虑到我们平时一般会将优生学视作误导性分类中的一个典型的错误，因此分析伯班克的文章时，我将重点讨论错误类比这个问题。

我们常常认为，优生学是政治保守派的失败意识形态，理由有二。首先，优生学想要通过控制繁育（无论是强迫繁育还是自愿繁育）来改善遗传特征，促进社会改革，然而遗传主义正是保守派的经典理论（人应该按照其出身划分阶级，别寄希望于政府颁布法令或是改组社会制度来改变你的出身）。其次，希特勒作为优生学的主要鼓吹者，是不具有自由主义倾向的（见文章24）。

　　然而，对优生学运动的抵抗开始让同一政党的内部出现分歧（我常常想，左派和右派，自由党和保守党，是否真的像人们所说的那样，绝对坚守自己党派的政治理念）。20世纪初期，优生学支持者们掀起了一场影响广泛的运动。很少有其他的意识形态能够像优生学一样，在同一政党内引发如此大的分歧。同一政党的人大概更容易走到一起，但在那个年代，因支持不同的优生主义，大概有无数对夫妻在熄灯后会因优生学的问题大吵一架吧。这场优生学运动包含了各种各样的主张，顽固的遗传主义者希望能够对残疾人、病人、穷人实施强制绝育，相信费边主义的理想主义者希望能够说服那些聪明、有教养的人多生孩子。如今，优生学早已被视为过时的理论，若有人对此心怀同情，那么考虑一下在那个时代，优生学都造下了怎样的孽吧。历史上，优生学运动最大的一次胜利发生于1927年，最高法院裁定，对精神病患者实施强制性绝育。几乎所有的自由党法官都对该议案投下了赞同票，唯一一位投反对票的是整个法院中最保守的成员——一名在生育控制问题上坚定维护教会立场的天主教人士。

　　之所以提及政党内部在优生学问题上的分歧，是因为伯班克的这本书对自由主义优生学者的影响极大。伯班克选择《人类植物的培育》作为书的名字，一方面为他错误的类推法奠定了理论基础，同时通过提倡人工培育代替大自然严格而不可改变的遗传本质，为自由主义优生学者提供了立场。

　　伯班克在书中，以严格的、死板的、点对点的方式比较了他对人类社会改进的观点和他在培育新植物品种时的理论。在自我推销的过程中，伯班克一直保持着一种奇怪的谦逊态度，他错误地将自己嫁接与培育的成功归结于大自然的内在机制。由此可见，伯班克在优生学上持有的错误观点植根于他将人类社会改进和植物培育进行的错误类比，也植根于他对自己的成功原因的错误认知。

　　在书中，伯班克认为，改造社会的第一步应当与他在培育新植物时的第一个步骤保持一致，这一观点在优生学运动中引起了比伯班克更加保守的政党人士的愤怒。伯班克之所以能够获得"巫师"的美名，正是因为人们认为，他能够天才一般地创造出新的植物。事实上，伯班克创造出的新植物，都是将其他植物上受人欢迎的特征通过杂交的方式转移到另一种植物的身上。通过类比，伯班克将当时的美国视为一个充满了改进机会的大陆。站在金色大门旁高举着火炬的自由女神像吸引了无数欧洲移民涌入埃利斯岛。伯班克那本书的第一章名为《种族的融合》，并将植物的培育与人类社会的改革进行了鲜明的类比：

> "一直以来，植物与人类生活的组织与发展方式之间高度的相似性总是让我感到惊讶……我发现，不同植物的交叉繁育与选择总是受到强大的力量的引导，让植物们不断向上发展……现在，我想强调一下，美国当前便面临着巨大的机遇。如果我们足够聪明，通过不断融合来到美国的移民，便能够培育出全世界最好的人种。"

在那个年代，这段文字中的观点可谓相当激进。在优生学运动及其他领域中，保守党们将反对移民视作他们最重要的任务——不要让我们强健的、正直的、聪慧的本土美国人（这里的本土美国人指的是欧洲北部人种，而非印第安人）和从欧洲东部与南部涌入美国的劣等人种结婚，这会玷污了美国人的基因，繁育出肮脏、愚笨的下一代（我自己的祖先便是在那个时代，从匈牙利、波兰、俄罗斯移民到美国的，因此在这个问题上，我有些敏感）。本土主义者希望能将已经来到美国的移民与美国本土人隔离开，防止出现种族融合的情况。让那些刚到美国的移民在工厂与糖果店里工作，让犹太人为他们缝制衣服，让意大利人剪头发，让爱尔兰女人清洗地板，总之，让这些人远离美国人的孩子们。这样一解释，读者想必能发现，伯班克的提议在当时来说有多么激进了吧。

毫不夸张地说，我不知道伯班克的理论能走多远。他显然希望能够让其他欧洲人的基因融入美国本土人的基因当中，但对其他肤色的人种却只字不提（我认为，在当时那个遍地都是种族主义者的年代里，激进主义的界限是不明确的）。此外，从现代的角度来看，伯班克也绝对不是一名平等主义者。他接受欧洲人不同的内在价值观与品性（坚定的北欧人与多愁善感的地中海人），但希望不同人种的融合能够创造出更好的后代：

> "让我们先来看看资料吧！强壮、好斗的北方人与放纵、多情、冲动的南方人结合。性格冷淡的人与性格反复无常的人结合。拥有强大精神力（无论有没有被开发）的人与身体强壮而智商平平的人结合。"

但不同人种的融合只是改进人类的第一步，就像杂交只是培育新品种的第一步而已。通过繁育将不同人种的基因混在一起，这只是创造出了"优秀人种"的原材料而已。若不加上优株选择这一步，人种的混合只会制造混乱，让事态变得糟糕起来：

> "若后续没有经过良株选择、聪明的监管、精心的呵护与极强的耐心培育，单纯的交叉繁殖无法取得好的结果，只会让情况变得糟糕。没有组织性的努力最后只会引发混乱。"

那么，欧洲人基因大规模融合后，下一步应当如何行动呢？伯班克希望能够像培育植物一样改进人类的基因，他认为，接下来的措施应严格遵循他的园艺准则。伯班克的改进植物法一共有四个步骤，他将这四个步骤完全移植到人类基因改进过程中。伯班克最大的问题（也是他的优生学理论存在逻辑缺陷的原因）在于，我们现在普遍认识到，伯班克更适合做一名植物培育家，而不是一位完美的自我推销者。伯班克，醒醒吧！实际上，伯班克只完成了他四个步骤中的两个步骤，当他认为自然能够帮他推动另外两个步骤时，整个改造的过程也就不复存在了。讽刺的是，在最后那两个从未实现过的步骤当中，伯班克将其优生学的核心理念植根于人文主义与"自由"主义当中，而他依照自己的道德价值标准建立起来的改进植物法若是放到改进人类基因的问题上，便会推翻他提出的类比论证。

伯班克在书中简单概述了培育新植物的四个步骤，并将这些步骤转换为改进人类基因的方法：

> "没有哪种植物特性是无法培育出来的。无论是花朵、水果，还是树木，选择一个你想要培育的新植物特性，通过杂交、优株选择、培育、保留，最终你一定能在植物的身上看到想要培育出的新特性的。"

培育新植物的四个步骤如下所示：

1. 杂交。如上所述，伯班克从未创造奇迹。他通过杂交，将希望培育出的植物特性转移到其他植物的身上，由此创造出新的品种。正如杂交能够让新的特性注入某个植物品种当中，移民人群基因的融合也能够在美国制造出世界上最优秀的人种。

2. 优株选择。杂交只能增加后代的多样性，但人种自身并不会产生本质性的改变。通过优株选择而出现的纯粹改变被称为"改良"——摧毁绝大部分的植物，只培育个别优良植株的后代。达尔文将大自然的这种无意识行为称为"自然选择"。无论是自然选择还是培育植物，优株选择的过程都极其严苛。可供选择的植株多不胜数，最终保留下来继续培育的却没有几个。改良的速度若要足够快，我们便必须杜绝一切繁殖的可能，死亡是最佳的杜绝手段（人类社会中，人们可以选择绝育、独身及其他能够防止繁殖的方法）。就人工选择而言，会将不达标的植物连根铲除；在自然界，自然选择则是让不合格的生物完全灭绝。在我看来，将大自然"优胜劣汰"的残酷过程完全照搬至人类社会，是传统优生学观念中的致命缺陷。"自然选择"是自然界遗传基因变化的主要途径，但若将这一残酷的过程挪至人类社会，不仅在伦理道德方面会出现很大的问题，也是极其残忍的（因为届时肯定有人需要充当决定哪些人不能拥有后代的角色）。

3. 培育。从来没有人会质疑"培育"，也就是为植物营造好的环境，在保持单株植物健康与活力方面起到的有益作用。然而好的环境在改善基因方面能起到怎样的作用呢？孟德尔认为，后天通过培育获得的优良品质并不会遗传给下一代。好的培育能够保持植物繁殖的活力，但环境因素在自然选择的过程中只能算是"锦上添花"，在改善基因方面没有太多的作用。然而伯班克是一名拉马克主义者。他认为，一个人在其生命过程中习得的优良品质能够通过培育遗传给下一代，也就是说，优良品质能够一代代地积累起来。

4. 保留。拉马克主义者认为，保留是"培育"的延伸，能够强化此前出现的进化改变。拉马克主义一点一点地向前发展，一位培育者必须坚持不懈地保留好几代人的努力。孟德尔主义者的性格则更加内敛，他们认为，糟糕的环境并不会影响基因（除非是极端的恶行会导致物种的灭绝，进而结束实验）。拉马克主义者的理论则认为，因数代人的忽略，培养出的优良品质最终会消逝，正如良好的品质也是经过好几代人的积累才得以流传下去的。

从第 3 和第 4 点中，我们能够看出伯班克的优生学理论的核心、特质及其谬论。伯班克过于相信自己的成就，在优生的问题上坚守着错误的理论。拉马克主义并不是帮助他培育出新植物品种的唯一元素。自然界奉行的是孟德尔主义，自然界也永远不会按照人类希望的那样运行。事实上，伯班克培育新物种的理论内核是达尔文主义，他在培育新植物品种时只用到了杂交（将不同的特性通过杂交融入下一代的植物基因当中）和优株选择（收集并不断繁育拥有自己想要的特性的植物）。伯班克在培育植物方面的技艺着实高超，导致他错误地以为，在培育植物的过程中，自然一定出手帮助过他！伯班克总是无法相信，培育新品种实际上全是他自己的功劳；他无法相信，单纯依靠严格的、大范围的优株选择就能培育出新的品种。

伯班克为了培育出自己想要的植物品种，种下的植物面积极大，毁掉的也不少。为了寻找一株值得繁育的植物，他不惜毁掉整片田地（也由此练就了一双极其敏锐的眼睛）。有文献将他的工作一五一十地记录了下来。这份资料特别有趣，有趣到甚至有些讽刺了。荷兰伟大的植物学家胡戈·迪·福瑞斯，也是重新发现孟德尔成就的三名科学家之一。胡戈曾两次去加利福尼亚拜访伯班克，每次都被伯班克惊人的技艺所折服，但也对伯班克顽固地相信拉马克主义而感到不满：

> "他的理论便是在最广泛的意义与最大限度上对植物进行杂交与选择。伯班克的工作理念便是，哪怕用尽一切，也要找到一株最值得繁育的植物。伯班克种植了四千株黑莓与树莓，等到它们成熟后，只选取了一株进行繁育，其他没有被选中的植物全被拔了根。废掉的植物堆在一起，足足有12英尺（约3.7米）宽、14英尺（约4.3米）高。之后，伯班克便会将它们统一烧毁。如此费钱又耗时的实验，除了一株新品种的植物以外，什么也没有留下。"

《人类植物的培育》这本书的重点，事实上是改善基因四个步骤的后两个步骤，也就是培育和保留。通过与植物培育过程进行类比，伯班克强调了童年环境的重要性：

> "如果你在培育一棵植物，想要将其培育成一种更高级、更好的新植物，你必须爱护它，而不是讨厌它；你必须温柔地对待它，而不能虐待它；要坚定，但永远不可过于严苛。在我力所能及的范围之内，我给我的植物提供了最好的生长环境。对于孩子来说也是一样的，如果你希望孩子成为一个优秀的人，让孩子听音乐、学绘画吧，让他们的童年充满

欢歌与笑语。"

伯班克口中所谓的最好的生长环境是极其严格的田园牧歌式的，是一种充满热情的、纯粹的、浪漫的、洁净的乡村生活，这种生活不会给孩子带来任何智力上的压力。伯班克希望，孩子在十岁之前不要接受正式的学校教育。在所有改革的议题上，伯班克几乎都将这一点作为他的提议的开端：

> "每个孩子都应该可以玩泥巴、蚂蚱、水蛭、蝌蚪、青蛙、乌龟、接骨木、野草莓、橡子、栗子、黑果木；每个孩子都应该能去爬树，踩水，采莲蓬，砍柴，捉蝙蝠、蜜蜂、蝴蝶、大黄蜂，养各式各样的宠物，在稻田中玩耍，玩松果，玩摇滚，玩沙子、蛇。没有机会接触到这些的孩子也就被剥夺了接触最佳教育的机会。能够与上述的事物朝夕相处，孩子们便会与自然和谐相处，给孩子们上课的，便是那自然中的万事万物。"

只要是倡导改进孩子的教育方式，几乎所有的改革家都能收获一批拥护者。然而伯班克的书与优生学有关，主题是如何改进人类基因。他所说的改进孩子的教育，其实质便是为了能够培育出用以改进下一代基因的优良品质，这样的言论，从孟德尔理论的角度来看，无疑是愚蠢的。就如上文所述，伯班克是一名忠诚的拉马克主义遗传论者，他认为，培育出优良品质不仅仅可以立刻惠及当下的社会，更是能够遗传给下一代，进而改善人类的基因，创造出最好的人种。对于伯班克而言，当下为孩子提供良好的成长环境，是为了能够让后代获得更好的基因：

> "遗传并非如一些人所设想的那样，残酷且一成不变，是命运的具象化……我个人的研究让我更加确信，遗传只是过往环境的叠加，换句话来说，外界的环境是建造遗传的工程师。此外，我还确信：后天培养的优良品质能够遗传给后代，甚至可以说，任何能够遗传的特质都能传递给下一代。"

但我们忽略了第二个要素，它是所有"自由主义"优生学烦恼的共同来源，伯班克在植物培育领域取得巨大成功的真正原因——达尔文主义的自然选择。若无法防止"不良基因"的繁殖，又谈什么基因改善呢？再者，如果人类基因的改善必须采用大自然或培育植物改善基因时所用的方式（也就是大多数人都属于"不良基因"，应当被彻底抹去），人类又当如何正视优生学？

伯班克在书中为防止不良基因的繁殖提供了一些解决方法，他倾向于立法禁止有"不良基因"的人结婚，考虑到伯班克一直捍卫公民的权利，他会提出这样的解决方法实在让人惊讶。此外，立法禁止"不良基因"人士结婚的做法并不简单，哪些人属于身怀"不良基因"一列，哪些人有权剥夺他人结婚的权利，这些都是需要考虑的问题。

但总体而言，伯班克几乎没有提到上述的难题。他知道这个解决办法会将人类推向道德上的两难之地，也无法从人类基因改善与植物培育的对比中获得答案。何为身体缺陷？"过去斯巴达人认为，脆弱的人应当被淘汰，如今也有人持有同样观点，我们应当认同吗？不！"之后，伯班克承认这是一个非常难回答的问题："那些精神软弱的人才是最难处理的，我们又该如何应对这些人？"这一次，正义感终于战胜了伯班克自身的观点逻辑。伯班克认为上述的问题是个例外，也承认他的类比法存在缺陷：

> "那些因为某种原因，从未被点燃智慧之光的人，他们只会成为其他人的负担，这类人应当被抹杀吗？去看看那些弱智儿童的母亲，你便能够得到答案。不，他们不应当被抹杀，类比法在这个问题上并不适用。"

伯班克还是找到了解决方法，虽然不够理想，但依旧能够保留他的"自由主义"优生学的完整性。人类的道德感定然会拖慢改良基因的速度，因为我们绝对无法承受优质基因选择导致的大屠杀。但若遗传遵循拉马克提出的规则，我们或许能够允许那些拥有"不良基因"的人活下去，甚至可以允许他们繁衍后代；同时，我们也能够保证，人类的基因正不断改良，只是改良速度变慢了而已。好的环境引导基因的改善，好的环境培育出来的优良品质能够通过遗传转移给后代。只要为拥有"不良基因"的人提供好的环境，培养好的品质，他们最终能够通过不断地繁衍与遗传，成为"基因"有用的人。

"当某些遗传特质几乎无法被消灭时，环境便会起到至关重要的作用，它是改变孩子的要素，身边围绕着的一切都有可能造成孩子的改变。最初，不好的遗传特质或许会顽强抵抗，但只需要不断坚持让孩子在好的环境之下成长，孩子身上的不良遗传特质最终能够被消除。并不是说培养非正常的孩子是件费力不讨好的事情，我们依然能够将不正常的孩子转变为正常的孩子。"

我的解释或许过于冗长，但故事中的道德观念则很简单。无论是大自然还是植物培育，遵循的都是达尔文主义，而非拉马克主义。后天获得的特质无法遗传给下一代，改良基因的办法便是遵循严格的选择原则，抹杀绝大多数不符合要求的基因。伯班克能够培育出新的植物品种，但他无法改变大自然行事的规则。伯班克之所以能够取得如此高的成就，是因为他进行了大范围的杂交，严格地选择优株进行培育。个人成就蒙蔽了伯班克的双眼，让他以为，他是在大自然的帮助下才得以成功的。拉马克学说是伯班克"自由主义"优生学理论的核心，认为好的培育环境是改良基因最重要的手段。荒谬的拉马克学说导致了伯班克优生学的最终失败。

优生学普遍还存在另一个严重的问题，伯班克的理论便是这一问题的典型代表——希望通过模仿自然推动物种进化的方式来改善人类的基因。伯班克对自然进化本质的理解是错误的。哪怕他的理解是对的，他努力的方向也是错误的。人类的道德感绝不会允许人类社会采用大自然最原始的那一套方法。我们必须知道大自然到底是如何运作的，才能更好地了解人类社会本身，认识到我们的局限性及改造这个残酷世界的可能性。大自然的运作体系，在过去的 35 亿年里指引着生物的进化与发展，然而这种运作方式从未衍生出道德体系。与大自然相比，人类出现的时间极其短暂，大自然的运作方式并不能解答人类发展过程中遇到的所有问题。人类更无法通过引进优生学理论来改变大自然的运作方式。

赫胥黎于 1893 年出版了他最杰出的著作——《进化论与伦理学》，这本书中与自然道德无涉性的观点一直被人们奉为经典。在谈及"生存的挣扎在浩大的自然中取得了无数伟大的成果"时，赫胥黎在书中称赞了达尔文主义的有效性。他补充道："自然与道德之间没有特定的关系。"最后，赫胥黎用以下论点结束了他在这一方面的探讨：人类的智慧要么遵循自然的规律，要么用它来追寻卓越。"因为智慧，矮人按照自己的意愿，屈服于巨人。在每个家庭、每个国家中，自然运作体系对人类的影响都受到了限制，受到了法律与习惯的约束。"

赫胥黎出版《进化论与伦理学》时，伯班克还在加利福尼亚埋头工作。然而坚定的达尔文主义者——赫胥黎在写到"人类的智慧阻碍了大自然成为伦理问题的仲裁者"时，脑海中显然没有思考过达尔文的理论。赫胥黎毫无意识地驳斥了伯班克的理论，他用植物作比喻，向读者传达了他最重要的思想，这一思想至今依旧重要：

> "文明的历史记录了人类在宇宙中一步步建立起人工世界的每一个细节。正如帕斯卡所说的那样，人类是脆弱的会思考的芦苇，只要巧妙地运用智慧，人类便有能力影响或改变宇宙运行的轨迹。"

23
优生学那冒着烟的枪口

浸信会牧师才是民众酗酒的罪魁祸首吗？之所以开篇便抛出这么一个不太靠谱的问题，是因为有一份著名的表格显示，在19世纪后半期，美国因酗酒而被逮捕的人，其数量与牧师的数量具有明显的正相关性。

即使不是逻辑学博士，也能发现我提出的问题明显存在着逻辑错误。牧师的人数与酗酒的人数之间并不存在因果关系。两者之间不可否认的联系或许意味着，当时社会的苦难导致大量民众喝酒成瘾；也可能是因为酗酒人数不断上升，政府只能雇用更多的牧师传教。当然，还有另外一种几乎可以确定的可能性，牧师的人数与酗酒者人数之间并没有因果关系，两者人数的同步增加与第三个因素之间存在着高度关联性。19世纪后半期，美国人口稳步增长，致使许多并没有因果关系的现象之间出现了高度的相关性，牧师人数与酗酒人数的同步增加便是其中一个例子。牧师与酗酒者之间的联系是教科书中用以讲解关联性与因果关系之间区别的最经典的例子之一。

好的原则也可能被用来作为糟糕论点的论据。我在文章中常说，只有思想伟大的人才允许犯下重大错误，这也就意味着，此类错误虽然重要，涵盖的范围也广，但它们并不琐碎、让人感到尴尬，而是意义丰富，具有指导性。这篇文章便是想探讨进化生物学领域中那些伟人犯下的两个重大错误。

绝大多数普通读者或许并不熟悉罗纳德·埃尔默·费舍尔①这个名字，他没怎么写过非专业性的科普文章，其工作的高度数理性也让许多自然学家望

---

① Ronald Aylmer Fisher，1890—1962。——译注

而却步。但他是现代进化理论最重要的奠基人，是他，成功地将孟德尔的遗传定律与达尔文的自然选择学说结合在一起。费舍尔于 1930 年出版的《自然选择的遗传理论》是现代达尔文主义最基本的原则。费舍尔利用数学统计工具建立起的群体遗传学论（绝大多数生物学家认为，群体遗传学论是费舍尔创建的）是进化论的核心理论。费舍尔还是世界上最杰出的统计学家，他发明了一种名为"方差分析"的统计方法，该方法在统计学中的地位就如同字母在正字学中的地位一样。简而言之，费舍尔就是统计学与进化论领域的天王巨星。

纵使天王巨星也有犯错的时候，费舍尔也曾犯过一些重大的错误。绝大多数的同行看到这里，肯定知道我想说的是哪两个错误，在此便不做礼貌、专业性的讨论了。第一个错误是费舍尔晚年出的一个差错；而另一个则通常会被大家忽视，尽管它占据了《自然选择的遗传理论》约三分之一的篇幅。

在人生的最后 6 年，费舍尔花费大量的时间，出版了好几本书，想要揭开"吸烟容易引发肺癌"的真相。费舍尔是个吸烟成瘾的人，但他并不否认吸烟与肺癌之间存在的真实关系。只是费舍尔认为，和酗酒人数与牧师人数之间存在强关联的例子一样，他认为吸烟与肺癌之间的强关联也不具因果关系。费舍尔提到了两种可能性：吸烟可能会导致患上癌症；然而更有可能的是，人得了癌症后才开始吸烟。这个论点听起来难以置信，哪怕作为抽象性的论点似乎也不太可能成立，但费舍尔找到了解释的方法。

作为一名抽烟的人，费舍尔高度赞扬烟草在减缓痛苦方面起到的作用。他知道，癌症要许多年的时间才会形成，患者在确诊癌症之前，一直处于"癌前病变阶段"。费舍尔认为，在"癌前病变阶段"中，肺部受到了化学的刺激，患者因痛苦而不得不增加吸烟的量，以减轻"癌症即将形成"给身体带来的痛苦。费舍尔的说法有些牵强，但并非毫无逻辑可言。1958 年，费舍尔写道：

> "在肺癌的症状完全显现之前，患者已经表现出了部分即将患上癌症的症状，此类症状导致患者感到痛苦，这可能会迫使患者增加吸烟量以减轻痛苦。我认为绝不能排除这种可能性，癌前病变阶段，患者体内会出现轻微的慢性炎症……
>
> 轻微的恼怒、失望，一次突如其来的延迟，因他人的拒绝而产生的

挫败感，这些都能通过吸烟得到安抚，生病也是如此。身体的某些部分有轻微的慢性炎症，虽然不会演变为明显的疼痛，但也会增加患者吸烟的次数，或是让以前从不吸烟的人开始吸烟……从这类人手中夺走香烟，和抢走一位盲人的拐杖一样恶劣。"

费舍尔后来又发现，吸烟与肺癌之间的强关联性还存在第二种选择，即二者的关联是由第三因素造成的，并且第三因素更可信、更有道理。费舍尔毫不怀疑，吸烟与肺癌都与"基因倾向"有着高度的相关性。他写道："就我看来，人之所以吸烟或是患上肺癌，共同原因就在于基因倾向。"换句话来说，基因导致部分人群更加容易患上癌症，也导致一些人更容易养成吸烟的习惯。费舍尔的观点在逻辑上没有任何问题，基因确实会对人的生理与行为产生一定影响。举个最明显的例子，好几种智力缺陷与相关的生理特征之间并不存在因果关系。个子矮小并不表示患有唐氏综合征的人有智力缺陷，反之亦然。

如今，在经过数年的研究之后，我们现在可以明确地表示，费舍尔上述的观点是错误的。吸烟是患上癌症的最直接原因，每年，美国都有成千上万的人因吸烟患上癌症而过早死亡。但我必须指出，费舍尔的推论在逻辑上并没有任何问题。有关联性并不代表有因果关系，只有少量的相关事实能够证明费舍尔提到的三种可能性。如果费舍尔提出的异议只是在缺乏数据证据的前提下对大众发出的警告，那么我们便无立场去指责他。在这个复杂的世界里，没有人永远是正确的，从合理的论点中得出了可能的结果，即使最后的结果并不正确，也没什么好羞耻的。但在费舍尔的例子中，我们有理由质疑他的动机和客观性。接下来，我们来讨论一下导致他结论出现错误的部分判断。

费舍尔在论证时曾明确表示，考虑证据与不可知的结果时，他保持了绝对的客观。费舍尔提到，之所以对"吸烟引发癌症"的结论提出质疑，全然是因为对科学的好奇，对真理的热爱。在面对如此具社会性并关乎生死的问题时，费舍尔小心谨慎地提出了三种明确的论点：

1. 上百万的人喜欢抽烟。在没有得出确切的结论前，我们不应该剥夺这些人的乐趣。费舍尔以牛津大学和剑桥大学高才生特有的精英口吻，为喜欢吸烟的普通百姓们的身体健康发出呼声（费舍尔是剑桥大学遗传学教授，在他职业生涯的最后阶段，他还是剑桥大学冈维尔与凯斯学院的院长）：

"总体而言，世界上绝大多数吸烟的人并不怎么聪明，很可能十分顽固。吸烟的习惯根深蒂固，难以改正，在绝大多数情况下，吸烟的习惯很可能会转变成心理学家所说的内心的冲突……在让一件事情干扰到人平静的心灵与其他习惯之前，我认为应当先将自己从情绪中抽离出来，仔细验证我们对这件事情的判断。"

在那一份写给《英国医学杂志》（1957 年 7 月 6 日刊）的措辞强硬的信中，费舍尔将禁烟派的主张与癌症发作的典型现象进行了比较："当代的威胁显然不是烟草的盛行，而是能够引发社会恐慌的紧张状态。"

2. 如果我们笃定吸烟是患上癌症的罪魁祸首，结果这一主张被证实为错误的，届时，在人们心中，统计学便不再具任何可信度。在写给《英国医学杂志》（1957 年 8 月 3 日刊）的另一封信中，费舍尔呼吁，为了保护科学的可信度，我们应当留意自己得出的结论：

> "在医学研究领域，统计学终于获得了一席之地，许多研究人士认为，统计学还是略有用处的。只有做到完全的公正，统计学才能继续保持现在的地位……我不希望统计学的未来被一场显而易见的闹剧毁得一干二净。"

3. 若要对不确定的事情下结论，我们便要进行大量的研究。在条件尚不成熟的情况下轻易下结论，只会影响进一步的调查研究。在给《自然》杂志的一封信中，费舍尔写道："如今，因媒体大肆宣传，许多人都相信吸烟是有害的。"在写于 1957 年 8 月的信中，费舍尔表示，他已经察觉到了宣传的危险性："过于自信地认为我们已经找到了问题的答案，这将成为未来进一步研究的最大绊脚石。"

费舍尔提到的最后一点强调了进一步研究的重要性，而讽刺的是，他的所作所为恰恰与自己的观点相反。费舍尔认为吸烟并不会引发癌症，他的这一论点是基于两组不怎么能站得住脚的数据建立起来的。第一组数据显示，在吸烟量相等的情况下，不吸烟的人比吸烟的人更容易患上癌症；另一组数据则显示，患上癌症的男性要比女性多，而吸烟的女性的人数则增长得比男性快。

　　上述两组数据的调查机制并不完善，很多接受调查的人也许并不理解"吸入"（inhale）这个词的含义，甚至混淆了"吸入"与"吸烟"这两个词，因此随意选择了"不"的选项。后来的调查显示，当其他因素保持一致时，患上癌症与吸烟之间具有高度关联性。对于男性和女性与吸烟之间的关联性，费舍尔的论点合情合理，但数据却是错误的。在吸烟与患癌之间的因果关系方面，女性患癌人数不断加速增长已成为最有力的证据。

　　否定费舍尔的结论并不是因为他的逻辑错误（尽管结论是错误的，但费舍尔的逻辑没有问题，错误的结论完全是数据的不充分导致的），也不是因为他谨慎的措辞，而是因为费舍尔显然不像他自己所说的那样，认真严谨地对待他的研究。在研究抽烟与癌症之间的关系时，费舍尔并没有保持开放的态度，而开放的研究态度却是他此前一直强调的。在研究的过程中，费舍尔一直倾向于"吸烟并不会引发癌症"的结论，哪怕他一次又一次地强调，他提供的原始数据绝对不倾向于任何一种结论。费舍尔的著作从两个方面出卖了他的意图。

　　首先，他的文字透露了他的意图。我们来看看下面这个例子。费舍尔称他的论点"丝毫不带感情色彩"，"完全的公正"。然而，他却称"吸烟引发癌症"的言论是"政治宣传"，很可能是一场"显而易见的闹剧"，是当代"灾祸发生的疯狂的警钟"。

　　其次，他在使用当时有限的数据时，处理方式欠妥当。费舍尔几乎是没有任何疑问或是批判地全盘接受了这些不充分却明显为烟草辩护的数据。费舍尔引述的两组数据可信度并不高，很容易被证伪。此后，费舍尔又引述了更加模棱两可的数据，用来证明"爱吸烟与患癌症均由基因倾向导致"的观点。有两组研究调查了同卵双生子与异卵双生子的吸烟习惯。与异卵双生子相比，同卵双生子的吸烟习惯多相同。因同卵双生子是由同一颗受精卵分裂而成的，因而两者遗传的基因大体相同，而异卵双生子则是由两颗受精卵单独发育而成的，两者的基因与普通兄弟姐妹无异。由此，费舍尔认为，同卵双生子的吸烟习惯之所以基本相同，正是因为二者的基因大体相同。可见，基因是影响吸烟习惯的重要因素。

　　但是，这个推论很可能是错误的，与费舍尔得出的结论关联性也不大。首先，同卵双生子的吸烟习惯大多相同，很可能是因为他们对烟草的基因倾向态度十分相近；相关数据并没有提到过患上癌症的基因基础，也没有提到过同卵双生子的患癌概率。费舍尔的结论只是对该组数据的一种解读，数据明显更倾向于另外一种可能性，但费舍尔却选择视而不见。同卵双胞胎的外表十分相近，父母为强调两者之间的相似性，刻意选择一种养育方式，让二者在许多方面更加相似。同卵双胞胎常常穿得一样，行为相近。也许正因如此，同卵双胞胎对待香烟的态度才会如此相似。

但凡费舍尔抱着开放的态度看待吸烟与癌症之间的关系问题，他一定不会忽视所有的可能性。我们不得不得出结论，费舍尔带着强烈的主观意愿研究这个问题，甚至可以说，他之所以讨论"吸烟与癌症之间的关系问题"，正是因为他想要证明，吸烟并不会引发癌症。我们有必要进一步研究，为何费舍尔在研究该问题时，带着如此强烈的主观意愿。有两个影响费舍尔的因素，第一个是实际且直接的因素，第二个则是长期存在的理论因素。

我们很容易便能发现实际且直接的原因。1956 年，烟草制造商常务委员会聘请费舍尔担任科学顾问。当时，很多人都对费舍尔的研究感到疑惑，怀疑费舍尔的动机不纯。费舍尔对此大为恼火，坚持表示，他绝不会为五斗米而折腰。更高的权力机构应当对此类有委托嫌疑的研究进行审查，作为思想保持客观性的前提条件，我们有权利要求研究机构保持绝对的公平公正。

长期存在的理论因素则更有意思。我们要追溯到费舍尔犯下的第一个大错，由此一览他的人生与职业生涯。长久以来，费舍尔都是一名优生学的有力支持者。费舍尔认为，如果我们能够通过选择性繁育来改进基因（积极优生学鼓励带着优质基因的人多生孩子，消极优生学防止带有劣质基因的人繁育后代），人类的生活与文化将会变得更好。必须明确的是，我并不是为了批评费舍尔才写这篇文章的。绝大多数遗传学家或多或少都会支持某种形式的优生学，直到希特勒极其生动地向世人展示消极优生学操作起来有多么可怕（见文章 24）。费舍尔提倡的优生学从政治的角度来看较为温和、积极。优生学有着大量的支持者，其中虽然包括法西斯主义者，但同样也有理想社会主义者和坚定的民主派（见文章 22）。

费舍尔一生极为推崇用基因倾向解释人类的生活习惯，这是他所推崇的优生学的基础，也正因如此，费舍尔坚定地认为，吸烟与癌症之间的关系，也会因人和人之间基因的不同而不同。该理念也导致费舍尔犯下了另一个影响范围更广的严重错误——种族衰落论（及可能解决种族衰落的优生学方法），这个理论发表于他的代表作《自然选择的遗传理论》中。

　　我绝大多数的同行选择无视费舍尔晚年时那令人尴尬的吸烟研究，也不怎么在意《自然选择的遗传理论》中与优生学相关的部分。进化主义者或许并不清楚费舍尔是如何为烟草行业开脱的，但他们怎么能忽视占据了《自然选择的遗传理论》（在我们这个行业中，这本书的地位基本与《圣经》相当）好几个章节的优生学理论呢？一本人类遗传学领域声望颇高的书就提到了《自然选择的遗传理论》："在这本书的最后章节中，费舍尔将他的遗传学思想延伸到了人类种群上。"

　　人类总是不喜欢承认圣人身上也有缺陷。或许，我的同行们感到尴尬，如《自然选择的遗传理论》这样为我们的学科建立起抽象理论基础的圣典里，竟然存在着具有致命缺陷且从政治角度上来看绝不可接受的社会实际观点。或许，我们都不自觉地将《自然选择的遗传理论》中与优生学相关的章节视为可删去的附加部分，认为它与书中其他精彩绝伦的部分毫无联系。如此想法却是站不住脚的。书中与优生学相关的章节绝不是整本书中无足轻重的内容，它足足占了整本书近三分之一的篇幅。此外，费舍尔特意强调，优生学相关章节与他的整体理论之间存在着直接的联系，不能与其他的抽象概念分开看待。之所以将这些内容集中放在同一个部分论述，全是因便利的需要，以免让优生学的材料零散地分布在书的各个部分中。费舍尔写道："与人类相关的推论无法从更多普通章节中分离出来。"

　　费舍尔在这五个优生学章节中讨论了同一个复杂的问题：先进的文明因允许"较高社会阶层生育数量相对较少"而走向毁灭。换句话而言，统治阶层的人因基因问题（而非出于社会选择），繁育后代的数量相对较少。上层阶层的数量越来越少，从而导致整个社会分崩离析。从字面上来看，这一论点令人难以置信，为了解释，费舍尔给出了六个思考步骤。和"吸烟不会引发癌症"的论点一样，费舍尔的优生学论点在逻辑上无懈可击，但整个观点是完全错误的，几乎可以称为荒谬的。

　　1. 所有伟大的文明都会从最初的繁荣走向最终的衰落与陨落。虽然战争可能会导致某个衰落的民族灭亡，但绝大多数文明的陨落是由内部原因导致的。文明毁灭的最主要原因在于精英阶层可预见的衰落。人们能否遏制这种衰落，让文明永远保持稳定的状态呢？费舍尔写道："过去那些已经陨落的文明基本都遵循着同样的历史模式……陨落的主要原因在于统治阶层的衰落与退化。"

2. 费舍尔注意到了现代西方国家中家庭大小与社会地位之间的联系，但他对这种联系的理解却是错误的。贫穷的家庭往往会生育更多孩子，而精英家庭的后代数量则相对较少，因为上层阶层结婚的时间较晚，婚后生下孩子的数量较少，选择终身独身的比例也相对较高。上层阶层的相对不育导致了他们的衰弱，最终引领文明走向灭亡。费舍尔写道："与上层阶层相比，穷人的生育率要高很多，在近几代人中，这一现象愈发明显。"

有趣的是，在这一基础上，费舍尔拒绝用优生学家推崇的两个理由来解释种族衰落的问题。首先，费舍尔拒绝接受上层阶层因近亲繁殖致使生育能力下降的解释。不育的现象缓慢地蔓延至社会的各个阶层中，并非只有统治精英阶层才会有这个问题。费舍尔写道："不育并非精英阶层或高知人群的特征，而是自上而下逐渐蔓延至全社会的一种现象。"

其次，费舍尔也拒绝接受当时的一种普遍说法，即先进文明的衰退是因上层阶层与下层阶层通婚导致的。因其进化论观点，费舍尔拒绝相信这种说法，同时，这一点也可以证明，费舍尔的优生论章节与他其他的进化论章节相辅相成，不可分割，纵使进化论的章节精彩绝伦，而优生论的章节则让人感到尴尬。《自然选择的遗传理论》的核心观点如今被认为是"费舍尔在自然选择方面的基本理论"："任何有机体在某段时间里的适应性与其在该段时间当中的基因多样性之间存在高度的正相关性。"简单来说，自然选择的进化速率与某群体有效基因的多样性直接相关。优生学既然要求进化的有效性，能够增加有效基因多效性的措施也就多多益善。在费舍尔看来，种族混合是提高基因多样性的有效方法。与当时的大多数人一样，费舍尔也认为，某些人种生来优于其他人种，这也就意味着，种族之间的混合或许会降低优秀种族的平均优越性。但种族混合能够大幅增加多样基因的范围，当处于平均水平或平均水平之下的基因灭绝时，自然选择便能增加优秀人群的数量，整个种族也就可以借此改良。

3. 有人认为，精英阶层的生育率较低完全是出于社会原因（绝育手段更多；因工作或教育等原因，不得不推迟生育孩子的时间；与人数较多的家庭相比，后代数量较少的家庭更有时间与方法享受生活），事实上，精英阶层之所以后代较少，主要是因为基因，精英阶层繁育能力较低是本质原因。

上述观点是费舍尔优生学的核心理念。费舍尔认为，现代精英阶层的低繁育水平具有有害性，且是近期才出现的问题，低繁育水平绝对不是所有社会阶层均存在的问题。在"原始"的社会组织当中，处于统治阶层的人往往拥有更多子嗣。费舍尔显然忽略了一个问题，那就是古代掌权的男性普遍拥有许多侍妾。费舍尔单纯地拒绝接受此类实际性的道德问题，反而选择相信任何年代的精英阶层在各个方面都是完美的！费舍尔在书中写道："累积财富的最终目的就是为了多多繁育后代。"

"先进"的文明与古代文明在这一问题上截然相反，如今，精英阶层拥有的后代数量更少，主要是因为精英阶层在基因上便具有繁育能力较弱的特点。那么，这一特点又是如何出现的呢？费舍尔认为，"先进"的社会必然伴随着生育能力下降的情况，精英阶层最终会因后代过少而走向灭亡。但这种趋势到底是如何出现的？

4. 凭借基因的优越性、较高的智力、灵敏的商业嗅觉，下层阶层的人得以走向上层阶层（民主的社会允许阶层之间的自由流动），然而不幸的是，此类人的生育能力也较弱。费舍尔对此的解释与他对"吸烟与肺癌之间不存在联系"的解释差不多。较高的才能并不是生育能力较弱的主要原因，较弱的生育能力也无法让一个人拥有较高的才能。费舍尔认为，只有"先进"的文明才会出现低生育能力的问题，是"先进"文明特有的有害环境造成了人们生育能力的低下，而生育能力与个人才能之间并没有直接联系。人类为了能够向上发展，必须获得刻在基因中的强大能力（鉴于费舍尔和那个时代绝大多数的人一样是个性别歧视者，他这里所说的人特指男性）。如果一个人出自人数较多的大家庭（因此也继承了较高的繁育能力），他能够向上发展的可能性便会减少，因为他的家庭人数较多，较为贫穷（需要养活的人口更多），能够获得教育的可能性也更小。如果一个具有相同优秀能力的人出自人数较少的家庭（因此也遗传了家庭较差的生育能力），他能够向上一个阶层进发的机会便大得多。由个人能力与生育能力之间非因果的关联性，费舍尔认为他找到了造成问题的主要原因：晋升至上层阶级的人的生育能力普遍较弱。

这样的情况对所有人而言都算得上一场悲剧。因为有能力的人都晋升到了较高的阶层，较低阶层的人数在不断减少，而较高阶层的人又因低生育能力，人数也在不断减少，社会因此慢慢走向衰弱。费舍尔希望能够通过他个人的努力，让人们意识到问题所在，进而多生孩子。

5. 现在，摆在费舍尔面前的是他自身论点的逻辑问题。如果上层阶级都有生育能力较差的问题，难道我们不应该多从下层阶级中培养更多能晋升至上层阶级的人吗？哪怕这些人的生育能力比他们在下层阶级中的同伴们要差一些。费舍尔在这一点上认同弗朗西斯·高尔顿的理论，认为从下层阶级中晋升至上层阶级的有能力的男人更倾向于和上层阶级中生育能力较差的女性结婚，进而他的生育能力也降低了。此类男人深知自身的优势（也有足够的智慧用于探索），明白与上层阶级的女继承人结婚能够获得更多机会（这些男人为了能够充分发挥自身才能，继续寻求金钱上的帮助）。而上层阶级的女继承人普遍生育能力不佳，她之所以能够成为家族的继承人，显然是因为该家族只有这么一个女孩，没有其他男性继承人。费舍尔哀叹道："生育能力相对较差的家长与有能力的男人处于同一个阶层，他们的结合也是能力与生育能力下降的结合。"

深究上述言论的前提——性别歧视，你便能明白费舍尔自己的观点与社会性偏见了，也能明白这样的观点不公平到了极致，全是凭借逻辑的推断和主观的经验得到的结论。高尔顿的观点显然完全忽略了女性，他认为，只有男性才能从下层阶级晋升至上层阶级。生育能力差是女性的负担，也是女性的错误。换句话说，男性天生具有优越性，而女性则是拖累整个家庭的罪魁祸首。

6. 费舍尔最后总结了基因遗传致使子嗣数量稀少与社会地位之间的关系对社会的有害影响：

> "无论如何，社会阶层较低的人生育能力更强。我们必须面对这样的悖论：在我们的社会当中，从生物学角度来说更具优势的人在社会层面上却处于失败的地位，而在社会中处于成功地位的一类人从生物学角度来说却是失败的。不适合大自然生存斗争的人注定会被淘汰。"

如果越处于上层的阶层生育能力越差，那我们想要改变这样的局面，只能依靠立法来增加生育率。费舍尔呼吁政府为生育孩子的人提供一定的金钱补助，这样有能力、生育能力强的下层阶层能够拥有更多机会晋升至上层阶层。正如我此前所说，费舍尔的观点是较为温和的优生学。

此处我们没有必要一一指出费舍尔复杂观念中的错误假设。我只发现，费舍尔这一系列的观点都存在着同一个错误——毫不批判地接受了基因结合——这一错误也是费舍尔得出"吸烟"谬论的原因之一。我们有什么证据可证明，一个人能够爬升至上一个阶层，全然依赖于基因的馈赠？就算这种说法是真的，我们为何能够推断社会地位与子嗣数量之间的关系全是由生育基因决定的呢？事实上，还有许多与基因无关的原因能够解释社会地位与子嗣数量之间的关联性（费舍尔在书中只用玩味的语气提到过这些原因）。这些原因包括较长的求学时间、结婚年龄较晚、更多的避孕手段及堕胎。第一个遗传推测或许还具有一定可信度，虽然未经过任何证实，而第二个推测（上层阶级的人生育能力差）则显然属于无端臆想，甚至可以说是极为荒谬的。只有第一个推测和第二个推测均正确时，我们才能得出费舍尔的结论。如果上层阶层的人孩子更少完全是社会原因造成的，"越靠近上层的阶层生育能力越差"的结论便不成立了，那么费舍尔的结论也就是不正确的。

我们可以温和地看待费舍尔的优生学，他的基因结合论并不会对人类社会造成任何危害。就像费舍尔在出版物中的呼吁和在议会面前的大力推荐一样，费舍尔的谏言并未起到任何作用。但人类行为与社会地位的错误基因假设在政治领域却有着极大的影响力。对于那些将任何能够纠正的社会不公平与缺陷怪罪在"受害人"头上的社会保守派而言，此类错误假设是个非常有用的武器。员工工作的地方有毒？监控你的员工，找到那些带着"不好行为"基因倾向的员工，然后炒了他们便可以了。少数人群是否拥有足够的资源？只需要坚信少数人群是自然中的低等人群，现在给他们提供的资源已经足够便可。从基因上找借口，这个方法几乎可以运用于所有方面。想要维持社会上某个不公平的状态，从基因角度下手实在是最合适不过了。

或许我们能说，费舍尔的优生学理论并不会对社会造成危害，但他的"吸烟"理论则显然有害。琼·费舍尔·鲍克斯为他的父亲写了一本优秀的传记，她用生动的手法描述费舍尔与吸烟之间的关系——一场趣味十足的游戏，与权力利益相对抗的无害的小游戏。但是她文章的最后一段却让人读后不寒而栗，她也许是无意中这么写的，但我却对此表示怀疑：

> "1958 年，消费者将烟草生产商告上了法庭，控诉生产商的产品对个人的健康造成了极大的损害，费舍尔也被卷入了这场纷争。1960 年早期，费舍尔受美国一家烟草公司的邀请，代表出席将于 4 月举办的庭审。其他类似的诉讼中，原告要么无法成功起诉，要么最后并没有胜诉。在那段时期里，政府对于烟草公司的法律压力减轻了许多。"

　　我们可以窥见，随着法律对烟草公司的压力解除并且恢复了受限制的广告，很多人将会因烟草而死亡。费舍尔也许只是烟草公司这台巨大的机器中的一个小小的零件，但是他的确为其运转作出了贡献。查尔斯·兰姆曾写过一首幽默的小诗：

　　　　"托你的福，烟草啊
　　　　除了死亡，我愿意为你做一切事情。"

　　错误的、有偏见的论点可能会导致严重甚至是致命的后果。

24
世界上最残忍的种族灭绝

看一看这个对人们日常的一项消遣活动的平淡描述：一天的辛勤工作后，坐在火炉边抽着烟、喝着酒。

> "我还记得，在大会结束之后，我很舒服地坐在炉子旁边，就在那个时候，我第一次见到他吸烟；他在喝白兰地。这么多年来，我从没见过他这么做……我们像同志一样围坐在一起，没有讨论工作，而是享受着辛勤工作之后的放松。"

现在我们来玩个填空游戏吧。上文中享受着片刻休憩时光的人是谁？公布答案！他就是纳粹秘密警察的头目、党卫军首领海因里希·希姆莱的二把手——莱茵哈德·海德里希。那么文中提到的"舒适的火炉"位于何处呢？1942 年 1 月 20 日，为制订对付犹太人的最终计划，纳粹召开了万湖会议。在会议中，纳粹制订出一套系统性的方案，以屠杀 1100 万犹太人（该数字为海德里希自己计算出来的）为目的，计划实施一场大规模的人类种族灭绝行动。在会议结束后，纳粹党们便围坐在火炉的旁边休憩。记录下这一画面的人又是谁？他便是阿道夫·艾希曼，万湖会议另一个参与者，也是《万湖会议纪要》的作者。

《万湖会议纪要》最令人不寒而栗的，便是其婉转的语言。整个文件中没有直接提到过"杀"这个词，因为"种族灭绝"听起来太过邪恶，所以他们在文件中用"最终解决"一词代替。在接受审判时，艾希曼承认，众人在会议上讨论屠杀犹太人时，用词十分直接："各位绅士们聚在一起开会，用词通俗直接，和我在会议纪要中采用的措辞不同，不存在任何粉饰……讨论包括了屠杀、灭除和灭绝。"

《万湖会议纪要》的前部分估算整个欧洲的犹太人有1100万人左右，想要通过前两种策略将1100万的人口屠杀殆尽是不太可能成功的。第一种策略便是，希特勒与他的部下试图"将犹太人从德国的各个领域中驱逐出去"。第二种策略强调的是物理上的驱除："将犹太人从德国人生活的空间内完全驱逐出去"。但艾希曼在《万湖会议纪要》中写道，移民越来越困难，工作进展也不够快。"来自财政方面的困难，比如在其他国家登陆时需要交付一笔额外的资金，船的舱位不够，入境许可的限制越来越多，有些甚至直接取消了入境许可，这些都增加了移民的难度。"

第三种策略，也就是最终真正的解决方案，便是将犹太人屠杀。就和其他人所说的一样，万湖会议与《万湖会议纪要》最令人胆寒的地方就在于，与会的人制定并实施了第三种策略。这与海德里希的邪恶理念无关，与艾希曼选择用委婉的方式表达如此邪恶的计划无关，真正让人感到害怕的，是这群人在会上讨论了大量的细节，用逻辑清晰的方式制订出了一份详尽的灭绝犹太人的计划——他们仔细地计算了需要的有轨电车的数量，清晰地表示死亡集中营要设立在运输线的中心上，制定了用于欺骗犹太人的借口，以重新安置与强迫劳动为由掩藏他们屠杀的真正意图。

随后，艾希曼又介绍了新的计划："另外可行的解决方案可用来取代之前移民的方案，比如说，将所有的犹太人驱赶至东方，只要希特勒同意便可。"（事实上，希特勒已经下令实施该计划了）。艾希曼继续以委婉的方式记述纳粹如何利用劳动移民为借口，将犹太人一步步推往死亡的深渊：

> "在最终解决方案里，犹太人在适当的指引之下纷纷被聚集在一起，准备送往东方参加劳动。拥有劳动能力的犹太人将被送去各个区域修建铁路，男女分开。在这一过程中，自然会有大量犹太人自然死亡……执行最终解决方案期间，欧洲将会自西向东被彻底清理一遍。首先，我们会分批将犹太人送往犹太人过渡区，在抵达过渡区后，他们将会被送往东方……年龄在65岁以上的犹太人不会被驱逐，他们将会被分开送往老龄过渡区。"

部分集中营（最著名的代表便是奥斯维辛集中营）不仅是巨大的屠杀场，也是用来关押犹太人、强迫他们劳作的监狱（一种较慢的走向死亡的方式）。其他的集中营则只会简单地将犹太人送往毒气室，比如特雷布林卡、切姆诺、索比堡、贝尔赛克等。最终解决方案的制订者们从未真的想让犹太人劳作，那只是他们用以掩盖罪行的借口而已。我们看到的那些在集中营直接被杀死的、饿死的犹太人的数据，并不是真实的。奥斯维辛集中营有好几千人存活了下来，其中许多人向世界说出了自己的故事。事实上，真正的死亡集中营很少能够留下任何幸存者。贝尔赛克集中营里有两名幸存者，切姆诺集中营有三名幸存者（见 M. 吉尔伯特的自传《大屠杀》）。最终解决方案的唯一目的便是灭绝犹太人。

显然，我对这场人类历史上最惨烈的大屠杀并没有什么新的研究。我不是诗人，也不是历史学家，我也未曾亲历过这场浩劫。为何在一系列与自然历史和进化论相关的文章中，我要写一篇与屠杀犹太人相关的文章？答案就在《万湖会议纪要》的后半部分。《万湖会议纪要》的后半部分很少被人提及，也没什么人会去研究讨论。希特勒从一开始便滥用遗传学与进化生物学作为其计划的核心理论，这一点从他于 1925 年发表的自传《我的奋斗》中便可看出，这也是我写这篇文章的部分原因。

在希特勒的邪恶计划被纳粹冠以"理论"美誉的情况下，他对种族纯粹的追求让自己陷入了偏执的狂热当中。他认为，在自然选择的情况下，胜利的人必然有着生物优越性。雅利安人曾经很伟大，但种族融合削弱了雅利安人的生物优势。受到如寄生虫一般的犹太人的蛊惑，雅利安人逐渐失去了对世界的统治，至少，雅利安人逐渐失去了他们崇高优越的品质。希特勒在《我的奋斗》中写道：

> "雅利安人放弃了纯粹的血统，因此，也丢掉了一手创建起来的天堂。在种族融合中，雅利安人开始堕落，他们渐渐失去了自己的文化能力，直到他们变得比祖先更顺从、更落后……这一切都是与下等种族通婚导致的。血统混合是一切古老文明走向灭亡的唯一原因。一个种族并不会因打了败仗而灭亡，却会因失去纯净血统中自带的坚韧力量而灭亡。如果到了那个程度，这个世界就不再是种族的存在，而是一堆垃圾。"

上文选自约翰·张伯伦和其他人于1939年引入美国的英译版《我的奋斗》，目的就在于想要警告美国人，我们即将面临的对手是怎样的人。在我父亲起程前往战场之前，我的父母买下了这本书。在我年少时，我盯着书架上的这本书，反复将它拿下来放在手里，并不是想阅读它，单纯只是想感受邪恶本身。几年前，我的父亲过世了，母亲将父亲的藏书交给了我，血红色外壳的《我的奋斗》夹杂在其他几本我想要的书里，被我收进了自己的藏书架。现在，我拿着这本书，第一次引用书中的句子，让我产生了一种奇异的感觉，仿佛现在的自己与过去的自己相连了，重新点燃了我对第二次世界大战的模糊印象，那是一场我的父亲与恶人希特勒之间的对决。

如果说，《万湖会议纪要》的前半部分是纳粹在工地与死亡集中营中对犹太人进行屠杀的草率而委婉的记述，那么会议纪要的后半部分便是对种族灭绝与种族混合的详细讨论（全然是因为希特勒的优生学理论）。希特勒认为，杀光1100万犹太人并不能解决所有问题，德国人中依旧有大量的人因与犹太人通婚，体内流动着被污染的血液。最终解决方案需要为这些"混血儿"设立一系列的规则与政策。杀光犹太人，净化德国人体内被污染的血液。整篇《万湖会议纪要》都遵循着希特勒的病态种族逻辑。艾希曼用晦涩难懂的官僚文风写道：

> "最终解决方案的实施，在某种程度上，应当是基于《纽伦堡法案》（纳粹在优生婚姻与绝育问题上制定的法律）。在某些情况下，该法律解决了不同种族间通婚及拥有不同种族基因的人造成的问题。"

在东方进行种族灭绝问题上，《万湖会议纪要》与种族混合相关的内容表现出纳粹的另外一种疯狂，与《万湖会议纪要》上半部分全然不同。《万湖会议纪要》的第一部分描述了对犹太人的大屠杀，是一种极端的邪恶，而第二部分则展现出纳粹如铁一般的疯狂逻辑，并对屠杀犹太人的各种方法展开了详尽的讨论。在我过去的经历中，只有另外一份官方文件给了我同样的感觉。那时我正在研究南非种族隔离委员会的年度报告，在严格的种族隔离制度下，南非种族隔离委员会将人单独关在小隔间里隔离开来。

纳粹的种族理论从一开始便面临着棘手的两难困境。人类是高度混交的生物，没有哪一种净化血统的方式能够解决纳粹想要解决的问题。难道但凡拥有少许犹太人血统的人都算是犹太人吗（很多国家的人体内都有一定的犹太人基因）？难道体内多加一点雅利安人的基因就能解决问题吗？海德里希、艾希曼和其他纳粹官兵无法回答这个问题，便用上了常用的阴谋诡计，随意地画一条分界线，以自定的事实作为判断依据。

《万湖会议纪要》基本认为，混血儿都是犹太人（犹太人与雅利安人结合后产下的后代），拥有四分之一犹太人血统的人算作德国人（混血儿与雅利安人结合后产下的后代）。但这样的划分方式总会出现模棱两可、无法判别的情况。如果混血儿的孩子与德国血统的人结了婚，那么这个混血儿便可免于被杀（但如果他的孩子并未产下后代的话，他依旧逃不过死亡的镰刀），如果国家机构的最高政党授予某人豁免许可，那么这个人也可逃过一劫。

若想得到豁免，则须满足两个条件：首先，每一项豁免都只适用于个案，且只有"拥有优良品质的混血儿"才能得到豁免。第二，获得豁免的人必须遵守一项规定："无须被驱逐去其他地方的第一类混血儿必须绝育，以此消除混血儿继续繁育后代的可能性，确保最终解决方案能够有效施行。"然而"绝育遵循自愿原则"。虽然如此，但"得到豁免的混血儿必须符合待在德意志帝国内的条件"。一位参加万湖会议的官员发现："党卫队副总指挥霍夫曼提倡大规模绝育，在判定是否被驱逐还是允许留下之前，这些混血儿都必须被强制绝育。"

在三种情况下，原本应当被接受的四分之一混血儿有可能会被视为污染血统的存在，"降级"至不可接受的级别：（1）父母双方皆为混血儿的第二层次混血儿（显然，孩子的父母至少要有一方为纯粹的雅利安人）；（2）第二层次的混血儿从外表来看极容易引起他人厌恶，当被划分至犹太人一类；（3）第二层次的混血儿在政治上留有不良记录，足以证明其言行与犹太人无异。

在一些灰色区域，比如两个混血儿结婚，基本无豁免的可能，无论是父母还是孩子，都是一样的。有时候，一个四分之一混血儿与另一个半混血儿结了婚，哪怕他们生下孩子，也逃不过死亡的下场："第一层混血儿与第二层混血儿结婚，无论是否有孩子，两人均会被驱逐……根据规则，第一层混血儿与第二层混血儿产下的后代，其犹太人的特性要比两个第二层混血儿生下的孩子更强。"这世上还有比毫无根据地自行划分人类阶层的行为更丧心病狂的事情吗？这种行为完全是强行用官僚主义思维干涉人类的生命，而官僚主义思维原本不是应该运用于办公室文件当中吗？

《万湖会议纪要》滥用进化生物学的程度骇人听闻，但这并未在基因分类规定中体现出来，而是在会议纪要核心的操作部分体现得淋漓尽致。我在上文引述过文件的操作部分，但用省略号代替了部分内容，下文我将向读者全面还原省去的内容。艾希曼谈及将犹太人遣送至东方，强迫他们修建道路，让绝大多数的犹太人因过量劳动而死亡。之后，艾希曼又继续写道："剩下的犹太人（未因高强度劳作而死的犹太人）无疑是最强壮的，因此需要使用特定的方法对待他们……他们是自然选择的最终产物，若让他们重获自由，他们必将重新建造起犹太人的世界。"

或许单从一句话中，你无法体会到纳粹的可怕。但这个世界上还有什么能比伤害自己的孩子，或扭曲人类世界中最崇高的事情，用其达成自己邪恶的目的更恶劣的事情呢？我是一名进化生物学家，花了25年的时间进行实践性训练。查尔斯·达尔文是我精神领域的英雄，很少有人能像他一样，作为奠基人及拥有持续影响力的人，在自己的领域里享有如此辉煌、令人崇敬的名望。达尔文因提出了进化论中最著名的自然选择理论而闻名。自自然选择论问世以来，对它的滥用也就开始了。各式各样打着达尔文主义者旗号的人用达尔文的理论来解释他们判别社会优劣的借口——富人凌驾于穷人之上，复杂的技术比传统技术更优越，帝国主义者统治原住民，战争胜利的一方支配战败的一方。进化论主义者都很了解历史，在面对此类不公平行为的扩散时，我们当中的许多人对此不置可否，因此我们需要对这一现象的出现负集体责任。但对于绝大多数对自然选择论的滥用，我们是毫不知情，也是绝不支持的。

在我的整个职业生涯中，我都深知此类情况的存在。我能一口气念出长长的"滥用自然选择论"的清单，这些滥用的事情被统称为"社会达尔文主义"（见我的另一本书《人类的误测》）。但直到万湖会议召开的第50周年，我才萌生出阅读《万湖会议纪要》的兴趣。在此之前，我从不知道滥用自然选择论竟然会带来如此可怕的严重后果——这发现给我当头一棒。在阅读《万湖会议纪要》之前，我一直以为，自己不会对会议纪要的内容感到惊讶。德国人将达尔文的自然选择论翻译为"Natürliche Auslese"。我所从事的专业里最重要的关键术语竟然被如此邪恶的文件用来支撑其恶行！用什么来比喻这种感觉呢？大概就像是某个人的女儿被关在由残忍的强奸犯操控的地牢里一样。

"自然选择论"在《万湖会议纪要》中可怕的滥用无关紧要，因为艾希曼的论断必然会受到我们的强烈批驳。自然选择是差异性繁殖成功的过程，获得优势的一方能够控制其他同伴，但他们也会为了利益而选择合作。利用技术蓄意屠杀上千万人，还有什么事情比这更反常且与达尔文理论更不相关的呢？

在告诉大家我的专业与纳粹的所作所为毫无关系之后，我本可以选择简单地结束这篇文章。无论艾希曼是否有利用达尔文的自然选择论来解释纳粹的邪恶目的，纳粹都会部署、实施他们极度罪恶的计划。《万湖会议纪要》中与达尔文自然选择论相关的部分对原理论存在着两个关键方面的滥用，一方面是将自然的原则滥用于人类的道德行为上，第二方面是曲解了达尔文对差异繁殖成功的解释，将适者生存、优胜劣汰理解为大自然对人类的屠杀。针对第二点，达尔文在《物种起源》的关键章节中写道：

> "'生存竞争'这个词的使用在绝大多数情况下是具有隐喻的，包括一方对另一方的依赖，也包括个体的生活，以及成功地留下后代。在食物匮乏的情况下，犬类也会相互竞争以获得食物。在沙漠边缘的植物也会为抗干旱、为生存而竞争。"

虽然如此，解决的方法却永远不会如此简单利落。科学作为一门学科，确实能够给社会问题提供一些答案，至少能够为之提供一些解决思路。达尔文虽然明确表示，他笔下的"生存竞争"只是一种比喻，但在 19 世纪，绝大多数的人依旧认为"生存竞争"是一场活下去的比赛，输掉的人只能面对死亡。在那个人种之间、企业之间互相搏斗的年代里，侵略性扩张与征服自然要比和平的相互合作更合情合理。

希特勒并不是第一个误解达尔文自然选择论的人，披着"达尔文自然选择论"外衣的社会达尔文主义在第一次世界大战期间便成了德国军队侵略其他国家的好帮手（我们这一方也会用到社会达尔文主义理论，但没有德国那么系统和狂热）。事实上，德国滥用达尔文的理论使得威廉·詹宁斯·布莱恩（见我的另一本书《为雷龙喝彩》中文章 28）误解了达尔文，他首先站出来向世界表示明确反对进化论。

面对此类滥用达尔文自然选择论的事情，许多科学家都站在反对的阵营中，但绝大多数人依旧沉默以对，少数人因为不同的目的，比如错误的爱国心态或是能够获得的既得利益，积极地表现出想要与社会达尔文主义者合作。

部分英国与美国的优生学家在明白希特勒的真正目的之前，还曾赞扬过希特勒对婚姻与强制绝育制定的法律。德国立法文本中与优生绝育相关的部分后来被美国数个州所借鉴，并于 1927 年得到了最高法院的支持。直至 1925 年《我的奋斗》出版，德国进化论者也未对希特勒滥用达尔文自然选择论提出抗议。《万湖会议纪要》延续了《我的奋斗》在优生学上的主要逻辑，在最后一部分，会议纪要将其逻辑与自然进行的对比显然是错误的，它呼吁消除那些不适合生存的人，至少要对这些人实行强制绝育：

> "在大自然中，每日寻觅食物的斗争会让那些脆弱、多病、心智不够坚定的人选择屈服……斗争永远是提升物种健康和坚韧性的方法，也是引领物种向更高层次发展的方法。如果这一规律发生了改变，物种向更高层次迈进的过程便会停滞，衰落也就随之出现了。根据数据来看，低级的元素永远多于高级的元素，在生存条件与繁殖条件相同的情况下，弱者的繁育速度要远快于强者，如果不改变这种情况，较强的元素会被迫退到后面。然而自然就是这么做的，通过让生活变得艰苦，弱者不得不屈服，此举同时还能控制人口数量，防止剩余人口的增加……（艾希曼在《万湖会议纪要》中呼吁制订最终解决方案的两个实施步骤，即利用困难的生活环境使多余的人饥饿而死，不知那时他是否读过这一段落。）尝试抵抗大自然铁一般的逻辑的人必然会陷入一个人的战争当中，他的抗争也必然会引领他走向悲惨的命运。"

为了与此类滥用达尔文自然选择论的情况相斗争，科学家最好的反抗方法便是将两种看似截然不同的特征——警惕与谦逊结合在一起。警惕可以用来与滥用相抗衡，因为滥用会损害达尔文理论的名誉（你无须给每个向当地新闻写信的疯子回信，因为时间并不允许你这么做，但我们应当从"众多的疯子"当中辨认出谁会是下一个希特勒）；谦逊则是勇于承认，科学并不能从原则上回答道德的问题。

科学能够为解决道德问题提供一定的信息，但道德问题无法从逻辑上在自然世界的现实中寻得最终答案，科学能够解释的领域只有自然。作为一名科学家，我可以批评纳粹邪恶且毫无道理的基因理论，但当我站出来反对纳粹的政策时，我必须像其他人一样，以人的身份发声。因身为人类中的一员，我拥有参与道德问题的权利，这是地球上每一个人都被赋予的捍卫自己尊严的权利，也是每个有能力的人的责任。

如果我们能够把握普世社会中最深层次的真知，也就是在智人这个共同的群体中，每一个成员地位相等、价值相同，无论你是幸运还是不幸，那么以塞亚的愿景便能够得以实现，人类群体中的强者便能与弱者和平相处，因为"在神圣的山脉中，他们不应受到伤害或被毁灭"。无论是文化上还是生理上，基因赋予我们无限的甜蜜，也让我们获得不可言说的邪恶。什么是道德？难道强者统治弱者、压迫弱者便是道德吗？达尔文的灵魂伴侣，与他同一天出生的美国伟人林肯在 1862 年 3 月进行的就职典礼上说过一句意思差不多的话，那时他希望能够让美国从内战的恐惧中脱离出来。林肯请求我们记得，美国的南北方曾经团结在一起，希望我们能够通过这份记忆，避免国家的毁灭。让我们将林肯的希望延伸到整个人类的高度上：

> "记忆的神秘琴弦，从每一个战场和爱国志士的坟墓延伸向这片广阔土地上每一颗跳动的心与家庭，必将再度被我们善良的天性拨响，那时就会高奏起联邦大团结的乐章。"

结束语

我想，我从未写过一篇通篇严肃的文章，不带丝毫幽默。面对这世界上最悲情的主题，我们还能做些什么呢？在这里，我认为我们应当引入古典文学的传统，在悲情中添加一些明亮的元素，为我们的情感找到宣泄的窗口，尤其是在面对此类绵延不绝的深切悲痛时。在《哈姆雷特》中，当普西尼介绍三位朝臣 Ping、Pang 和 Pong 的时候，哈姆雷特与可怜的约里克开起了掘墓者的玩笑，《图兰朵》中接连几名求娶公主的人被斩首也是如此，这是通过喜剧的力量为人们的情感寻找宣泄的途径。

出于这个原因，我决定采用《自然历史》收到的一封绝妙的读者来信作为本文的结尾：

> "作为一名想要纠正人们的英语用法的资深教员，我被斯蒂芬·杰·古尔德最新的文章所困扰。最初我以为，文中的部分内容可以

用来解释为何古尔德会在最新的文章里使用双重最高级。后来我发现，这个原因说不通，我只能认为，古尔德之所以这么做，只是想开个玩笑，或者是想得到像我一样的读者的回应，我的推测正确吗？我会继续享受古尔德每个月发表的文章，但希望古尔德不要再犯同样的错误了。"

在回信中，我表示，我理解这位读者想要表达的观点，也明白她的痛苦。同时，我讨厌推卸责任，认为作为一个男人不应该推卸自己的责任，应当勇于承担自己的言行带来的后果。但我还是想说，请将您的投诉信寄给莎士比亚先生！

> "要是你还有眼泪，现在就准备流出来吧……
> 看！卡西乌斯的刀子就从这里穿过去；
> 看那狠心的卡斯卡割开了一道多么深的伤口；
> 他所深爱的布鲁图斯就从这里刺了下去；
> 神啊！请您评评理，恺撒是多么深爱着卡西乌斯！
> 这是世界上最最残酷的谋杀。"
>
> ——马克·安东尼《尤利乌斯·恺撒》

柒

进化理论与进化故事

进化理论

JINHUA LILUN

25
我们能完成达尔文的革命吗？

以一句极明智且被频繁引用的话，西格蒙德·弗洛伊德指出了所有重大科技革命的共有因素："人性，忍耐着对其天真无知自恋之心的打击，一直如此且必须如此。"换句话说，伟大的革命会击毁偶像的基座——它曾支撑着全人类的傲慢。接着，弗洛伊德引据了两次最为重大的打击：其一，宇宙观自地心说向日心说转变，人类意识到其生存的世界并非宇宙中心，反而不过是体量巨大得难以想象的宇宙体系中的一粒尘埃；其二，达尔文进化论的出现，将人类降级为动物世界的后代，无法再自以为是上帝的特别创造。最后，弗洛伊德暗示道，经由对潜意识的发现与阐明——很大程度上是借助他自己的著作，人类或将迎来第三次这样的重击，摒弃曾经对理性精神的确信。

弗洛伊德的话中暗含了判断科学革命完成与否的标准——即偶像的基座是否已被打碎。进化论的出现意味着整个宇宙的物质性重建，而其革命完成之时，并非人类接受这一现实之时，而是在人类理解这一让自身地位在宇宙中降级的重建到底意义何在之时。这两种现象——物质世界的重组与人类地位的重估——是完全不同的。要理解二者的区别，最好是通过一种早已有之的心理策略。这种心理策略在现代文化中获得了全新名头：舆论引导。

实践舆论引导最为出色的是远古时期的政客。他们接受让人遗憾的事实，但是提供的解释只聚焦于那据说存在于所有艰难时刻之中的一线生机。譬如伏尔泰名作《老实人》中的老师邦葛罗斯，他无疑是西方文学中最著名的舆论引导家。邦葛罗斯称，有人不小心将梅毒从美洲传播至欧洲，这固然让人不悦，但其实可能并没有那么糟糕，因为同样从美洲传播过来的还有巧克力

311

等迷人的商品。

我们可能会说，以弗洛伊德的标准来判断，他列举的第一次革命已经完成。太阳系不过是众多星系之一，我们不过是居住在太阳系边缘的一块大岩石上，我们以为人类都已经接受了这样的现实——这样看来，似乎无人还活在对宇宙的焦虑之中，也无人还在苦苦寻求生命的意义。（鉴于新的宇宙学说看起来并非全无威胁性，我们也还未忘记伽利略的苦恼，或许经过几个世纪的洗礼，我们已经学会妥协。日心说的许多早期版本都选择以太阳取代地球作为一个有限的宇宙之中心，从而保留了偶像基座的完整性。）

本人大半的职业生涯都在向公众以及学术圈阐释、捍卫进化理论。本人确信，弗洛伊德所列举的第二大革命尚未跨越其心路上的障碍。我们不情不愿地面对达尔文主义对智人在宇宙中地位的暗示，进化论就在这种态度的边缘滞留不前。在进化论中，弗洛伊德对革命所定义的第一步已经完成，即物质重建：我们都认为人类已经接受了自己是动物世界的后裔这一生物学事实。但至于第二步，即在心理上接受偶像基座的崩塌，可以说是几乎还未开始。舆论引导的手法调和了公众对进化论的理解，他们得以保留对人类重要地位的解读。从许多关键的角度来说，这样的解读与人类地位崇高、是上帝亲手所造没有什么差别。（我甚至都未计入有好几百万美国人完全不接受进化论这一不可忽略的社会事实。这在其他西方国度中是鲜有发生的。这些美国人还只字不疑地相信着《创世记》中上帝在仅仅几天之内创造了所有生物，每种生物的创造用了 24 小时的说法。我还注意到一些人连弗洛伊德的第一步都无法完成，这更加强调了达尔文进化论这一场革命在人类心中唤起的厌恶与恐惧。）

达尔文的进化论可谓是最让人难以接受的一场意识革命，因而在弗洛伊德的标准之下，它也是进展得最不完整的一场意识革命。要理解其中缘由并不需要具备高度的哲学或文化敏感性。在科学史上，还没有哪次意识革命像进化论一样，对于人类自己的生存意义和目的有着如此显著且直接的影响。（有些科学革命在物质重建的部分也同样地影响重大且具有颠覆性，但并不能像进化论那样撼动人类灵魂。以板块构造论为例，板块构造论彻底改变了我们的地球历史观以及地球动力学，但鲜少有人认为自己生命的价值与欧洲和美洲曾经有所关联，也鲜少有人在乎自己所居住的大洲其实是漂浮在地球表面上的纤薄板块的一部分，或者海脊处还有新的海床在缓缓上升。）

人类，并非一场可预见式进化进程的最终产物，相反，人类只是宇宙运行中的偶然产物。在无限繁茂的生命之树上，人类只是一根小树枝。如果生命之树再经历一次从无到有，人类这根小树枝可能会归于我们都不屑于称其具有意识的属性，甚至可以说是不会再次问世。这一说法传递的信息具有达尔文进化论中的偶像基座摧毁的意味，而这正是我喜欢去总结的，甚至像印度教中一天吟诵数次哈瑞·奎师那玛哈曼陀罗那样去重复，以求渗透灵魂。

所有经典形式的进化论舆论引导都是为了避免上述吟诵所带来的不受欢迎的激进后果。这些舆论引导聚焦于两方面：将进化过程看作一种理论和机制，将进化途径看作对生命史的描述。聚焦于进化过程的舆论引导尝试将进化描绘为本质上具有保持进步的性质，为物种或社群的利益（不仅是局限于生物个体的利益）不断向"更优"发展，从而带来了理想结果，如和谐的生态体系、机制精妙的生物体。聚焦于进化途径的则将生命史解读为持续的一系列变化，但这变化具有一个有意识的方向，以发展成更复杂更具智慧的生物。如此，该舆论引导让我们将最近代的智人的进化，看作已知的可预见进化进程中的最高级阶段。

我们如何才能最好地去证明这样的舆论引导具有渗透性的负面影响，去证明有一种阻碍达尔文进化论以弗洛伊德的标准去完结的偏见，仍然将公众的理解抑制埋藏呢？本人在纽约市长大，现仍是一名地道的纽约人。在波士顿居住 25 年后，我支持的还是纽约洋基队。我脑海中浮现的美国地图仍与斯坦伯格曾为《纽约客》（*The New Yorker*）所绘制的那张著名封面相符：第五大道基本上将这个国家划分开来，哈德逊河靠近内华达州与加州的边界。美国太具多样性，以至于无法像英国的英国广播公司（BBC），或者梵蒂冈的《罗马观察报》那样，以一家权威媒体来写定其较高层次文化的脉搏。但《纽约客》和《纽约时报》已经可以算是美国所有出版物中最接近于 BBC 或《罗马观察报》地位的那种地方性期刊了。

因此，我认为《纽约时报》中的一段评论摘要可以给我们一些启发，去更好地理解针对达尔文进化论的舆论引导。去年，《纽约时报》上有三点内容让我印象深刻，其中每一点都代表了这种舆论引导视角的首要元素之一。在《纽约时报》上，这三点都是以一种"进化一定是如此发展"的信心来完成叙述的。接着我发现这三点集合起来，特别有力地体现了这种舆论引导中我们的困境：将进化看作合理且可预见的进程，看作为了集体利益而不断向更理想的结果发展的进程。

1. 为了集体利益而进化。1944 年 6 月 4 日，盟军发动了一次伟大的攻击，不冷嘲热讽的话，或许可以把这次攻击看作历史上为人类利益而发动的最佳战役。在诺曼底登陆的 50 周年纪念日，《纽约时报》刊登了多篇头版文章来赞美这次攻击，再版了艾森豪威尔将军在登陆时的讲话，以及当时对其的赞美性社论。当天，该报的读者来信专栏还刊登了一篇一般性评论，讲述的是"为了集体利益"。这篇文章是为了回应周二的"科学时代"专栏上一篇提问有性生殖如何促使个体成功进化的文章。

进化总体而言有利于各个种族

编辑先生 / 女士：

　　……为何有性繁殖经历了进化，这个问题不应该从个人角度来问，而是应该从物种本身的角度来问。虽然在有性繁殖的过程中，有损个体的变化会持续出现，但持续出现的新遗传物质丰富了基因池，这才是进化对物种的好处……您错过了重点。进化的关键不在于有利于雌性个体或雄性个体，而是在于大大利好整个物种。

带着抱歉的心情，我想对这位作者说，错过重点的恰恰是他。达尔文关于自然选择的中心理论重视的不是物种，恰恰是个人的优势（你也可以认为是"好买卖"）。事实上，这种与直觉相悖的观点——自然选择的目标与单元是个体，而非种族这样"更崇高"的群体——也是达尔文的激进主义的中心思想，并且能够解决我们理解达尔文时面对的大部分困难。自然选择可能会利好整个种族，但这种"更崇高"的优势只能是作为自然选择的因果机制的后果或者副产品：个体差异的生殖成功。

直接地为了种族利益这样温暖又模糊的概念是舆论引导的经典策略之一。这一策略已经将人们对自然选择的恰当理解推迟了一个多世纪。如果进化是明确地为种族而产生，那达尔文的激进主义对我们的冲击的确会得到一些缓和。在这样的舆论引导中，要从相信上帝对种族的仁慈转变为相信进化对种族的直接作用，即背弃创世论转而相信进化论的转变可以是温和的，因为二者同样聚焦于将"更崇高的利益"作为存在的理由。

但达尔文真实的自然选择理论只会毫不留情地踢开这一共同点。自然选择理论，是终极个人主义的理论。达尔文的机制很好地解释了个人偶然间拥有某些特质，得以更成功地改造当地环境、生育更能适者生存的后代之后，也就拥有了不一样的繁殖成果。看似矛盾又颇费周折，但这的确会利好整个族群，就如同亚当·斯密的经济自由主义那样，放任个体去独自争取个人利益，反而会产生一个有序的经济体。这种似同并不奇怪，因为达尔文自然选择论的一部分就是创造性地借鉴了亚当·斯密的理念。

亚当·斯密认为，如果我们放手让个人去为自己争取利益，最有效率的一批企业就会将没有竞争力的对手淘汰，并且彼此形成一种平衡，让经济变得有序。但这样的有序经济只能是通过亚当·斯密那只难忘的"看不见的手"的调节而产生的结果。个体的挣扎和努力中，包含了所有直接的因果关系。同样，在达尔文的世界中，自然选择只会通过繁殖成就来造福个人（对应亚当·斯密理论中的通过利润来造福企业），结构精妙的机体和平衡的生态体系作为副产品出现。

对于达尔文中心思想的美与激进，我们可以发表任何看法，但如何才能证明达尔文理念的正确性呢？我们如何才能证实，自然是像达尔文主义所描绘的那样，而非受另一套进化力量的左右呢？

我们身边就有一套使人信服的证据。这系列证据简洁有力，但在大众读物中很少出现，因此也在很大程度上不为大众所知。首先要讲到一个悖论，即达尔文主义与自然相符的证据并不存在于那些经典的生物机体达到理想生物力学性能的范例之中，如鸟类的羽翼完美符合空气动力学、鱼类体形的流线符合水动力学。达尔文的自然选择是作用于个体的繁殖成功，能够形成完美的设计，但是作用物种的其他进化力也可以产生相同的结果：鸟类精妙的羽翼既有利于整个种族，也有利于鸟类个体。要体现自然与达尔文主义的相符，我们需要引述一系列只利好个体而非种族的现象去证明。

这样的现象大量存在：如帮助生物个体打败其他同类，赢得交配对象和机会的身体器官。这样的身体器官对于整个种族是不利的，它们只利于个体与同类相争，并不利于一个种族与其他种族相争。不仅如此，这些器官通常更为精妙，且巧妙得出奇。与那些不实用的表面装饰不同，这类器官才最能体现进化所倾注的巨大能量。这样看来，进化的大部分能量必定是用于改造这类器官，让其更有助于个体争取利益。

孔雀尾巴也是一个经典案例。雄性孔雀的尾巴闪耀迷人、华而不实，还非常笨重，从生物机制的角度来说没有任何好处（甚至可以说是一个缺陷）。但公孔雀利用它们花哨的尾巴去与同类竞争，吸引雌性孔雀的注意力，以进行达尔文理论中的关键行为，即传播更多自己的基因。这些花哨的尾巴帮助雄性个体彼此之间展开竞争，但对整个物种并不利。事实上，华而不实的尾巴还可能限制该种族扩大生存的地理范围——因此，只有在进化是服从于个体利益时，才能产生精美的尾巴。

这个案例虽然经典但不够直接，因为雄性孔雀的尾巴是通过吸引雌性或者吓走其他雄性来间接达到目的，其本身并不能为孔雀个体带来繁殖上的成功。此外还有一系列更为直接的适应行为，在繁殖过程中给予个体更为明确的帮助，比如，雄性会抱紧雌性长达数周甚至数月，以此确保自己的基因得以传播至下一代。（这一现象的学名叫作抱合，发生在蛙类之中，对种族这一整体全然无益，但无疑能够确保抱合的雄性蛙类成功传播自己的基因。）

大千世界无奇不有，昆虫中就有成千上万像抱合这样惊人的例子（欲知详情，可参见进化生物学家威廉·G. 埃伯哈德的著作《性选择与动物生殖器官》）。比如，许多雄性昆虫在与雌性交配之前，会深入雌性阴户，将体内的雌性此前的交配行为残留的精液吸出，再留下自己的精液。还有一些昆虫，在交配之后，会排出一个类似于塞子的物体（自然界的贞操带），这一物体坚如岩石，能够堵住雌性的阴户，防止雌性与其他雄性再进行交配。这些"精子竞争"（这是一个学术术语）的现象得以存在的原因只有一个，那就是自然选择是以个体利益而非种族利益为目的的。

2. 明智的方向性。《纽约时报》（1995 年 1 月 8 日）上刊登的另一封信件同样是对"科学时代"专栏一篇报道的评论，微妙地体现了进化舆论引导中的关于进化路径（而非过程）的另一大主题。来信者反驳的是文中的一句话，这句话认为恐龙灭绝于由一颗天体引发的灾难：

恐龙与命运

编辑先生 / 女士：

在 1 月 3 日"科学时代"专栏的一篇文章里，您表述了这样一种理论，认为恐龙灭绝是由于一颗小行星撞击了富含硫黄的地面，产生的硫黄酸烟雾使得地球好几十年不见天日，撞击地点是现今墨西哥的尤卡坦半岛。您谈到，如果当时的岩石并不富含硫黄，"恐龙很可能会得以存活，并由此改变进化路径"。

事实上，改变进化路径的正是恐龙的灭绝。如果恐龙得以存活，进化就会遵照至少 1.5 亿年前的路径走下去。

笔者不想捍卫《纽约时报》那模糊的说法——"进化路径"。而来信者的努力论证，似乎也是建立在一种错误的印象之上，即生命史按照特定路径发展，灾难这一插曲只能看作打破了原本有意义的延续。笔者看不出 1 月 3 日《纽约时报》上的这篇文章有任何问题。如果当时那颗小行星没有撞击地球，恐龙可能就会存活下来，生命的进化路径也会与这 6500 万年来的历史截然不同。（我得补充一句，这样可能产生的进化结果之一就是哺乳动物将一直作为在恐龙世界夹缝中生存的小型生物而存在，具有自我意识的大型哺乳动物这样奇特的一支生物便不会产生，《纽约时报》也就不可能出现了）。

来信者的错误在于他／她认定，进化如果不遭到打断，就会按照一条明智的特定路径不断向未来进化。但这样的路径是不存在的。进化的过程不是有着可预见方向的特定路径，它只是一系列无规律的或有事项之和。在寒武纪结束前的 1.5 亿年里，进化路径应当是什么呢？要知道，这 1.5 亿年里还包含了一次大灭绝，规模可与三叠纪末尾的恐龙灭绝相媲美（可能也同恐龙灭绝一样是由灾难引发的）。更重要的是，进化的不可预测性是碎片化的，存在于进化的各个阶段。通过追溯这 1.5 亿年间的事件，我们或许能够以进化论的角度来解释其灭绝的原因。但在进化的开端，我们是无法预测其命运的，就像在 1775 年 4 月 19 日站在康科德桥上时，我们无法预测 170 年后艾森豪威尔将军将带领士兵在这座桥上打败德国纳粹一样。进化，并不会因为不被外力打破，就沿着一条路径以相同方式保持前进。

3. 持续变迁。上两个例子都引用了对《纽约时报》"科学时代"专栏错误批判的来信，现在笔者需要寻求一下新闻平衡，引用"科学时代"专栏 1995 年 3 月 14 日刊登的一篇文章上因进化论舆论引导而产生的错误。

就本人最近收到的十几个基于这一篇文章的采访和评论邀请来看，这篇文章显然让多数读者觉得出乎意料，奇特又吸引人。我拒绝了所有采访请求，原因我已解释过，这篇文章观点是正确的，并且表述了关于进化的一些重要事物——但问题在于描述的结果完全在意料之中且合乎传统，除非处于一种进化舆论引导的视角之下，否则完全不会让人为之惊讶。

这篇文章名为《人类进化或终已至强弩之末》，作者是威廉·K. 斯蒂芬。文章的开头是这样写的："科学家们说，自然进化塑造人类种族的力量正在消退，这让人们不禁自问从此将去向何方。现代人类是否已经停止进化，进入漫长的成熟阶段，不再改变呢？"（呵，"科学家们说"，我多么喜爱这种为作者省去记名之麻烦的万能用法啊！）接下来，这篇文章精确地阐述了从解剖学角度来看，人类这 10 万年来都没有明显改变。3 万年前欧洲那些绘制了伟大洞穴的克鲁马努人，从解剖学的角度来看其实也跟我们没有分别。

有趣的谬误常常是微妙的，建立于未曾声明甚至不自知的隐性假定之上。作为一名职业的进化论者，人类体征在 10 万年来都保持稳定这一点，完全不会让我觉得惊讶。10 万年，对于进化进程来说，虽然并不短暂似一眨眼，却也仍然只是地质时间中的一个小小单元。在地质纪元中，大部分物种多数时间都是保持稳定的。进化成功，适应能力强，流动性高，分布广的大型物种，更是倾向于保持稳定——因为最频繁发生进化事件的往往是与世隔绝的小型种群内部的分支成种。现代智人符合较为稳定种族的所有特性，所以他们 10 万年来保持稳定又有什么好奇怪的呢？斯蒂芬的文章又为何要对此表现出强烈的震惊呢？

我所能得出的结论只是，在进化舆论引导的视角下，物种的进化是一连串不间断的进步与适应。我们也特别容易陷入对自己种族的这种期盼中。毕竟，我们祖先的脑容量非常小，我们能获得如今这样高的进化成就，正是得益于不断扩大脑容量。那么这种进化难道不应该作为固有的一部分，在我们进化最为成功的现阶段也得以继续吗？因此，如果人类种族真的已经稳定下来，难道就不意味着有些什么不对了吗？难道不意味着我们在文化探索中发现的东西就可以不加在人类生物学基础之上吗？不，不，绝对不是这样的。我们物种的稳定，是符合传统的——至少，从完全革命性的达尔文进化论视角来看，就是如此。

纠正这三个错误后，我们才有可能理解进化是由生命个体为了获得繁殖成功所付出的努力去推动的一个过程，从任何角度来看，它都既不以种族利益为目的，也不服务于自然界中某种更高级的实体。然后，我们才能理解，生命史就像是在许许多多随机的道路上进行一段又一段不可预测的并且极易被打断的远征，而物种成功进化，就像是身居短暂稳定的孤岛，并不需要再挣扎着做出持续改进。

　　就像《纽约时报》纪念诺曼底登陆 50 周年那天出现了第一个错误，最后一个错误出现在 1995 年 3 月 14 日，即《纽约时报》第 50000 期的发刊日。杂志编辑纪念这一特别数字的方式，是始终拒绝刊登滑稽漫画的新闻媒体所特有的那种克制式风度。《纽约时报》公司的出版人阿瑟·奥克斯·苏兹贝格给所有员工写道："庆祝这一特殊时刻最好的方法，就是保证我们的第 50001 期将是我们能够达到的最高水平。"为你鼓掌，苏兹贝格先生——正是这种态度，阻止了革命以弗洛伊德的方式完成，就像进化论中完全没有舆论引导的成分一样彻底。"每一天，以每一种方式，我都在变得越来越好。"这样过度煽情的座右铭并没有起到什么作用。"坚持，尽你最大能力，尽可能长久。"这种坚强，这种敢于孤军对阵拥有无限资源的对手的真正英雄主义才是人类的药。能让我们膨胀的自我缩回去的，只有醍醐灌顶般的启迪，绝非妄自菲薄。因为我们只有在打破偶像基座之后，才能得到一束自由之光，可能实现属于我们的进化独特性：人类心智。我不知道真相是否能让我们自由，但我的确相信，不论失去幻想会带来怎样的痛苦，我们人类独特的精神和灵魂只有以真实为食，才能得以繁荣。

26
巨型真菌

当一种动物脱离其实体，借由成为一个动词来实现不朽时，人类通常会以其表达自己的行为：我们兜售（hawk，老鹰）商品、欺诈（gull，海鸥）或者迷惑（buffalo，水牛）天真无知的竞争者、烦扰（hound，猎犬）我们的对手、在逆境中缄默而行（clam，蛤蜊），甚至还建起（man，男人）防堤、与同伴开玩笑（kid，小孩）。但植物和那些并不移动的生物，就不会用来表意如此多样的明显的行为，植物名词表动词时，也是以一种隐喻的方式去表达成长或者出现等概念。举两个最为突出的例子，两个具有可比性但代表着极不同意义的现象——我们总用第一个来表达快乐，用第二个来表达恐惧。我们用花朵来代表艺术与繁荣，用蘑菇来代表赋税或者城市暴力。这样的区别反映了我们文化与传说中的一个明显的根源。我们热爱"较高"植物炫目的花，它们或许在阳光下光芒四射，或许在幽深的森林中闪耀着宝石般的光泽；我们厌恶"低矮的"菌类那软绵绵的肉感，它们在阴暗潮湿的环境里生存，在面目全非仿若癌变的腐木上生长。（即便是色彩鲜艳的菌类也往往只给我们邪恶的意象，而非可爱的感觉。）我现在还清楚记得一句学生时代常听到的讽刺用语，通常是用来残忍地攻击班上那些不受欢迎的同学："我们这儿有朵蘑菇呢，快趁他还没生小蘑菇弄死他！"

想想这种不受控制且让人生厌的真菌生长的样子，再想想我们对所谓高等生物的总体迷恋——我们便能轻易理解一篇名为《尚存的最大型最古老生物之一：鳞茎蜜环菌》的新闻评论所体现出来的慌张。这篇文章由 M. L. 史密斯、J. N. 布鲁恩和 J. P. 安德森合作写成，刊登在 1992 年 4 月 2 日的《自然》杂志上。同样是在这一天，《纽约时报》也以一个更为活泼的标题报道了这一发现："三十英亩真菌　世界最大生物"。

我们将多细胞生物分为三种：动物、植物、真菌。这种新发现的蜜环菌何以能在体形上与另外两种生物中的王者相匹敌呢？蓝鲸，目前为止地球上所有生存过和生存着的生物中最大的一种（险胜恐龙时代的极龙属和超龙属恐龙）。目前观察到的比蓝鲸还要大的红杉树，有的可以超过1000吨（尽管其中大部分枝丫已处于无生命状态），更不用说其高度可以达到几百英尺，寿命可达几千岁。

鳞茎蜜环菌生活在欧洲和美洲东北部的混合阔叶林的树根周围。鳞茎蜜环菌的繁殖从一个受精孢子开始，受精孢子再通过植物营养细胞的增殖生长扩散开来。它扩散的基本单位是一条菌丝，即一种线状长丝，是构成大部分真菌生长的结构单元。蜜环菌的菌丝会纠缠成绳索状的菌丝束。这些菌丝束在地下（树根之间或树根周围）生长、延展，就像在编制巨大的毯子，人类因此很少能亲眼得见，只是偶尔能看到蜜环菌从地底下零零星星冒出的小蘑菇。

我们错把一整棵大型蘑菇当作很多棵相互独立的小蘑菇。若我们来到这朵巨型蜜环菌的土地上，我们大概会对它在地下的绵延一无所知，只能看到冒出头的一些零零散散的小蘑菇。但是史密斯和他的同事们在密歇根上半岛的水晶瀑布附近的一座森林中发现，一块大约30英亩（约1214公亩）的土地下绵延着一片相互连接的菌丝束，这些菌丝束都来自同一蜜环菌。通过对菌丝束观测到的最准确的生长速度来推算，这一株蜜环菌的年龄至少有1500岁——而且这很有可能是大大低估了，因为这一计算是假定其生长连续不间断，而且相邻的一些其他菌菇测算出的年龄都比这更长。忽略不计这株蜜环菌难以测量的那些部分，作者仍估算这株蜜环菌重约10吨。一些部分难以测量是因为其生长在树根之间，或者土地15厘米深以下。更重要的是，它还有很多纤细的菌丝从菌丝束上蔓延出去，扎在泥土或者木头中，无法测量。史密斯和他的同事们估算，这一整株蜜环菌的总重量是他们测算部分的十倍甚至更多，即约为100吨。

因此，这株霸王蜜环菌可能和一条蓝鲸一样重（虽然绝对达不到一株大型红杉的重量），并且年龄可能和其生长区域最古老的树木一样大。它在生物界称霸靠的是横展面积——或者说，蕈状扩展。从30英亩的面积来看，不管多么单薄，其总量都不可小觑。即使是二流电影《变形怪体》（*The Blob*）中那巨大的果冻怪物，见了它也得绕着走。

心急吃不了热豆腐，对新科学发现的第一批慌慌张张的评论往往只能抓住些肤浅的特点，反而忽略掉那些真正有趣的概念。我知道一位叫罗伯特·瓦德罗的先生，身高达 2.72 米；一位叫罗伯特·厄尔·休斯的先生，体重逾一千磅（约 453 公斤）；还有日本的一位和泉先生，活了 120 多岁。密歇根州的这株蜜环菌，虽然就重量或者年龄来说不能称霸，但却作为面积最大的生物在我的心里有了一席之地。但是真正让我对这一生物界传奇着迷的点却不是面积这么简单——而是这一犹如一块地下真菌垫子的生物给了我们惊人的一击，逼我们去冥思苦想到底什么才是"个体"的真正定义，这既是一个生物学问题，也是一个哲学问题。

首先，史密斯、布鲁恩和安德森这三位学者这一研究的新颖性并不在于发现了体积如此之大的生物，而是在于设定了鉴定无性繁殖的生物是否为个体的标准。其实很早之前就发现过在地表之下纠缠绵延的大型菌类，缺席的是鉴定这些纠缠的真菌是否源于同一孢子的方法。我们的空间中弥漫着真菌孢子（这就是面包发霉的原因）。一朵蘑菇可以在连续几天内每几个小时就产生数百万顽强的孢子。孢子的数量如此庞大，代表着如此多不同种类的真菌布满森林，如何才能确认这样一望无际的一组菌丝束都来自同一颗孢子？为什么不说这一整片菌丝其实是一个聚集体，或者是几个孢子的产物缠结在一起（即来自不一样的母体）——换句话说，为什么这就得是一个个体而不是一个群体呢？

孢子当然是无处不在的，但是一阵连绵的降雨并不意味着这些孢子都会一起生长并扩展成一个大型聚集体——因为生物体有其免疫机制，能够将自己与其他个体区分开，拒绝与其他个体合并（通常，相邻的珊瑚群也不会混合在一起）。达尔文的理论也将同一种群中不同基因的个体之间的竞争看作生命发展的主要驱动力。因此，这种延绵无际的菌丝束到底是源自一个还是多个孢子，已经是一个讨论多时的有趣的开放性话题。

现如今基因测试可以解决这个问题。史密斯和同事们最初提取了这株蜜环菌的不同部分，对其中决定交殖（即植物杂交）中兼容性的基因，以及线粒体 DNA 的数个片段进行了测试。测试到的交配型基因和线粒体片段都非常不一样，但所有样本的基因阵列都相同。这意味着这些样本之间存在着紧密的基因联系，但并不等于它们的基因完全相同，很可能只是兄弟姐妹，或者说源自同一母体而已。将这所有样本指向同一孢子的是另一项基因测试。反反复复的极度近交会导致后代基因多样性显著减少——这大概也是我们许多反对乱伦结婚的法律与习俗忌讳背后的"根本原因"。个体体内也存在不一样的基因（即"杂合子"，因为遗传自母系的基因与父系的会有所不同）。在经历持续性近亲交合和好几代的遗传后，杂合子也会变得高度统一。史密斯和同事们在这片菌丝中追踪了几个杂合子的 DNA 序列，发现其多样性并未减少——这意味着这一整片菌丝来自一个孢子，而非数个近亲孢子的产物的集合体。

密歇根州那一整片菌丝束竟然来自同一颗孢子，这个现象向我们展现出一个与个体身份有关的有趣又惊奇的问题，也是将达尔文理论应用于自然时的核心问题。密歇根州的这一整片菌丝束或许源自同一颗孢子，但若以我们通俗的定义来看，它真的算是一个个体吗？在 4 月 2 日《自然》杂志上史密斯、布鲁恩和安德森三人最初的文章下面，还刊登着克莱夫·布拉斯尔（Clive Brasier）的一篇评论，他对这一问题做出了解答：

> "史密斯先生等人认为这一片菌丝算得上是当今最大型的生物，能够与蓝鲸或者大型红杉树相媲美，这一看法值得我们仔细考量。蓝鲸和红杉有明显的生长界限，但真菌菌丝体并非如此。"

换句话说，布拉斯尔先生的意思是，一只蓝鲸就是一只蓝鲸，有鳍有尾，而真菌菌丝体却只是混沌地延展而已。并且，我们也不能确保真菌菌丝体始终保持着连续性，它很有可能会有某些部分从主体脱落，并分离开来独立生长。相反，若是蓝鲸的鳍脱落了，那就只是一块死肉了，绝不可能长成一只小蓝鲸。

> "因此，尽管我们能够认同这种真菌菌丝体作为分散型基因体系的王者地位，但其作为生物是否还能称霸，就得看每个人对评判规则的解读了。"

那么，我们应该接受的对个体的定义到底是怎样的？为何这一问题又在生物学中举足轻重，而非仅仅是一个文字游戏呢？生长自单一基因源，且保持物理连续性的生物即可称为一个个体，这一定义算得上是不逊的初次尝试。但是就像草叶和竹茎一样，密歇根州这片真菌菌丝体还引发我们思考了另一首要问题（虽然其实这也只能反映出我们的狭隘，我们以自身的形体特征为准，提取出并不公平的标准去评判所有生物）。

那些个体性质不容置疑的生物通常有着明确的体形——一头蓝鲸、一棵树、一只蟑螂、一个人。通过类比，我们也希望是一株小草、一根竹子或者一朵蘑菇。但是考虑一下我们提到的邻近与独特基因源的标准。一根竹子看起来很像是普通情境中我们所谓的一整棵植物，但事实上，很可能一片竹林中的每一根竹子都源于同一个地下体系，一颗种子的营养生长产生了并且连接着这所有的竹子。那么，这肉眼可见的一根竹子，难道不像巨型蜜环菌冒出地表的小蘑菇一样，仅仅是埋藏在地下的巨大个体的一小部分而已吗？（一根竹子其实就像一片巨大的草叶，我们的草地也是同理。）

个体的某一部分看似独立存在的个体，相对动物学家，植物学家会更频繁地遇到这一问题（虽然珊瑚礁动物中也存在这种情况）。个体某些部分看似通俗语境中的个体生物，其实却作为基因意义上更大型个体的部分而存在，为了这种较为模糊的情况，植物学家们特地创造了一些术语。通过形体定义的个体（如一株草、一根竹子、一朵蘑菇），植物学家称之为无性系分株（ramet），相互连接的整个体系（如藏在地表之下的竹子根系，偶尔冒芽的一整片菌丝束），植物学家称之为基株。也就是说，通俗语境中的个体就叫无性系分株，基因定义下的个体就叫基株。但是，这两个术语的出现并未解决如何定义个体这一概念性问题，仅仅是通过新名词承认了这种模糊性的存在罢了。

当我们提倡以基因标准来判别个体时，就会意识到，这时甚至是此前一直强调的物理连续性也不复存在了。无性系分株与基株两个概念之间的区别也就拉得更远。1977年，动物学家丹·简森就这一主题写了一篇具有挑衅意味的文章，文章的副题是"什么是蚜虫？"许多种类的蚜虫一年只进行一次有性繁殖。这一次有性繁殖产生的雌性后代能够通过孤雌生殖，即在不交配的情况下繁殖好几代。孤雌繁殖产生的后代都是完全相同的（当然也都是雌性），姐妹们与母亲之间共享同一组基因（也会有极少见的基因突变情况）。换句话说，通过无性繁殖可以克隆许多基因与自己完全相同的后代——所以很有可能数百万只蚜虫都来自同一母体。（虽然最终母体也会生育一些雄性后代，并且再次开始有性繁殖——但这是另外一回事了。）

那么，我们是否可以称这几百万只蚜虫都属于同一个孤雌繁殖基因体系呢？在任何通俗语境中，这都只是几百万只个体而已。这些蚜虫看起来就像其他许多无疑是个体的昆虫——蟑螂、瓢虫、蟋蟀等一样。蚜虫有六条腿，就像许多普通的昆虫一样。但是它们却只是作为一个基因体系的部分而存在，它们的产生就像从一个孢子（一个蚜虫母体）开始生长一样。这些分散的蚜虫就像地面上的一根根竹子，或者蜜环菌冒出来的一朵朵小蘑菇，不同的只是蚜虫们不具备一个地表以下的部分将其全部连接在一起。换言之，这几百万只蚜虫就是互不相连的无性系分株，属于同一个基株。简森问道，为何我们不能将每一只蚜虫都看作个体的一部分，将这一整个族系看作一个 EI，即"进化个体"呢？简森做了让人惊异的再定义，他指出（简森的这段文字我们可能需要读上两遍，才能进入他这不合常规的思维框架）：

> "每一进化个体都通过无性生殖快速发展，偶尔，这一个体的一些部分会被寄生者（在常见的语境中这一角色名为捕食者）夺食。很少出现整个进化个体都丧生于寄生者之口的情况，因为进化个体的生长模式部分是为了让自己尽可能'稀薄'地覆盖在其居住地的植物表面上，只有这样，捕食者将其一网打尽的可能性也便会下降到极低。"

在这一大串文字让读者迷惑到发疯之前，请允许我提到另一个方法，它或许能解决各位心中的疑惑。放在解释性理论的上下文中，术语往往能够得到最好的定义。"重力"这一词曾经可能有许多通俗定义，但其专门定义随着牛顿和爱因斯坦成功地得出重力的公式而改变，"重力"一词最终成为一个特定的科学概念。同样，在堪称自然理论之典范的达尔文理论中，"个体"一词也扮演着中心角色，拥有其专门意义。我们难道不应该将这一词的专门定义认定为其首要生物学定义吗（通俗语境中，我们可以自由发挥，但在科学中，难道不应该杜绝自由发挥，控制每个词的正常用法吗）？

达尔文理论的中心假定条件认为自然选择发生在奋力（这里的奋力当然是隐喻的且不自知的）取得繁殖成果的个体之间。拥有更多存活后代的个体成为达尔文理论中的佼佼者，也间接地改变生物群体的组成。很好，但我们如何定义这里的"个体"呢？达尔文给了我们清晰的回答：个体即生物有机体——也就是，传统的生物躯体（偶尔碰到巨型真菌或者蚜虫时会有些细微的差别）。自然选择作用于生物个体——狮子会争夺数量有限的斑马；树木也会争夺阳光。

对通俗语境中所谓生物体的强调，在达尔文对自然根本的构画中有着中心地位（详情见文章 25），因为达尔文在有意识地推翻人类相信自然本善的传统式自我安慰，有意识地推翻自然造物者在直接设计优良生物构造与和谐生态体系的假想。想想吧，这些"有益的"成果其实不过是生物体为自我利益奋力竞争的结果。在神的监督下，生物体不过是自私地为了传播自己的基因、取得繁殖成果而竞争。意识到这一过程是多么有趣啊。

如今，我们仍然认可达尔文这一抽象的自然公式——个体奋力为自己争取繁殖成果，但是一系列的三思扩充了达尔文的"个体"概念。对达尔文而言，只有生物体才算个体，或者说才算"自然选择的单位"。但是一个实体要拥有哪些特质才能在达尔文的世界里称得上是一个个体呢——自然界中是否只有生物有机体才够资格呢？我们能够明确的有五条标准。个体的躯体必须有明确的起始点与终止点（或者明确的出生与死亡），并且在这两点之间具有足够的稳定性，可以认知为一个实体。这三个特质已经足够我们定义最为抽象化的"个体"了。但要在达尔文的世界里做一个个体，还须满足两点才可：繁殖；以后代传承自身基因为原则而繁殖，当然传承的过程中基因肯定有变化的可能。

达尔文认为，普通的生物体（包括巨型蜜环菌和克隆蚜虫在内）具备这五个特质：它们有明确的出生和死亡时间；它们存活时具有足够的稳定性；它们拥有后代；它们与父母相像，有时候同中存异。因此，它们都算是自然选择的最小单位。

但是那些比生物有机体更为简单或更繁复的实体又该如何定义呢？比如，比生物有机体更简单的基因，以及比它更复杂的种族。我们通常把基因看作组成部分，把种族看作集体，但或许这一传统定义也仅仅是我们基于自身生命形态而产生的又一偏见，或许基因和种族，也一样可以在达尔文的理论里扮演个体的角色。毕竟，种族也有诞生时间，它在一个群体开始独立生活时诞生，并且还会发展出旁支。种族当然也在灭绝之时死亡。在其基因延续期间，种族也往往非常稳定。基因也同样能满足这五个特点：出生、死亡、稳定、繁殖、同中存异的遗传。

因此，个体这个概念可以超越蜜环菌或者蚜虫，涵盖不同层级的生物组织——其中多样性如此之广，在我们偏狭地以为只有生物有机体才能作为自然选择的单位时，其中一些生物组织往往只被我们看作组成部分或者集体。其实基因和种族同样可以作为达尔文理论中的个体而运行，自然选择在这些更大或者更小的层面上也同样地发生。事实上，自然选择可以同时在系统层次结构的好几层上运行——比如生物有机体以下的基因层面、细胞层面，生物有机体以上的群体层面、种族层面。在所有这些层面上，达尔文主义的个体理论都一样地适用——这样系统层次式的定义，也让我们能更宏观地理解"个体"一词在生物学上的意义。

当自然选择同时在好几个层面上起作用时，其效果并不是同步的。暂时性稳定通过平衡和反馈而实现，并不是通过什么适应性完美。比如，艳丽的尾羽对单只的孔雀个体来说是个好消息，但对整个孔雀种族来说却是有害的。棒球运动员荷西·坎塞柯那低廉的薪水对他个人以及他的家族来说无益，但对美国职业棒球联盟这一个体的长期存在来说却可能是有益的。

所谓自然，从来不是具有明确定义的个体交织出的和谐景象。自然存在于多个层面，不同层面在边界处有交互，边界是模糊的。即使是局限在生物有机体层面，我们也无法对"个体"做出清晰定义——蜜环菌就和一群同一基因的蚜虫产生了冲突。并且，在达尔文的理论中，基因系统层次的各个层面，都有个体性质的存在——不管是基因、种族，还是生物有机体，这些不同层面的个体形成的旋涡遵照达尔文的进化论创造出交互之网，从而谱写出生命史，这才是真正的迷人之处。自然是否都要为此开始哼唱诗人惠特曼的《自我之歌》呢？

　　　"我是否自相矛盾？

　　　那就让我自相矛盾好了。

　　　（我辽阔广大，我包罗万象。）"

27
库拉索岛蜗牛和克里奥尔语

赞美诗中问道："人算什么，你竟顾念他？"虽然一直徒劳无功，但自从有足够的认知能力问出这一问题起，我们就在追寻人性的本质。列举几个经典的回答，每个都强调了人性的某一部分。哲学家塞内卡（Seneca）说"人是理性的动物"，肯定了我们的精神生活。亚里士多德说"人是政治动物"，关注点落在我们的社会本能上。教父特土良（Tertullian）写道："我们的名字属于所有国度……我们的灵魂穿行过许多口舌。"他强调的是我们的大同小异。当然不能忘了柏拉图将我们的形貌与其他脊椎动物对比后所说的一句话："人是没有羽毛的两足动物。"（传闻称，犬儒学派的哲学家戴奥真尼斯听闻此言后带了一只拔光毛的公鸡到柏拉图的学园，宣称"这就是柏拉图所指的人"。于是这一定义又有了一句补充："长着宽扁的指甲。"）但我更欣赏布莱瑟·帕斯卡后来提出的著名定义，他强调了我们极端的弱点："人是脆弱的会思考的芦苇。"

单单一句话永远无法理想描述人性，但我最喜欢的这句至少做到了在一句话中结合了前几句的元素——社会需求，认知能力，在动物中的独特性，大同小异。人类是故事讲述者，是传说编织者。

我们将世界上错综复杂的现象汇聚起来，梳理其中的困惑、愚蠢或是残忍，通过构建故事为这一切赋予意义。这种讲故事的习惯给了我们决心，却也带来了曲解与误读，带领我们走向一条可能会招致危险的道路。人类最喜欢的故事总爱沿着具体且有限的方向发展（我们称这些故事为史诗、神话、寓言等，虽然文明与文明之间的差异极大，但此类故事却往往大同小异）。我们总是希望能够通过这些熟悉又具教化意义的故事窥见自然的本质。

所有的发现都建立在思维与自然的碰撞之上，善于思考的科学家在研究的过程中，必然会摒弃那些因文明、政治、地理历史的不同而产生的偏见，哪怕这些偏见是思维机器在进化过程中暂时强加于我们的。

人类早已习惯了社会与政治中显而易见的偏见。我们总能轻易理解，种族主义如何影响我们对人类多样性的看法，创世论当初如何阻碍人类对生命历史的理解。但因为长时间处于充满偏见的环境当中，我们对偏见的辨识能力已经开始下降，那些从泛性中滋生的偏见总是因不同文化与阶级对其不高的敏感度，轻易便能隐藏起来，让人无法察觉。谈及这一类很难察觉的偏见时，那些主题单一、千篇一律的故事往往由复杂的现实转化而成，其中一般都会带有一定的偏见，我将这样的现象称为"文学偏见"。契诃夫曾经说过："如果一个人不想开枪，那他就不会将装好子弹的来福枪摆到桌面上。"好的戏剧需要张弛有度的表演，还要能够将潜在的结果与外在的效果巧妙地联系在一起。生活总是繁杂的，绝大多数时间里并不会发生什么事情。上百万的美国人都拥有来福枪，但感谢上帝，绝大多数的人这辈子也不会用到他们的枪。

有一种特定的故事总是有扭曲事实的能力，往往会将社会政治偏见的标准形态与文学偏见巧妙地结合在一起。人类对于历史结果的传统解释在 17 世纪末起便逐渐被西方的社会政治主题所占领。这些主题包括：进步的观念，即对事物的推论总是从小到大、从简单到复杂、从原始到先进，这代表着永久增长与扩张的观念。越喜欢讲故事，越容易形成历史故事的标准格式，编造出来的故事往往具有目的性、方向性，还会添加适当的改变。按照这样的模式编写的故事往往充满着失败与缺陷，无论是与从单细胞生物到人的史前生命盛会有关的故事，还是与从马克思历史阶段理论到共产主义理念有关的故事，我们必须开始思考，为何自然总是屈服于冒险呢？

无论如何，与具有意义的进步有关的标准故事并不仅仅是抽象的，这一类故事往往具有启发性，激励着科学家继续在某一条确定的道路上前行。此类故事往往会告诉我们，能够通过找寻更加简单的状态、更加早期的阶段、更加原始的版本来理解复杂的系统，只是目前尚未找到而已。达尔文通过研究百年来鸽子的饲养方法，构建出生命进化历史的模型。在达尔文之前的人类学家，用他们略微带有种族歧视的语言，走遍世界，寻找贸易和社会关系依旧处于"原始"阶段的民族，或许通过观察这些民族，我们能变相观察到西方尚未开化时的状态。

这些差异巨大、复杂的非西方文化本身便足够迷人。哪怕事情再小，出现的时间再短，它都有被研究的权利。在阐述某个日渐复杂的体系时，我们将这些规模小或出现时间短的事物视为初级阶段，这样的方法往往是行不通的，因为很大一部分的因果关系会出现断裂的情况。很多时候，短和小只是与长而大不同而已，这两者之间并没有必然的因果关系。

为了向读者解释，为何将简单原始的事物视作某种复杂体系的初级阶段是错误的，我想先讲一个故事，这个故事与我早期职业生涯中犯下的错误有关。1969 年，我首次踏足库拉索岛（位于荷属安的列斯群岛，离委内瑞拉的海岸不远），为研究岛上的一种名叫克里昂·乌瓦（Cerion uva）的蜗牛（之后我会解释，克里昂蜗牛的分布广泛，但为何我要选择库拉索岛这样边缘的地方来进行研究）。1994 年，距离第一次造访库拉索岛 25 年后，我再次来到了这里（之后我也会解释第二次造访的目的——这样才能在现在使用伏笔、神秘感渲染之类的文学手法）。

库拉索岛上充满了混合与对比。库拉索岛隶属荷兰，却远在南美，岛上属于加勒比热带地区的沙漠中长满了仙人掌。库拉索岛以一种特别的文化将各种迥异的元素结合在一起，比如石油与太阳。库拉索的命运是由其地质与地形决定的。岛的边缘地带主要由非常结实的硬质石灰岩构成（但最初是珊瑚礁，因为库拉索岛是受地质构造作用推升至海洋表面的）；内围地带覆盖着柔软易碎的火山岩。因此，库拉索岛上有许多大型战略性海港——因其硬质石灰岩上细小的裂缝通往岛内的火山湖，而且只要盖起堡垒就可以守护（更早时期甚至是通过在相近的海岸之间连上锁链来实现这种防护）。当与库拉索邻近的委内瑞拉国内发现原油之后，库拉索岛（有着宏大港口且政治稳定的荷兰岛屿）就成了提炼与运载委内瑞拉原油的安全之所。但想想这种奇特的混合吧，想想这座岛屿其他的经济产业和旅游业。走在库拉索岛上皮里卡迪拉湾旁前卫崭新的酒店边，迎着偏东信风吹来的特加特一带的原油精炼厂废气，游客们很轻易就能感受到这种对比。

库拉索的人民通晓各种语言，这一事实反映了这一加勒比海地区岛屿上混合的真相与邪恶。库拉索人民主要是荷兰官员、荷兰商人、西班牙和葡萄牙的种植园主以及犹太商人的后代。犹太人在库拉索岛上的踪迹可以追溯到17 世纪，当时，葡萄牙的宗教裁判蔓延至巴西，驱逐了相当有活力的一个群体——西班牙系犹太人。因此，西班牙系犹太人出逃，到自由主义荷兰人控制下的土地上避难——有的去了纽约（当时是荷兰人管辖的新阿姆斯特丹）成了美国土地上的第一批犹太人，但更多人去了邻近的库拉索岛。威廉斯塔德的犹太群体人家在一所建于 1732 年的精美的犹太教堂中祈祷，这所教堂是世界上最古老的连续使用的犹太教堂（库拉索岛上的犹太人还帮助建造了最古老的美国犹太教堂，即纽波特的托罗会堂，建于 18 世纪 60 年代）。因此，周五晚身在这所教堂时，想到新世界不断改变，那些和我有着一样血统的人250 年来都在同一个地方做着同样的祷告，我不由得感到荣幸与敬畏。

库拉索岛上最庞大的一支非洲人种，是在残忍的种植园奴隶体系中被当成动产非自愿地贩卖来到这里的。在如此庞大多元的人口组成中，一种本地语言诞生了，名为帕皮阿门托语，属于克里奥尔语，即混合多种不同语言词汇、掺杂其他语言文法的语言，只有库拉索岛上，以及相邻的阿鲁巴岛和博内尔岛上少数的几十万人使用。在该语言中，帕皮阿门托的意思是"说话"——因此这一语言的名字代表了其最常见的用途；作为象征，这个名字相当于土语中的"人民"。这种神奇语言的特点提供了错误的例子，从库拉索看到一些不一样的错误，同原始的、历史的先例相比要简单一些。

种植园主们拥有的奴隶往往拥有不同语言的背景，这部分是客观条件所致，更多的原因是种植园主们在策略性地杜绝奴隶们以种植园主不了解的语言建立起神秘的沟通体系，防止奴隶们相互团结，降低骚乱的产生概率。这些奴隶身边没有能够与自己用母语交流的人，能听到的只有自己的奴隶主和监工的语言。最终，奴隶们在欧洲语言的基础上建立了新的语言。新的语言受奴隶们非洲母语的影响，其语法特点更多地源自人类语法的普遍规律，较少体现其创造者的历史背景。这样的语言，就是克里奥尔语，这五百年来，世界各地都在诞生各种克里奥尔语。克里奥尔语专家德里克·比克顿（Derek Bickerton，他尤其专研于夏威夷地区的克里奥尔语，这是在夏威夷地区的制糖产业从中国、日本、韩国、葡萄牙和菲律宾各地进口工人之后迅速产生的）在他的著作《语言的根源》（我还将这篇著作的姊妹篇《语言与物种》作为这篇论文的文献来源）中写道：

　　　　"克里奥尔语是欧洲殖民扩张的直接产物。在 1500 年到 1900 年之间，殖民通常发生在小型、独裁、等级森严的社会中，殖民地通常栽种单一的作物（一般是产糖作物），由少数来自欧洲的统治者和多数劳动者（一般都不是欧洲人）组成，且在多数情况中，这些劳动者来自许多不同的语言群体……通常，我们假定母语不同的劳动者之间一开始会发展出某种形式的辅助性接触式语言，对其中任何人来说都不是母语（这种称为洋泾浜语）。洋泾浜语在经过适当的扩展后，最终会成为这个群体的母语，或称克里奥尔语。通常，克里奥尔语会与这个群体最早的洋泾浜语大不相同，从而可以称得上是一种'新的'语言。"

在《语言与物种》中，比克顿这样描述初代洋泾浜语与其后的克里奥尔语之间的区别："从正式架构来看，洋泾浜语与在其基础上发展出来的克里奥尔语之间有着深刻区别。洋泾浜语是没有结构的，但克里奥尔语同任何其他种类的自然人类语言一样，有着相同的结构。"

初识克拉索岛人时，我深深地为帕皮阿门托语所吸引，还尝试学习这种语言的结构（在此要对许多当地人表示感谢，尤其要感谢 E.R. 郭伊洛编写的帕皮阿门托语教材，这本教材后来成为我的观察资料）。帕皮阿门托语以西班牙语和葡萄牙语为基础，混合了大量荷兰语，而荷兰语本身已经可以说是罗马语和日耳曼语的混合产物。比如，"Danki Dios"这句荷兰语，意为"感谢神"，就是在用日耳曼语对罗马神明表示感谢。

在明显的融合之外，帕皮阿门托语最突出的一个特点是它语法和句法中朴素的逻辑。对我这样一个在欧洲语言复杂的动词词形变化、词尾变化、复数形式、名词和动词阴阳性中挣扎着浮浮沉沉多年的人来说，帕皮阿门托语的结构简单多了。举个例子，帕皮阿门托语中的动词从来不变化形式，既不存在变换时态的问题，也没有主谓一致的问题。Bai 是"去"的意思，也是"去"的不定式、限定式、过去时、现在时、将来时，不管搭配的主语是你、我们、我还是他们，都不用改变形式。如须表将来时或过去时，用一个形容词来修饰这个动词即可。表将来时用 lo 修饰，这个词来自葡萄牙语，意为"晚些时候"——所以，lo mi bai（在帕皮阿门托语中就表"我将去"）的字面意义其实是"晚些时候我去"。表过去时用 a。郭伊洛认为这个用法起源于西班牙语中与过去分词连用的助动词 ha，但比克顿认为，作为未来式，a 是附加在通用形式后的副词，葡萄牙语中 ja 即为"已经"的意思，因此 mi a bai（我去了）便表示"我已经去了"。有趣的是，不常用的动名词词根往往不发生改变，比如西班牙语中 ando 和 endo 的词缀便会得到保留。更有趣的是，通过资料能够看出，语法结构存在着部分残余的现象，一些源自荷兰语的动词并没有保留西班牙语的动名词，其词形的结尾也并没有特别之处，唯一例外的是，过去时态的动词词根会保留荷兰语的 ge。

　　名词也没有阴阳性或单复数之分。buki 既可以指一本书也可以指一百本书。但在无法通过上下文推断出单复数的情况下，可以加上"nan"（表"他们"的人称代名词）来指明复数含义。所以，e buki 意为"一本书"，dies buki 意为"十本书"，e bukinan 表"数本书"（字面意思为"这些书"）。这种语言的逻辑有时着实让人叹服。帕皮阿门托语中也没有表示"儿子"或"女儿"的单词，而是用 yiu 表示家庭中任何性别的小孩（另一词 mucha 泛指小孩）——因此帕皮阿门托语用 yiu homber（孩子男性）表示"你的儿子"，用 yiu muhé（孩子女性）表示"你的女儿"。同样，ruman 一词意为同胞，ruman homber 就是"你的兄弟"，ruman muhé 即"你的姐妹"。

　　在过去，基于种族主义的社会政治遗产，又受到进步观念的限制，西方学者往往倾向于把非西方语言看作文盲群体处于进化初级阶段的语言（或者是西方语言的退化降级版本），认为其发展方向就是现代印欧语系。以威廉·德怀特·惠特尼（William Dwight Whitney）所著的《语言的生命和生长》为例，这本著作也是 19 世纪典型的受达尔文革命催发的产物，于 1875 年出版（惠特尼曾是耶鲁大学的梵文教授，从标题就可看出，其著作宣扬的是新的发展形式，将语言与孩子的进步式且程序化的成长直接作对比）。惠特尼将那些"粗糙原始"的现代语言看作一个阶段，看作他猜想出的人类从最初开始尝试创造语言到现如今最为复杂的语言——即作者的母语英语——之间的半成品。通过这样的排列，惠特尼充分表达了他的社会政治偏见：

　　　　"如果我们认为他们（原始人）从最初的状态中逐渐创造出了这些（文明的元素）……同理，我们也可以这样看待语言……即使是当今仍在使用的语言也存在非常大的差异，就像各种文明的差异也很大一样。有无数事物是可以用英文表达出来的，但用斐济语或者霍屯督语却不行；无疑，也有很多事物是斐济语或者霍屯督语可以表达的，而原始人类最初的语言却无法做到。"

但还要考虑到惠特尼更为抽象、很大程度上文学化或者故事叙述化的偏见态度，一方面是针对对进步文明的缓慢继承（"对较晚一批语言发展历史的了解让我们能够相信，语言的发展进程是缓慢的"），另一方面是针对这个过程随意的连续性（任何对语言起源的描述，如果与晚期语言史直接无缝衔接，那么这描述绝对是不科学的）。

考虑到这些，对于语言学家曾以鄙夷的态度看待克里奥尔语一事（比克顿在《语言的根源》中写道："好几个世纪以来，这些语言都为主流语言学家所忽略且不屑，被看作有色文盲的低级产物"），我们也就不再感到惊讶了，也不会惊讶于他们曾以家长式做派审视克里奥尔语，认为这是一种原始的语言，将反映出语言的进化根基（"这些理论试图从对欧洲语言简化的幼稚模仿中去寻找克里奥尔语的根源"）。

但是，一旦我们能够抛掉这些偏见，重新将目光集中到问题本身，就可以对克里奥尔语有新的见解——它并不是一种简单原始的存在，也不是一个渐进式发展序列的初级阶段，相反，它是独特的，我们可以从中窥得语言普遍的结构性本质。关于比克顿对克里奥尔语如何诞生的理论，我并不能判断其正确性（我也发现他的理论在语言学家中的确是有争议的），但比克顿的假设的确能让我们认识到这一重要的原则：明显的结构简单性传达的是一般的信息差异性，并不能说明其语言的原始性，更不能在我们带有偏见的故事叙述下使我们现在的语言显得高贵。

根据比克顿的理论，洋泾浜没有什么语言结构，它是粗糙且即时的，可以满足必要的交流需求——但源自洋泾浜的克里奥尔语却发展出了真正人类语言必然包含的正式复杂性（这里的复杂性并不包含动词词形变化、词尾变化等）。但克里奥尔语到底是怎么产生的呢？——考虑到克里奥尔语发展得如此迅速，往往只需一代人就能完成克里奥尔语的创造，这个问题就更值得探寻了。（这一惊人的速度有记录可寻。在夏威夷岛上，多语言的移民人士来到这片土地，并开始创造洋泾浜语。1876 年，美国关税法刚开始准许从夏威夷自由进口糖，而克里奥尔语产生于 1910—1920 年。）

比克顿认为，克里奥尔语的创造者是孩童，他们吸收周围听到的洋泾浜语，又以美国语言学家乔姆斯基（Chomsky）生成论中所称的"普遍语法"来充实自己的语言基础，乔姆斯基认为，普遍语法是所有人类都具备的能力，是我们大脑进化发展的产物。如果比克顿说得没错，那么，克里奥尔语——

这样一种可追溯的新语言，在拥有完整语言结构的同时也简单到在普遍性的基础骨架之上完全不加修饰——就是我们能够找到的用来观察最宝贵也最具决定性的人类普遍语法的最佳途径，也是证明这种普遍性存在的最佳证据。这种普遍性，甚至可以说是一切有意义的人性观念的核心。如果孩童创造出了克里奥尔语，而他们的父母只会讲无结构的洋泾浜语，那么这就意味着，语言的正式特性一定源自人类共有的一些特性。"源自婴孩之口……"比克顿在《语言与物种》中写道：

> "夏威夷语言发展于一代人之间，原型语言发展成了真正的语言。更重要的是，发展出来的这种语言的语法并不与当地移民的母语相似，也不与当地土著的母语相似，更不与当地的官方语言英语相似，而是和世界上其他地区发展出来的克里奥尔语的语法结构最为相似。这一事实显示，克里奥尔语极不寻常地直接反映出了我们人类特有的生物特性，即在缺乏特定范例无法像平常学习新事物那样去'习得'语言属性时，我们有自己创造语言的能力。"

随后，比克顿提醒我们，如果我们过分相信"所有的语言都是平等的（在复杂程度或词汇上）"这种政治正确的观点，就会失去宝贵的洞察力，因为这种观点忽略了"克里奥尔语就是简单的"这一点。我们没有必要轻视那些"不那么复杂"的事物，没有那么复杂同样也意味着"留下了最本质的东西"。所有人类的语言，包括克里奥尔语，都拥有完整的具普遍性的复杂语法体系，但有些语言和其他语言相比，更加华而不实。因此，简单的克里奥尔语更能凸显出隐藏在词汇之下的具有普遍性的语法体系。比克顿写道："克里奥尔语绝不是原始的语言，这种语言只是含有简单的本质，为我们提供了了解人性根基的途径。"

伴随着我最近一次在库拉索岛上对帕皮阿门托语的学习，也随着我意识到故事叙述法存在一种自动在"较不复杂"与"初级原始"之间画等号的误区，我意识到库拉索岛可以提供给我两个范例——一个是当地语言，另一个是我对当地蜗牛的研究（承认这一点让我略为尴尬）。我为自己在库拉索岛上做的研究而自豪，但如今我已经意识到，我开展这项研究的用意是错的。我踏上库拉索岛，是因为相信通过理解一个更为简单的体系，将破解其他西印度岛屿更为复杂的体系。在库拉索岛上，我发现了许多本身很有趣的现象，也的确让自己满意地解决了一个旧的争论，并且用更严谨的思路去解释此前的困惑。但我从未发现过可以破解其他地方复杂性的方式——现在我已经把这一希望从寄托在自然传递的信息上，转为寄托在《天方夜谭》中苏丹新娘的足智多谋上了。

库拉索岛上的克里昂蜗牛广泛分布于西印度群岛北部，种类繁多。有几百种克里昂蜗牛是以古巴或者巴哈马的语言命名的（虽然其中多数已经灭绝）。但适宜居住的环境限制了该物种的多样性。克里昂蜗牛中只有一个品种生活在佛罗里达群岛，即 Cerion incanum。维京群岛上也只有 Cerion striatellum 这一个品种。阿鲁巴岛、博耐尔岛和库拉索岛是克里昂蜗牛能够栖息的最靠南的地方，同样，这三个岛上也只有克里昂·乌瓦这一个品种。

事实上，自荷兰人殖民库拉索岛开始，克里昂·乌瓦就成了克里昂蜗牛的统称，为林奈亲自命名。人们很早便知道克里昂·乌瓦的存在，也对这种蜗牛进行了长时间的研究。20 世纪，在克里昂·乌瓦蜗牛的研究中，有两项研究尤其重要。这两项研究均收集了三个岛上大量的克里昂蜗牛，所得的结果却截然相反。1924 年，美国动物学家 H.B. 贝克表示，从粗略的统计分析到长时间的细致观察（他对克里昂蜗牛进行了多次观察），他发现，三个岛上的克里昂蜗牛在尺寸和壳的形状上都存在着细微但一致的不同。贝克还表示，库拉索岛东部和西部的克里昂蜗牛，它们的壳有着很大的差别。然而，1940 年，荷兰动物学家 P. W. 亨姆林克在对上百个样本进行测量后，得到的研究结果则与贝克截然相反。1974 年，亨姆林克的学生 W. 德·威利斯通过更加广泛的研究，再度证实了他的老师亨姆林克的研究结果。亨姆林克和威利斯认为，三个岛上的克里昂蜗牛的壳并没有一致的差别，但大量当地的变异则与岛上的土壤、风、阳光与降雨有着密切关系。

当我于 20 世纪 60 年代末开始做研究时，研究工具刚刚被发明出来，感谢电脑的帮助，我能够对每一个样本进行多方面的测量，从而能够进行更加精确的数据分析。因为研究习惯以及技术的限制，贝克、亨姆林克和威利斯往往只能逐一测量样本，最多只能成对地测量。因为蜗牛的外壳是由多个可测量部分组成的完整结构，所以我认为，多变量分析或许能够解决贝克与亨姆林克实验差异的问题。

我再次访问了这三个岛屿，并收集了上百份样本。我在 135 份样本中每份选取了 20 个蜗牛，并分别测量了其 19 个变量，总计进行了 50000 多次测量，并且用不同的多变量分析法对所有的测量结果进行了分析。得益于现代统计技术，我以一种有趣的形式揭开了上述实验差异的谜题。两个人的实验都有着让人着迷的部分。我发现，克里昂蜗牛的壳确实存在着很大程度的不同，正如贝克实验结果表明的那样，阿鲁巴岛、博耐尔岛、西库拉索岛和东库拉索岛上的克里昂蜗牛，它们的壳都有着不同的地方。但我同样也发现了，在同一个地区，蜗牛壳的变化程度较小，且变化与该地区的环境有着密切的关联，这正符合亨姆林克和威利斯的实验结果。

有趣的是，两种变化的组成部分可以在坐标轴上分离开来。在这个高度多样化的物种中，几乎所有的生物多样性都兼具两种独立的因素，每一种因素都可归因于不同的生物来源，每一种因素可根据一种外壳特征来识别，这些特征记录了贯穿蜗牛整个生命的生长模式。

但我的研究与我最初的目的完全不相符。我之所以来到库拉索岛，只是因为我相信，科学家在研究最复杂的问题之前，必须先掌握这个问题的简单版本。我前往库拉索岛是因为，我想揭开巴哈马克里昂蜗牛复杂多样性的谜题。我将库拉索岛视为巴哈马的婴儿版。如果我能够摸清一个岛屿上一个物种的变化，那么我认为，我自然有能力摸清岛屿上上百种物种的变化。

好吧，我想我确实按照自己的意愿解决了库拉索岛上克里昂蜗牛的谜题，但这项研究无助于我解决巴哈马的问题。库拉索岛并不是巴哈马的婴儿版。物种内部的变化无法告诉你，应当如何对待物种间的相互影响、相互作用，现象总是分离的，且存在于不同的尺度上。克里奥尔语不是古老语言的初始版本。克里昂·乌瓦蜗牛的变化无法代表大范围内克里昂蜗牛的变化。因果关系的连续性不一定会出现在事物发展的每一个阶段，小的事物并不一定能够发展成为大的事物，因为小的事物本身就足够有趣，也能够让我们更加了解世界。帕皮阿门托语和克里奥尔语或许能够反映出人类语言的普遍本质，克里昂·乌瓦蜗牛或许能够让我们发现稳定的物种突然出现变化的原因。

宣扬进步复杂性和因果关系连续性的传统故事导致早期的语言学家错误地理解了克里奥尔语，也使得我在学习克里奥尔语时走了岔路。但解决这些问题的方法并不能简单地依靠回避故事，因为考虑到人性的本质，回避故事本身就是一件不太可能的事情。在对待那些可能影响我们的思维方式与研究项目选择的故事时须更加谨慎。除此之外，我们还应当学会辨认故事中的限制和偏见。总而言之，我们应当扩大阅读故事的范围，可以从每晚阅读《天方夜谭》开始。

我最近一次前往库拉索岛，是为了前去参加庆祝不规则几何之父、数学家博诺伊特·曼德尔博罗的 70 岁生日。讽刺的是，不规则几何告诉人们的道理，和库拉索岛的两个故事告诉人们的道理是一样的。不规则曲线具有自身相似性，也就是说，哪怕是跨越了尺度，也不会发生改变。最典型的例子便是，北美海岸线并没有绝对的长度，你测量出来的长度取决于选定的测量范围，所有的范围或许都会显示出同样的基本范式。如果我尝试测量每一粒砂砾的长度，那么北美海岸线的长度便会是无限的。在不规则图形的世界里，大小的地位没有高低之分。海滩并不比整个海岸线简单，海岸线也不是由一片片的海滩组成的。

我以第八圣歌中的著名诗句作为文章的开头，那么我也应引用第八圣歌中的开场白作为文章的结尾："当我思考天堂时，你指尖的作品，月亮与星星，均由你所创，你心中最初设想的人类，到底是什么样子？"

我有什么资格批评大卫王呢？他杀死了巨人，也因形迹可疑付出惨痛的代价，失去了他的挚友约拿单和他的儿子押沙龙。但当大卫思考，上帝在创造星星与天堂时，为何要为小小的人性而烦恼，这时，大卫也和我一样踏入了上帝的陷阱。如果人类在广阔无垠的不规则宇宙中占据了小小一个角落，那人类也和星星、水中的变形虫、爬在我们眉毛上的螨虫一样，属于这个宇宙，无大小高低之分。

进化故事

JINHUA GUSHI

28
从过去的踪迹中寻找巨兽

无论你的职业是什么，在你的职业生涯中难免会遇上种种困难。达尔文的《物种起源》包含着许多奇妙的观点与壮丽的语句，即使如此伟大的作品也存在着不完美的部分。下面来自《物种起源》中引述的段落，可以称得上是达尔文这辈子所写过的最尴尬的段落，在后来出版的版本中，这一段落已被删除：

> "在北美，赫恩发现了一种黑熊。它们像鲸一样，嘴巴大张着在水中游上数个小时，只是为了捕捉水中漂浮着的昆虫。哪怕在如此极端的例子当中，若水中的昆虫数量足够多，且没有黑熊的天敌，我想，通过自然选择，黑熊将会变得更加适应水中的生活，嘴巴也会越来越大，直到变得和鲸一般大。"

为何达尔文会对写出这段文字感到如此懊恼？他在该段落中提到的观点或许纯为推测，但不算荒谬。我想，达尔文之所以感到尴尬，一定是因为，他没有严格遵守这个更加强调社会与文化特征的科学准则。科学结论应当建立在事实与信息的基础上。我们并非完全不能进行推测，在某些情况下，推测甚至可以说是必须要做的事情。但如果科学家想要提出真正崇高且全面的理论时（比如达尔文想要让自然选择论成为进化理论的基础原理），必须拥有支持理论的证据，单纯的推测无法得出令人信服的重要结论。

自然选择只能在小范围内发挥作用，比如创造新品种的狗或改善小麦的韧性。但当我们放眼考虑整个地质事件时，自然选择论能够改变我们长久以来对进化的看法吗？鸟类与哺乳动物到底和爬虫类动物有无血缘关系？人类到底是不是由猿人进化而来的？此类在历史上发生过较大改变的现象，达尔文几乎无法提供直接的证据，出于某些众所周知但充满疑点的原因，化石并不能算作可信的直接证据。

《物种起源》出版后的几年里发生了许多有趣的事情，最重要的一件事，还属 1861 年始祖鸟（一种带有大量爬行动物特征的原始鸟类）的发现及 19 世纪末第一具人类化石的发现。1859 年，达尔文创作《物种起源》时，手头几乎没有什么证据能够写在书中，他尝试用"会游泳的黑熊最后进化成鲸"的假设来填补证据的缺失。可惜，达尔文的尝试并没有成为能够帮助读者理解的生动阐释，相反，这种尝试还给他带来了不小的麻烦。达尔文在给朋友写的一封信中（致詹姆斯·拉蒙特的一封信，写于 1861 年 2 月 25 日）表示："因为黑熊的假设，我总是被人误解，遭到质疑，实在可笑。"

在现代，反进化论主义者依然将化石证据的缺失视作证明进化论为谬论的重要依据。事实上，从地质学（找不到生物进化中间阶段的化石）和生物学（进化改变插图式的演进方式，其中包括间断平衡理论，及在有限地理范围内少数群体的演化）的角度来看，进化论都拥有着良好的事实基础。如今，古生物学家已经发现了好几个演化中间形态的好例子，足以说服任何怀疑生物系谱真实性的人。

第一批出现在陆地上的脊椎动物，四肢上皆保有 6—8 个趾（从形状上来看，更接近鱼鳍），身上长有尾鳍，还有能够感应水下声音震动的身侧线条系统。从爬行动物转化为哺乳动物的最显著的身体标志，是下颌关节转变为听骨。哺乳动物的下颌由一块称为齿骨的骨头构成。通过一系列的演化中间形态，我们能够清晰地看出，爬行动物的下颌关节骨一步步缩小直至消失的整个过程（包括爬行动物下颌关节骨转化为哺乳动物中耳的整个过程）。创世论者认为，进化论中存在着极不合理的缺陷，如果爬行动物的下颌关节最终变成了哺乳动物的听骨，这就意味着，在下颌关节尚未完全进化为听骨时，介于爬行动物与哺乳动物之间的中间形态动物必然会出现下颌骨错乱的情况。事实上，通过观察中间形态的变化，我们也能找到这个问题的答案。处于演化中间形态的动物拥有两个下颌骨，一个是爬行动物的老下颌关节（方骨到关节骨），另一个则是哺乳动物的新连接（鳞状骨到齿骨）。因此，在下颌关节骨逐渐转换为听骨的过程中，一个关节消失了，另一个关节依旧能够维持下颌的正常运作。

当然，创世学家们绝不会让事实毁了他们最爱的论点。他们拒绝接受科学家们已经发现的事实，一再声称这世上从未存在过所谓的中间形态。达尔文提出的鲸起源论一直深受大众的喜爱，如果达尔文从未提出"黑熊变鲸"的可笑假设，即使古生物学家从未找到过有着健全四肢及拥有陆上活动能力的动物演化中间形态化石，创世论者们的论点也是能够被推翻的。听，上帝对约伯的话似乎在耳边响起："你能用鱼钩钓上一条鳄鱼吗？"

在我的书架上，几乎每一本与创世论相关的书都会提到，这个世界上并不存在陆上哺乳动物演化为鲸这个过程中的中间形态动物。举个例子，《创世与进化》的作者 A. 海伍德在书中写道：

> "达尔文主义者很少会提到鲸，因为鲸是他们完全无法解决的问题。他们相信，陆地上的普通动物通过某种方式，逐渐走向海洋，失去腿部，最终演化成了鲸……陆上动物若是真的进化成了鲸，它将陷入两难的境地，既无法在陆地上生存，也无法在海洋里生存，它们根本没有存活下来的希望。"

创世学家中最热情的辩手杜安·吉许在《进化：来自化石的挑战》一书中也提到了相似的论点：

> "陆地动物演化成海洋哺乳动物，这个世界上根本就不存在该演化过程中动物的中间形态化石……事实上，想象一下奶牛、猪、水牛这些陆上动物在演化成海洋动物之前的中间形态是一件挺好玩的事情。我甚至能够想象出，奶牛在向海洋动物进化的过程中，因'乳房出现问题'导致一大堆后代无法存活下来。"

《熊猫与人》是一本最精明不过的创世论著作了，其作者 P. 戴维斯、D. H. 凯尼恩和 C. B. 萨克斯顿的论点相差不大，他们更擅长用学者的专业语言阐述观点：

"鲸的化石显示，并不存在陆上哺乳动物转化成鲸的中间形态……如果鲸的祖先确实是地上的哺乳动物，我们认为，人们应当能够找到演化中间形态动物的化石。为何？因为鲸与陆上哺乳动物的身体结构相差极大，在鲸出现之前，必然存在着拥有尾鳍，能够在海中游动的中间形态的动物。到目前为止，人类尚未找到此类演化中间形态动物的化石。"

就目前来看，人类已经发现有三种主要的哺乳动物重返原始的海洋生活模式（其他数种哺乳动物种类中，至少有一些物种变成了半水生动物，比如水獭和海獭），肉食类动物（比如狗、猫，还有达尔文提到的黑熊）分类下的鳍脚亚目（海豹、海狮、海象），海牛目（儒艮、海牛），鲸类（鲸和海豚）。我得承认，事实上，我从未完全理解创世论者提到的演化中间形态动物的概念。一个完好的演化中间形态动物的身体结构或许能够从上述几种动物的身上窥见。水獭拥有强大的水性，同时也完整地保留了在陆地上使用的四肢。海狮显然已经完全适应了水中的生活，但也能够灵活地爬上浮冰，在陆地上繁育后代，形成繁衍圈。

当然，我要承认，陆上动物演化为海牛与鲸的过程可算不上什么小变动。这两种动物已经完全变成了海洋哺乳动物，它们拥有强大的、水平的尾翼，完全没有四肢。鲸和海牛到底是如何通过进化将后腿演化成扁平的推动尾翼，且尾翼并没有完全丧失后腿的能力的呢？海牛的后腿已经完全退化消失，而鲸的身体肌肉组织内依旧保留着小小的如夹板一样的盆骨和后腿骨，但脚和脚趾骨已完全消失，从外部完全看不出鲸盆骨和后腿骨的形状。

后腿消失，随后演化出鱼鳍和鳍状肢，在无法找到物种进化中间形态化石的情况下，在只能通过想象来推测动物在演化过程中究竟呈现出怎样的身体构造的情况下，这是足以证明进化论主要论点的重要证据。达尔文承认，确实找不到任何物种进化中间形态的化石。因此，为帮助读者更容易理解鲸进化的过程，他没有选择展示任何直接证据，而是杜撰了"黑熊变鲸"的故事，也因此广受诟病。当代创世论者依旧抓住这一点大做文章，并且一再强调，人们根本无法找到陆上动物演化成海洋动物的任何证据，这世界上根本找不到处于此类进化过程中间形态的动物化石。

歌德曾说："要热爱那些叫嚷着'不可能'的人"。受到好奇心的驱使，老普林尼在危险的时刻过于靠近苏维埃火山，因此丧命，他曾告诉我们，要辩证看待所谓的"不可能"。老普林尼说："有太多事情在出现实际影响力之前，人们都认为它们是'不可能'的。"

前人的智慧果然怎样都不会过时！我在此可以欣喜地宣布，演化中间形态动物化石的缺失已经跨过了瓶颈期。在过去的15年里，在非洲与巴基斯坦的发现大量填补了古生物学在鲸演化方面的缺失。过去中间形态动物化石的那令人尴尬的空白已经被大量新发现所填补，进化论学者已经找到了进化中间形态动物的化石。曾经遇到的敌人已经被我们击败。似乎是为了让创世论者意识到自己的错误有多么离谱，从15年前忽隐忽现的证据到1994年发现的铁证，演化中间形态动物化石的发现可谓是缓慢地、一步一步地，令整个科学界为之震颤。接下来，我将以时间顺序详细阐述生命历史是如何一步接着一步跨过重重障碍的。

例证一，历史上最古老的鲸的发现。1966年，凡·瓦伦向世人宣示他的猜想：鲸是一种古老的、善于奔跑的陆上原始食肉动物的后代，这种原始动物体形巨大，常在河边吃鱼或者已经腐烂的动物骨头。自凡·瓦伦之后，古生物学家一直坚信这一说法。鲸一定是在大约5000万年前的始新世时期开始进化的，因为始新世时期和渐新世晚期的岩石内已经能够找到完整的海洋鲸类化石。

1983年，我的同行密歇根大学的菲利普·金格里奇、N. A. 威尔斯、D. E. 罗素和S. M. 伊布拉汉姆·沙联名发表了一篇论文，称他们已经找到了历史上最古老的鲸。金格里奇等人称，该鲸化石是在巴基斯坦5200万年前的始新世时期的沉积物中找到，因此将其命名为"巴基斯坦鲸"（Pakicetus）。鉴于目前人们只发现了该鲸的头骨部分，若将该鲸化石视作鲸演化中间形态的化石，则很难从中获得太多有用的信息。如预期一样，鲸的牙齿，与其陆地上的祖先非常相似，而头骨上的特征则完全属于鲸的进化系统。

头骨的解剖结构（特别是耳朵区域）和推断的生活习惯都显示出，该化石动物为鲸演化过程的中间形态。现代鲸耳朵的耳道与骨骼通过进化，能够使其在深海中辨别声音的方向。此外，现代鲸还进化出了扩大的耳窦，能够在下潜时充满血液，以维持体内压力。巴基斯坦鲸的头骨则缺乏现代鲸耳朵的这两个特征。此外，最古老的鲸无法潜入深海区域，也不能在水中清晰辨别声音传来的方向。

1993年，J. G. M. 特威森与S. T. 胡赛因确认了金格里奇等人的论点，通过对巴基斯坦鲸头骨构造的分析，他们还提供了更多与演化中间形态相关的细节。现代鲸绝大多数的听觉都要仰赖于它们的下颌骨，声音通过下颌骨的震动传达至"脂肪垫"，最终抵达中耳。陆上哺乳动物则通过耳孔感应声音。巴基斯坦鲸并没有能够容纳"脂肪垫"的扩大的下颌骨，由此来看，最古老的鲸捕捉声音的方法很可能与其陆地上的祖先相似。金格里奇总结道："巴基斯坦鲸的听觉机制与陆地上的哺乳动物的听觉机制类似，与当前所有海洋哺乳动物的听觉机制存在着较大差异。"

金格里奇和他的同事在一古老的海洋与河流交界处的沉积层里发现了巴基斯坦鲸的化石，这是鲸演化行至中间阶段时完美的生活地（居住于河流入口与临近浅海的位置也能说明，原始鲸没有下潜深海的能力）。我的同行们将巴基斯坦鲸形容为："鲸逐渐从陆上动物转化为海洋动物过程中处于两栖阶段的鲸……巴基斯坦鲸能够捕食于浅海表面生活的鱼类，但缺少作为一只海洋动物的完全能力。"

结论：从演化中间形态动物的角度来看，我们能够从原始鲸的头骨中获得的直接材料有限。也正是因为可用材料极其有限，我们获得的结论也是不确定的。我们对于巴基斯坦鲸的四肢、尾巴或身体形态一无所知，因此，也不能根据普通人对鲸特征的概念来判断处于中间形态的鲸的身体特征。

例证二，首次发现鲸完整后肢的化石。美国古生物学早期最著名的错误出自托马斯·杰弗逊，他错误地将一个树懒爪子的化石认作了狮爪的化石。我个人认为，美国古生物学早期第二大错误当归在 R. 哈伦头上。1934年，哈伦在《美国哲学学会学报》上将一块海洋脊椎动物的化石命名为"Basilosaurus"，实际意思为"蜥蜴王"，但哈伦手中的化石其实是一块原始鲸的化石。英国最伟大的解剖学家理查德·欧文在 20 世纪 30 年代结束前纠正了哈伦的错误，但"Basilosaurus"这个名字依旧留存了下来，而且是作为动物官方命名法被保留了下来（林奈的双命名体系是一种帮助人们恢复信息的手段，并不能保证信息的完全正确性。林奈命名体系要求每个物种都要有一个独一无二的名字，这样一来，名字便能够成为该物种最不模糊的标签了。出于某些原因，科学家总是会犯错误，因此物种最初始的名字很可能并不准确。或许新的发现指出了科学家之前犯下的错误，修正了不正确的信息，但我们不能随意地更改物种的名字，不然分类便会乱成一锅粥。于是，因为哈伦确实遵守了双命名法的规则，将初始鲸命名为"Basilosaurus"，所以无论这个名字错得多离谱，原始鲸也只能永远叫这个名字了）。

"Basilosaurus"代表着两个物种，一个来自美国，另一个则来自埃及，都是最著名、最标准的原始鲸。人们曾经发现过鲸盆骨和腿骨的碎片，但并不足以让我们推测出"Basilosaurus"到底有没有功能健全的后腿（我们认为，无论是从身体结构的角度，还是功能的角度来看，拥有功能健全的后腿都是演化中间形态鲸的重要特征）。

1990年，菲利普·金格里奇、B.H. 史密斯和 E.L. 西蒙发表论文称，他们挖掘出数百块埃及原始鲸（生活于巴基斯坦鲸之后的500万年至1000万年之间）的部分骨骼，并对这些骨骼进行了研究。金格里奇等人称他们发现了世界上第一块原始鲸的完整后腿骨骼化石，骨骼化石结构精妙，其中包括完整的盆骨、所有的腿骨，以及几乎全部的腿骨及趾骨碎片，趾骨碎片正好能够拼凑出三根完整的趾骨。

这不同寻常的发现或许能够成为证明世界上存在过动物演化中间形态的证据，然而还有一个小问题需要解决。原始鲸化石的后肢非常小，只有鲸整个身长的3%。从解剖学的角度来看，鲸后肢的功能是健全的，并且没有穿透皮肤显露于外（现代鲸拥有肉眼可看到的后腿）。如此短小的后腿对运动毫无益处，只保留对生存有益的部位则是演化中间过程的一个重要特点。金格里奇写道："原始鲸的后腿与之身体相比实在是太小了，对于游泳没有半分帮助，也不可能在陆地上帮助鲸支撑身体的重量。"金格里奇极具胆魄地推测了好几种鲸后肢的功能，最后他认为，鲸的后肢或许"在鲸交配的过程中起引导作用，否则，对于弯弯曲曲的海洋哺乳动物而言，交配实在过于困难了"。我认为金格里奇的推测完全是没有必要的。我们没有必要为了证明某个部位存在的合理性，强行为该部位戴上某种功能的帽子。生物体身上的每一个部分都有其存在的目的，而那些无用的结构也不会在一夜之间便完全消失不见。

结论：这是一个极好、极其令人兴奋的发现。鲸的后肢体形很小，无论是在海洋里还是在陆地上，似乎都没有存在的必要。我并不想要批判"Basilosaurus"这种原始鲸，只是想指出，"Basilosaurus"尚未走完整个进化过程。我们需要寻找的，是鲸进化历史中更加久远的信息。

例证三，后腿骨的大小合适。印支鲸是一种原始鲸，发现于印度和巴基斯坦的浅海沉积物中，生活的时代介于巴基斯坦鲸及"Basilosaurus"之间。1993年，P. D. 金格里奇、S. M. 拉扎，M. 阿里夫和 X. 周发表论文称，他们

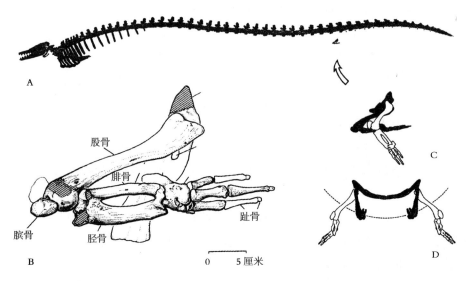

一头 50 英尺（约 15 米）长的始新世的鲸化石，发现于埃及的 Zeuglodon 大峡谷。这头鲸有微型后肢，如图所示（节选自《科学》，1990 年 7 月第 13 期，第 249 卷）

从印支鲸的化石中找到了大小合适的腿骨。

金格里奇和他的同事找到了盆骨及大腿骨和胫骨的末端碎片，但并未找到足骨，因此没有足够的证据重建完整的鲸腿部与关节。印支鲸腿骨很大，无论在海中还是在陆上，应当都能发挥作用（尤其是胫骨，无论是其大小还是复杂程度，都与陆上中爪兽的胫骨相差无几）。作者总结道："盆骨有一个大且深的髋骨，股骨近端强而有力，胫骨较长……综合考虑这些特征，我们发现，在陆地上时，印支鲸很有可能利用后腿支撑身体。几乎可以肯定，印支鲸是两栖动物，与巴基斯坦鲸一样，能够游到海中捕鱼，之后返回陆地休息，繁衍、养育后代。"

结论：我们就快要找到中间形态动物的直接证据了，但还不够，我们还需要更好的材料。所有合适的特征都已经摆在了我们面前，我们已经找到了原始鲸合适长度与结构的腿骨，但还需要更多保存良好的化石。

例证四，大的、完整的、无论是在陆上还是在海洋中均功能健全的后腿——最终证据的发现。前三个例证都是在 10 年内发现的，显示出古生物学家在解决古老而经典的问题方面逐渐取得的成功。一旦你知道从哪里寻找，对此也拥有了浓厚的兴趣并且你的注意力也完全被吸引了过来，往往短时间之内便会取得丰硕的成果。我很高兴在 1994 年 1 月 14 日的《自然》杂志上读到了 J. G. M. 特威森、S. T. 胡赛因和 M. 阿里夫所写的文章，标题为《古代鲸海洋运动起源的化石证据》。

依旧是在巴基斯坦，在巴基斯坦鲸那片河床 120 米之上的沉积物中，特威森与他的同事发现了一种新品种鲸的骨头化石。骨头虽然不完整，但也比之前发现的同时代的化石要好很多了。化石保留了最关键的部分，完美地向世人展现了鲸从陆地动物演化为海洋动物时，处于中间过程的形态。为了表现出我们对这一发现的兴奋之情，我们将这种鲸命名为"陆行鲸"。

陆行鲸重约 650 磅（约 295 千克），大小与体形较大的海狮差不多。化石中保留下来的尾椎骨外表细长，也就意味着，陆行鲸依旧保留着陆地哺乳动物的尾巴，尾部尚未完全演化为如今薄片状的尾鳍（现代鲸的尾巴已经变短，演化为水平状扁而薄的尾鳍，作为游泳时推动力的主要来源）。不幸的是，陆行鲸的盆骨并没有保留下来，但我们能够依据化石复原出陆行鲸大且强壮的后腿，包括完整的股骨、部分胫骨和腓骨、距骨、三块足骨和数块脚趾骨。论文的作者写道："陆行鲸拥有巨大的脚部。"举个例子，陆行鲸的第四块脚趾骨有近 6 英寸（约 15 厘米）长，与之相连的脚趾有 7 英寸（约 18 厘米）

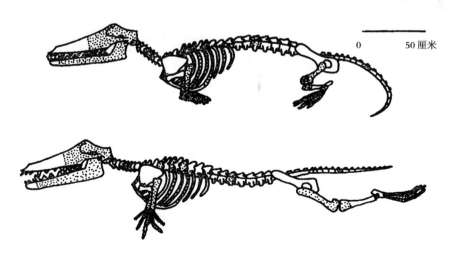

0 50 厘米

两具复原骨架展示了陆行鲸，一种来自巴基斯坦的鲸化石，站立着（上图）以及游泳动作的结束（下图）（节选自《科学》，1994 年 1 月第 14 期第 263 卷）

长。有趣的是，每根脚趾最后的趾骨都有一个小小的蹄，和其在陆地上的祖先中爪兽一模一样。

此外，陆行鲸的发现不仅能够帮助我们推断演化过程中鲸的中间形态，还能够帮助我们了解中间形态鲸的运动方式与生活习性（前三个例证中的鲸在这一方面没有起到任何帮助作用，巴基斯坦鲸只留下了一个头骨，"Basilosaurus"已经处于演化的中后阶段，而印支鲸的化石则过于碎片化了）。陆行鲸的前肢要小于后肢，活动能力也有限。引用作者的话："这些前肢可能只是在游泳的过程中起到转向的作用，和现代的鲸一样，它们在水中缺乏主要的推动力。"

现代鲸通过水平尾鳍强有力的甩动来推动身体向前，若是缺了灵活的后脊椎，是很难做出这样的动作的。陆行鲸还没有进化出尾鳍，但后脊椎已具备足够的灵活性了。特威森写道："陆行鲸通过后脊椎自背部到腹部的弯曲来推动身体前行，这是其具有腰椎强有力的证明。"后脊椎的动作随后与巨大的脚部相互配合，进而为陆行鲸的游动提供推动力。特威森在总结论文时写道："和现代的鲸一样，陆行鲸也是通过脊柱上下摆动向前游动的，与海豹不同，海豹向前游动的主要动力来自双脚。这就显示出，陆行鲸是一种介乎于陆地动物与海洋动物之间的哺乳动物。"

陆行鲸可不是芭蕾舞者，但它依旧能够和现代的海狮一样用后肢支撑身体站立起来（虽然姿势不太好看），对此我们毫无怀疑。陆行鲸的前肢能够尽可能水平地向两侧伸展，以维持身体的平衡，向前走动则主要依靠背部的伸展与后肢的收缩，这一点依旧与现代的海狮类似。

结论：贪婪的古生物学家们曾经想要通过化石碎片还原中间形态的鲸，但他们总是想要找到更多的化石细节。你若给我一张白纸和一支笔，让我画出中间形态鲸的模样，除了陆行鲸以外，我恐怕也想不出更好、更有说服力的模样了。那些教条主义者总爱颠倒黑白，口头上的狡辩永远证明不了什么，陆行鲸的发现便是回应创世论者最有力的证据。

科学领域的部分发现总是令人兴奋，因为这些发现会修正甚至是颠覆人们此前的想法与预期，也能够让我们发现那些此前历史中从未记载但世界上确实存在过的事物，上述四个例证便属于此类。演化中间形态的鲸的发现是古生物学家的一次胜利。想要向大众展示科学的魅力，从智力与政治上战胜创世论者，我实在想不出能有比发现陆行鲸的故事更加适合的例子了。因此，我满怀愉悦地向读者讲述发现陆行鲸的故事。

我必须坦白，作为一名科学家与进化论生物学家，发现陆行鲸的故事并非最吸引我的那一个。我这么说并不是想要惹人讨厌，而是因为陆行鲸的方方面面与我们的预期实在太相似了，它的出现并没有为专业的古生物学家带来科学上的极致愉悦——惊喜。科学家们花费了十年才找到了能够证明演化中间形态确实存在的陆行鲸，但在发现陆行鲸之前，古生物学家从未怀疑过它的存在。就算最终并未找到陆行鲸，我们的核心理论也不会因此分崩离析。我们总是希望新的发现能够符合预期，但若新的发现能够给我们的思想带来冲击，那就更好不过了。

正是因此，陆行鲸的另一个没有引起过多关注（无论是技术上还是面向大众的文章上）的特点更能引起我的兴趣。陆行鲸的身体构造显示出进化理论中一个至关重要的原则，这一原则鲜少有人讨论，甚至很难阐释清楚，但对于理解自然令人惊叹的历史复杂性而言，却是最重要的。

对于我们这些达尔文主义传统学者来说，我们总是过分关注有机体形态适应自然的能力，却极少注意动物与自然奇妙的契合度。我们总是对鸟类的翅膀着迷，认为鸟儿的翅膀能最大限度地使用空气动力。在看到蝴蝶精准模仿枯叶形态时，我们也总是赞不绝口。但我们从未思考，为什么自然选择会让拥有这些特征的动物存活下来？换句话说，我们认为，如今存活在这个世界上的动物，其形态必然已经进化至最完美的状态了，因此，我们不再深究更深层次的原因——"为何拥有这些特征的动物最能够适应生存？"

为了更好地阐释我的观点，我想举一个关于海洋哺乳动物游泳方式的例子：海牛与鲸。海牛和鲸均通过上下摆动水平尾鳍在水中游泳。这两种哺乳动物的陆上祖先并不相同，水平的尾鳍均是二次进化后才出现的。许多与流体动力学相关的研究都记录了海牛和鲸完美的水下运动方式，研究者总是惊叹于这两种动物水下运动方式之完美，却很少会问一个有趣的问题。鱼类游泳的姿势恰好和海牛与鲸相反，同样是依靠尾鳍提供向前的推动力，但鱼类的尾鳍是左右摆动的（海豹游泳时，后肢也是左右摆动的）。

无论是上下摆动尾鳍，还是左右摆动尾鳍，都无碍于海牛、鲸和鱼类在水中的生活，两种游泳的方式或许都是"最佳的"。但为什么鱼类左右摆动尾鳍，而海洋哺乳动物则上下摆动尾鳍呢？面对这样的问题，我们并不想露出哑口无言的表情，因此只能说"一部分选择这样，另一部分选择那样"。两种摆动的方式都能够发挥尾鳍主要的作用，进化过程中，不同物种究竟选择哪种摆动方式，实际上是随机的。"随机"是一个深刻且深远的概念，具有极强的正向实用性与价值。但在一些情况下，使用"随机"这个词纯粹是因为找不到答案的逃避之举而已，在这个例子当中，"随机"便是科学家们的借口。或许，从宏观的角度来看，上下摆动还是左右摆动无碍于大局，但在某些情况下，这些细小的问题拥有着深远的意义。对于单一的物种来说，"为何拥有某些特征的动物是最能够适应生存的"这个问题很可能拥有其独特的答案，我们不应该对此视而不见。

在谈及进化论时，这个问题通常被称为"多重适应峰"。事实上，就这一课题，我们已经有好几个成熟的例证了，但很少有真正的证据，绝大多数依旧属于假设推理，其背后并没有古生物学证据作为支撑。举个例子，我的同事迪克·路翁廷在我们共同教授的课堂上总爱向学生展示这样一个例子：有些犀牛品种拥有两个犀牛角，其他品种则只有一个犀牛角。若是将拥有两个犀牛角的犀牛去掉一个犀牛角，给一个犀牛角的犀牛再加一个角，两个物种的生活不会受到任何影响，因此，拥有犀牛角的数量或许只是一件无关紧要的事情。一个犀牛角还是两个犀牛角似乎并没有什么区别，这就是"多重适应峰"。

路翁廷继续指出，犀牛角数量不同定然是有原因的，然而这些原因很可能植根于历史的偶然性之上，而非基于普遍最优性的抽象预测之上。生命的历史让地球上的物种有了如此之多的独特形态，这些形态会出现怎样的变化完全是不可预测的，但每一种生物的形态都能够完美地与自然相契合，这确实是进化论中一个让人着迷的课题。但我们在研究的道路上走入了死胡同，因为我们没有足够的数据帮助我们理解，为何在演化的道路上，某个物种的身体形态发生了这样而不是那样的改变。

我喜欢陆行鲸的故事，因为中间形态鲸的出现为"多重适应峰"提供了绝佳的例子，告诉我们鲸选择了现在这条进化之路的原因。为何海牛与鲸选择上下摆动尾鳍？早期的讨论为我们提供了可能的答案：鲸的陆上哺乳动物祖先的身体构造并不适合在水中生存。许多哺乳动物（但并非所有陆上哺乳动物均是如此）在陆地上是行动灵敏的食肉动物，通过脊椎骨上下伸缩来实现迅速奔跑（可以在脑海中想象一只奔跑中的老虎，其后背因跑动而不断起伏）。哺乳动物在水中并不灵活，比如狗在水中游泳时，总会保持背部僵硬，依靠四肢划水行动。但半水栖哺乳动物为了在水中存活下来，依靠强壮有力的后脊椎在水中垂直和弯曲来行动，最典型的便是水獭与海獭。脊椎垂直和弯曲能够推动身体向前运动，当身体向前时，后肢也上下摆动以配合运动。

因此，海洋哺乳动物上下摆动尾鳍的方式或许是由其陆上的祖先遗传下来的。这是目前唯一可能的猜想，并且拥有水獭与海獭作为其象征性证据，但同样，没有任何直接证据足以证明这一推测的完全正确性。陆行鲸以绝妙的方式提供了直接的证据，所有难题的答案就躺在它完整的化石骨架当中。

通过观察陆行鲸化石的尾椎骨，我们推测出，陆行鲸应当拥有一条和哺乳动物一样长而瘦的尾巴，这尾巴还没有进化成尾鳍。我们从化石的脊椎骨部分得知，中间形态的鲸依旧拥有着哺乳动物标志性的柔软脊椎，能够上下运动。我们能够从化石中较大的后肢中看出，陆行鲸就像现代的水獭一样，能够利用强大有力的后肢拍水前行。

特威森和他的同事从这些事实中得出了合理的进化结论，为"多重适应峰"的经典案例提供了古生物学上有力的证据："陆行鲸显示出脊椎的摆动是在尾鳍之前进化的……陆行鲸在一定阶段内存在着脊椎上下扭动及后肢拍水并存的阶段，与快速在水中游动的水獭一样。"换句话来说，陆行鲸之所以会进化出水平的尾鳍，是因为鲸依旧保留着陆上脊椎动物在水中游动时脊椎的摆动体系。

历史在众多的理论选项中选择了一条道路。莎士比亚曾说过："过去的只是序幕，接下来将发生的，则由你我来掌控。"但现在并没有筑起一道墙，将塑造我们的过去与我们掌控的未来隔离开来。过去的手穿过现在的我们，触碰那我们也无法确信的未来。

后记

在写这篇文章时，我的心里满是激动。特威森和他的同事于 1994 年发表了他们的最新发现，称找到了确定是中间形态的鲸。从最初在《自然历史》杂志上看到他们的论文，到写出这篇文章，我花了整整 3 个月的时间。《从过去的踪迹中寻找巨兽》发表于 1994 年 4 月，以时间为序，详细描写了鲸中间形态之发现的四个阶段。

我不禁想起了一句老话："有时我灰心丧气，认为我的工作徒劳无功，但圣洁的灵魂再度重燃了我的生命。"我算得上是个乐观向上的人了，但生命中难免需要激励。若这世界上真有给科学家的"忘忧水"，那必然是新的科学发现。在这篇文章发表的那个星期，金格里奇和他的同事发表了他们对于另外一种处于中间形态的鲸的化石的描述，这算得上是对鲸演化过程的第五个例证。

金格里奇和他的同事在巴基斯坦发现了一块新的原始鲸的化石，并将其命名为罗德鲸（Rodhocetus kasrani，rodho 代表发现地的名称，而 kasrani 则是居住在该区域的俾路支人的名字）。据估计，罗德鲸大约有 3 米长，生活在约 4650 万年前。新发现的原始鲸比陆行鲸要年轻约 300 万岁，差不多和印支鲸生活在同一时期。金格里奇并没有找到任何前肢骨的化石，脊椎骨缺少了尾椎骨部分，但头骨的绝大部分得以复原，更重要的是，自颈部直到尾部的绝大多数脊椎骨都被完好地保留了下来。化石中包括了绝大多数的盆骨，这对于中间形态鲸的研究而言是不可或缺的证据，化石里还有一块完整的股骨（但并没有后肢的其他部分）。

为了更好地说明罗德鲸的重要性，也为了更好地描述出能够证明"鲸是从陆上哺乳动物进化而来的"这一论点的第五个坚实证据，我将从三个方面描述罗德鲸的特点，这三个方面分别是形态、生活环境与功能。

形态：令我印象最深刻的是罗德鲸的两个身体构造特征。首先，保存状态良好的脊椎为我们提供了中间形态鲸存在的绝佳证据，罗德鲸的身体构造同时囊括了陆上哺乳动物祖先与海洋动物的特点。位于前胸椎的高神经棘用来支撑肌肉，帮助脊椎动物抬起头部（在海洋环境中，因为浮力的存在，这一特点显得有些没有必要。鲸由陆上脊椎动物中爪兽进化而来，而中爪兽通常头部比较大）。骨盆与骶骨的直接结合同样显示出，罗德鲸兼具海洋动物与陆上哺乳动物的特点，现代鲸则没有这一特征。金格里奇和他的同事总结道："这些是陆上哺乳动物用来支撑自身重量的基本特征，该特征足以证明罗德鲸或其直接祖先身体的一部分依旧保留着陆地动物的特点。"

脊椎的部分特点也显示出其对游泳的适应性：颈椎短，显示出身体前段僵硬（有利于身体后部发力而跃出水面）；尾部脊椎毫无缝隙的柔韧性为在游泳时向前冲刺提供了较好的身体构造支持。金格里奇和他的同事们总结道："这些与后期原始鲸和现代鲸在游泳时动作之不同有着很大联系。"

其次，在过去 20 年里最让人感到惊讶的，便是罗德鲸的出现要比陆行鲸晚大约300万年，在陆行鲸之后出现的鲸基本上已经完全适应了海洋的生活。罗德鲸的股骨要比陆行鲸的股骨长大约2/3，依旧保留着在陆地上的功能，但在之后300万年的进化过程中，这一特征逐渐消失了。

生活环境：罗德鲸是已知的在深海中生活的最古老的鲸。上文所介绍的四种鲸中，巴基斯坦鲸居住于河口，陆行鲸与印支鲸居住于浅海。有趣的是，罗德鲸久居深海，这与其后肢的逐步退化有着高度的相关性。因此，我们能够从有限的证据中推断，随着时间的推移，原始鲸的后肢在不断变小，在原始鲸完全适应了深海环境后，后肢变小的进程加快了。或许罗德鲸已经无法在陆地上行走较长的距离了，比其早诞生300万年的陆行鲸同样拥有大的股骨，却有着能够同时在陆地上与海洋中生活的能力。无论如何，生活在同一时期的罗德鲸与印支鲸之间的不同显示出，在鲸的演化过程中，分化已经出现了。正如我经常强调的那样，进化是一条树状的分叉图，而不是笔直的自下而上的梯子。

功能：罗德鲸的化石并未留下它的尾椎骨，因此我们无法确定罗德鲸是否已经进化出了水平的尾鳍。但按照金格里奇的说法，保存完好的脊椎显示，没有融合的荐骨使得腰骶呈现无缝的柔韧度，也就说明，健壮的身体后部从背到腹部的位置能够弯曲，这是现代鲸能够按照如今的方式游泳的重要前提。这一结果令我感到十分愉悦。在文章结束的时候，我用一篇强调"多重适应峰"和历史遗传重要性的小论文作为结尾，并通过对鱼类尾鳍和鲸尾鳍摆动方式的对比加以说明。无论是上下摆动尾鳍，还是左右摆动尾鳍，两种方法都不错，但鲸不习惯左右摆动尾鳍的方式，因为它们的祖先是陆上哺乳动物，为了快速奔跑，脊椎习惯于上下收缩。金格里奇和他的同事们总结道："这显示出，鲸利用强壮、肌肉发达的尾鳍收缩背腹肌肉的游泳方式是从300万年的进化过程中发展出来的，也可能是因为，原始鲸便是依靠这种方式游泳的。"

我不喜欢科学社会学中的很多方面，但它也有很多值得赞扬的地方。科学是快乐的，是高度国际化的，我诚挚地赞扬上述的几位作者，他们在亚洲进行实地考察，然后将得到的化石带到美国的研究室中进行仔细研究，P. D. 金格里奇、S. M. 拉扎、M. 阿里夫、M. 安瓦尔、X. 周在巴基斯坦的地质学研究则为整个研究提供了支撑。此外，我还对他们的论文的第一句话念念不忘："五种古海洋生物的部分头骨和骨骼说明了鲸早期进化的过程……"对

于化石的研究其实也是对于岩石年龄的识别，因此，位于巴基斯坦的名为
"Ypres"的沉积层也能成为一个时代的标记，在第一次世界大战期间，这里
成了欧洲最血腥的一块战场。

　　悲痛且多愁善感的话就不多说了，让我们以罗德鲸的发现作为这篇文章
的结尾吧。

29
上帝过分偏爱甲虫

就像上帝将整个世界掌握于手中一样，我们也总是希望将某个领域所有的智慧全部浓缩为一句警句。名言警句是人类文化的中流砥柱，并不是现代的创新产物。

进化生物学界引用率最高的一句警句，完美地概括了生命生机勃勃的多样性与构成。被达尔文的理论颠覆了的古老传统认为，通过研究上帝创造的有机体，我们应能感受到上帝的存在以及他的仁慈。这种观点被称为"自然神学"，从 17 世纪末罗伯特·波义耳时期到比达尔文大一辈的威廉·佩利时期，自然神学一直是英国动物学界的主流理论。自然神学家认为上帝不仅创造出了万物，其创造出的自然还反映出人类的优越性与主导地位。

为了纠正自然神学本质上自大的传统，进化学家认为，自然无可置疑的秩序绝非我们口中所谓的"仁慈"，也不是以人类为中心而建立的。自然真实的构成并不存在我们口中所谓的神性。

几乎所有的进化主义者都会援引我们这个小圈子里的一句警句作为支持证据，这句话由 J. B. S. 霍尔丹所作，他是现代进化主义的创始人（见霍尔丹于 1932 年出版的《进化的原因》），也是一位让人尊敬的学者。下文中的引用语，并非由霍尔丹自己所写，而是出自现代进化论生物学领域流传最广的一本书第一页的脚注部分："对圣罗萨莉亚致以最崇高的敬意，不然，那个地方就不会有如此多的动物。"（《美国自然学家》，1959）这句话的作者 G. 艾福林·哈金森是世界上最伟大的生态学家及 20 世纪英国唯一能在智慧上与霍尔丹比肩的生物学家。哈金森写道：

　　"曾经流传着一个故事，其真实性有待证明。据说英国著名的生物学家霍尔丹发现，自己身边有一大群神学论者。当被问及，人们阅读他的作品时，能从造物主所创造的自然界中获得怎样的结论，霍尔丹回答道：'上帝过分偏爱甲虫'。"

　　多有趣的回答啊！但这句话真的出自霍尔丹之口吗？如果是真的，那霍尔丹又是在何时、何地、怎样说出这句话的呢？权威的文献明确表示，这个故事来自二手资料，其真实性"有待考证"。霍尔丹是个杰出多产的作家，但他在酒吧时更加才思敏捷。霍尔丹在酒吧等场合说过的话，要么如一团湿纸巾一般被丢弃了，要么在宿醉之后被遗忘得一干二净。

　　霍尔丹这句"上帝过分偏爱甲虫"如今已然成为著名的警句，我们确实非常想知道这句话的确切来源。然而，措辞巧妙的权威警句要么在流传的过程中被歪曲了含义，要么干脆是张冠李戴。

　　感谢英国那些富有魅力，有时甚至可以说是奇怪的传统，英国人总喜欢给编辑寄上一封讨论文章相关细节的信。这是我们能找到的最靠谱的资料，也是为此类警句追本溯源的一种方法。我的朋友鲍勃·梅（同样也是牛津大学的教授）在评估一场主题为"蚂蚁与植物的相互作用"的会议时写了一篇文章，文章的标题为《对蚂蚁的偏爱》，显然模仿了霍尔丹的警句。在文章的开头，鲍勃写道："霍尔丹最著名的一句话便是，上帝过分偏爱甲虫。霍尔丹之所以会说出这句话，是受了周伊特的启发。当时，周伊特在牛津大学贝利尔学院宴会的贵宾桌上谈论他的研究揭示出的上帝的神性。"鲍勃的观点激起科学界一番激烈的讨论，原因很简单，英国普通科学的专业杂志《自然》和伦敦林奈分类学会的时事快报《林奈分类法》的读者来信栏目都快被塞爆了。

　　我可不是为了自己对古董的喜好而选择追溯警句的历史的，之所以写这篇文章，全然是为了告诫我的读者们，在我们日常的思考与叙事当中，其实一直暗藏着那些不被我们承认，却会对我们产生至关重要的影响的偏见。人们总是错误地引用名言警句，或是干脆搞错了句子的来源，这些问题的出现并非随机，而是遵循着清晰且可被感知的思维模式。基本上，绝大多数的错误能够被分为三类：将警句的创作人套在了更加出名的人的头上；为了让句子变得更精炼深刻，对原句进行修改；改变原句的语境，使句子的主角更加有趣或是更加英勇。霍尔丹这句与甲虫有关的警句几乎同时犯下了这三种错误。

这句话到底是谁说的？ 人们总是喜欢那些更有名气的人说的名言警句，但霍尔丹的名气已经足够大了，他说过的话绝对无须假借于他人之口。在霍尔丹那个时代，没有哪一个生物学家能够通过冒用他人的警句来获得荣誉。然而，在托马斯·亨利·赫胥黎这位科学散文大师的面前，英语中所有与进化论相关的名言警句都会黯然失色。在我的档案中，至少有四句与甲虫相关的警句都被安上了赫胥黎的名头。鲍勃·梅在其文章中也存在类似的错误，他声称，霍尔丹之所以会说"上帝过分偏爱甲虫"这句话，完全是在牛津大学贝利尔学院的晚宴上受了周伊特的启发。鲍勃的言论自然引起了科学界的轩然大波。

周伊特在他那一代人中，是英国最伟大的古典学者。作为贝利尔学院的一位大师，他的学问之渊博甚至促使贝利尔学院的年报为他创作了一首诙谐的打油诗：

> "我是这学院的大师，
> 我不知道的知识便不可算作知识。"

若说霍尔丹的妙语是受了某人观点的启发，那么虔诚保守的周伊特绝对是最好的人选，可惜事实上还有一个小问题。周伊特死于 1893 年，那时，霍尔丹还不满周岁呢。若说周伊特与某句关于甲虫的妙语有关，那这妙语可能是赫胥黎所说的（赫胥黎死于 1895 年，与周伊特是同辈人），或者这妙语是霍尔丹的父亲（一位著名的生理学家）所说。

鲍勃·梅是澳大利亚人，不是一个毕业于牛津大学的英国上层人士。当他意识到，自己的文章出现了年代错误的问题时，他在 1989 年 10 月 26 日的《自然》杂志中回应道："受时间与空间限制的凡人一点都不适合出现在和牛津大学有关的故事里。"这回答既慷慨，又令人感到舒服。

这句话是在何种情况下说的？ 鲍勃在文章中表示，好的故事需要将故事中的凡人塑造成一个迷人、有趣或是戏剧化的角色。传说霍尔丹曾多次提到甲虫的这句妙语，却往往是对朋友所说的。如果霍尔丹用这句妙语反击、嘲笑其他人，故事一定会变得更具吸引力。于是，故事的绝大多数版本都加入了冲突的元素。后补的文章中将周伊特塑造成霍尔丹的陪衬。哈金森则认为，霍尔丹之所以说出这句话，是为了反击神学家。另一位认识霍尔丹的英国生物学家 A. J. 凯恩于 1987 年写道:"这句话是霍尔丹亲口对我说的,绝非出自赫胥黎之口……有些自以为是的浑蛋问霍尔丹,人们在阅读他的作品时,能从造物主所创造的自然界中获得怎样的结论,霍尔丹回答道:'上帝过分偏爱甲虫。'"

这句话的原话为何?《自然》和《林奈分类学》读者来信一栏里那些来信足以证明,这句广为流传的妙语的确出自霍尔丹,至少没有比他更早的版本出现了。此外,我们有足够的信心认为,霍尔丹说出这句妙语,绝不是为了反击或是讽刺他人,至少没有任何当时在场的人愿意出来作证。当我们想要依据霍尔丹的个性以及当时的环境解决心头疑惑时,这才发现,想要还原霍尔丹的原话是件有难度的事情。霍尔丹是个伟大的作家,曾出版过好几本科学文集。显然,他很喜欢这句甲虫的妙语,常常在日常对话和公开演讲中提起这句话,但始终没有将这句话以文字的形式记录下来,因此我们无法知道他的原话到底是怎样的。

在一系列来信中,有一封信提供了这句话最接近"官方"的版本。1951年 4 月 7 日,霍尔丹代替其身体不适的同事,也就是伟大的物理学家 J.D. 博纳尔参加英国星际学会的演讲。霍尔丹从未发表过本次演讲的内容,但学会的秘书 A.E. 斯莱特在《英国星际学会学报》第 10 期中刊登了霍尔丹本次演讲的文本。在地方图书馆里,你是找不到《英国星际学会学报》的。接下来,我将完整引述学报中的原话:

> "谈及在其他行星上发现的生命体,作为一名生物学家,霍尔丹教授对这次的演讲表示抱歉,因为这次的演讲人本来应该是一位物理学家。霍尔丹教授提到了三个假设:
>
> (a)生命有着不可思议的起源;
>
> (b)生命起源于非有机物;
>
> (c)生命为宇宙的一部分,只能从此前便存在的生命中诞生。
>
> 霍尔丹教授称,我们应当严肃看待第一个假设,这也是接下来将会着重讲解的假设。事实上,地球上大约有 40 万种甲虫,而哺乳动物才8000 种。霍尔丹教授总结道,如果确实存在上帝,那上帝必然对甲虫有着过分的偏爱。"

好吧，但我们在引用他人的话时，总是不自觉地将其中一些尖锐的语言替换成更加好听的说法。难道霍尔丹的原话真的是"上帝过分偏爱甲虫"吗？有没有可能他用的词是"极度溺爱"呢？有没有可能学会的秘书记错了他的原话，又或者是按照英国的老传统，用保守的词语来重述霍尔丹的话？可惜，真相永远不得而知了。但霍尔丹的朋友肯尼斯·柯马科写给《林奈分类法》的一封信给了我们新的希望，在信中，肯尼斯提供了一个更精确的版本：

> "我和多瑞斯（柯马科的妻子）重新回忆了这段往事，多瑞斯也和霍尔丹十分熟悉，我们记得，霍尔丹当时的原话是：'上帝极度溺爱甲虫。'事实上，霍尔丹自己对这句话有着极度的'溺爱'，他经常提及这句话，有时还会说：'上帝极度溺爱星星和甲虫'……霍尔丹还提到神学上的一个观点：上帝总是不嫌麻烦地不断试图按照他自己的形象来创造生命，他在创造甲虫时尝试了40万次。如果我们真的有幸能够看到上帝的真容，或许他的样貌会与甲虫相似，而不会长得像凯瑞博士（坎特伯雷的大主教）。"

既然如此，那就选择你愿意相信的版本吧。你可以选择相信更显无趣的"过分偏爱"版本，也可以选择相信更显机智的"极度溺爱"版本。在给本文起标题时，我将两种版本中和了一下。

那么这句话之下潜藏的事实又究竟是什么呢？上帝到底有多偏爱甲虫？地球上到底有多少种甲虫？我们又是如何算出40万这个数字的？

根据最近总结出的数据来看，英国博物馆昆虫学家奈吉尔·E. 斯托尔克称，有正式命名的动物与植物（除去真菌类、细菌类和其他的单细胞生物）一共有大约182万种。在这182万种生物当中，超过半数为昆虫（57%），在拥有正式命名的昆虫当中，甲虫占了一半多。在所有拥有正式命名的动物与植物当中，甲虫占了25%。这真是个极好的证明，我们大概都会相信，上帝确实过分偏爱甲虫。

然而，统计出所有拥有正式名字的动物与植物的数量不过是研究的起点，是冰山的一角。所有的分类学家都同意，地球上有绝大多数的生物依旧还没被发现，因此也没有名字。在 E. O. 威尔逊最新出版的《生命的多样性》中，他写道：

"地球上到底有多少物种？我们不得而知，现在已知的物种只不过是地球上所有生物的一小部分而已。真实的数据可能会接近 1000 万，甚至可能高达 1 亿。每年人们都能发现大量新的物种。在所有已经被发现的生物中，将近 99% 的生物只是在科学上有了正式的名字而已。博物馆里有大量的标本，但科学期刊中只有寥寥几篇文章与它们有关。一旦发现了新物种，科学家们都会开香槟庆祝。博物馆里充满了大量新物种的标本。每年都有大量的新物种被发现，只有一小部分引起了我们的特别注意，基本上我们没有时间一一描述新发现的物种。"

所以，如果不依靠那些无意义的发表过的信息，单纯考虑我们估算出的物种总量，那么上帝依然过分偏爱甲虫吗？甲虫不仅在物种数量上占据着绝对的优势，其物种及数量增加的频率也相对较快。在所有的生物当中，甲虫可谓是最难估算的一种生物了。

对甲虫进行一次普查并不会增加我们对这种生物的了解，因为对于部分甲虫种群来说，我们已经对其了如指掌，但有些甲虫的种群，我们才刚刚开始接触。打个比方，当前可知的、有名字的鸟类大约有 9000 多种，我们认为，鸟类的品种应当不会再大幅增加了。新发现的鸟类品种数量已经开始缓慢减少，每年仅新发现一到两种新品种的鸟类。同样，目前可知的、有名字的哺乳动物共有 4000 多种，它们的品种也不会继续大幅增加了。

然而甲虫的体形小，通常极不起眼，而且很多甲虫在农业上属于害虫，更是失去了研究探索的价值。绝大多数甲虫都居住于草木旺盛、最不容易做研究的热带雨林里。当我们意识到热带雨林中有多少物种尚未被发现，当我们意识到为了短期利益，人类正大举破坏热带雨林的生态环境时，有多少物种因此灭绝。我们赞成适度关注热带雨林的环境保护行动，尽管生活在热带雨林中的物种与我们的关系不大，离我们生活的距离很远。

通过估算世界上所有动植物种群数量的最高上限与最低下限，我们或许能够得知甲虫种类的大致数量。威尔逊认为，这个世界大约共有 1000 万—1 亿种动植物。我知道，昆虫大约有 187 万—8000 万种。如果昆虫的数量占动植物总量的 1/2，那么全球大约共有 350 万—1.5 亿的动植物。

依照上述估算的数据，美国昆虫学家特里·埃尔文于 20 世纪 80 年代早期出版了一本书。首先，面对大量未被发现的居住于热带雨林中的生物，埃尔文给出了一个合理的估算数字，为生物学知识与环境保护运动策略做出了巨大贡献。1982 年，埃尔文提出一个惊人的数字，虽然初见时让人难以置信，但依然成了目前的标准数据，被无数教科书与科研文章所引用。埃尔文认为，在热带雨林中居住的节肢动物大约有 3000 万种，这一数据是基于他对甲虫物种数量的估算得出的。

埃尔文绝不是坐在办公桌旁，拿着计算器凭空估算出上述数据的。能够取得这样的成就，有赖于他的努力工作。他意识到，人类目前只发现了一小部分生活在热带雨林中的生物，鉴于这些生物大多小而不起眼，科学家如何才能观察到居住于同一棵热带雨林之树上的所有生物呢？埃尔文采用的方法比较极端，他在树上喷洒了强力的杀虫剂，等到树上的昆虫死后坠落在地上，便能计算了。无论是从体力还是精神上，这项工作无疑都是艰巨的。怎样爬到树上喷洒杀虫剂？如何收集昆虫的尸体？有些昆虫死在了树皮的深处，根本没有可能掉到地上，如此，埃尔文又如何能确定他收集到了树上所有的昆虫尸体呢？再者，如何辨认那些之前从未被发现过的昆虫？特别需要考虑的是，没有人能成为各个领域的专家。

埃尔文通过向一种名为 Luehea seemannii 的热带树木喷洒杀虫药，进而估算出 3000 万这个数字。他采取了八个步骤来完成调查，通过这八个步骤，你会意识到，这项研究的难度着实很高：

1. 埃尔文花费了整整三个季节的时间在热带雨林中考察研究，对 19 棵 Luehea seemannii 喷洒杀虫药，以此掌握树木与季节的变化。

2. 他计算了甲虫物种的总数，大约为 1200 种。

3. 埃尔文根据甲虫的习性，将这 1200 种甲虫分为四个种类，分别为食草类、食真菌类、食肉类、食腐类。

4. 最关键的一个问题是，如何根据一棵树上的甲虫数量来估算整个热带雨林中昆虫的数量？为了估算整个热带雨林中昆虫的数量，埃尔文必须知道，有多少种甲虫会固定生活在某一种特定的树上，有多少种甲虫能够生活在任何一种树上。打个比方，若有 1200 种甲虫只能生活在 Luehea seemannii 上，那么热带雨林中所有甲虫的数量可能要比 Luehea seemannii 这种树在雨林中的总量高出 1200 倍。如果这 1200 种甲虫全部能够生活在任何一种树上，那么甲虫的总数也就只有这 1200 种了。埃尔文之所以将甲虫归为四个种类，就是为了方便他估算出各个物种"地方特性"的程度。

5. 将"地方特性"的指标用于计算所有在 Luehea seemannii 树上找到的 1200 种甲虫，埃尔文估算出大概有 163 种甲虫只生活在 Luehea seemannii 上。

6. 全世界大概有 5 万种热带雨林树种，如果对于特定生活在某种树上的甲虫平均数而言，163 是个合理的数字，那么热带雨林将会一共生存着8150000 种甲虫。

7. 既然甲虫占所有节肢动物的 40%，那么热带雨林里一共生存着约 2000 万种节肢动物。

8. 这一数字只考虑了生活在树冠的节肢动物。埃尔文表示，生活在树冠上的节肢动物数量要比生活在地面上的多，比例大约是 2∶1。如此算来，另外生活在地面上的节肢动物大概有 1000 万种，那么生活在热带雨林中的节肢动物总数便约为 3000 万种。

热带雨林中大约有 187 万—8000 万种节肢动物这个数据是其他人根据埃尔文的估算而重新调整的，并非直接按照埃尔文的实验数据得出的。打个比方，奈吉尔·斯托尔克认为，生活在热带雨林中的节肢动物总数最高为 8000万种，这一数据就是在埃尔文的实验基础上进行了两次修正得出的，两次修正中，斯托克都大幅上调了估算的数量。他认为，树冠中的甲虫数量在树冠中节肢动物里的占比绝对小于 40%，斯托克更倾向于 20% 这个比例。如此一来，节肢动物的数量就比埃尔文的估算高出了一倍。斯托克表示，与生活在地面的节肢动物数量相比，埃尔文高估了生活在树冠中节肢动物数量的比例。上调了生活在地面的节肢动物的比例后，斯托克便得出了 8000 万种这个较大的数字。

最低 187 万种节肢动物这个数据则发表于 I.D. 霍德金森和 D. 卡森于 1991 年的一篇文章中，文章的标题——《对臭虫较小的偏爱：热带雨林中半翅类昆虫的多样性》模仿了霍尔丹的经典名言。这里所说的"臭虫"可能是对爬行昆虫的俗称，但对于动物学家而言，"臭虫"是半翅类昆虫的一种技术性名称。霍德金森和卡森之所以用"臭虫"这个词，只是为了起到双关的作用。臭虫这个概念并不像甲虫一样模糊不清。与此同时，两人对热带雨林中节肢动物总数的估算也比其他人要小很多。

埃尔文根据对 19 棵树的研究估算出了热带雨林中节肢动物的数量，而霍德金森和卡森的估算则是依据"一项在印度尼西亚苏拉威斯尤塔拉热带雨林中大小适中，地形相异的区域里，对半翅类昆虫进行密集研究"的调查得出的。在这项研究的主要框架基础上，霍德金森和卡森采用了与埃尔文相似的推算逻辑。他们从苏拉威斯收集了 1690 个品种的爬行昆虫，并进行了辨认，最终认定，这 1690 种爬行昆虫里，有 62.5% 的昆虫为此前从未被发现过的。如果在苏拉威斯的树木中，每考察 500 种已知的树种，就能发现 1056 种新物种（该数字是用 1690 乘以 62.5% 得来的），那么在全球生长着 5 万种树木的热带雨林中大约会发现 105600 种新物种。将新物种与已知的 81700 种物种加在一起，我们便能估算出 187300 这个数字，全世界所有的昆虫大约为 187 万种。

为何霍德金森和卡森与埃尔文所用的估算逻辑相差不大，得出的结果却天差地别呢？所有的科学家都明白这样一个道理，推算所采用的逻辑实际上都是"不太可信"的，因为既然要推算，那就必须先假设推算的基础是正确的。为何在巴拿马，某种昆虫就非要住在同一种树上？为何通过统计印度尼西亚一个较小地区的爬行昆虫的数量，就能估算出全世界所有昆虫的数量呢？埃尔文估算的数字显然太高了，他所选择的树木上居住的昆虫数量显然要比其他树木上居住的昆虫数量要多，也可能埃尔文在假定只生活在某种树木上的昆虫数量时，估算的比例过高了。霍德金森和卡森估算的数量则显然过低，因为推算所依据的研究存在一定问题，研究的地点——印度尼西亚的生物物种相对贫乏。也可能是因为他们在对树木喷洒杀虫药时，喷洒范围不够全面，导致收集到的样本数量偏少。

无论如何，我们确实能够从各项调查中感受到，大自然确实对甲虫有着非同一般的偏爱，偏爱的程度显然超过了大自然对世界上那些已经有了正式命名的 40 万种动物的喜爱。同样，从我们对地球上所有物种进行估算的困难程度上以及从那些优秀的科学家估算出的不同数据中能够看出，我们对于自然界知之甚少。若以后有人跟你说，分类学乏味得很，因为我们对地球已经非常了解了，只有少量的细节空白需要填补时，请用上文的研究当面嘲笑他。

在无知的同时，我们应当同时对自然两个互相重叠的特征感到愉悦：第一，世界对于我们而言是如此陌生，因此也格外迷人（这是关键所在，我认为，霍尔丹的妙言背后最核心的意义，便存在于那些平时人类很少关注，却意外多元化的生物之中）；第二，无论我们的世界有多么奇异，对于人类而言，自然依旧保持着能够让人类去理解的一面。

我认为，我应当用两句名言警句作为这篇文章的结尾。爱因斯坦在提及掌握自然复杂程度的可能性时，他创造了一句在神学方面仅次于霍尔丹的话："上帝不可捉摸，但绝对不存在恶意。"但在描述自然神秘莫测为我们带来的乐趣方面，谁也比不上霍尔丹，这次我们终于能知道他的原句是什么了，因为他将句子写了下来！霍尔丹在 1927 年出版的《可能的世界》中写道："我怀疑，宇宙不仅要比我们设想的更加奇妙，而且还要比我们能够设想出来的更加奇妙。"

30
如果帝王蟹是寄居蟹，那么人类就是猴子的叔叔

　　人类善于从错误中汲取经验，而这些错误大多都是可耻的。在这篇文章的开端，我想先写一写我个人的经验教训。许多年前，我的一位学生总是向我说起她父亲的兄弟，一个因发育迟缓而举止幼稚的男人。当她提到"我的叔叔"时，我的心头为之一颤。我心想："叔叔应该是明智的人，能够给你提供免费的意见（并不总是有用）、带你去打棒球，可是这位学生的叔叔能够胜任这样的角色吗？"之后我又想："他之所以成为叔叔，只是单纯因为他是她爸爸的兄弟。'叔叔'是个纯表示血缘关系的词语，并没有任何功能性的概念，他和这个世界上其他的叔叔没有任何区别。"

　　进化论层面上的关系同样是血缘关系，而不是功能性关系。我们都知道，鲸由陆上哺乳动物进化而来，因此也属于哺乳动物，并不因为它们生活在海洋里，便被归为鱼类。在血缘层面上，血缘的亲疏远近主要由物种在系谱中支系的位置来决定，达尔文称之为"亲近关系"。或许与我的兄弟比尔相比，我的相貌和行为举止与堂兄鲍勃更加相似，但我的兄弟比尔在血缘上与我更加亲近。功能与外表与系谱中的"亲近关系"的联系并不紧密。举个经典的例子：所有进化主义学家都同意，鳟鱼、肺鱼、母牛之间的亲缘关系如右图所示。陆上的脊椎动物从早期鱼类中剥离出来的时间大概是现

鱼和牛的亲缘关系（由 Mark Abraham 描绘）

代肺鱼祖先诞生的时间。因此，如果我们单纯依照宗谱关系对这三个物种进行分类，那么肺鱼和母牛便会被摆放在一起，鳟鱼则与它们不在同类别当中。许多人反对这样的说法，我们传统的分类方法习惯将功能与严格的亲缘关系混在一起。我们或许会说："肺鱼看起来更像鱼，它游泳的方式和鱼类似，行动的方式和鱼类似，尝起来也像鱼。因此，肺鱼是鱼。"或许事实确实如此，但从亲缘关系上来看，肺鱼和母牛更加亲近。

在这篇文章中，我并不想进一步从理论的角度探究分类学，尽管痴迷于分类学的人或许已经认识到，这一问题已经渗透至系统学体系当中，成为"分支理论"中的主要辩题。分支理论者推崇依据纯粹亲缘关系进行分类的分类学，完全忽略将功能与亲缘关系混合在一起的分类传统。我们将在这篇文章中着重阐释清楚一个观点，即亲缘关系与功能相似性是两个完全不同的概念，当人类错误地将两者视为同等概念时，特别是当我们利用生物的外部特征与行为表现来分析物种的亲缘关系时，往往会犯下极其愚蠢的错误。

如果我们称鲸为鱼类，这就意味着，我们误解了进化论中的"趋同"现象。虽然鲸身上具有和鱼类似的特征，但它却是单独从陆上脊椎动物进化而来的。鳟鱼和肺鱼身上与鱼类似的特征则表示，它们拥有共同的祖先。具有共同的特征并不会拉近鳟鱼和肺鱼的亲缘关系，因为两者身上的共同特征是早期脊椎动物皆有的。所谓的"亲近关系"特征主要指的是那些从主要枝干上剥离后进化出的特征。打个比方，人类和狗都有五个脚趾，但我绝不会将人类与狗归在一类，而将海豹归在另一类。实际上，从亲缘关系来看，海豹和狗的关系更加密切，两者均为肉食动物。拥有五个脚趾几乎是所有祖先为原始哺乳动物的物种共有的特征，不能作为分类的依据。

如果你认为，接下来我们将探讨的主题抽象且无聊，那请先耐心听我讲一个奇妙的故事，帮助你更好地理解这篇文章的核心观点。从地位的角度来看，住在城堡里的国王和住在茅舍里的贫民之间存在着天差地别。但正如我在上文中提到的那样，身份功能和亲缘上的相似之间并没有太多关联性。我们的生活中充满了大量乞丐变富豪、乞丐变国王、王子变青蛙等故事。从血缘上来看，国王最亲密的人有可能正是居住在世界上最破烂的茅舍当中的乞丐。

接下来，我们来比较帝王蟹与寄居蟹之间的区别。在这个有限的领域当中，我们很难能够找到如帝王蟹和寄居蟹一样外表差异如此巨大的两个物种了。帝王蟹与其他的蟹相比，体形巨大，生活范围包括温哥华岛的北端、整个阿拉斯加、西伯利亚，最远达到日本周围的东太平洋边缘。帝王蟹喜欢生活在北极和北方水温的环境里。借用我之前对肺鱼的描述，帝王蟹长得像螃蟹，动起来像螃蟹，行为习惯像螃蟹，尝起来当然也像螃蟹。根据阿拉斯加这个繁盛的"渔场"数据来看，帝王蟹的数量在20世纪60年代达到顶峰，每年能够带来1.8亿磅（约8165万千克）的产量及约等于鲑鱼年交易额40%的收益。近段时间，帝王蟹产量下滑，可能是寄生虫、疾病及捕鱼过度导致的。世界上曾经捕捉到的最大的帝王蟹，其蟹腿有5英尺（约1.5米）长，重24.5磅（约11千克）。在日常的买卖当中，蟹腿长3英尺（约0.9米）、重10磅（约4.5千克）的帝王蟹十分常见。

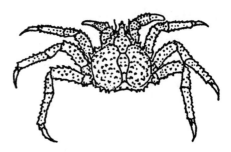

大幅缩小的帝王蟹

与帝王蟹截然相反，寄居蟹实际上是帝王蟹的一个非常庞大的亲族。寄居蟹共有80个种类，其中又可细分出800个品种。绝大多数的寄居蟹长1或2英尺（0.3或0.6米），蜷缩在空的软体动物壳中。帝王蟹和寄居蟹之间的差别绝对不止如此。帝王蟹看起来就像是普通的螃蟹，它的甲壳扁平且宽大，前面有两个螯，后面有三对坚硬且长的腿。

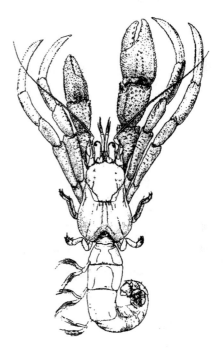

典型的寄居蟹，它的腹部朝右扭曲（《大英博物馆（自然历史）动物学》，第三卷，115页，第三节，1916年版）

与之相反，我甚至不太明白，为什么有人会将寄居蟹定义为蟹。海洋甲壳纲动物有三大类，分别为蟹类、龙虾类和小虾类。真正的蟹应当属于"短尾下目"。短尾下目的决定性特征便是，它们的腹部短而狭窄，身体背部具有小褶皱，且紧紧贴着下面的部分。宽大且扁平的蟹壳只和龙虾及小虾的前半部分相似。腹部是蟹最美味的地方，也是龙虾和小虾身体伸缩的主要部位，但在蟹的身上却完全看不到。捏起龙虾的前段，展开后向两边拉平直到龙虾的甲壳变得宽且长，之后再剪去尾巴，将其卷入体内，看，它就变成了蟹。

那么，我们为什么将寄居蟹归于蟹类？从亲缘来看，寄居蟹并不属于短尾下目，而是属于另外一个名为歪尾派的种类，介乎于普通虾类和其他十足类动物的边缘。它们的身体是伸长的，和虾一样。寄居蟹的前段有一对蟹爪，蟹爪后面是两对强而有力的蟹腿。最重要的是，寄居蟹的腹部并没有退化，也没有出现紧贴下面的褶皱，而是卷曲且能够延展，总体而言变化很大，能够帮助寄居蟹适应寄居在壳内的生活。寄居蟹的腹部柔软，其中不含钙质，能够更轻易地缩进寄居的壳内。此外，寄居蟹的腹部向一侧卷曲，模仿的便是寄居的壳的形状。事实上，分类学按照寄居蟹腹部卷曲的方向对其进行了初步的分类，腹部向左弯曲的寄居蟹不太常见，而腹部向右弯曲的寄居蟹则是最常见的。所以，我们为何将寄居蟹归于蟹类？将它们称为寄居虾不是更加贴切吗？

此外，专家还一度怀疑帝王蟹可能也不属于十足甲壳类，这些生活在阿拉斯加的巨型蟹在亲缘上与寄居蟹更加接近。然而，亲缘关系上如此接近的两个品种为何会出现如此巨大的差别呢？再者，帝王蟹和寄居蟹的差异如此巨大，为何有人会推测，两个物种之间存在着亲缘关系？接下来，我将陈述三个论点，虽然这三个论点并不能让人完全信服，但却极具说服力：

1. 成年帝王蟹的腹部尽管尺寸变小，且和真正的蟹类一样卷曲在身体里，然而在形状上却是不匀称的，能够让人联想到寄居蟹的尾部。成年帝王蟹身上还有好几种特征会让人想起寄居蟹。举个例子，蟹、龙虾、小虾等甲壳类动物之所以被称为"十足类动物"，就是因为他们一共有十只脚。真正的蟹的前段有一对蟹钳，后面长有四对腿，总共有十条腿。而寄居蟹的蟹钳后面只有两对强而有力的腿，最后两对腿则退化成了用于抓住寄居之壳的小的凸起物。帝王蟹的第二对蟹腿与寄居蟹一样，小且不起眼，掩藏在身体的下方。

2. 虽然成年帝王蟹和寄居蟹在身体上的差异极大，几乎看不出过多的亲缘联系，但如果你仔细观察帝王蟹和寄居蟹的幼体，则会发现两个物种的幼体在许多地方都有着奇怪且普遍的联系。成年动物的特征往往比较明显，能够轻易被区分，许多幼体时期的特征会在成长的过程中慢慢消失。动物的幼体或胚胎往往会保留祖先的发展模式，部分原因在于，从卵细胞发展成成年

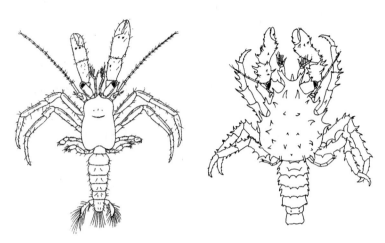

寄居蟹后期幼体（最后的阶段）（左），帝王蟹的变体（右）（《伦敦动物学会会刊》第128卷，1957年出版，221—247页）

个体的过程过于复杂，可以变化的空间较少，还有部分原因在于，幼体的生长环境通常是稳定的，而成年个体的生活环境则复杂多变。我喜欢将幼体的共通现象称为"蟹奴原则"，之所以叫这个名字，主要是想纪念著名的蟹类害虫。虽然已是成年，蟹奴依旧不仅仅是寄主体内无形状的生殖组织，而且还维持着其祖先藤壶清晰的幼体特征。

　　上图选自麦克唐纳德及其同事于1957年发表的一篇重要论文，左图为标准寄居蟹的后期幼体，右图为帝王蟹一种较小的近亲蟹。从图中我们能够看到，部分成年才存在的差异已经开始形成了。举个例子，帝王蟹的近亲蟹，其脊柱已经出现了独特的变化，前段蟹钳后面的第三对腿已经变长了。尽管如此，在寄居蟹和帝王蟹近亲蟹的幼体阶段，两个物种间相似性的显著程度还是要高于不同性的。

　　3. 蟹状的趋同进化是常见甲壳类动物的成长趋势，这一点格外有趣。我不会去推测蟹状的趋同进化存在的优势或劣势，而是简单地记录下趋同进化的过程。甲壳变得扁平，向两侧拉伸；挤压腹部并将其卷曲至身体下方，蟹状的身体便由此诞生了。这样的共同进化趋势有着自己的名称。1916年，一位著名的英国动物学家 L. A. 波拉戴勒将这种趋同进化命名为"蟹化"（carcinization）。这算不上一个高雅的名字。要记得，我们将导致癌症的物质称为"致癌物质"（carcinogen），而癌症一词本身就来自拉丁语的"蟹"（cancer）。

绝大多数寄居蟹的品种在进化的过程中都经历过蟹化的过程，其中有些只进化了一部分，却依旧能够为我们推测蟹化完全过程提供一些洞见。下图为 *Probeebei mirabilis*，一种部分蟹化的寄居蟹，于 1961 年由丹麦动物学家托本·沃尔夫所归类。由图可见，其腹部依旧为不对称的，并向右旋转，但钙化程度并不明显。蟹钳后面的两对蟹腿发育发达，向两侧延伸，而非向前部伸展，能够支撑其自由行走（这种状态最适合从寄居的壳里爬出来）。如此改变的原因很明显，*Probeebei* 生活在哥斯达黎加海岸的深水区，水深超过 10000 米。在如此之深的海里，寄居蟹很难找到能够寄居的软体动物甲壳，因此，*Probeebei* 保持着其祖先自由的生活模式。

我们再来看两个能够更好帮助我们理解蟹化的例子。*Porcellanopagurus* 是波拉戴勒最初研究的蟹类，长有短且十分对称的腹部。然而，这种生物并不是寄居在软体动物甲壳内，而是居住在蛤壳中，因此，它的腹部无须卷曲以适应壳的形状。再比如，椰子蟹是一种在太平洋岛屿上常见的大型蟹，在其成长的过程中，我们能够看到大量蟹化的痕迹。成年椰子蟹是完全的陆上动物，其外形与蟹类一致，但椰子蟹的幼年期则依旧保留着旋转的腹部，居住在海岸线上的软体动物甲壳内。

接下来，让我们暂时忽略那些部分蟹化的寄居蟹，将焦点放到那些十足动物中完全蟹化的四个例子上。当然，绝大多数完全蟹化的物种本身就属于蟹类，这一类型的蟹大约有上千种，且遍布世界各地。但另外有三种完全蟹化的甲壳类动物在很大程度上属于寄居蟹，其中有两种对于非专业人士而言比较陌生，它们分别为类蟹科和磁蟹科。第三种为石蟹科，其中包括帝王蟹以及另外 16 个类别中的 52 个品种。石蟹科里的蟹类绝大多数

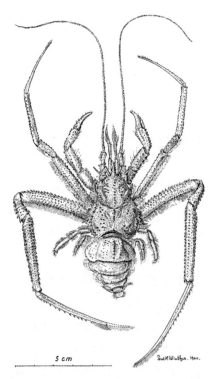

5 cm

深海寄居蟹腹部硬化，但扭曲程度轻，有善于行走的强健的蟹腿（《铠甲虾报告》第四卷，出版于 1961 年，13 页）

体积很小，其中还包括十几种生活在冷水当中的蟹类。

如果你依旧对帝王蟹和寄居蟹的亲缘性持怀疑态度，一项发现能够驱散你心头的疑虑。1992年，C. W. 卡宁汉姆和N. W. 布莱克斯通、L.W. 布斯发表了一篇名为《自寄居蟹祖先进化而来的帝王蟹》的论文。

这项研究由我的朋友及同行L.W. 布斯在耶鲁大学的实验室里完成。当今先进的科技使得我们能够以低廉的价格，快速对DNA进行排列。传统的分类学总是很难在形态、身体及行为特征上找到趋同的特征。DNA和RNA的排序则能够为我们提供成百上千的新特征。这些分子数据同样受到趋同性及其他虚构形式的限制，但总体而言，依旧为研究提供了大量新的证据。

布斯和他的同事对一些由rRNA组成的重要基因进行排序，并找到了108个承载着"过去信息"的基因位置，这大幅增加了能够帮助我们分类的有用特征数量。布斯及他的同事对12个种类的帝王蟹以及其第13种远亲进行对比，以此绘制出相似性的模型。之后，他们利用多种绘制树状图的技术标准来建造亲缘关系的模型。他们用了两种建立树状图最基本的方法进行研究，所得的结果基本相似。第一种方法是远距离分析法，这种方法只测量总体相似性的程度；第二种方法是简约分析法，在建造进化树的时候，尽可能

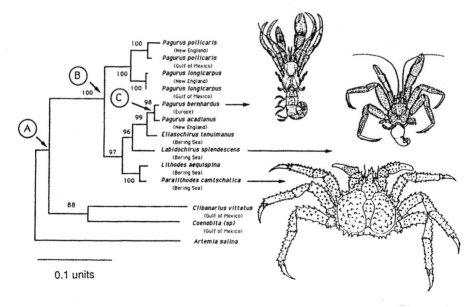

寄居蟹和帝王蟹系谱关系图（摘自卡宁汉姆、布莱克斯通和布斯的文章，《自然》，第355卷，1992年出版，540页）

减少进化的步骤。不同的方法却得到了相似的结果，这样大大增加了实验的可靠性。

上图即为这个大获成功的实验的图，是直接依照布斯的论文重建的。和预期一样，盐水虾独立于其他 12 个蟹类之外，是最早从主干上剥离的物种。第二次分化即形成了腹部左旋蟹类与腹部右旋蟹类，这是传统分类方法的一种依据。图的最上层代表着寄居蟹这个大物种当中最普通、最传统的寄居蟹种类。另一种划分方法则是按照寄居蟹的栖息地进行划分。

现在让我们来谈一谈最引人注目的一点：图最上层的后两个物种为红色帝王蟹和金色帝王蟹。这两个品种的帝王蟹数量尤其多，在分支 A 部分（也就是左旋腹部和右旋腹部相互分离）的蟹群中占据极大的一部分。上方的子集代表着寄居蟹属，也就是那些在教科书中和海滩上随处可见的寄居蟹品种。现在，我们再来看看靠近下层的子集，我们发现，寄居蟹属中还包括另外两个帝王蟹属的品种。换句话来说，从亲缘标准来看，帝王蟹与寄居蟹都是从同一个小分支中分化而出的，因此二者无论是在体形还是在行为上都很相似，所有的种类都属于寄居蟹属！

树状图还能够帮助我们推断出帝王蟹与寄居蟹相互分化的合理时间。A 点，也就是出现左旋腹部和右旋腹部之区别的时间大概发生在 7800 万—7300 万年前，这一点我们能够从化石中找到证据。右旋腹部寄居蟹栖居地出现分化，这主要发生在 4000 万—3500 万年前，地质与古生物学上都有证据可证明。继续向图的下部分看去，帝王蟹大约在 2500 万—1300 万年前，从时间跨度上来看，确实算是一段很长的时间，但从完成进化过程的角度来看，时间并不长。

在我们结束讨论这张图之前，还有一个问题需要讨论。创世论者常常指控称，进化论是无法验证的，因为进化论完全不能被视为正确的科学论题，这种说法简直荒唐至极。帝王蟹与寄居蟹之间的关系有违常规的思维，但其关系是由经典证据推断而出的。这些推测后来又经过了 DNA 序列比较的验证，帝王蟹和寄居蟹之间的亲缘关系确实如此前推测的那样。

我认为，对帝王蟹和寄居蟹关系的研究是我在进化生物学中遇到过的最有趣的研究之一，这研究是对幻想与反直觉思维的结合，拥有多方面、严格且具有说服力的数据支持，能够引起大众的好奇。但是，你愿意和我一同面对读者接下来提的这个问题吗——是的，我读完了这个故事，只是我对螃蟹

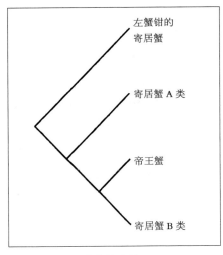

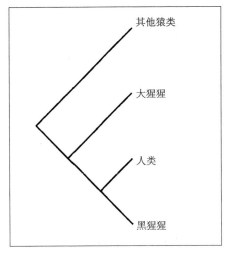

亲缘关系图 1　　　　　　　　　　　　　亲缘关系图 2

不太感兴趣，它们和我的日常生活并没有什么联系，我为何要在乎这些问题？接下来，让我再来说说另一个例子，这个例子与上文的例子存在着相同的问题，且与我们的生活息息相关。

上图中，左侧的图显示出帝王蟹与寄居蟹之间令人惊讶的亲缘关系。帝王蟹与寄居蟹同属于寄居蟹属这个世界上最普遍、最传统的蟹类。谁能想到，在亲缘关系如此紧密的情况下，帝王蟹和寄居蟹的差异竟然能够如此之大呢？谁又能想到，帝王蟹与寄居蟹的亲缘关系如此之接近呢？

现在，仿照左图制成了右边一张图，无论是分支的位置还是分支的顺序都没有进行任何更改。当然，我更换了图中的物种，因为接下来我想要利用这张图来介绍所谓的"高级灵长动物"之间的亲缘关系。实际上，高级灵长动物之间的亲缘关系完全就是帝王蟹与寄居蟹之故事的翻版！

达尔文正确地推断出大猩猩与黑猩猩在亲缘上是与人类最为接近的物种，自达尔文提出后，科学家几乎从未怀疑过该观点。之后，人们一直认为，在黑猩猩、大猩猩及人类的三角关系中，黑猩猩与大猩猩的亲缘关系更加接近，毕竟从外表来看，我们人类与它们有显著的不同（但别忘了，功能与亲缘相似性之间并没有必然的联系）。尽管证据依旧不够完整，这个问题也仍然处于大范围讨论当中，但最新的信息显示，我们此前的观点是错误的。大猩猩和人类的亲缘关系才是最紧密的，而黑猩猩则在稍早的时候已经分化出去了。

通常，人们会将大猩猩与黑猩猩一起归于猩猩科，而人类则单独归于人科。但如果我所绘制的图是正确的，那么人类就应该归属于猩猩科，而不应该单独分列为一科，否则我们便犯下了极其荒谬的分类错误，将关系比较远的大猩猩和黑猩猩归为一科。我肯定无法断言，我到底和我的叔叔亲缘关系比较接近，还是和我的兄弟比较接近，但我们能够肯定的是，大猩猩与黑猩猩的亲缘关系，要比和人的关系更近。

帝王蟹和寄居蟹的故事也正是如此。直觉告诉我们，两个物种之间的外表与特征差异如此之大，必然不可能属于同一个种类。然而实际上，帝王蟹在亲缘关系上就属于寄居蟹属！所以我们怎么能将帝王蟹和寄居蟹分别归到两个不同的物种当中呢！相同的，我们怎么能继续将人类单列为尊贵的人科，而将大猩猩和黑猩猩归于猩猩科呢？

或许有人会问，为何两个物种的亲缘关系如此密切，然而外形的差异却如此之大？或许，我们总是会被物种的外表所欺骗，实际上，外表之下的差异并没有那么显著。进化早期出现的细小变化，在进化的过程中不断累积，最终将产生显著的影响。或许在进化的最初，扁平且宽广的尾部、缩短且卷曲的腹部只是细小的变化，或许单一协调的进化就是会导致这些现象的出现。不管怎么说，就像前文所述的椰子蟹一样，幼年时期由于生活环境，它们的腹部呈卷曲的形态，比较适合居住在软体动物甲壳当中。成年后，因为生活在深海处，找不到可以寄生的软体动物甲壳，所以它们的腹部钙化了，也无须再寻找寄主了。此外，帝王蟹巨大的体形无论多么引人注意，但这并不一定是进化造成的。既然无须找寻寄居的贝壳，那么对体形大小的限制也就消失了。任何蟹化的可自由生活的寄居蟹都能长到帝王蟹的大小。

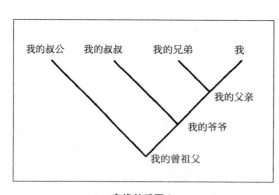

亲缘关系图 3

人类也与之相似：我们真的与大猩猩不同吗？从外表来看，我们显然与大猩猩长得不一样，从脑力来看，也毋庸置疑。但藏匿在外表之下的生物差异则并没有那么显著。人类和大猩猩都有长且有力的腿部以及体积较大的大脑。这种结果无疑产生了巨大的影响，在生命的历史当中是绝无仅有的。但我不确定身体结构与基因方面的改变是否具有深远的影响。结果便是效果，而效果则不能与产生的力量和形态变化画上等号。微小的改变能够带来巨大的影响。

　　善良且具有智慧的人都已经做好了准备，承认人类与猿人和猴子之间存在着血缘关系。我们的内心早就承认了这一点，实际上，这一点已经广为人知。但我们对这一事实并没有深刻理解，这在很大程度上与我们总是无法正确认识功能与亲缘血统远近之间的关系有关：如果人类与大猩猩在外表上一点也不像，那么人类与大猩猩便绝对不同，无论人类和人猩猩是否存在着密切的血缘关系。但如果我们能够理解，外表的差异实际上是虚假的，并非事情的本质，那么我们或许会开始重新看待人类的地位。帝王蟹既然属于寄居蟹属，那么黑猩猩也可能是人类在血缘上最亲密的兄弟。

　　功能派的格言便是：你就是你吃下去的东西。但进化论主义者则必须告诉你：你曾经是什么，那么你现在便是什么，你与你在血缘关系上最亲密的兄弟有着最亲密的关系。想想血缘关系吧！当我们能够真正意识到，为何每个人都是猴子的叔叔时，或许我们能变得更加自由，更具智慧，更能坚定地为保护世界上其他的兄弟们贡献自己的一份力量。

31
来自爱达荷州莫斯科市的紫玉兰

为了完成我的 50 州之旅，我必须去一趟爱达荷州的莫斯科。我的整个童年时光是在美国的东北部度过的。20 多岁的时候，我四处游荡；30 多岁的时候，我去了阿拉斯加和夏威夷的边远地区；40 岁左右，我基本完成了走遍美国 50 州的目标；48 岁的时候，我去了蒙大拿；49 岁的时候，我去了密西西比。但我却从未去过爱达荷，实际上，有时候我仅距离爱达荷几公里远而已（比如前往黄石国家公园的时候）。因此一封邀请函能够允许我在 50 岁的时候，彻底完成走遍 50 州的目标，我又有什么理由拒绝呢？我高兴地接受了请我前往位于爱达荷州莫斯科市的爱达荷大学进行演讲的邀请。当我穿过州线，降落在爱达荷附近的斯波坎机场时，我脑子里还在思索着，这"双 50"代表着怎样的意义呢？是否预示着某些不祥之事即将发生？或许上帝想要我心里念着西蒙的祷文"主啊，现在让您的仆人安静地离去吧"，然后再给我致命的一击。但我转念又想，上帝大概不怎么在意人类在他建造的王国中人为划分的那些界限（也可能他并没有每时每刻都在注意着我）。坦白地讲，爱达荷州的最西端和紧邻着它的华盛顿州的最东端看起来极为相似。

在美国竟然有一个叫作莫斯科的地方，这听起来确实很奇怪。在 20 世纪 50 年代，麦卡锡激进主义广泛传播的年代里，这个地方的人一定过得不是很顺心。当地一家比萨店还很幽默地给自己命名为卡尔·马克思，实际上却和俄罗斯没有半点关联。19 世纪末，当地的邮政局局长拥有命名的权利，因为这里的地形地貌与他在宾夕法尼亚的故乡——一个叫作莫斯科的小村庄（或许这个小村庄和俄罗斯有一定的联系）极为相似，于是他决定，以故乡的名字为它命名，这就是莫斯科这个名字的由来。

事实上，莫斯科市似乎站在危险且不和谐的外国价值观的对立面。莫斯科市完全是个典型的美国小城，这里的人称它为美国"干豌豆和小扁豆"之都，铁轨上一排排的谷物升降机组成了这个小城的天际线。大学中无学分的课程包括"为集会做个派""为集会腌黄瓜""种植大南瓜"，以及去附近的城市里"品尝斯波坎的葡萄酒"。

我作为一个纽约人，这一辈子几乎都生活在美国的东部，因此我对莫斯科市的观察或许带着最可鄙的狭隘主义思想。无知的评价，将自己的不安全感说成所谓的"优越感"，同时也会阻碍我们对任何不同风格与不同地貌的理解。在经历了城市中心举办的枯燥无味、晦涩难懂、自吹自擂且被人误认为辩题深奥的学术会议后，我愿意来到乡村的集市上喝一碗扁豆汤，吃上一份派。此外，我们这些来自东部传统精英大学的人总是以为，围绕着我们的学术环境与氛围要比那些住在偏远地区的同行刺激得多。事实上，我们这些来自哈佛的人很少能和这些同行说得上话，特别是当话题与我们平日里的工作关系不大时。我们总是疯狂地埋头在自己的研究当中，根本无暇建立起长期与当地同行进行讨论的学术网络。只有当我们面临重大的难题无法解决时，才可能与当地的同行进行交流。如果我们等待的时间够长，全世界的同行都会前来予以帮助。

然而爱达荷州莫斯科市的同行们则认为，本地的才是最好的。访问当地的学者并不多，因此学术上的发展主要依靠当地的科研人员。事实上，我已经见过多个远离主要交通线路的地区都存在着这样的情况，例如，位于得克萨斯州西部的拉伯克可能算得上是美国最偏僻的居住地了。我十分敬佩在得克萨斯科技大学工作的同行们，他们完全通过自己的努力，举办了一场又一场的学术活动，研讨班、讨论组、读书圈、当地的演讲，一个不落。如今，我对莫斯科市的敬佩亦是如此。

地区相对偏远的另一个好处是，前来访问的人总会得到最温暖的接待。有一次，我在耶鲁举办了一个有名的系列讲座，当地的人都对我极其友好，虽然没人知道，能够和我一起做些什么。每个人都很忙碌。出于某些原因，我还会频繁前往纽黑文。通常，在纽黑文的演讲结束后，我便会直接前往火车站，乘坐火车返回波士顿。然而在莫斯科市，我能看得出，每一个人都是真心实意地乐于见到我，这恐怕是世界上最让人开心的事情了。

正是因为热心好客，负责接待我的瓦勒里尔·张伯伦和另外一位地质学家带着我去当地最珍贵的考察地进行了一番实地考察。那是克莱齐亚镇附近的第三纪中新世湖床，出现在距今 2200 万—1700 万年前。我们跨上马背，长途跋涉将近一天的时间，才抵达了湖床附近一间小小的杂货铺。这片湖床价值之珍贵，和其地理位置之偏僻，以及抵达之艰难有着密切的联系。当然，这是一种浪漫的说法。难以抵达并不能用来衡量某个地方的价值，要知道，著名的洛杉矶沥青焦油坑就位于洛杉矶。想要抵达克莱齐亚湖床，你必须在"布扎德栖息地奖品公司"的位置离开主干道，然后走完剩下大约五十码（约46 米）的距离便到了。弗兰西斯和薇琪·凯恩鲍姆是奖品公司的主人，他们将运营的产业命名为"第八十五英里与梅子"。弗兰西斯和薇琪·凯恩鲍姆表示，这里距离斯波坎大约有 85 英里（约 137 千米），是个专门种植梅子的偏远之地。

弗兰西斯·凯恩鲍姆于 1971 年发现了克莱齐亚湖床，当时他正忙着推平他的土地，好在上面盖上一个履带式雪上汽车赛道。他们的家族生意始于以低廉的成本给比赛获胜者提供奖品，之后将生意范围扩展至为保龄球俱乐部和少年棒球联盟制作花名册等。凯恩鲍姆一家还购买了仿制金属（实际上是塑料）技术，用来制作玩着保龄球、棒球和参加各种比赛的仿真人偶，之后，他们还用自己收藏的古董机器和木匠工具制作木质底座。我总是喜欢多见一见那各行各业的人，很多人的工作虽然在我们的生活中占据着重要的位置，但人们实际上并不了解。作为一名古生物学家，我的工作也常常是大众不太了解的。曾经有一次，我在乘坐飞机时和一位女性进行了一段奇妙的对话。她的工作是在百货大厦销售人体模型。这个产业实际上要比你想象中的范围大得多，甚至涵盖了出版专业杂志、花边新闻以及举办发布会等。他们拥有面向嬉皮士的高端价格产品，也有着面向凯马特连锁超市的低端价格产品，在不同的地方，销售的模型颜色和尺寸也会不同。

凯恩鲍姆主要依靠四周树林提供的大量木材来维持生计，他们于 1971 年的发现让我们了解了 2000 万年前当地的植物环境。凯恩鲍姆当时发现了在风中飘扬的如黑色胶片一般的物质，那是从岩石上剥落下来的化石叶片。他当时便意识到，这些树叶并不属于林子里的任何树木，于是立刻将此事汇报给了莫斯科的地质部门。幸运的是，当时着手处理此事的是古植物学专家查尔斯·斯米雷。自那以后，查尔斯便专注于研究克莱齐亚附近的植物，并召集了一大群享誉国际的专家前来克莱齐亚这个植物化石丰富的地方进行研究。

古老湖床里出现树叶化石并不是什么稀罕的事情（除了树叶化石以外，克莱齐亚还有一部分昆虫和鱼类的化石，以及大量的微生物化石）。克莱齐亚之所以如此独特，名气如此之大，是因为这里的化石都保存完好。克莱齐亚的页岩浸泡在水里，而且层状完美。凯恩鲍姆为了迎接我们，用他的推土机推开了一大片土地。查尔斯将好几块岩石递给了我，让我切开层面好好看看里头的树叶。我当时想，若是要切开岩石，必然需要用到凿子和地质锤等工具。然而查尔斯却递给我一把普通的厨房用刀，告诉我水平切开便可，就像是切一块用巨大岩石做成的蛋糕一样。我难以置信地笑了笑，我不相信一把普通的日常用刀能够胜任这样精细的工作。

事实上，查尔斯递给我的岩石看起来虽然巨大，切起来却像是奶油布丁一般。岩石内部层次分明，每一个断裂之处都有大量的树叶化石。就在那一刻，我亲眼见到了这 20 年来让我的同行目瞪口呆的东西。树叶就像是刚刚掉进湖里一般，还保留着最初的颜色，一般都是绿色的，也有些呈现秋红色和褐色。因暴露在空气当中，树叶中的水分没几分钟便干枯了，它们就在你的眼前，慢慢变成了像黑色胶片一样的物质。树叶的变化如此之快，表明这些树叶化石自被掩埋以来，从未暴露于空气中。最初，它们必然是掉入了死水湖里，并且很快便被掩埋在沉积物之下，在这水里一泡便是 2000 万年之久，其间从未遇见过空气。

从山上流下的熔岩正好堵住了河谷，从而形成了一片狭窄的水域，长约 20 英里（约 32 千米），四周环绕着整片森林，这就是克莱齐亚湖形成的过程。在形成后 1000 年的时间里，克莱齐亚湖逐渐被水填满，进而留下了 10 英尺（约 3 米）厚的沉积物。我们从植物群落的构成能够看出，当时克莱齐亚湖附近的气候要比现在温暖；我们从树叶化石中能够看出，当时许多树的近亲如今都生长在阿巴拉契亚南部的沼泽地与高地上，比如落羽松、多花紫树和木兰树。有趣的是，当时生长在克莱齐亚湖附近的一部分树木，如今只生长于亚洲的东部，这表明最初这里是一片广阔的温带森林，后来随着地球气候逐渐变冷，温带森林的范围慢慢变小，部分树木只能存活于亚洲的西部，其他的树木则留在了南美洲的东部。克莱齐亚湖里发现的最令人感到惊讶的植物非水杉莫属了。这种远古时期的植物一直以来都是大家极感兴趣的，克莱齐亚湖里的水杉是世界上第一次发现的水杉化石，除此之外，只有中国中部部分偏远的山谷里还存留着少数几棵活着的水杉。

克莱齐亚湖的植物化石保存得如此完好，对环境有着三个方面的要求。第一，许多树叶是直接掉落湖中的，从未经历过随风长距离飘荡，因此也没有出现过损伤。第二，静止的湖水底部完全不存在氧气，因此也不会生长出能够使叶子腐烂的微生物。这些树叶掉落水中后很快便被掩埋、密封在沉积物当中。第三，这些岩石一直浸泡在水中，直到被人们发现。当我们切开岩石时，岩石里面的树叶第一次遇到了氧气，仅仅一两分钟的时间，叶子便从鲜活的秋叶红变成了干黑的样子。在这一两分钟内，叶子便完成了 2000 万年以来从未进行过的凋零过程。

查尔斯和他的同事立刻注意到了这非比寻常的保存环境。他们就保留在树叶、水果、种子、根茎化石当中的细胞结构细节进行了研究，并发表了好几篇文章。其他科学家随后意识到，既然叶子保存得如此完好，或许这些树叶化石还保留了当初的部分化学物质。卡尔·尼可拉斯是康奈尔大学古植物学学院的一名研究人员，他在 20 世纪 70 年代到 80 年代中期的这段时间里发表了好几篇论文，主要讲述了他在这些树叶化石中发现的"化石化学"成分及许多惊人的细节。

卡尔和查尔斯的研究为克莱齐亚带来了名声。克莱齐亚的化石第一次成了全世界的焦点。作为古生物学家，我们很高兴看到这些古代植物化石的发现与出土。科学家们从木兰和落羽松的树叶化石中提取了叶绿体，并对叶绿体的 DNA 进行了排序。我几乎读遍了与这项研究有关的所有报道，虽然那些报道往往能够准确地阐述研究的结果，但在讲述研究的前因时，却总是错误的。有人或许以为，这些树叶是昨天发现的，接着就被送进了细胞生物实验室里那些高大上的仪器当中，最后变成了一连串 DNA 碱基对。科学的发展是循序渐进的，因此需要我们保持着永无止境的耐心。用爱迪生的话来说，科学家们付出的汗水远比得到的回报要多。如果没有凯恩鲍姆的推土机，没有查尔斯在传统系统学上的专业知识，没有卡尔在化学分析上的能力，我们便无法得到树叶化石的 DNA。此外，如果没有同样重要的数据的支持，那么光得到 DNA 的排序也是毫无意义的。

以前，我们也曾从古代生物的体内抽取过 DNA，但都没有获得什么成果，绝大多数的古生物学家根本不在乎此类实验。埃及的木乃伊、灭绝的斑驴、冰冻的猛犸，这些化石都能提取出 DNA。在发现克莱齐亚的植物化石之前，人类所提取过的最古老的 DNA 来自 13000 年前一块树懒的化石。从 13000 年到超过 1300 万年，我们将 DNA 保留的时间跨度提前了千倍以上。如此之大的改变定然会引起人们的质疑。许多生物学家认为，DNA 最多只能保存数百万年，超过这个时间范围，便会失去意义。因此，部分科学家最初在看到克莱齐亚实验的结果时，是持有怀疑态度的。只有克莱齐亚树叶那令人惊讶的完好程度才能化不可能为可能，这也是本文不断重复的主题。

第一份报告来自加利福尼亚大学湖畔分校的迈克·克莱格实验室，于 1990 年 4 月 12 日发表于《自然》杂志，标题为《中新世木兰植物叶绿体的 DNA 排序》，由 E.M. 格隆伯格和他的六位同事共同撰写而成。格隆伯格和他的同事从一种于克莱齐亚发现的 "*Magnolia latahensis*" 木兰属植物中提取了名为 rbcL 的叶绿体基因，并对基因中的 820 个碱基对的片段进行了排序。

这一发现在十年前基本是做不到的。如今我们之所以能够进行这样的实验，多亏了现在的一种全新的技术，允许我们迅速地提取 DNA，并对其进行排序，这种革命性的技术名为聚合酶链反应（PCR），能够分离并且放大微量的 DNA。但即便用上了 PCR 技术，如果没有叶绿体的两个特征，我们很可能也无法从木兰中找到任何叶绿体 DNA。第一，叶绿体存在于每个细胞的多份复制体当中。第二，因为某些当前不太清楚的原因，在克莱齐亚发现的植物，其叶绿体保存的完好程度要优于其他细胞器。尼可拉斯、R.M. 布朗和 R. 桑托斯从克莱齐亚湖里的叶子里随意抽取了 2300 个细胞样本。他们发现，90.1% 的细胞含有叶绿体，26% 的细胞含有线粒体，仅 4.3% 的细胞含有细胞核。因此，克莱齐亚的植物化石能给我们提供的最好 DNA 的便是叶绿体基因了。

通过对这 820 个碱基对的 DNA 序列与同地区发现的近亲物种 "*Magnolia macrophylla*" 的 DNA 序列进行对比，格隆伯格和他的同事发现，两者的 DNA 序列只有 17 个位置不相同。两个品种之间 DNA 差异的本质反映出 DNA 进化的一个事实。一个 DNA 串的每一个位置都有可能包含四个碱基对中的任何一个碱基对。每个氨基酸都由三个碱基对序列编码，每条氨基酸链都能产生一个蛋白质。在第三个位置中，DNA 编码是"多余"的，这也就意味着，三联体密码中最后一个位置的碱基对发生的改变并不会改变由三联体密码编码创造出的氨基酸，第一个或者第二个位置如果发生了较大的改变，将会编码创造出完全不同的氨基酸。碱基对的改变并不会改变氨基酸，这种现象称为沉默突变，因为碱基对的改变并不会改变有机体的化学结构，而作用于有机体的自然选择则不会影响 DNA 发生的沉默突变。自然选择通常控制着进化的速率，适应生存的有机体维持稳定的情况要比发生变化的情况常见多了，自然选择基本上一直维持着现状。因此，第三位置发生改变的情况必然要比第一或第二位置发生改变的情况更加常见。木兰的研究数据完全符合预期。在那 17 个不相同的位置里，有 13 个位置发生了沉默突变，只有 4 个位置发生了足以产生不同氨基酸的改变。

第二项研究发表于 1992 年，为我们提供了更多的数据，也让我们能够更加直观地观察进化。这项研究的论文是由 P. S. 索尔蒂斯、D. E. 索尔蒂斯和查尔斯·斯米雷共同撰写的。索尔蒂斯和她的同事们从克莱齐亚的落羽杉树叶化石的叶绿体 rbcL 基因中提取了 1320 个碱基对。因为完整的基因一共包含 1431 个碱基对，这也就意味着，他们抽取出了基因中绝大多数的碱基对。在对比植物化石及其现代近亲的叶绿体 rbcL 基因碱基对的排序后，索尔蒂斯发现，只有 11 对碱基发生了改变，并且所有的改变均为第三个位置的沉默突变。落羽杉的 rbcL 氨基酸顺序在将近 2000 万年的时间里从未发生过任何改变。此外，他们还将这 1320 个碱基对序列与另外三个属的植物的碱基对序列进行了对比，这三个属的植物无论是从分类上来看，还是从外形上来看，都与落羽杉相差甚远。他们发现，推断进化分离和 DNA 改变的总量之间存在着高度的关联性。打个比方，早期的水杉和落羽杉化石相比，有 38 个碱基对出现了沉默突变的现象，其中 29 个碱基对为沉默性替换，9 个碱基对为非同步性替换。

落羽杉小于 1% 的碱基对发生了变化，玉兰有超过 2% 的碱基对发生了变化，这组数字十分有趣。或许这样的差异只是因为玉兰的进化速率更快，但这两个例子其实并不完全具备可比性。对于玉兰而言，其化石形态与现代的形态有着很大的不同，我们无法确定，现代的形态是原始玉兰的直接后代，还是中新世玉兰在进化的过程中发生了一些意外。有可能现代的玉兰和原始的玉兰并非直系的关系。因此，玉兰超过 2% 的碱基对发生了变化，但这并不能代表玉兰与落羽杉之间存在着进化的差距。然而，现代的落羽杉或许和克莱齐亚的落羽杉树叶化石属于同一个品种。换句话来说，落羽杉在进化的过程中从未出现过断代或者进化分叉的情况，在超过 2000 万年的时间里，落羽杉的进化一直是连续的。落羽杉的碱基对变化小于 1%，且没有出现过不同的氨基酸，这或许表示，落羽杉的 DNA 结构在进化的过程中能够一直保持稳定。

从化石中抽取 DNA 的方法并不会导致古生物化石的落伍。首先，从哲学的角度来看，DNA 编码和有机体代表着不同的生物目标。基因并没有比有机体更加"基础"，也没有比有机体更加接近"生命的本质"。有机体拥有 DNA 编码，同时，它们还保存了外部形态与有机体生前的生活习惯。DNA 和化石对于研究而言，都是同样重要的基础研究物。DNA 甚至无法依靠自己直接形成一个有机体，它需要与胚胎发展复杂的内部环境以及周边的外部环境合作，方能形成有机体。就算我们完成了人类基因项目，我们也不会理解人性的核心与本质。

其次，从实践的角度来看，从克莱齐亚树叶化石中抽取的 DNA 总量很少，无法推测出进化的整个过程。在有机体变成化石的地质过程中，DNA 降解的速度非常快。只有部分保存相当完整的克莱齐亚树叶化石能够在漫长的地质时间当中依旧能够保存分子结构。哪怕是克莱齐亚树叶化石，成功抽取 DNA 也是一件相当困难的事情。科学论文通常不会报道失败的实验，你必须到处打探，才能了解实验的全貌。我做过大量的调查，发现提取 DNA 并不是一件轻松的事情，也不是什么万能之计。绝大多数抽取克莱齐亚树叶化石 DNA 的实验是失败的，什么也没有找到，并且实验的过程很长，花费巨大，让人身心疲惫。此外，到目前为止，我们在克莱齐亚树叶化石中只成功地提取出叶绿体，而叶绿体的保存情况明显比其他细胞器要好。不幸的是，细胞核的稳定性不佳，绝大多数 DNA 都聚集在细胞核当中。因此，我们无法破解木兰的完整基因序列。

难道克莱齐亚树叶化石的 DNA 抽取实验只是自然历史中一个孤立的例子，既无法延伸，也不具普遍性吗？其实不然。古代 DNA 的发现让我们察觉到进化理论中存在的几个深层问题，最基础的问题便是，科学家们很少考虑每日的基础工作，他们全心全意地想要为大众创造出好的故事。总体来说，化石 DNA 的序列为我们提供了最佳的证明，我们能够了解进化的本质。

创世论者总是称进化论是一种没有得到证明也永远无法证明的理论，是伪装成科学的世俗宗教。他们宣称，进化论无法预测未来，从未经过考验，因此是一种教条，而非可证伪的科学。这样的断言简直是胡言乱语。进化论无时无刻不在接受着挑战。我们的成果并非教条，而是进化论的基本事实的高度可能性指引。任何历史性的科学，绝大多数的预言指的都是未知的过去。举个例子，每一次我在古生代岩石中寻找化石时，我都能够预测，我无法在古生代岩石中寻找到哺乳动物的化石，因为哺乳动物是在三叠纪才出现的（而创世论者认为，上帝在六天的时间里创造出了生命，如果事实如此，每个地层中都应该有哺乳动物的化石）。如果我能够在古生代岩石中找到哺乳动物的化石，特别是那些晚期才进化出来的哺乳动物化石，比如牛、猫、大象和人类，那么进化论就绝对无法成立了。

从分类学上不同分支学科进行最高层次的预测，我们认为，应当通过新的、独立的证据标准，在最广泛的基础上确立完善的分类与亲缘系谱的总体框架。我们对森林的树木有着合理的分类，这种分类是基于林奈真实的分类标准所构建的，主要观察的是树木复杂的外部形态、树叶和花朵的结构。除了传统的分类学外，DNA 排序的生物数据也为这一分类体系提供了独立的数据支持。

我们预测，以 DNA 序列建立起来的进化树应当与以外形为基础的传统分类法相一致。而创世论者则并不这么认为，因为上帝按照自己的意愿创造万物。既然创世的标准都不一样，进化分支又怎么可能存在模式呢？我对于能够抽取 2000 万年前的 DNA 感到兴奋，当我得知 DNA 排序的结果和我们此前对于叶子和花朵进化关系的分析相一致时，我倍感欣慰。还有什么能比实验结果更加有说服力？化石 DNA 的排序结构和依照外部形态进行分类的传统方法不谋而合，还有什么能比这个结果更加让我们感到骄傲？

克莱齐亚的研究同样帮助我们更好地理解对进化科学各个分支学科之间的相互作用与相互尊重。分子生物学是主流趋势，但同样花费巨大；化石收藏、博物馆里的珍宝让人感到麻烦、无聊又过时。DNA 并非圣杯，玉兰叶绿体基因当中碱基对的特定排序也并没有比玉兰树叶细胞的结构及形状更加基础。

二等公民的悲哀莫过于自我仇恨与自我贬低。受人鄙视的群体总爱拿自己开玩笑。乡村的人们总是屈服于城里人的需求，很少有人去捍卫自己的权利。贫穷的文化也在折磨着我的那些在博物馆中工作的同事。面对昂贵的分子研究，我们总是表示敬仰，开始相信，这样先进的技术确实值得为它们盖新的建筑，为它们提供大量的资金。我们几乎恨不得为自己的存在而感到抱歉，从不要求什么，只要权力机构不要砍掉我们的工作，拿我们的资金来扩大停车场或是建造新的行政建筑，我们就心满意足了。

我们需要更加坚定。我们的工作也具有现代性，我们的工作和其他与进化科学相关的工作一样重要。我们也可以用分子数据来支撑我们的判断，即800万—600万年前，人类和大猩猩有着共同的祖先，但现代的基因并不会为我们祖先的外貌提供任何可用的证据。在这个问题上，我们依旧需要化石。我们能够从克莱齐亚树叶化石中抽取 DNA，但许多树叶那美妙的秋红色在不同程度上记录下了同一种现象——奇妙的地质环境能够同时将树叶的颜色与化学物质完好地保留下来。我们赞扬迈克·克莱格，我们赞扬他的 PCR 技术，我们赞扬他实验室中先进的设备。同样，我们也赞扬查尔斯和他用来切开岩石的厨房用刀。

这篇文章一共有两个主题。我听过太多关于爱达荷州落后、不起眼的笑话。我见过太多在博物馆中的同事痛恨自己的工作，最后选择辞职。请停止道歉。博物馆是我们智慧的灯塔，爱达荷是我 50 州挑战的最后一站，因为所有聪明的人都懂得，要把最好的留到最后。

捌

林奈与达尔文的祖父

32
对大自然的第一次揭秘

　　我实在想象不出，两个人之间，有什么能比印在钞票的正反面（仅隔1毫米的距离）更亲密的关系了。我们都知道，一片花瓣的凋落也会在遥远的宇宙中产生回响。因此，被印在钞票上必然也有其更深层次的意义。

　　最近，我去了一趟瑞典，很高兴地发现，瑞典的纸钞上印着的都是科学家而不是政治家。瑞典克朗上印着林奈的头像，意大利纸钞上印着伽利略，英国老式的英镑将牛顿印在女王的背面，美元上印着杰弗逊和富兰克林。然而，在看到50克朗纸钞上印着的人物时，我不禁感到疑惑，为何要将林奈和国王古斯塔夫三世印在同一张钞票的正反面上。

　　从最直接的角度来看，这样的搭配没有任何问题，林奈和国王古斯塔夫三世都是同时代杰出的人。林奈生于1707年，死于1778年，而古斯塔夫三世生于1746年，于1771—1792年执政。两人的个人关系并不密切，但显然，双方都极为欣赏、尊敬对方。古斯塔夫三世极爱艺术（他并非天天忙于国事，有时也会出演歌剧），大力推动瑞典启蒙运动的发展，在这样的环境下，林奈得以大放光彩。林奈作为瑞典最著名的自然学家与学者，在国际上享有极高的声誉，国王也因此面上有光。1774年，林奈突然中风，之后便失去了对工作的激情，古斯塔夫三世给林奈送去了一批来自苏里南的植物，并寄言为林奈送去"大桶大桶的精神"。传说，林奈收到植物后立刻从床上爬了起来，再度投身于工作当中，将国王送来的200种植物一一记录下来。林奈去世四年后，古斯塔夫三世在瑞典立法机关前如此赞颂林奈："我失去了一个人，他是瑞典的杰出志士，他声名远扬，为瑞典赢得荣誉。"

花瓣与宇宙的联系告诉我们，林奈与古斯塔夫被印在同一张钞票上，背后必然有更深层次的关系，而我已经发现了两人之间更有意义的联结！

在继续往下说之前，我们必须先问一个问题：鉴于我们对斯堪的纳维亚的了解，在雷神索尔与英格丽·褒曼之间存在着大量的空白，在怎样的场合下，大多数受过教育的人们（比如我和你）能够见到国王古斯塔夫三世？答案便是，在朱塞佩·威尔第以古斯塔夫三世为主题创作的《假面舞会》歌剧上。1792 年 3 月 16 日，国王古斯塔夫三世在参加斯德哥尔摩歌剧院举办的午夜假面舞会时遭到枪击，最终不治身亡。刺杀他的人叫杰克布·乔·安卡斯特罗姆安，他的背后是反对古斯塔夫三世改革的贵族阴谋团体。安卡斯特罗姆安最后被逮捕，经过审判定罪，决定先对他施以鞭刑，然后斩下握枪的手，最终斩首示众。

《假面舞会》这出歌剧通常会选择在瑞典正常的时间与场合上演，这并不包括 1859 年《假面舞会》的首次上演。拿破仑三世统治时期，那不勒斯的审查机构要求威尔第改变歌剧中故事发生的地点，并且将国王古斯塔夫三世在剧中的地位调降至不那么重要的级别，以免歌剧的内容会引起任何刺杀行为。威尔第当时已经特别善于应对政府的此类要求了。七年前，威尼斯的监察机构也下达了差不多的命令，要求威尔第改写法国法兰西一世宫廷里一个名为特里布莱的小丑。我们现在知道，小丑特里布莱被威尔第更名为小丑弄臣，而戏中法国国王则被改写为那个唱《女人善变》的意大利公爵。

这一次，威尔第在掩盖事实方面做得比威尼斯那一次更好，他将《假面舞会》

瑞典 50 克朗纸币的正背面

故事发生的地点挪到了波士顿。古斯塔夫三世被完全改写成了另一个人——不知具体时间的殖民时期里神秘的波士顿总督。波士顿从来没有过总督，虽然马赛诸萨州曾有过。但在这座清教徒的城市里上演一出满是舞会的歌剧的想法还是让当地的人欢欣雀跃。刺客被改写成了一对名为山姆和汤姆的恶棍，依照当时的传统，二人由黑人和印第安人扮演（从现在的角度来看，这无疑是可悲的）。

因此，我们在歌剧中看到的古斯塔夫三世实际上已经戴了好几层面具。第一层面具自然是假面舞会上必须佩戴的假面（正因为大家都佩戴了假面，刺客不得不花费半出戏的时间来寻找古斯塔夫三世）。第二层面具由威尔第一手完成，将古斯塔夫挪到了半个地球之外的地方，还将他国王的身份降级为总督。如今，我知道了古斯塔夫和林奈之间更深层次的联系。对于林奈而言，自然也戴着层层面纱，尽管历经千辛万苦，林奈也只摘去了自然的第一层伪装（达尔文摘去了自然的第二层伪装）。与揭开隐藏在众人中的国王的面纱相比，揭开自然的面纱想必更具挑战性。

在生物学家的心中，林奈地位之超然自不必多言。从最广泛的角度来说，他创建的用来命名、分类有机体的双名法我们至今依旧在使用（自创建至今，该命名法并未经过任何实质性的改变）。从最狭隘的角度来说，是他为人类取了“智人”这个名字。但我认为，利用科学知识的增长来衡量林奈是错误的，低估了林奈的贡献。我们将林奈视为组织信息能力极为高超的人，但更重要的是，我们认为他是错误的编纂者，因为林奈相信，他的分类方法是按照上帝创造万物的顺序建立起来的，而非如今我们熟知的这个依据进化改变建立起来的系谱分类法。部分评论家认为林奈坚信的神创论否认了古老传说中与突变性相关的说法，而此类说法时常被错误地认为是进化论的自然起源，若非他的学生插手，林奈便会在这方面起到相反的作用。

面对被过度简化的科学进步观点时，我们只能顺着知识与经验不断累积的道路前进，利用精准的观察与严密的逻辑指导我们前进的方向。相关观点最经典的表述莫过于 T.H. 赫胥黎的《小龙虾》一书的引言部分了。这本书是科普文学中的经典著作，也是想要了解我们这个领域时必读的一本书。在《小龙虾》一书中，赫胥黎提到如何从一个简单的例子中引申出大量细节，通过这种方法向大家解释深奥难懂的理论。赫胥黎在书中以向读者介绍普通动物的体内构造与生理特征为例。

首先，赫胥黎告诉我们，科学不过是常识，佐以最精准的观察，用最严密的逻辑对待谬论。他认为，有机体的研究与其他科学研究一样，需要通过三个步骤才能取得进展：初始阶段便是在无理论指导的情况下收集信息（赫胥黎将这一步称为"自然历史"，定义是"精准，但必然是不完全的，也是未经过理论化的知识"）；第二步骤为系统化与组织化，但依然是在无理论指导的情况下进行的（这一步称为自然哲学）；第三步则是物理科学的大成，赫胥黎表示"知识的最后一步中，自然现象被视为因与果的连续表现"。

从无组织的描述到对现象的解释，这三个步骤当中，林奈处于中间的阶段。我们之所以认为林奈已经超过了第一阶段，是因为他已经将之前未经过整理的知识有序地纳入了一个连续的系统当中。我们认为他尚未达到第三阶段，因为我们不能从林奈的体系中得出解释自然现象原因的理论。事实上，赫胥黎认为，自他所在的时代开始，人们才慢慢步入第三阶段（林奈早已去世）："向前回溯，几乎找不到构建整个生物科学的有意识的尝试，直到这个世纪开始，人们才慢慢进入第三个阶段，因为我们从达尔文的理论中获得了最强的动力。"

我和许多当代的自然历史学家一样，认为将林奈视作错误编纂者的观点并不正确，这对我们的先人而言是极不公平的。并不否认，科学进步的关键，在于对现实拥有更加精准与全面的解释，但实证主义者较老的两个观点缺乏效力，也阻碍人们明白一个道理，即永恒的科学理论是在严格客观的观察与逻辑的基础上建立起来的。只有精准的描述才能发展出对现象的解释，过去的科学系统要么根本没有理论可言，要么理论基础薄弱。

没有理论的科学基本与没有价值观的政治处于同等地位，两者是自相矛盾的。所有与自然世界相关的思考必须是由理论总结而来的，无论我们是否能够清晰地表达我们的思想框架与对自然的解释。古老的预言家便处于赫胥黎所说的第一阶段，有些人认为，直接或是连续的惊吓将影响子宫中胎儿的形成。那些处于赫胥黎所说的第二阶段的分类学者们认为，上帝为人们创造的永恒秩序还有待人们的发现。这些理论或许都是错误的，但它们在知识构架当中的普遍程度一点也不亚于后世发展出的更加精确的理论。林奈的智人是思考的机器，如果你更加喜欢植物学上的比喻，也可以说是会思考的芦苇。我们无法在没有理论梳理研究与观察发现的基础上收集信息。

此外，理论必然会受到文化中的社会与心理因素的影响，因此带有偏向性。我们从未有过完全客观公正的观察，我们的逻辑也从来无法做到毫不含糊。在这样的前提下，便让我们继续讨论揭开假面及林奈和古斯塔夫三世对比的话题吧。与不断增加的观察细节相比，科学的进步更依赖于不断向前发展演进的理论。如果所有的理论都带有文化偏见，那么理论的更替则要求我们能够完整地揭开前一个理论的假面。

想要真正认识古斯塔夫三世，我们必须先揭开两层假面。人类对于有机秩序的知识历史也曾包裹着两层面纱。林奈是揭开第一层自然假面的标志，达尔文则是第二个。从这个层面来看，林奈并非一个对秩序有着令人敬仰的热情但最终却以失败告终的人物，这样看待他无疑是不尊重的、过时的。我们应当将林奈视作一个创造出精妙且连贯的系统的伟大科学家，他的理论取代了过去有着许多局限性的理论，取得了许多成就。

通过提出进化论，建立起对自然秩序的解释基础，达尔文揭开了大自然的第二层假面。但在明白"秩序必须能够被解释"这个道理之前，你便无法完全理解达尔文的观念，并通过他的理论与对分类学的实践建立起"能够被解释的秩序"。如果说林奈停留在赫胥黎所说的第一阶段，只是将过去收集到的信息加以整理、排序，那他有什么特别的？毕竟，就算不是林奈来做这份工作，之后肯定也会有其他人来做。如此一来，我们只能说，林奈只是碰巧运气十足。但林奈并非仅仅将信息进行整合与分类，他还揭开了大自然的第一层假面。林奈的理论体系并非只是将信息整合在一起，他的理论体系替换了过去老旧的体系，而正是老旧的体系遮蔽了我们打开自然第一层假面的双眼，让我们看不清自然的真相。没有林奈，我们便无法理解达尔文；没有林奈的分类学基础，也就不会有达尔文的进化论。

我们狭隘地认为，宇宙万物要么是为人类而建的，要么是按照人类的意愿形成的，这便是遮盖大自然的第一层假面。按照人类的判定标准，或者按照人类的精神、语言的使用规则来强行解释自然的秩序，这只会让自然真实的一面离我们越来越远。让我们思考一下现代自然历史开端时，最著名的分类学家——16 世纪博洛尼亚学者于利斯·阿尔德罗万迪及苏黎世学者康拉德·格斯纳的论文专著吧。阿尔德罗万迪的体系反复、标准多样，其标准有时甚至自相矛盾，他的体系大多采用对人类而言较为重要的概念（或只是人类注意到的概念）。阿尔德罗万迪以对马的研究作为《四足动物史》的开端，因为马儿对人类有着特殊的用处。在探讨鸟类时，阿尔德罗万迪按照人类的兴趣对鸟儿进行排序，如高贵的鸟儿（老鹰自然排在第一位）、聪明的鸟儿（比如猫头鹰）、类似的蝙蝠（被错误的归在这一类）、大型的鸟儿（如鸵鸟）、令人敬畏的鸟儿（狮鹫），还有鹦鹉、乌鸦以及所有会鸣叫的小鸟。

格斯纳的分类方法则相对简单，从《论麋鹿》到《论狐狸》，在1551篇论文中，他都是简单地按照字母顺序对哺乳动物进行分类。格斯纳的分类方法依旧以人类的认知为中心，但至少没有阿尔德罗万迪那般刻意。在他后期的论文中，格斯纳选择以"生命之链"的形式对哺乳动物进行分类排序，第二卷写鸟类，第三卷写陆上的冷血脊椎动物。第四卷写的是所有的水栖动物，主要内容还是写鱼，但其中也包括美人鱼、海妖与章鱼等动物。

我并不是说，在林奈之前从未有人质疑过这样的分类方法，也并没有说，林奈的著作代表着对老旧传统的突破。实际上，林奈的成就代表着一个多世纪来人们在分类学方面的顶峰，他的著作建立在欧洲各个自然历史学家的研究基础之上，这些研究均耗费了无数自然历史学家的大量心血。然而，林奈对工作的热情、投放在研究上的大量精力、令人叹服的记忆力与综合能力使得他出版了一系列的书籍。这些研究书籍看起来更像是一个世纪以来研究成果的集合体，而不是凭借林奈一己之力完成的，也正是这些研究书籍建立起了现代分类学的实践与结构。

林奈从两个层面上揭开了自然的伪装。第一，他将物种视为基本单位，并为物种的统一定义与命名方法制定了统一的标准。第二，他将物种纳入了涵盖范围更广的分类体系当中，这一分类体系是在对自然秩序的研究，而非人类偏好的基础上建立起来的。自林奈的《自然系统》问世以来（第一个正式版出版于1735年，动物分类权威版出版于1758年），他的双名法便被视为有机体命名的官方标准法。双名法要求第一个名字（首字母要大写）代表着有机体的属，第二个名字（称为惯用名，首字母小写）则为生物独一无二且极具辨识度的名字。比如狗与狼皆属于犬类（Canis），但为区别物种，二者皆有各自的惯用名，即家犬（Canis familiaris）和狼（Canis lupus）。

林奈可不是单纯坐在办公室的椅子上凭空创造出双名法的。传统命名法往往会使用一连串能够表达出物种特性的拉丁词来命名某个物种，林奈的双名法便是从传统命名法中汲取了灵感。在他的命名体系中，第一个词需大写，其他词则统一小写。之后，他不断尝试命名法最佳的形式与单词的最佳数量。在林奈早期的命名系统当中，一个物种的名字最多可以包括12个单词。

之后，林奈决定精简命名法，将物种名字的长度限制在两个单词之内，他认为这样的长度最标准，也最适合制成表格。最初，林奈有些后悔放弃了传统的命名方法，之前的命名方法虽然过长，却能精准地描述出物种的关键特征。仅用两个单词命名一个物种看起来并不够，甚至可能是不合适的。很多善于思考的人或许注意到了，林奈在他最出名的决定上或许犯了一个大错误，也就是为赞扬我们的智慧，将人类命名为"智人"。林奈认识到，他的研究或许极为有用、聪明，但他并不知道原因何在。林奈的命名法并不是单纯用单词描述物种，而是一种单词的排序方式，一种可追踪及确认每个物种单独名字的合理方式。每一个基于上百万种独一无二的物体的综合性系统都必须使用此类机制，林奈最后终于明白，他通过研究对物种的典型描述方式，创立了极为必要且基本的命名原则。

但揭开自然神秘面纱的，是林奈对物种的定义，而非他的物种命名机制。过去，人类总是按照自身的理解与需求来理解物种，而林奈对物种的定义则打碎了过去这种以人类为中心的体系。林奈认为，物种是上帝在创世时投入人间的自然实体。物种属于上帝，而不属于人类，它们按照最初的方式存活在这个世界上，不会因人类意志而改变。或许我们在认知和定义物种上存在一定困难，但我们的困难并不会改变上帝的行动。在1736年出版的《植物大纲》中，林奈最著名的推断便是：在世界诞生之时，生命形式有多少种，世界上便存在着多少个物种。

鉴于近年来社会大力抨击创世论，对创世论提出批评几乎已经成了每个人崇高且必须的追求，读者必然会疑惑，为何我要如此赞扬上帝一次性创造出无数生命个体的强大力量，特别是林奈利用这一说法来取代早期对于突变性及较为不严谨之定义的概念。正如我上文所述，科学进步有其轨迹可寻。科学的进步并不是如同滚雪球一样，只是沿着笔直、狭窄的道路不断累积，科学的进步是一个理论代替另一个理论，越往后，理论与实践经验的结合越紧密。观念发生了极大的改变，达尔文的自然选择论替代了早前的上帝创世论，但理论的替代并不会改变实践的本质。物种的出现无论是由上帝创造的，还是自然选择的结果，物种便是物种，这一点无论如何都不会改变。达尔文提出的自然选择论揭开了大自然的第二层面纱，它的出现需要对林奈的理论进行细微的修正。

后来，林奈不再那么相信"上帝创世说"了。在早期的学术作品中，林奈不厌其烦地一遍又一遍重申，这个世界上不可能出现新的物种。而在后期的论文当中，林奈认为，原始物种的杂交能够创造出新的物种。他甚至认为，上帝或许只创造出了最原始的属类，甚至只为每一个"目"创造了一个共同的祖先，之后允许各个物种之间相互杂交，从而形成新的物种。有些评论家不公正地认为，我们或许只尊敬那些从现在角度来看是正确的理论，他们甚至后来还想将林奈塑造成隐形的进化论主义者形象。但这样的想法从两个方面来看都是错误的。第一，林奈显然一直都是特创论者（即相信万物由上帝一次性创造而出的人）。林奈的物种血统体系拥有共同的基础，即所有不断变化的生命的共同祖先，他认为，上帝最初创造的物种数量并不多，最初几个物种不断杂交繁衍，才会产生现在如此之多的生命形式。第二，林奈在他自己的领域中是个伟大的学者，他是在达尔文之前第一个揭开大自然面具的人。我们没有必要为了尊重他的成就，非要将他放在神龛里敬仰。

将物种纳入更加宽泛的分类体系当中，从第二层角度来看，林奈同样还打破了过去以人类为中心的分类传统，他坚持认为，物种之间的关系应当为大自然秩序的纽带，而非按照人类方便的顺序进行排列。上帝按照合理的方式创造万物，物种则是上帝创造的框架中的一部分。分类学家崇高的任务便是发现上帝在创作物种时，为它们之间设定的内在关系。在林奈的体系中，物种之间的联系是一种观念，而不是如同达尔文一样，认为物种之间的联系是系统性的，然而思想的联系远不如物理形态上的联系那般紧密。在林奈诞生 250 周年纪念日，已故前联合国秘书长达格·哈马舍尔德发表了演讲："在林奈的分类体系里，人不再是世界的中心，而只是个见证者，同时也是寂静的自然生命的同伴，并因某些未知的亲缘关系而和树木紧密相连。"对于瑞典人而言，无论他从事什么职业，都不可能会忽略这样一位民族英雄。

科学发展的史册上不乏丰碑式的人物，但没有一个人可以与林奈比肩。我怀疑，在第三人称式的自我评价方面，除了拳王阿里之外，没有人能够超过林奈。下文出自林奈的几篇自传性文献：

> "上帝容忍他一窥自然的秘密花园。
> 上帝允许他比所有前人更了解上帝的创作。
> 上帝赋予他最伟大的洞察力以此研究自然，并取得更大的成果……
> 没有哪位前人能够像他一样，彻底地对科学进行改革，并开创一个

新的时代。

　　没有哪位前人能够像他一样，如此清晰地为自然产物分类排序。"

　　看起来挺自大的，确实如此。但须注意，那秘密花园可是属于上帝的，花园中的产物自然也属于上帝。如果有人如此自负，但仍声称他只是单纯地发现了上帝创造的秩序，而并没有利用自己的智力创建自己的体系，那我只能认为，他确实认同大自然的秩序是独立于人的意识之外的（即使在林奈的巅峰时期也是如此）。

　　在实践中，林奈依据结果器官（雄蕊和雌蕊）的类型、数量和排列方式来对植物进行分类，这种方法被称为"性别体系"分类法。基本上，林奈根据植物雄蕊的数量与位置对植物进行分类，之后再按照雌蕊的数量进行分级。讽刺的是，林奈知道，如此的分类方法必然是人为刻意的分类，也是将人类的逻辑强加于自然的复杂性上。林奈一生都在追寻"自然的方法"，试图利用他的分类方法摸清上帝创造万物的客观性，但他从未成功过。没有一种神圣智慧的理想秩序将物种联系在一起。所谓自然万物的联系，是在自然历史发展过程中偶然出现的，各个物种在血统上的联系。只要你能够明白自然的运行原理，便能发现自然万物的内在联系。但这样的联系并不像林奈这类特创论者希望一般，如同美丽的对称图形或是复杂的几何图形，因此林奈这样的特创论者从来没有真正地发现自然万物的内在联系。这篇文章中探讨的自然的假面并非自然掩盖其产物的假面，而是我们构建的错误理论为自然蒙上的假面。

　　既然本文以古斯塔夫三世和林奈之间令人惊讶的联系作为开头，我必须用另外一个令人惊讶的联系作为文章的结尾。揭开自然的第二层面纱从哪里开始？世人第一次得知达尔文的理论是在哪里？是的，是在伦敦，那时达尔文在一次航行之后，变得不爱出门，此后一生从未跨越过英吉利海峡。那么，达尔文当时在伦敦的什么地方？

　　当林奈的儿子与继承者于 1783 年去世时，林奈的母亲与姐妹决定出售林奈的绝大部分收藏品，其中包括大量的标本、陈列柜、书籍、信件和手稿。林奈的学术遗产最终被詹姆斯·爱德华·史密斯购得，他是英国一位年轻的自然学者，也是诺维奇一位富裕的制造商的儿子。史密斯以刚刚超过 1000 英镑的价格买下了林奈的绝大多数藏品（就算按照 18 世纪的标准来看，这一价钱都是极低的）。

现在，让我们来看看最后一个与古斯塔夫三世相关的巧合。据说，当史密斯以如此之低的价格买下林奈的收藏品时，国王古斯塔夫三世正在意大利与法国。许多历史学家认为，如果古斯塔夫三世当时身在斯德哥尔摩，要是知道瑞典如此重要的国宝将要以极低的价格卖给其他国家的人，想必他会出手干预。19 世纪瑞典最著名的一本林奈传记写道："如果古斯塔夫三世当时知道这件事，他必然会出手干预，让林奈的收藏品继续留在瑞典，特别是古斯塔夫三世认为，林奈是瑞典之光，他对林奈充满了敬仰之情。"有传说（并不可靠）称，古斯塔夫三世曾派出一艘战船，想要拦截运送林奈藏品的帆船，但那船出发的时间太早，早在战船出发时就已经平安地抵达了伦敦。

无论如何，史密斯一生都极其珍爱林奈的藏品，妥善地保存着这些珍品。当史密斯于 1828 年去世时，林奈藏品被一家名为"林奈伦敦学会"的机构收购。它们是学会最为珍贵的藏品，被存放在位于伦敦中心皮卡迪利广场上的伯灵顿宫中。出于某些原因，我曾拜访过伯灵顿宫。林奈曾亲自为某种蜗牛命名，而这种蜗牛正是我研究的课题。这种蜗牛来自库拉索群岛，我前往伯灵顿宫的原因便是希望看一看林奈当时命名这种蜗牛时曾经用过的标本，确保林奈所指的是我正在研究的品种。当时，我被领入伯灵顿宫的库房，亲眼见到了林奈所用过的标本。事实再度证明林奈是正确的，他所用过的蜗牛标本确实是我正在研究的来自库拉索群岛的蜗牛。

当达尔文收到华莱士自特尔纳特寄过来的手稿时，他发现，这位年轻的同行在 20 年前便提出了自然选择论。达尔文曾对他的朋友表示，希望能够找到一种正大光明的方法，既能够承认华莱士的发现，也能够保证自己的优先性。达尔文的朋友提议，将达尔文早期尚未发表过的研究与华莱士的研究放在一起发表。达尔文并没有参加 1858 年召开的会议，而是选择留在家中悼念他早逝的儿子。当时会议的召开地点就在伦敦林奈学会中存放林奈收藏品的房间里。达尔文与华莱士的联合论文便发表于 1858 年出版的伦敦林奈学会汇编集中。

由此，揭开大自然第二层面纱的征程便在达尔文的家中和伦敦林奈学会中同时开始。当达尔文的论文以林奈建立的自然分类方法为基础，慢慢揭开自然的第二层面纱时，我们仿佛能够看见林奈的微笑，听见赞美诗作者的吟唱："看哪！兄弟们团结在一起！这是多么美好、多么让人开心的事情啊！"

33
用性别为自然排序

威廉·海利①是一名诗人、传记作家、艺术赞助人。在威廉·布莱克所写的一首描述二人之间友谊的英雄双韵诗中，他占据着一块不朽的小角落：

> "你的友谊时常让我感到心痛；
> 为了我们的友谊，请做我的敌人。"

富有的海利让威廉·布莱克②帮他的书雕刻插图，并让布莱克这位伟大的诗人与插画师居住在他位于奇切斯特的小村舍中。但海利从来不曾真正理解布莱克独特的天才之处，还试图伪善地扼杀布莱克的艺术天赋，希望布莱克能够变成他心目中那个腼腆的诗人。在布莱克那首与艺术正直性相关的著名的双韵诗中，布莱克写道："在假装是我肉体的朋友之时，他是我精神生活当中的敌人。"之后，布莱克选择搬回伦敦居住。

几乎在同一时期，海利的另一位熟人也写了一首英雄双韵诗。这首诗写于1789年，诗的内容描述的是一对在山顶相见的恋人。女人先行抵达山顶，男人紧随于其爱人之后：

> "她的爱人追随着她的足迹，攀上那陡峭的山峰，

---

① William Hayley，1745—1820。——译注
② William Blake，1757—1827。——译注

沿着她轻盈的步伐留在露珠上的痕迹；

她的贞洁点燃了他的火把，

峭壁四周旋绕着风，火光照亮了迷宫般的道路；

他们秘密的誓言散发出光辉，

用玫瑰装点着那令人羡慕的荒地。"

从当代的角度来看，英雄双韵体中夸张的比喻和严格的抑扬格五音步让人觉得有些可笑（我本人是亚历山大·蒲柏的粉丝，自然不认可这种观点）。海利的朋友所写的诗似乎完全符合了现代人对英雄双韵体的看法，特别是当你意识到，他所写的根本不是两个在壮丽风景前偷偷亲吻的情侣时。他笔下那些石头上的斑点实际上说的是水藻与真菌之间复杂的共生关系。

海利对他这位植物学界的同行赞誉颇高，他甚至写了一首诗来介绍这位朋友对植物性别诗意的描述：

"因此自然说着，因此科学说着，

在植物群那友善的阴凉中；

当达尔文的光辉似乎渐渐苏醒时，

新生命处处盛开。"

我所写的这一系列文章，几乎篇篇都会提到达尔文，他也写了不少与植物学相关的书（绝大部分写于晚年）。读者或许认为，海利的诗句是在赞颂达尔文这位自然选择论的提出者，实则不然，除非海利拥有洞察未来的本领。要知道，达尔文与林肯是同一年生人，两人均出生于 1809 年，而海利的这首诗，则写于达尔文出生前的 20 年。那么，诗中提及的达尔文又是谁呢？

父母长寿，其子女才能在成熟的年纪里获得最好的生活前景。同理，杰出的祖先能够确保其后代智力的先进。查尔斯·达尔文便如此好运。他的父亲罗伯特·达尔文是当时备受尊敬的物理学家与当地的商业大亨。更妙的是，达尔文的祖父伊拉兹马斯·达尔文（1731—1802），也就是海利在诗中高度赞扬的那个达尔文，是英格兰当时最著名的学者、物理学家、科学家、哲学家，也是当时伯明翰进步实业家及学者运动中的领军人物。参与进步实业家及学者运动的人组建了一个团体，称为"满月学会"，因他们总是在每个月满月的那一天举行会议，支持各项在经济与政治方面进行自由改革的措施。当法国大革命开始对宗教进行镇压、处死国王时，满月学会的观点与大众相左，而最初，法国大革命正是满月学会最提倡的一场革命。教会化学家约瑟夫·普利斯特列是伊拉兹马斯·达尔文的好朋友，同样也是满月学会的成员。1791年7月14日，巴士底狱陷落的第二个纪念日，他眼睁睁地看着人群发生暴动，将他的家、图书馆和实验室烧成灰烬。朋友约翰·亚当斯和汤姆斯·杰弗逊对他伸出援手，最终帮助普利斯特列定居在美国的宾夕法尼亚州。但氧气的另外一位发现人安东尼亚·拉瓦锡在恐怖统治达到高峰的时期，被施以比斩首更加可怕的刑罚（见《为雷龙喝彩》文章24）。

　　海利在诗中赞扬的，是伊拉兹马斯·达尔文在1789年法国大革命顺利爆发后，社会尚未进入恐怖状态时出版的一本书——《植物的爱情》。达尔文表示，他之所以写出这本与植物性别相关的长诗，和其他作者出书的原因一样："因为以植物爱情为主题的书总是卖得很好……我写作是为了钱，而不是为了名。"在诗歌领域，伊拉兹马斯·达尔文可不是什么业余爱好者，他是英格兰著名的、读者人群广泛的诗人，可惜，在后世的艺术史中既没有保存他的诗歌内容，也没有保留下他的写作风格。年轻时的华兹华斯曾表示："达尔文的行文风格让人眼花缭乱。"而柯勒律治则于1796年说，"我绝对讨厌达尔文的诗歌"，但同时也承认"达尔文至少在为我们的语言及应用积累了不少响亮又漂亮的词汇"。有趣的是，在出版第一版的《植物的爱情》时，因害怕此类主题可能会有损他给人治病的丰厚报酬，达尔文选择以化名的形式出版。

　　有谁会愿意就植物的主题写上4篇、总长达238页的英雄双韵诗？又有谁愿意在18世纪末于植物的主题上投入大量的时间与精力？达尔文或许是为了钱才写出《植物的爱情》的，但他也从未停止捍卫其在自然历史方面广泛的哲学兴趣。我们应当将《植物的爱情》视为对达尔文观点的支持，而不是单纯的辞藻华丽的诗歌作品，这本书应当能够在科学历史上占据实质性的地位。达尔文在书中"地衣"部分写下的脚注让我们得以窥见他写这本书更宏观的目的（在每个诗节结束的部分，达尔文都会用平实的语言解释诗中比喻的含义）：

　　　　"地衣……非法的婚姻。地衣是一种攀附在裸露岩石上的植物，它们如同织毯一般覆盖在岩石上，主要从空气中汲取活下去的养分。在枯萎后，地衣为那些覆盖其上的藓类植物提供了足够的养分。数年之后，它们还能够形成一种土壤，足够支撑大型多汁植物的生长。地下的火焰将原始的海洋抬升起来形成土地，或许正是因为这样的方式，土地才慢慢被植物所覆盖。"

作为一名学者，查尔斯·达尔文屡次澄清，进化的概念并非他提出的（尽管人们从来没有真正将他的解释记在心中，大家似乎都喜欢将达尔文描绘成英雄一般的理论创始人）。事实上，查尔斯·达尔文只是借鉴了19世纪生物学上最常见的非正统学说，并向其中添加了大量具有说服力的证据，为自然选择的变化找到了可行的机制。查尔斯·达尔文的祖父伊拉兹马斯·达尔文在当时算是先驱性人物当中首屈一指的人。伊拉兹马斯死于1802年，因此查尔斯从未与伊拉兹马斯见过面，但伊拉兹马斯在去世后依旧对查尔斯·达尔文的家庭产生着显著的影响，查尔斯·达尔文不仅读过他祖父的著作，而且崇敬他的祖父。

伊拉兹马斯对自然具有历史意义的进化性观点在启蒙运动时期并不罕见，当然也算不上正统学说。从他对地衣的评价与描述当中，我们能够窥见伊拉兹马斯对自然突破性的观点，整个段落当中的最后一句话便是伊拉兹马斯的对地球发展史的浓缩描述：自地球内部迸发的火焰抬升海底，由此形成了陆地，地衣的凋零腐烂最终形成了土壤，大型的、复杂的植物通过汲取土壤的营养得以生长。想要理解伊拉兹马斯与地衣相关诗段中的最后一句诗，我们必须读懂他的脚注，还需要对伊拉兹马斯的进化观点有一定了解才行："用玫瑰装点着那令人羡慕的荒地。"这里所说的荒地便是地衣凋零后形成的，玫瑰则通过汲取地衣的营养才能得到生长。

然而在《植物的爱情》一书中，对于进化论的支持仅占据整本书的一小部分。伊拉兹马斯·达尔文之所以写出这本书，主要是为了另一个理论目的，目的就藏在伊拉兹马斯对地衣的脚注中的前两个词——"非法的婚姻"。伊拉兹马斯·达尔文之所以创作《植物的爱情》，便是为了通过老式的文学形式（富有韵律的诗篇）和容易理解的想象（拟人的意象），普及林奈在植物学分类当中所谓的"性别体系"。在书本最前面的推广语的第一个自然段中，达尔文如此解释了他出书的目的：

"本书的总体设计，便是在科学的旗帜下尽可能地运用想象力，以让科学的爱好者脱离不精准的类比。此类类比改善了诗歌天马行空的想象力不佳的部分，让想象的部分变得更加严谨，从而形成哲学的推理方法。如此特殊的设计方法是为了引领年轻才俊走入科学的大门，通过向他们推荐瑞典著名自然学家林奈的不朽理论，带领并指导他们学习植物学。"

林奈植物分类中的性别系统首提于 18 世纪 30 年代，后来成了自然科学教育的流行观点，随着启蒙运动横扫西欧，植物分类的性别体系也成了 18 世纪末的主要文化主题。林奈决定按照植物花朵中雌雄器官的数量及排列顺序来为植物分类，然而并非每一个人都能接受林奈的分类方法。可以预见，部分保守人士极度厌恶与反对任何明确具有性别偏向性的事物，害怕此类事物将导致公共道德体系的崩塌。如果仅凭对雄蕊与雌蕊进行分类便会摧毁公共道德体系，那这个体系也太脆弱了！圣彼得堡大学的约翰·赛格思贝克教授断定，上帝决然不会按照如此"羞耻的方式"来安排大自然。林奈对于其言论的回应，便是用"赛格思贝克"来命名一种又小又丑的野草。事实上，林奈自己也对"性别分类"的方法产生了怀疑，他认识到，按照性别为植物进行分类，人为干预的痕迹过重。按照这样的方式进行分类，总是会将毫无联系的植物分到同一个门类当中。但林奈寻求一种完全自然系统的努力从未成功过，于是他决定继续用这样的方法为植物分类。

在实际使用方面，林奈的性别体系有着巨大的优势，它学起来简单，用起来也不难。正是如此，大众教育的倡导者才会极力推崇林奈的性别体系分类法。伊拉兹马斯·达尔文作为当时著名的自由思想家，致力于通过向大众普及科学知识来提高英国的商业能力，他极为推崇林奈的性别体系。伊拉兹马斯·达尔文组建了利奇菲尔德植物学学会，该学会特意赞助将林奈的两本植物学分类著作翻译成英文，这些翻译著作按时完成，并在《植物的爱情》显眼的位置上刊登广告。

林奈的性别体系并非按照受孕方式对植物进行分类，而是简单地按照雌蕊与雄蕊的数量及排列来分类。雄蕊即指拥有花粉的植物器官，雌蕊则指代花朵具有受孕能力的子房。在林奈那个时代，人们对于植物性别知之甚少，甚至在植物雌雄蕊及受孕器官问题上还存在着很多分歧。

在最初的自然植物等级分类中，林奈只划分了纲、目、属、种这四个等级。如今的分类方法依旧保持着相同的构架，但在原来的基础上添加了更多类别，比如界和门处于分类体系的最顶层，科则放在目与属之间。林奈性别系统的关键就在于他将植物简单地分为 24 个纲，完全按照雄蕊的数量与排列方法对植物进行分类。

最开始的 13 个纲包括雌雄同体的花（同时拥有雌蕊和雄蕊），分类主要依靠雄蕊的数量（大多数的花朵拥有一个雌蕊及多个长度大体相同的雄蕊）。前十个纲分别为单雄蕊花、雄性异形花、三雄蕊花，或者一雄蕊、二雄蕊、三雄蕊等，名字只是简单地陈述花朵雄蕊的数量。第 10 纲为十蕊花，也就是花朵拥有 10 个雄蕊。名为 "Dodecandria" 的纲 11 指拥有 12 个雄蕊的花；纲 12 "Icosandria" 的花拥有 20 个雄蕊，纲 13 "Polyandria" 则代表着拥有许多雄蕊的花，其中包括所有雄蕊数量在 20 以上、100 以下的花朵。接下来的两个纲称为 "Powers"，其雄蕊有两个大小明显不同的雄蕊。纲 14 为 "Didynamia"，也可称为 "Two Powers"，这一纲下的花朵拥有 4 个雄蕊，两长两短。纲 15 为 "Tetradynamia"，也称为 "Four Powers"，拥有 6 个雄蕊，两短四长。接下来的五个纲，16—20 纲，主要按照雄蕊黏附的方式与程度的不同，而非按照雄蕊数量进行分类。纲 16—18 则按照单纤维不同的结合方式进行分类。"Monadelphia" 指花丝连成一体的单体雄蕊，"Diadelphia" 指花丝联合成二束的两体雄蕊，"Polyadelphia" 则指有多束花丝的多体雄蕊。纲 19 为 "Syngenesia"，也就是聚药雄蕊，指的是雄蕊在花药部分结合在一起。纲 20 名为 "Gynandria"，即为合蕊，也就是指花朵的雄蕊附着于雌蕊之上。

最后 4 个纲中有 3 个纲的花朵分别拥有各自的雄蕊与雌蕊。纲 21 和纲 22 的名字是林奈自创的，如今依旧为植物学家所用。"Monoecia" 指雌雄同株，也就是同一棵植物的花朵当中拥有分开的雄花与雌花，"Dioecia" 则指不同植物上的雄花与雌花。纲 23 为 "Polygamia"，指的是拥有双性和单性花的植物。最后，林奈将纲 24 命名为 "Cryptogamia"，也就是 "非法婚姻" 的意思，这一纲里包含了所有他无法观察性别器官的花朵。如今，植物学家依旧在非正式的场合，用 "Cryptogamia" 一词指代那些通过孢子与配子繁殖，而非通过种子繁殖的植物。这些异质群体与非异质群体包括蕨类、苔藓和藻类植物。现在，我们终于能够明白达尔文在脚注里将地衣描述为 "非法婚姻" 的原因了，他指的实际上是地衣在林奈性别体系中的地位，也就是纲 24。

若无法避免使用隐喻手法，那么隐喻便是一种危险的写作手法。我们通过想象与类比来帮助人们理解复杂与不熟悉的事物，但这么做的同时，我们也存在着将人类狭隘的偏见与特殊的社会地位强加于大自然的风险。当我们因为错误地使用隐喻而把人类的想法强加于大自然，然后将其视为自然规则，并想依此改变社会现状的时候，情况便会变得危险起来。

在与性别和种族相关的敏感的政治领域当中，这样的现象一直十分突出，占据支配地位的群体将生物的基本原理视为他们所拥有的短暂且不公的社会地位的正当理由。举个例子，虽然这个例子看起来有些傻，却也在一定程度上说明了一些问题。我在一艘船上曾经住过 9 个月，这艘船上几乎所有的工程师都称电插头为"他"，称插座为"她"，由此可见，他们的思维中一直存在着"雄性进入，雌性接收"的概念。

或者，我们也可以说说最近发生的一件事情。部分生物学家将人类中的强奸事件视为自然之事，因为某些鸟类当中就会出现强迫交配的现象，特别是野鸭，生物学界通常便用"强奸"一词来指代野鸭的交配行为。但用人类的词语来描述动物的行为，本身便是一种纯粹的比喻，其背后并没有任何普遍原因的支撑。我们没有任何理由来将这两种不同的现象关联在一起，人类的强奸只与社会力量有关，而鸟类的强奸则单纯与繁殖有关。用"强奸"这个词，只是单纯因为在谁对谁做了些什么的问题上，二者表面具有相似性而已。用人类古老的行为来命名鸟类的繁殖行为，我们似乎在说，真正的强奸只是一种自然行为，从达尔文的优势理论角度来看，某些人或许认为，这只是一种自然的现象罢了。

性在我们的生活中如此普遍，又具有强大的力量，当我们用人类的性别，特别是将基于性别的权利（通常为男性至上）来比喻自然事物时，我们将人类社会的现象强加于自然的意图就变得再明显不过了。从某种意义上来说，林奈的性别体系能够相对减少人类意愿对大自然的干扰，因为他的性别体系只是在单纯地记录植物雌雄蕊的数量与长度而已。

但若仔细观察，我们会发现，林奈的性别体系实际上也是人类社会性别歧视的缩影。最明显的便是，林奈依旧遵循着男性至上的观点，将雄蕊视为主要地位，将雌蕊视为次要地位。林奈根据雄蕊的特性将植物分为 24 个纲，随后，他又按照雌蕊的特征细分了其他的目！有两篇绝妙的文章着重讨论了这个问题，这两篇文章分别为珍妮特·布朗的《绅士们的植物学：伊拉兹马斯·达尔文和〈植物的爱情〉》，以及隆达·希宾格的《植物的私生活：林奈与伊拉兹马斯·达尔文的性别政治》，正是这两篇论文给了我写作的灵感。

此外，一如我在前文中对林奈性别体系的概述一般，林奈在他的性别体系中添加了不少有关人类的词语与概念。他将连体的雄蕊称为"兄弟关系"，单性的花朵住在同一个或者两个"花房"当中。此类具有隐喻的词汇大量出现在林奈的写作当中。他将植物的繁育称为婚姻，用丈夫与妻子来表示雄蕊与雌蕊。花瓣是新婚的床，没有繁育能力的雄蕊被称为阉人，并将此类雄蕊视为其他具生育能力的雄蕊用于守护妻子（雌蕊）的工具。希宾格在文中引用了林奈于 1729 年创作的一个段落：

> "造物主创造出花瓣，使之成为华丽的婚床，四周围绕着如此高贵的床帷。婚房内萦绕着柔和的芬芳，新郎和新娘还能在哪儿寻得比这更加庄严的婚房来庆祝他们的新婚。"

然而至少从其公开形象来看，林奈算得上是社会保守派，而且在性的问题上过于拘谨。他不允许他的四个女儿学习法语，因害怕她们在学习法语的同时，学会了那片土地上的自由与奔放。当他的妻子将其中一名女儿送往学校时，林奈迅速出手阻止，并称女人接受教育简直是在胡闹。林奈还拒绝了瑞典皇后让其女儿前往宫廷的邀请，因为他害怕，宫廷的氛围会让他的女儿变得放纵（或许这一点上他可能是对的）。因此，当我们看到林奈使用性别作为暗喻来形容植物时，我们也无须感到惊讶。

伊拉兹马斯·达尔文与林奈的性格则有着天壤之别，植物具有性别的形象在他的笔下发挥到了极致。伊拉兹马斯·达尔文在政治上属于改革派自由主义者，很可能也是个无神论者，在性行为方面，他的思想出人意料地开放。在两段幸福的婚姻当中，他一共有 12 个孩子。他还与第三位女性保持着开放的两性关系，并与第三位女性生下两个女儿，这两个女儿与他和他第二任妻子住在一起，关系十分和谐。伊拉兹马斯·达尔文推崇对女性的教育。在他那两位私生女为女性开设学堂时，伊拉兹马斯·达尔文还为她们出版了一本名为《女性教育的管理计划》的书。伊拉兹马斯·达尔文并非平等主义者，但在 18 世纪的英国男性当中，有谁能像他一样在女性问题上持有如此开放的思想？伊拉兹马斯·达尔文希望能够为有知识的女性提供教育，不是为了让她们成为专业的学者，而是希望她能够成为更好的伴侣。

　　总而言之，伊拉兹马斯·达尔文认为性是健康有序世界当中自然的一部分，因此，在选择用非法婚姻的意象作为植物的性的暗喻时，达尔文对性的开放态度为其提供了广泛的基础。此外，在明确地将雄蕊视作男性，将雌蕊视作女性的比喻上，达尔文在将人类意象运用于植物的写作手法上达到了顶峰，这是林奈及其他著名的植物学家在创作给公众阅读的作品当中从未做到过的！

　　达尔文对植物的暗喻中体现出的开放思想让人感到崇敬，当时的社会对合法婚姻的要求极为严苛，林奈书本中对于植物性的比喻是无法被大众所接受的。绝大多数花朵都包含数个雄蕊和一个雌蕊，这也暗示着一妻多夫的制度。我们的社会基本不会承认一妻多夫的制度，威廉·詹姆斯不朽的诗篇便是人类两性关系的典型缩影：

　　　　"女人是一夫一妻的，
　　　　男人是一夫多妻的。"

　　一位当代的批判家认识到了林奈比喻的弱点，认为林奈对植物性别的意象是不可接受的，并表示"因为一大群男性共有一个妻子既不符合我们的法律，也与人们的行为不相符"。然而伊拉兹马斯·达尔文对如此的意象毫不忌讳，他曾经谈到过一位年轻美人儿的数个追求者、花花公子和情郎。因此，对于伊拉兹马斯·达尔文来说，植物的拟人化既不会违反法律，也并没有与习俗相悖。

　　《植物的爱情》描述的并非放荡的淫乱，而是在世外桃源里，乡绅那令人愉悦的求爱故事。当然，在书中，达尔文确实用隐喻的手法描述了当时社会中令人惊讶的情况，他在书中将人类的思想与习惯强加于植物身上的写作手法，也是这篇文章想要着重阐述的。但考虑到每年发生的种族歧视与性别歧视的各种例子（包括上文提及的野鸭"强奸"的例子），他的部分比喻可能会让人感到无趣，甚至是有害。

　　比如，达尔文并不总会避免使用林奈早期用过的那些和"婚姻"相关的词语，他也承认，林奈提到的婚姻是一妻多夫的，与常理不合。在描述三雄蕊门中的鸢尾花时，他写道：

　　　　"长着斑点的鸢尾花带着凶猛的火焰，

三个毫无妒忌之心的丈夫迎娶了同一位新娘。"

在"雌雄同株"纲的篇目里，他哀叹植物的命运，男性与女性挤在同一个房子（植物）的不同的床上（花朵），彼此之间必然相互疏远：

"柏木属在黑暗中蔑视着他阴郁的新娘，
同居于圆顶之下，却分睡在两张床上。"

在雌雄异株纲（雌蕊与雄蕊位于不同的植物里）中，真正分离的情侣得到了达尔文的青睐，因他们坚持不懈地想要跨过遥远的距离见上一面。光秃秃的雌蕊长大后呼唤着她的情郎：

"每一位放荡的女人，都用她们的优雅与美貌招摇撞骗，
从她如画的面庞上甩下晶莹的露珠；
用欢乐的方式脱下她的伪装，展现她的魅力。
呼唤她那惊奇的爱人躲进她的臂弯中。"

一如人们期待的那样，两性合蕊纲中的雄蕊或具有女性气质的男性（即那些黏附在雌蕊身上的雄蕊）日子过得并不怎么好，他们的身上被贴上了不育及服从的标签：

"巨人般的仙女！在梦幻的克兰树的统治下，
小精灵平原的优雅与可怖……
用嬉戏般的暴力展现她的魅力，
将她颤抖的情人拥入怀中。"

我认为，伊拉兹马斯·达尔文不可避免地将二强雄蕊纲和四强雄蕊纲描绘为不同社会阶层的植物：

"两名骑士臣服于你的神坛前，
迷人的蜜蜂花！还有两名侍从的追随。"

在描述拥有四个统治者及两个随从（四长两短的雄蕊）的四强雄蕊时，伊拉兹马斯·达尔文写道：

"左拥右抱着仙女的四个统治者高高在上，

陡峭的高崖上，两位年轻的侍从侍奉着他们。"

尽管伊拉兹马斯·达尔文对于植物的多样性采取开放的态度，但对于某些现象，他也是无法容忍的。在两个属之间进行杂交、无法产出能够孕育下一代的种子，此类植物确实违反了所有的道德底线：

"石竹骄傲地赞美着卡里优甜蜜的微笑，

眼中闪烁着无法克制的欲望的火焰；

叹息与悲伤，她的同情渐渐消散，

却赢得了少女那非法的爱情。"

在最后一个例子当中，珍妮特·布朗尼指出，伊拉兹马斯·达尔文或许毫无意识地按照同一朵花中雄蕊的数量来决定雌蕊的地位（用暗喻的手法来表示，即有多少男性拜倒在她的石榴裙下）。单一雄蕊纲的花朵因为一夫一妻制，故而拥有着美满的婚姻。达尔文在写到美人蕉时，认为将美人蕉从热带地区挪到寒冷的英国，它们一定极为不舒服，但美人蕉依然在寒冷的环境中存活了下来，这全靠花中雌雄蕊坚定不移之爱散发出的温暖：

"首先，高大的美人蕉抬起他被卷曲刘海遮住的头，

直挺挺地面对着天空，大声喊出他的婚姻誓言；

忠贞的一对恋人啊，生于气候宜人的地带，

难以忍受秋季冰冷清晨的摧残；

在寒冷的集市上，他撩拢起了他深红色的外套，

将他那羞怯的爱人拥入怀中。"

伊拉兹马斯·达尔文认为，最后一纲隐花植物中"矮小"的植物也具有同样的美德，至少他们会将自己的所作所为统统隐藏起来。伊拉兹马斯·达

尔文甚至同情地认为，矮小又丑陋的隐花植物也能享受性爱的乐趣。在写到地下松露时，达尔文表示：

> "在深处那宽阔的洞穴与阴暗的过道当中，
> 大帝的女儿，纯洁的松露微笑着；
> 在那用柔软石棉织造的银白色的床上，
> 遇见她矮小的丈夫，她坦然地承认了她的爱情。"

在 4 个雄蕊到 6 个雄蕊之间，达尔文用不同的形象描述求爱、性欲和羞怯。他将男性描述为不断求爱的情郎和花花公子，而女性则无非有两种，一是轻浮的，二则是难以追求的，无论是哪一种女性，都不怎么容易能够求得她们的爱：

> "五位绅士苦苦哀求着梅迪亚温柔的链锁。
> 他们手牵着手向美人倾诉着他们的爱，
> 和他们一样，她嬉笑着回礼，
> 转动她黑色的眼睛，摆动着她金色的头发。"

比梅迪亚更加严厉的姐姐掌控全局：

> "专横的香德丽雅展现着她的美丽，
> 五位兄弟般的求爱者软弱的心啊；
> 因他们的善变，美丽的仙女叹息，如他们一般哀痛
> 如果她再度微笑，求爱者炽热的心便会再度燃烧。"

在谈及拥有众多男性陪伴（一个雌蕊周围拥有 10 个或以上的雄蕊）的女性时，伊拉兹马斯·达尔文的用词要么轻蔑，要么奢华：

> "在桃金娘的阴影下，金雀花盛开着，
> 十位爱慕着她的兄弟追求着这位傲慢的美人。"

有 20 个雄蕊对她有求必应，这雌蕊必然是极具力量的女神：

> "20 个教士环绕在她华丽的神坛边上，
>
> 以弗得环绕着她，戴着花环的王室也在她的左右，
>
> 无数的人和颤抖的民族等待着，
>
> 那坚定且无法改变的命运。"

读完这些诗篇，我们或许会嘲笑伊拉兹马斯·达尔文天马行空的幻想，但他的诗句实际上显现出人们将人类社会的习惯强加于本应客观公正的自然的现象，特别是与性和性别有关的领域，他的诗句也从侧面教会我们，知识的文化构造是如此重要。因此，接下来我想借林奈的另一个例子作为本文的结尾。林奈在 1758 年出版的《自然系统》一书中首度提出了"哺乳动物"这个词，但我认为这个词并非林奈创造的，他只是简单地将古老的方言注入了新的技术含义。隆达·希宾格在 1993 年他的一篇重要文章中指出，"哺乳动物"这个词实际上为林奈首创，此前从未有哪个词语可以用来指代长毛、胎生、温血的脊椎动物。

在林奈之前，所有的体系对哺乳动物的称呼都不相同。亚里士多德将拥有脊椎的动物归纳在四足动物之下，其中又将四足动物细分为有鳞的卵生动物 "Oviparia" 和长毛、胎生的 "Viviparia"。Oviparia 包括爬虫类动物和部分两栖动物，而 Viviparia 则包括绝大多数的哺乳动物，但蝙蝠、鲸和人类均不属于此列。在林奈的时代，科学界对于人类终于有了更好的定义，但依旧没有给人类一个统一的名字。举个例子，约翰·雷是林奈之前伟大的科学家，他提出了 "Pilosa" 这个名字，意为"多毛的"，用以形容那些明显有着相同动物特征但并不满足亚里士多德对四足动物定义的其他动物。

那么，为什么林奈选择为哺乳动物起一个新的名字，更重要的是，为何林奈最终决定用 "Mammalia"（哺乳动物）这个意为"女性的乳房"这个词语呢？首先，我们需要理解林奈这一决定中极度不寻常的一面。通常，我们习惯在拟人化的时候将积极的现象比作男性，这个世界上最复杂的生物体的名字自然也应当符合这一惯例。在当代英语里，我们依旧习惯将中性的动物称为"他"。如果林奈是位鲜明的平等主义者，为了摆脱这一不公平的现象，出于某些显而易见的政治原因，他用 "Mammalia" 来表示哺乳动物也就不足

为奇了。但正如我们此前说过的那样，林奈是个社会保守主义者，也是个传统的性别歧视者。此外，长期以来，动物学家们一直习惯将文化传统观念用于实际行动当中，将男性的器官视作所有物种的权威象征。

那么，为何林奈选择用代表女性特征的词语来命名人类这一最高级别生物群体？显然，男性也有乳房，但与女性相比，男性的乳房毫无用处，只能算作一种多余的存在。希宾格在论文中指出，林奈做出这样的选择，完全是出于意识形态层面上的理由，与性别平等概念相差甚远。林奈曾经深入地参与了一场与众不同但同样具有重要意义的斗争当中，这一次，他支持的阵营是正确的一方。这场斗争便是，将人类与其他的动物归纳在同一类别之下。当时，许多自然学家依旧坚持认为，人类是按照上帝的模样创造出来的，人类拥有灵魂，与其他动物毫不相同。

从事宣传工作的人总是认为，选择一个好的名字便能拥有巨大的说服力。自乔叟的时代起，人类的文化与语言传统便习惯将自然比作女性。(《牛津英语词典》中与"自然"相关的条目里显示，乔叟在 1374 年写道："大自然看起来似乎有她的欢乐。")因此，想要把人类与其他动物归纳在一起，并在语言上寻得优势，那么只能选择用女性的特征来定义人类这一群体，以此强调我们与地球母亲及她创造出的其他动物之间存在着密切联系。依旧是在《自然系统》这本书当中，林奈还想要利用我们精神上的非凡能力来定义人类这个群体，在这里，他选择用男性特征来给人类命名，将人类取名为"Homo sapiens"，尽管拉丁文"homo"的意思虽然为"男性"，但古义上一般指代"人类"，更确切地说，"vir"这个词才是"男性"的意思）。

因此，人类便成了哺乳动物，没有被称为长毛动物，这是性别政治的又一遗产。我并没有公平地看待希宾格复杂而精妙的全部论点。她在论文中还提到了许多其他的证据，包括林奈积极参与反对奶妈哺育的运动当中。这场运动尝试说服富有的女性，脱离大自然并不是一种美德，她们应当亲自哺乳自己的孩子，以此继承人类共同的传统。

如果我们认为的具客观性的知识中心也被社会的偏见所环绕，我们又怎么可能从多个方面去了解纯粹独立于我们之外的自然世界呢？我找不到简单的答案，但伟大的思想家为寻找答案提供了一些思路。威廉·布莱克在面对其赞助人海利虚伪的善意时，他选择保全自己的正直，也在其极具个人特色且通常晦涩难懂的诗句中提供了一些见解。在达尔文的《植物的爱情》出版的同一年，威廉·布莱克也创作了一首名为《天真之歌》的诗。自然与人类社会生活并非总是完全混杂在一起的，我们自家的门口也有许多不公正的事情发生：

> "在我尚且年幼时，我的母亲去世了，
> 我的父亲将我卖了，
> 那时的我还只能'哇！哇！'哭喊
> 我为你清扫过烟囱，煤烟之上便是我的安睡之所。"

为了避免我们总是想要将人性中险恶的一面归结于生物遗传，我们应当记住，被称为人性的特征在我们走向邪恶的时候，依然可能隐藏着善良：

> "因仁慈有着人类的心，
> 怜悯长着人类的脸，
> 而爱，则是人性的天赐之物，
> 和平，则是人类的衣着。"

34
祖与孙的四种暗喻

第一次去希腊旅游是我平淡生活中最愉快的一次经历。在希腊，我发现人们日常生活中最抽象、最夸张的词语大多是那些喜欢炫耀其在古语方面具深厚功底的书呆子创造的。创造这些词的时候，他们似乎总是想让普通大众无法理解词语朴实的原意，故意将词汇变得让人看不懂。在希腊的时候，我第一次见到印着"stasis"的标志时，还自大地以为希腊人在全国各地悬挂着这些标志，就是为了庆祝我和奈尔思·埃尔德雷奇提出的间断平衡论呢（间断平衡论即指绝大多数的生物在相当长的一段地质时间内会保持着进化停滞的状态。我们用"stasis"一词来代表这种停滞状态，"稳定"这个词也不错，但"stasis"，看起来更像行话，也能轻易让人明白其个中含义）。后来，当我看到那些大型的巴士停靠在"stasis"的标志旁边时，才发现这不过是指示巴士停靠的指示牌而已！

在希腊旅行的过程中，我还了解了许多词语含义的改变与衍生。一直以来，我都觉得很奇怪，为何希腊人将国内航班终点称为"esoteriki"，"esoteric"这个词有陌生、晦涩的含义，既然如此，这个词在国际航线中用来提示外国人不是更加合理吗？后来，我翻阅了手头的《牛津英语词典》，这才发现，"esoteric"之所以有"晦涩难懂"的意思，全是因为这个词语的实际意思代表着"只有某个圈子之内的人才能理解的信息"。在希腊语中"eso"意为"内部"，故而"esoteriki"用来表示国内航班便再合适不过了。还有一个现象让我困惑不解。在希腊教堂外专门为前来还愿的人设立的场所外悬挂着"anathemata"字样的指示牌，然而"anathemata"有"给恶魔的祭品"的意思，这不是和还愿的意思完全相反吗？后来我才明白，在希腊语中，"anathema"表示"提供、奉献"，希腊教堂外指示牌上的"anathemata"所用的，依旧是这个词语最原始的含义，即"用于神圣用途之物品"的意思。随着时间的推移，"anathemata"这个词逐渐衍生出"给恶魔的祭品"的含义。在教会使用的拉丁语当中，"anathema"表示"被逐出教会的人"。

作者在巴士停靠的指示牌前理解希腊语中"停止"的含义

有一天，我正坐在露天的餐厅里吃午餐，顺带享受古希腊卫城的绝美景色，一辆小型的载重卡车停在了路边，正好挡住了帕特农神庙。最初，我有些恼火，但当我看到卡车的主人从车上搬下一件件家具，送到旁边的建筑里时，我突然觉得有些好笑。那辆卡车上印着"metaphora"。我意识到，"phor"为"运载"的意思，"meta"为前缀，代表"地点、顺序、状态、本质的改变"。一辆运输卡车将你的家具从一处搬运到另一处，用"metaphora"这个词真是恰到好处。后来我发现，所有类似的运载卡车都属于"metaphor"，包括在机场用来运送行李的轮车。

多么可爱呀！在学校的时候，我总是因无法掌握各种各样的写作手法，难过得几乎要流下泪来。明喻、暗喻、齐名、转喻、提喻，这些都是我在学会抑扬格和扬抑格后才掌握的。我要是早点看到希腊的运输卡车，那该多好啊！在你难以理解某件事情时，暗喻以类比的方式，通过另一件事情帮助你认识最先无法理解的部分。

我喜欢暗喻，在这本书的好几篇文章里都用到了这种写作手法，甚至在专栏中还特地花了些笔墨着重讲述了暗喻及其使用方法。人类的大脑是种迟钝的工具，想东西时难免绕圈子。我们总认为自己有逻辑，能够通过一连串论证，从事情的起点开始，最终推断出事物的结局，然而现实远没有如此理想。在推断的过程中，我们总会遇到必须利用创造性跳跃思维才能够解决的障碍与谜团。因此，我们需要思维，我们需要利用暗喻的手法来帮助思维实现创造性的跳跃。此外，观察学者们使用的暗喻，往往能够使我们对那个时代的思想和社会环境有更好的了解。人们甚至认为，科学中采用的模式是完

隐喻能够运行李也能传递想法

全客观的。

然而，无论是在字面含义上还是在智力层面上，使用暗喻都存在着一定的危险。从结构方面来看，有些暗喻看起来傻里傻气，甚至可以说是过于愚钝，看完后，我们总会一笑了之（也可能是不解地挠挠头），根本无法从中汲取任何灵感。举个最著名的例子，在《可拉后裔的训诲诗》中，有一句话写道："神啊，我的心切慕你，如鹿切慕溪水。"最初，我是从他人口中得知这句话的，当时我将"鹿"听成了"心"（鹿的英文 hart 与心的英文 heart 读音相近），因而实在想不通，为何我身体里的器官会切慕溪水呢？同样，我还将"灵魂"听成了"狗"，句子的意义便完全不通了。从概念的角度来看，许多暗喻中使用的意象都是完全错误的，比如生活阶梯、啤酒之王、邪恶帝国等。

正是因为存在着有用的暗喻和无用的暗喻，具有深刻洞察能力的暗喻和将人引入歧途的暗喻，因此，在提出或者评估任何复杂的学术论点时，暗喻是极为重要的考量因素。道理我们都懂，问题就在于，在考量暗喻时，我们应当设立怎样的标准呢？当然，我不会抽象地来解释如此重要的问题，在这篇文章中，我会为读者提供相关的例子，希望能够从这些例子当中提炼出统一的考量标准。接下来，我将按照世代为界，讨论两位著名且互相之间存在联系的作者——一位祖父和他那比自己更加出名的孙子。在讨论两位作者的基本论点时，我都会列举出基本论点中的四个核心暗喻。祖父伊拉兹马斯·达尔文所使用的暗喻冗杂、效果也不太好，而他的孙子查尔斯·达尔文所用的暗喻不仅清晰明了，而且还通过暗喻提出了他划时代的自然选择进化理论。

伊拉兹马斯·达尔文是英国启蒙运动时期著名的自由主义思想家，成功的物理学家与科学家，同时还是一位备受推崇的英雄双韵体诗人（英雄双韵体是五音步抑扬格而非扬抑抑格，我都记着两者之间的区别呢，庞蒂老师）。1789年，伊拉兹马斯·达尔文出版了他最著名的作品《植物的爱情》，在文章33中，我曾着重介绍过这本书。在4个诗篇、总长238页的诗歌中，伊拉兹马斯用拟人化的手法描写植物的雄雌蕊，并根据林奈的性别体系对植物进行分类，详尽介绍了林奈的性别体系。如果说这样的手法称不上是隐喻，伊拉兹马斯·达尔文在其作品中又添加了一层，他用拟人化的花朵与经典神话或者当下发生的事件进行对比。接下来，我通过意象的强弱，选择了书中最具代表性的四个隐喻，借此详尽地阐释伊拉兹马斯的技巧。

（1）凤尾兰相继受孕，尼侬儿子的自杀。在林奈的性别体系中，凤尾兰属于六雄蕊纲，也就是每朵凤尾兰中都有一个雌蕊和六个雄蕊。伊拉兹马斯的第一个隐喻，就是将凤尾兰一雌蕊、六雄蕊的特征比作一个女人与她的六个情人。因为凤尾兰是相继受精的，也就是第一组中的三个雄蕊先行授精，第二组的三个雄蕊随后授精，所以伊拉兹马斯便借用了罗宾逊夫人的形象，在年老色衰后，她用手段房获了另外三个情人：

> "当年轻的时光纠缠于她的发间，
> 编织出娇艳的玫瑰花瓣和芬芳的百合，
> 骄傲的凤尾兰带领着她的三位情郎，
> 他们是被她的童贞捆绑的三位俘房。
> 当时光粗鲁的双手将皱纹洒满她的脸庞，
> 她的双唇枯萎，银丝攀于发间，
> 另外三位年轻的情郎被她的成熟所吸引，
> 三位被她具有欺骗性的年龄所迷惑的快乐的受害者。"

之后，伊拉兹马斯又用近代历史当中的其他形象来巩固他的暗喻。尼侬·德·朗克洛（1620—1705），她的法国情人之多，一篇文章根本概述不完。尼侬去世后，在遗嘱中，她将财富留给了伏尔泰，但她早年各式的传奇故事，包括她色诱自己亲生儿子（结局极为悲惨）的传说都被伊拉兹马斯·达尔文用来当作凤尾花的暗喻。事实上，用尼侬·德·朗克洛来暗喻凤尾花并不恰当，凤尾花的六个雄蕊都在同一朵花当中，至少代表的是同一代人：

"在她的美貌渐渐枯萎之时，

尼侬用她致命的微笑俘获她毫无意识的天真的儿子。

在她儿子的怀抱中，她以母亲的身份诉说，

'断掉你的念头吧，鲁莽的年轻人！克制你不敬的念头，

在这张床上，我将你生下，

忍受着剧痛，用我的乳房将你喂养。'

如同自死亡中苏醒，他猛地跳了起来，心中满是惊讶，

他用火辣辣的目光端详着他的母亲；

单膝跪下，他狂热地张开双臂，

用充满愧疚的目光偷偷瞥向那张床；

他用颤抖的双唇轻轻吐出誓言，

苍白的面颊上露出后悔却坚毅的表情；

'就这样吧！就这样吧'他喊道，就这样猛扑了上去，

生命与爱在他的心中交杂。"

（2）传播凤仙花的种子和屠杀美狄亚的孩子。伊拉兹马斯·达尔文为凤仙花正好写了四行诗，并用"勿碰我"来描述凤仙花，因为这种花一旦进入成熟的季节，稍微一碰便会"花瓣突然合拢，然后以螺旋的方式，将种子抛到很远的距离外"。之后，伊拉兹马斯花了三页的篇幅讲述欧里庇得斯所写的美狄亚的传说。当詹森为了国王克瑞翁的女儿而抛弃自己时，美狄亚让詹森杀了她的孩子。将凤仙花传播种子的方式与美狄亚的故事联系在一起似乎有些牵强，凤仙花的种子都是受了精的，而且播种植物与杀害自己的孩子，这两件事情之间存在任何共同之处吗？非要找到两件事情的共同点，恐怕就是美狄亚将被杀了的孩子狠狠扔到了地上，就像凤仙花会将自己的种子抛撒到远处一样。此外，在描述凤仙花的四行诗句和讲述美狄亚故事的三页纸当中，读者们难免会怀疑，伊拉兹马斯只是单纯想描述欧里庇得斯笔下悲剧人物屠杀的残忍细节而已，而植物学只是他的借口，伊拉兹马斯或许根本没有想要用人类的故事来暗喻植物的传播方式：

"三次，她让无辜的孩子嘴唇干裂了三次，

三次，她将折磨的胸膛三次环住她的孩子；

一会儿，她突然站在那儿，

她用颤抖的双手将匕首刺进孩子们的身体，留下了一片血泊。

'去吧！带着如火的热情，带着新婚的欢笑！'

她哭喊着，将孩子们仍在颤抖的四肢扔在地上。"

（3）借风传播种子的植物和孟格菲兄弟的热气球。在第二篇的开头，伊拉兹马斯·达尔文描述了好几种通过风来传播种子的植物。就像我们这一代人看到人类漫游太空时的兴奋，祖父母那一辈第一次乘飞机飞上蓝天时的惊叹一样，伊拉兹马斯·达尔文那个年代的人，还在为人类第一次离开地面而兴奋惊奇。那时，人们刚刚发明出热气球。法国孟格菲兄弟在热气球的造诣上远超他人，成了比怀特兄弟、林德伯格、尼尔·阿姆斯特朗更伟大的文化英雄。达尔文很想在文章中赞颂同时代这对伟大的英雄，他再次将植物用作描述人类伟大成就的借口。在描述孟格菲兄弟乘热气球俯瞰世界时，达尔文选用的语言极富诗意，以至于在阅读时，不看脚注甚至无法弄明白其中包含的花朵意象：

"在无边的大气中，勇猛的高卢人，

向天空送去一个有着巨大凹面的气球。

气球在高空中飘浮，滑过如绸缎一般的城堡，

在蔚蓝的潮汐中犹如流星一般闪亮……

伟大的热气球高高地飞了起来，去大胆地飞吧！

飞过月亮惨白如冰的光芒；

飞过泛着珍珠光泽的启明星那闪烁着光芒的角，

高高悬挂于东方，那是黎明美好的象征；

在疾风中离开火星猩红的双眼，

木星银色的守卫和土星冰晶般的星环；

飞过从远处发射而来的光线，

与乔治之星四周的光泽嬉戏玩耍……

仙后座为你撤回了椅子，

大熊座为你收起了爪子。"

为了读懂这些诗句，首先，我们必须理解，诗中所描述的热气球正在逐渐飞离地球。热气球先是飞过了代表着清晨的金星（那是黎明美好的象征），金星就像月亮一样，因此伊拉兹马斯用"闪烁着光芒的角"来形容它。接着，热气球依次飞过火星、木星、土星，之后飞离太阳系，仙后座（一位坐在椅子上的女士）和大熊座（大熊的尾部还包括北斗七星）都为热气球让路，好让它畅通无阻地飞向远方。现在，我们来看看诗句中让人最不能理解的地方。什么是"乔治之星"？其实，乔治之星就是我们所说的天王星，在土星之后，与土星在同一条水平线上。在伊拉兹马斯·达尔文出版《植物的爱情》这本书的前八年，也就是1781年，伟大的天文学家威廉·赫歇尔发现了天王星，赫歇尔将天王星命名为乔治之星，以此纪念他的赞助人国王乔治三世。多亏美国人并不怎么喜欢疯狂的国王乔治，特别是杰弗逊还在《独立宣言》中列举了国王乔治的种种罪行，乔治之星这个名字并没有被沿袭下来。鉴于其他行星都没有使用过现代国家或者君王的名字，天文学家最终接受了J.E.博德的提议，在赫歇尔发现天王星的同一年，赐予该星"Uranus"这个名字，意为"土星的父亲"，正如土星"Satrun"意为"木星的父亲"，如此命名方式能够利用世代的关系恰当地表现出行星与行星之间的距离关系。

（4）**植物的迁徙，从摩西的诞生到奴隶制的废除。**第三篇的末尾是伊拉兹马斯·达尔文所写的最长也是最不着边际的隐喻。他声称，美国一种植物的种子能够跨越大西洋，抵达欧洲后还能够继续生根发芽：

> "宽广无垠的安大略湖卷起阵阵潮水，
> 滋润着两侧杳无人迹的森林，
> 美丽的卡西亚胆战心惊地听着森林中的嚎叫，
> 相信她褐黄色的孩子已然葬身于洪水之中……
> 清风突出轻柔的鼻息，浪花缓缓向前推动，
> 带着她心爱的孩子一路前往挪威的城堡。"

这一段无疑是在与摩西的诞生做比较，摩西这位伟大的先知便是被放在一个篮子里，顺着尼罗河一直漂流到安全之地：

> "顺着流水漂浮的摇篮上有着用纸做成的旗帜，

将微笑的小男孩藏匿在荷叶之下；

将她纯白的胸脯贴在他热切的双唇上，

咸咸的泪水与奶水融在一起；

用虔诚的欺骗在芦苇制成的皇冠边缘等待着，

相信着尼罗河中带着鳞甲的怪物。"

过渡到废除奴隶制的部分略显仓促。摩西揭开压迫在其国家身上的枷锁，而奴隶就如同种子一样，跨过海洋，抵达大洋的另一端。

"即使是现在，即使是现在，在西方遥远的海岸上，

透露着苍白的绝望，翻滚着痛苦的咆哮；

即使是现在，在非洲的树林中依旧能够听到可怕的狗吠声，

凶残的奴隶主正悄无声息地纵狗追逐。"

然而英格兰的领袖有能力结束这场刑罚：

"你们这群参议员啊！你们的选票动摇了，

不列颠的领土上，印第安人俯首称臣；

给伤者以康复，给勇者以奖励，

展开你强壮的手臂，因你有拯救这一切的能力！

听听他的话，参议员们！听听这些令人崇敬的真理，

那些允许压迫存在的人，与犯罪无异！"

令人崇敬的结论，强有力的表达方式，但这一切和种子的迁移有任何联系吗？

查尔斯·达尔文则和他的祖父完全不同，他从未尝试过抒情的写作方式。在创作《物种起源》（1859）时，他并未选用专业性的论文写作方式，而是选择了平易近人的词语和句式，适合普通大众阅读。查尔斯·达尔文的文章条理清晰，字字珠玑。《物种起源》中的许多内容都是能够支持进化论的事实。

尽管如此，查尔斯·达尔文也明白，很难通过罗列事实来让读者理解困难

且富有争议的概念。他知道，在写作的过程中，他还需要写出一系列令人信服的文字表述（在一篇出名的文章中，达尔文称《物种起源》为一段非常长的论证）。查尔斯·达尔文还认识到，在说服的艺术当中，意象和暗喻是绝不可少的两个工具。在《物种起源》的好几个重要段落当中，查尔斯·达尔文采用了暗喻的手法来解释几个基础的观点。我一直认为，查尔斯·达尔文在书中所用的隐喻实属绝妙，我也常常在我的专栏文章中与读者讨论这些隐喻。因此，在这篇文章中，我不会过分详细地讨论达尔文所用的暗喻，而是想要着重阐述这些暗喻起到的重要作用。

查尔斯·达尔文采用的策略和他祖父的策略有着天壤之别。伊拉兹马斯想要让读者沉溺于他那滔滔不绝的华丽辞藻当中，他用语言烹饪的汤是如此黏稠，以至于浓厚的汤汁完全掩盖了语言中偶尔会出现的美妙味道。查尔斯·达尔文则深谙诸如大海捞针、荆棘上的玫瑰之类的暗喻的真正作用，每隔几十页，他便恰当地运用暗喻来抓住读者的眼球，也成功地让自然选择论成为大家耳熟能详的一种理论，而不是一种与我们的生活距离过远的晦涩概念。下面我们来探讨查尔斯·达尔文书中我最爱的四个暗喻，其中包括《物种起源》中最关键的一个暗喻。

（1）**肤浅的表象与自然中更深层次的现实。**查尔斯·达尔文面临着一个最本质、最基础的问题，他需要改变大众对自然秩序的根本看法。绝大多数的人认为，大自然是仁爱的上帝创造出来的完美的、慈爱的体系，大自然的存在主要是为了满足人类的利益。查尔斯·达尔文的理论则是对大众观念的颠覆。他认为，大自然的存在并无内在的目的，世界有限的秩序不过是有机体个体为成功繁殖而不断挣扎的过程产生的副产品而已，个体为繁育而挣扎的过程才是大自然中实际的因果关系：

> "我们看见自然界焕发着喜悦的光辉，食物富足；但我们却看不见，抑或淡忘了，在我们周围悠闲地唱着歌的鸟儿们，多数以昆虫或种子为生，它们无时无刻地在残害生命；我们抑或也忘记了这些唱歌的鸟儿，它们的蛋卵、雏鸟，有多少沦为其他鸟兽的口中之物。"

（2）**在拥挤的世界里，竞争所带来的驱动力。**自然选择是个永无止境的过程，因而自然界中必然处处存在着竞争，否则，不适应自然的有机体能够通过迁徙至此前并未被其他有机体所占据的地盘，进而永久地存活下去。在查尔斯·达尔文关键性的论证中，他首先直接阐述了永无止境之竞争的概念，之后他将自然形容成一个拥挤的环境，通过暗喻进一步详细解释竞争的概念。只有先淘汰老旧的、不适合的有机体，新的有机体才能够诞生：

> "观察自然的时候，常常记住上述的论点是极其必要的——切勿忘记每个单一的生物都在拼尽所能力求个体数量的增加；切勿忘记每一种生物在生命的某一时期，依靠斗争才能生存；切勿忘记在每一世代中或在间隔周期中，大的毁灭不可避免地要降临于幼者或老者。

（3）生命之树。查尔斯·达尔文在《物种起源》的前四章中阐述了自然选择理论（在随后的部分当中，查尔斯·达尔文主要在反驳反对观点，列举支持进化论的事实证据）。作为其完整论点的缩影，查尔斯·达尔文选择用暗喻的手法将大树的生长与生命历史的发展进行对比，以此作为第四章的结尾。当然，生命之树的概念并非查尔斯·达尔文原创，而是取自《圣经》中的经典意象，同样，人们还曾用生命之树的意象来描述有机物分类体系的关系。但在对比自然选择过程中当下依旧存活的生物及已灭绝的生物时，查尔斯·达尔文在暗喻中加入了动态的元素（将已经灭绝的物种的化石表述为生命之树残破的枝干），使生命之树变成了将分类结构与因果联系相融合的绝妙、复杂的意象：

> "同一纲中一切生物的亲缘关系常常用一株大树来表示。我相信这种比拟在很大程度上表达了真实情况。绿色的、生芽的小枝可以代表现存的物种；以往年代生长出来的枝条可以代表长期的、连续的灭绝物种。在每一个生长期中，一切生长着的小枝都试图向各方分枝，并且试图遮盖和弄死周围的枝条，同样的物种和物种的群在巨大的生活斗争中，随时都在压倒其他物种。巨枝分为大枝，再逐步分为愈来愈小的枝，当树幼小时，它们都曾一度是生芽的小枝；这种旧芽和新芽由分枝来连接的情形，很可以代表一切灭绝物种和现存物种的分类，它们在群之下又分为群。当这树还仅仅是一株矮树时，在许多茂盛的小枝中，只有两三个小枝现在成长为大枝了，生存至今，并且负荷着其他枝条；生存在久远

地质时代中的物种也是这样，它们当中只有少数遗下现存的变异了的后代，从这树开始生长以来，许多巨枝和大枝都已经枯萎而且脱落了；这些枯落了的、大小不等的枝条，可以代表那些没有留下生存的后代而仅处于化石状态的全目、全科及全属。正如我们在这里或那里看到的，一个细小的、孤立的枝条从树的下部分叉处生出来，并且由于某种有利的机会，至今还在旺盛地生长着，正如有时我们看到如鸭嘴兽或肺鱼之类的动物，它们由亲缘关系把生物的两条大枝连起来，并由于生活在有庇护的地点，乃从致命的竞争里得到幸免。"

之后，查尔斯·达尔文用抒情的语言作为整个章节的结尾，这样的语言形式在《物种起源》中很少见：

"大树的新陈代谢总是以新生强健的枝条取代衰老脆弱的枝条，所以我相信，这巨大的'生命之树'在其传代中也是如此，在历经无数代之后，它将以断残的枝叶填满大地，并将以生生不息的美丽枝条覆盖地表。"

（4）达尔文的中心论点基于类比，而非直接证据。 上述的三个暗喻完全是为了帮助读者理解平日里并不熟悉，甚至很多人拒绝承认的概念，而这些概念对于整个自然选择理论而言，是至关重要的。通过将完整的论点整个植根于最基础的类比形式当中，查尔斯·达尔文在更深的层面上使用了暗喻的手法。在《物种起源》的开头，查尔斯·达尔文讨论了人为干预和谷物的改善将野生动物驯化为家养动物的历史过程，他以家鸽为例子，提供了大量众人皆知、有案可循、毋庸置疑的信息。但同时，查尔斯·达尔文明白，他无法通过堆积无争议的事实来说服他人。他必须说服读者，长时间的演变可能带来巨大的变化。但是我们无法对漫长的地质时间进行直接的实验，或许我们能够将大规模的进化现象记录下来，但如何才能展示出自然选择所带来的因果关系呢？查尔斯·达尔文用类比的手法来阐明自己的观点：如果人类能够在有限的时间里通过查尔斯·达尔文称之为"人工选择"的手段进行微小的改变，那么只要时间足够，大自然当然也能够让物种出现重大的改变，查尔斯·达尔文将其称为"自然选择"，与"人工选择"相对应。因此，我们这个微小的驯化与农业世界成了大自然无法观测之宏伟的隐喻性缩影。

　　"人类用有计划的和无意识的选择方法，能够产生出而且的确已经产生了伟大的结果，为什么不受自然选择的影响呢？人类只能作用于外在的和可见的性状；'自然'——如果允许我把自然保存或最适者生存加以拟人化——并不关心外貌，除非这些外貌对于生物是有用的。'自然'能对各种内部器官、各种微细的体质差异以及生命的整个机体产生作用。人类的愿望和努力只是片刻的事啊！人类的生涯又是何等短暂啊！因而，如与'自然'在全部地质时代的累积结果相比较，人类所得的结果是何等贫乏啊！"

　　为何伊拉兹马斯的暗喻看起来如此无用，甚至可以说是牵强的，而查尔斯·达尔文的暗喻却能起到应有的作用呢？伊拉兹马斯和查尔斯所选择的暗喻有两个明显的不同之处：首先，伊拉兹马斯诗句当中的对比看起来很牵强（比如将凤仙花的种子与美狄亚被谋杀的孩子作对比，比如将借风传播的种子与孟格菲兄弟的热气球作对比）。因此，被对比的两个事物之间并没有存在明确的相似之处，无法帮助我们更好地理解其中的生物学含义。而查尔斯选择的意象则能够将他的理论抽象化（比如生命之树，通过"人工选择"的概念来解释"自然选择"）。其次，如果使用暗喻的目的是为了帮助读者更好地理解科学，伊拉兹马斯似乎并未找到使用暗喻合适的度。他的暗喻经常长达数页，仅有几行诗句会提及植物，这不免让读者怀疑，他使用暗喻的主要目的只是为了用华丽的语言写一写古典悲剧与现代的胜利故事，而不是传授科学知识。查尔斯·达尔文的暗喻则简短而精准，通常只有几个词，并且总是能够精确地通过选择的意象阐明科学原理中难懂的部分。

　　或许，我并没有公平评判伊拉兹马斯的对比手法，毕竟他所选择的问题与查尔斯的问题相差甚远。伊拉兹马斯有意写一首长诗，他的意象必然较长，而查尔斯所写的则只是常规的科学散文。但伊拉兹马斯在文中所显示出的明显的暗喻理论同样也让他所选用的意象在阐明科学理论方面作用有限，因此，我对他暗喻手法的评价也算公正。伊拉兹马斯在《植物的爱情》一书中提出的科学观念几乎没有引起学者和评论家（那些尤其喜欢引用英雄双韵体诗的人）的关注：在《植物的爱情》中，四个诗篇中穿插着三个散文段落，这些散文以对话的形式描写了伊拉兹马斯与书商之间的对话。

伊拉兹马斯·达尔文称，他在《植物的爱情》中采用了恰当的对比手法，他表示，复杂的自然事物之间存在着千丝万缕的联系，这些联系都值得人们探索："自然事物之间存在着各式各样的联系，每一种理论分布都增加了自然事物之间的联系，进而加深了我们对自然事物之间相似之处的知识。"然而在第一篇散文中，伊拉兹马斯将松散的暗喻自逻辑占主导地位的科学中移除，并强调诗歌与科学之间存在着明显的界限。伊拉兹马斯认为，诗歌的意象必须具有可视性，能够"让读者仿佛看见诗歌所描述的对象，利用视觉语言来表达情感"。伊拉兹马斯写道："散文才是传授科学的最佳写作形式，散文中说理的部分多依靠更加严格的类比手法，而非暗喻或明喻。"

之后，伊拉兹马斯告诉读者，他在《植物的爱情》中采用富有诗性的意象，并不是为了阐释其植物学观点，而在于另外两个目的。第一，伊拉兹马斯认为，无论是诗人还是画家，其描绘的都是理想中的自然，而非现实的自然。他写道："艺术家离自然越远，他创作出的作品就越伟大。若他能够超越自然，便能够创造出伟大。美丽是种选择，也是自然与其最和谐的部分的结合。"第二，从诗歌的角度来看，暗喻和明喻这两种手法都应该脱离自然来使用，这两种手法的目的都不是为了描述自然真实的一面。用一个词来形容，就是"一致"。因此，伊拉兹马斯为西方第一个伟大的诗人辩护：

> "荷马所使用的明喻有着其他令人愉悦的特征。他所使用的明喻手法与自然真实一面并不一致……自然事物之间任何相似的特征似乎都能为其所用。于是，荷马开始就事物之间的相似性创作诗歌，将每一种明喻都转化为短小的情节。"

最终，书商问："明喻的手法是否不应该准确描述出事物的特性？"伊拉兹马斯回答道：

> "是的。若明喻能够准确描述事物的特性，那么这种手法便会转变成为哲学的类比手法，它不再是一种诗意的语言，转而变成了说理的语言。明喻的手法只能描写出与事物类似的特征，就像是诗歌也只能描述自然的部分特征一样。诗歌应该是崇高的，美丽的，新奇的，能够激起读者兴趣的。诗歌自然应当使用诗性的语言，这样才能将所描述的场景呈现

在读者面前。此外，诗歌中的意象还需要具有一定的真实性，不能让读者感到不连贯与不协调。"

伊拉兹马斯明确表示理性的科学应当与诗歌中具象化的意象划清界限，我们也就能够理解，为何在《植物的爱情》这本书中，伊拉兹马斯所用的暗喻无法清晰阐释其植物学理论了。查尔斯·达尔文则没有被美学理论所束缚，在写作的过程中，他用尽包括暗喻在内的一切可用手法，帮助其完成最终的目标——阐明他的进化论。

伊拉兹马斯与查尔斯之间还有另外一个显著的差别，这一差别能够让我们明白，为何伊拉兹马斯的英雄双韵诗已经被人们遗忘，而查尔斯的《物种起源》却成了颠覆人类思想的伟大著作。查尔斯·达尔文也知道林奈曾观察到，一粒美国的种子漂洋过海来到挪威，并在挪威生根发芽。在1855年出版的《园艺年鉴与农业公报》中，查尔斯·达尔文写道："这些种子往往会被墨西哥湾流裹挟至挪威的海岸，林奈常用'漂流'这个词来形容该过程。"对于伊拉兹马斯来说，林奈的观察只能让他想起一连串与摩西诞生及邪恶奴隶制相关的牵强内容。但查尔斯则从中得到启发，认为长途迁徙或许能够消除进化上的主要障碍，于是他进行了一系列的实验，希望能够知道，种子能够在咸水中浸泡多久。

进化论认为，每一个物种都有各自单一的起源地，而特创论者则认为，世界上所有的生物都是由上帝同时创造的，生物在刚被创造出来之时便已经遍布世界各地了，因此，两个距离遥远的地方会同时出现同一个物种，这样的情况似乎与进化论正好相反。达尔文为了找到问题的答案，尝试了各种方法，想要找出物种长途迁徙的可行机制，如果能够找到这样的机制，也就能够证明，物种能够通过迁徙从一个地区转移到另一个地区。植物中存在着大量长距离迁徙的例子，看来种子随着洋流跨越海洋抵达另一块大陆似乎也是极有可能的，查尔斯·达尔文决定通过实验验证他的推测。在一篇于1855年发表的名为《海水是否会杀死种子》的文章中（世界上第一篇探讨该问题的文章），查尔斯·达尔文谨慎地写道（在写这篇文章时，距离查尔斯·达尔文公开发表进化论还有三年之久，因此在这篇文章中，查尔斯·达尔文措辞谨慎，并不希望过早地将其进化论公之于众）：

"或许这些实验在许多人看来过分小儿科，但我认为，它们可能会成为解决某些非常有趣之问题的前提……这个问题就是，单一物种是否具有单一的诞生地，或者说单一物种诞生时就遍布世界各地。"

达尔文建造了一系列实验容器。"博尔顿先生用盐水人工制造出海水……这些人工制造的海水通过了比人类更好的化学家的测试，无数的海生生物与海藻在其中生活了一年多。"达尔文将 87 种植物的种子浸泡在人工海水当中，发现有近四分之三的种子在浸泡了 28 天后依旧能够生根发芽。辣椒的种子存活状况最佳，在浸泡 137 天后，56 颗辣椒种子中依旧有 30 颗存活了下来。之后，查尔斯查阅了与洋流相关的书籍，确认种子能够随着洋流漂浮至千里之外的地方，在遥远的另一个大洲上扎根生长。

尽管如此，查尔斯心中依旧存有疑虑。虽然已经证明了种子能够在海水中存活较长一段时间，但种子入水后很快便会下沉，在没有受到帮助的前提下，这些种子无法随着洋流漂流至另一块大陆。于是，查尔斯开始了第二阶段的观察与系列实验，这一次和其他实验没有多大区别，查尔斯投入了 100% 的精力在实验上。那些自然途径可能帮助种子随洋流漂流至如此遥远的地方吗？达尔文给一位曾经经历过船难的水手写了一封信，向水手询问是否曾经在沙滩上见过长在漂浮木上的种子或植物。之后，他又向一位在哈德逊湾的居民询问，冰川是否可能携带植物的种子。查尔斯还研究了鸭子的胃内容物，当他收到一个邮件，里面装着松鸡沾着泥土的双脚时，他的激动之情难以言表。查尔斯还检查了鸟的排泄物，想要查明在经过消化道后，种子还能不能发芽。他甚至听取其八岁儿子的建议，将一只吃饱了的死鸟浮到水面上。在一封信中，查尔斯写道："一只鸽子的尸体在海水中漂浮了 30 天，它的体内携带着谷物的种子，这些种子后来长势喜人。"最后，达尔文找到了好几种种子随洋流漂浮的机制。

伊拉兹马斯的语言和查尔斯的行动！通过他们的成果，你应当对这两个人有了一定的了解。文章又到了快结束的时候，我想以我年轻时发生的一件事情作为总结。1955 年，我从第 74 中学毕业（纽约的中学都有编号）。当地一位巴士司机对我们十分友善，在快节奏的城市中，鲜少有这样的人。他尊重每一位学生，愿意与我们交流。在我们因赶不上车而疾跑时，他愿意停在路边等一等我们，而不是直接扬长而去。我甚至不知道他的名字，但有一天早晨，我问他是否愿意在我的毕业签名册上留名，他让一整车赶着上班的成年人等着（这些人看起来都很好，并没有因巴士短暂的延误而抱怨）。他在本子上写道："祝你好运！我叫马尔蒂·布雷西斯，是一个巴士司机。"布雷西斯先生，如果你依旧在世，请允许我在此感谢您，感谢您这么多年来对我们的善意，这对我们来说十分重要。同样，我想在此展示布雷西斯先生在纪念册上写下的一首古老而经典的打油诗，这短短两句话中囊括了许多智慧。我注意到，布雷西斯先生的打油诗用来形容查尔斯·达尔文和其祖父伊拉兹马斯·达尔文之间的区别也十分贴切。布雷西斯先生写道：

"一个只说不做的人，
　　就犹如长满野草的花园。"

多年前纽约昆士区的一个司机在作者纪念册上的留言